建筑设计基础教程

建筑快速设计：专题解析与策略

ARCHITECTURE DESIGN SKETCH: TOPICS, ANALYSIS AND STRATEGIES

陈冉　主编

同济大学出版社
TONGJI UNIVERSITY PRESS

前言

十多年在同济尚谷的教学经历，让我有幸能够遇到来自全国各地、对建筑充满热情而有天赋的学生。同时我也从他们身上看到了各建筑院系本科学生的种种无助和迷茫。作为一名老师，我特别希望能够为这些学生做些什么，去解答他们现在的困惑，告诉他们未来的方向。因为他们的困惑就是我当年的困惑，我所经历的现在也许可以成为他们的镜子。那么本书，读者可以理解为针对建筑快速设计的一份经验总结。

快速设计是一个有着二十多年历史的考试形式，目前研究生考试、设计院入职考试、注册建筑师考试都会用到这种考查形式。近些年在同济大学、东南大学等一批高校领衔的改革中，快速设计的考查方向已经较以往有了很大的变化。考查的侧重点从以往的手绘变为考查学生解决问题的综合能力，基地的复杂程度变大，限制条件变多，考试时间变短。这些变化目的是为了能够更好地考察学生建筑学的素养，也将考试回归了建筑学本源对空间的探讨，而非手绘表现或者立面炫技。

对于这些变化，本书将设计中会遇到的各种问题归纳为 8 个专题，通过专题的解析让学生学会应对不同问题的解决方法。我们希望传授的是一种方法而非应试，让读者真正理解和解决题目中的实际问题。与此同时，每个设计考题都配有相关的实际工程案例帮助大家比对学习，每个题目也都配有扫码即看的解题视频。300 例优秀快题案例和解析也可以帮助大家了解到该类快速设计的设计深度、常见问题和解决方法。这些都是本书的亮点和我们多年教学成果的总结。

最后，我想告诉大家，快速设计只是建筑学考核的一种形式，更重要的是大家能在这个过程中学习到快速构思的方法，掌握解决各类问题的策略，提高触类旁通的能力。学习快速设计也仅仅是设计师成长路上的一个驿站，未来将有更多实际项目的挑战，希望此书能够有所帮助。

陈冉

二零一七年 五月十八日夜 写于同济

目录

前言

快速设计理论篇

快速设计专题篇

快速设计理论篇

1 认识建筑快速设计

1.1 快速设计考核要求

一级注册建筑师考试中对于快速设计的要求是这样阐述的："检验设计者建筑方案设计的构思能力和实践能力，对试题应作出符合要求的答案，包括：总平面布置、平面功能组合、合理的空间构成等，并符合法规规范"。由此可见，对于快速设计考试这种考试形式来说，在时间有限和多种限制条件的制约下，设计者的构思及实践能力显得尤为重要，同时对于问题的分析能力、平面及空间设计的基础能力等也会有更高的要求。

1.2 如何"构思"

构思设计中所要达到的设计目标是什么？

构思为达到此设计目标应采取怎样的设计思路？

构思设计过程应该采取怎样的设计路线？

构思设计结果应该采取怎样的表达手法？

构思能力是设计者最重要的一个能力，它体现在审题阶段，如何审视题目、明确设计目的、分析题目中的限制条件、思考采取怎样的设计路线。这样的分析过程不仅仅是快速设计的考核要求，同样是设计者应当具备的基本素质。与此同时，快速设计独有的命题思路还需要设计者进行更多的训练，培养快速设计的"价值观"（如何正确评价一个快速设计），勤于分析，善于提取考点，遵守快速设计的"游戏规则"（任务书所提出来的各种限制条件，如限高、退界等要求）。

1.3 如何"实践"

如何处理建筑与环境的和谐关系？

如何进行明确的功能分区？

如何把所有房间有秩序地配置到位？

如何有效地组织水平和垂直交通流线？

如何恰当地选择与平面布局相匹配的结构系统？

关于实践能力，体现在设计的方方面面，从场地环境来说，如何在提取场地环境的重要影响因素之后，处理好与环境的关系，重点处理和"题眼"因素的关系，比如场地周围有一棵重要的树木，室内外空间的重点就在于处理好和树的对应关系。从建筑单体来说，根据建筑类型、特定空间等要求，处理好结构、交通流线、功能分区、建筑规范等等一系列的基本问题。实践能力是快速设计的基础能力，也是需要在设计过程中深入培养的能力，只有打好基础，才能沉着应对不断变换的题型，应对各种"游戏规则"所提出的挑战。所以要着重培养如下能力：对各建筑类型设计原理的理解能力、对设计条件的分析能力、解决设计问题的思维能力和动手能力、按正确设计思维和正确设计方法展开设计的能力。

1.4 如何"对试题作出符合要求的答案"

题目："任务书"（目的：限定设计者，让其按统一的"游戏规则"展开设计）

答案：答案的得到不是自由创作，与课程设计和实际工程相比，快速设计有一定的不同之处，它更希望捆住设计者的手脚按规则进行设计游戏，谁能守规矩，老老实实地按设计任务书的要求照章行事，谁就能使自己的方案向命题人的所谓"标准答案"（其实并不存在标准答案）靠拢，才更有希望"过关"。所以对于这一点要求来说，审题就成为"首""要"任务，包括审清总平面的设计要求、建筑的设计要求、绘图的要求等等，审清任务书中的限制条件、"陷阱"条件、暗示条件、干扰条件，找到规则限制的棘手方面重点对待，只有走好这一步，才能保证设计过程在一个正确并且高效的道路上走下去。

1.5 如何构成"合理的空间"

对于空间的要求一直都是快速设计中非常重要的考查方面，在快速设计训练的前期准备期间可以进行一些空间处理的积累和总结工作，如内部空间组织手法有中庭、错层、台阶、缝隙、穿洞等；外部形体组织手法有加减、推拉、折叠、架空、咬合、滑动、旋转、穿插等。在积累手法的同时要充分理解空间的形成逻辑和表达重点，认识"合理"的空间构成。

重视空间的处理是对建筑设计更深入的考查，是对设计者更高的要求，所以快速设计不能仅仅停留在平面功能和外形设计上。

1.6 关于"符合法规规范"

在快速设计中对于规范的理解与应用，反映了设计基本功和建筑素养，是不可或缺的能力。就这一点来看，需要通过各种建筑类型和各种题目的训练去理解和记忆规范内容。同时在设计过程中应当有意识地提前注意这些规范问题，如果到快速设计上板的时候再去检查这些问题，完全没有时间更正和重新设计，况且这也不是一个正确的思路。最后，它可以提升图纸整体效果，让卷面看起来整洁规范，清晰可读，同样也会给阅卷人带来良好的印象。

快速设计中涉及的规范主要有：《民用建筑设计通则》《建筑设计防火规范》《无障碍设计规范》等。

1.7 快速设计命题特点及趋势

（1）常规、非特殊功能性建筑。一般在考研快速设计的考查中，建筑类型多以展厅、住宅、办公楼等常规功能出现，对于一些特殊性功能如机场、火车站等由于涉及过多专业知识和实际工程经验，一般不会在考研快速设计中出现。

（2）空间富于变化。对于空间的要求成为考试的趋势，设计者不仅需要具有平面功能和丰富形体的处理能力，同样在室内及室外空间的塑造上需要进行更多的思考。

（3）与环境的和谐关系。环境的复杂程度及各种环境要素的出现，需要将建筑与环境融合在一起进行考虑，并且影响着功能组织和空间设计。

（4）建筑规模一般为中等以下。由于快速设计时间的限制，建筑面积一般为 2000~5000m²，偶尔也会出现更大的面积需求，但考查的重点在功能的组织上会降低要求。

近些年，建筑学专业考研快速设计的趋势呈现出更短时间要求的趋势，这就需要设计者有更加扎实的基础，更为广泛的涉猎面，更加全面的分析能力和解决能力。同时命题的趋势也呈现出继续加大环境条件的苛刻要求，强调对新老建筑作为整体进行设计的考查，强调功能分区的明确和房间布局的有序等要求。

2 快速设计分类及应对策略

2.1 快速设计分类

2.1.1 按建筑类型划分（考查对不同功能建筑的设计意识）

住宅类：主要涉及类型为别墅、新农村住宅、具有办公功能的 SOHO。

会所类：一般为具有服务性质的小型公共建筑，如社区活动中心、会所、茶室以及游客服务中心。

展馆类：3 小时快速设计主要涉及的是小型展览馆，6 小时设计涉及的一般为规模较大的博物馆或者规划馆。

商业类：一般为商办混合的综合楼，如同济大学 2010 年综合楼设计（3 小时），2011 年商业综合体设计（6 小时）。

教学类：如同济大学 2011 年风雨操场（3 小时），2007 年教学综合楼加建（6 小时）。

旅馆类：如同济大学 2008 年青年旅社（3 小时）。

对于快速设计，题目一般涉及两类考查点，第一类主要考查的是设计者对于不同建筑类型的设计策略，第二类则是考查对“题眼”的理解，即给定的特殊限制的应对策略。不同的建筑类型与不同的“题眼”组合，形成多样的题目。

那么快速设计常涉及的建筑类型有哪些呢？一般来讲，均为我们经常涉及的建筑类型，例如住宅、会所、展馆以及商业建筑等。对于不同的建筑类型，设计手法必有各自的特殊之处，设计策略得当，体现考生自身专业的基本素养，所以要经过大量的训练才能在考场中灵活应对。

那么“题眼”又涉及哪些内容呢？有些题目中往往会出现一些复杂的限制条件，例如封闭的围墙、限定的结构、不规则的地势以及城市道路关系等，面对这些问题，自然要在兼顾这些限制的前提下合理解决好建筑的基本功能流线问题。可以说，“题眼”考查了全面思考问题和灵活应变的能力。

2.1.2 按考点划分（即题眼，考查针对题眼的应对策略）

空间限定类：如 2005 年同济大学社区活动中心快速设计题目（3 小时），2012 年同济大学小茶室快速设计题目（3 小时）。

新老关系类：如 2007 年教学综合楼加建快速设计题目，2010 年同济大学顶层画廊加建快速设计题目（6 小时），2013 年同济大学企业家会所快速设计题目（6 小时），2014 年同济大学社区休闲文化中心快速设计题目（6 小时），2007 年同济大学夯土博物馆快速设计题目（6 小时）。

特殊结构类：如 2006 年同济大学框架展览馆快速设计题目（3 小时），2011 年同济大学风雨操场快速设计题目，2010 年同济大学顶层画廊加建快速设计题目（6 小时）。

绿色生态类：如 2014 年同济大学生态展览馆快速设计题目（3 小时），2015 年同济大学游客服务中心快速设计题目（3 小时）。

竖向空间类：如 2012 年同济大学山地会所快速设计题目（3 小时），2005 年同济大学美术馆快速设计题目（6 小时）。

场地设计类：如 2010 年同济大学综合楼快速设计题目，2008 年艺术家 SOHO 快速设计题目（6 小时），2011 年同济大学商业综合快速设计题目（6 小时），2012 年同济大学城市规划展览馆快速设计题目（6 小时），2013 年同济大学企业家会所快速设计题目（6 小时）。

2.1.3 出题方向总结

从快速设计的两种分类方法来看，出题的方向并非单一地从功能出发或者从考点出发，而是对两种出发点结合的考查，不仅需要设计者从功能的需求出发解决考点带来的问题，同样也需要从考点的角度出发反映建筑类型的特点。如图 2-1 所示，两个范围交集的地方是现在快速设计考试的趋势。

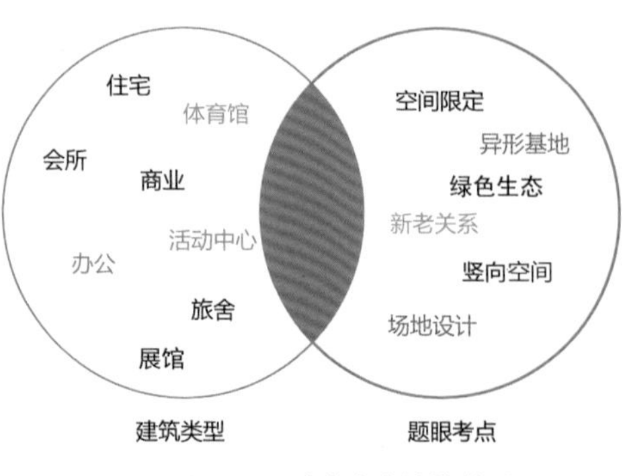

图 2-1 两种分类方法的关系

2.2 快速设计应对策略

2.2.1 应对不同的建筑功能

1. 住宅类

在各类建筑中，住宅与人的关系最为密切，快速设计中的住宅一般为独立住宅或者是带有工作室的 SOHO 类住宅，因此它的空间品质是我们需要格外关注的。同时由于建筑体量较小，所以空间尺度也需要与其他建筑类型区分开。此类题目一般不会提供房间的具体数据要求，需要依靠设计者从自己的经验积累出发，营造适宜的住宅尺度空间，一般需要表达家具，进一步反映人的尺度。

在住宅的设计策略上，主要从以下方面考虑：

（1）朝向：不同房间的采光需求基本上已将功能布局确定，其中客厅和主卧要尽最大可能面向好的朝向（阳光或者景观），次卧避免西向，书房北向为佳，厨房、卫生间、竖向交通和储藏室避开良好朝向。以此可以初步确定功能布局，以及应对主要景观元素，提升空间品质（图 2-2）。

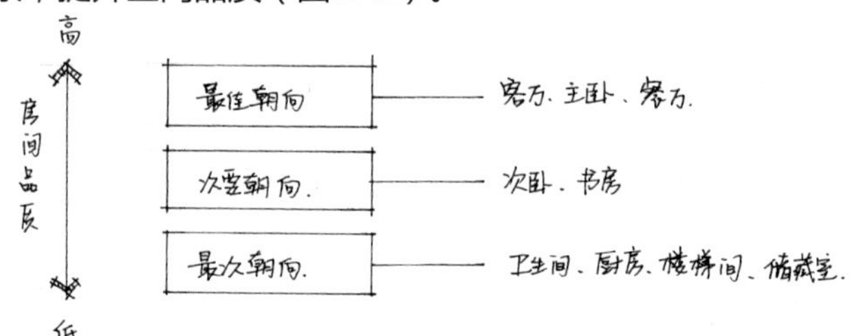

图 2-2 住宅各房间朝向分布

（2）功能分区：较为公共的空间如客厅、餐厅以及老人用房适合放在一层，私密的空间如主卧、书房和家庭起居室则适合放在上层空间（图 2-3）。此外还需注意细节性常识——客卧不宜与主卧同层，卫生间不宜在厨房的正上方。

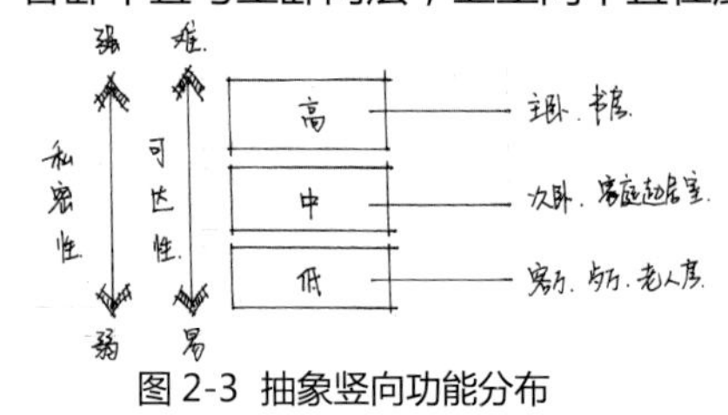

图 2-3 抽象竖向功能分布

（3）空间品质：满足基本功能需求后仍要追求空间品质，例如在客厅设通高空间，主卧配备卫生间和阳台，若场地有景观，可考虑设置露台呼应美景（图 2-4）。

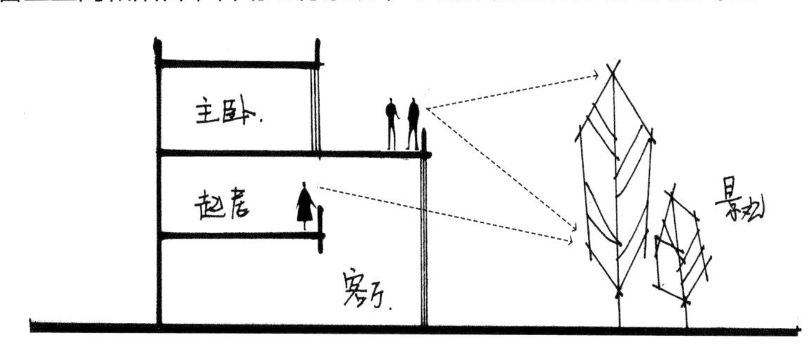

图 2-4 剖面表示通高以及露台与树的关系

2. 会所类

（1）会所等消费空间所承载的一般为满足人们基本需求之后的休闲活动，如餐饮、休息和聚会，因此此类建筑的设计重点仍然是以人为本，尽可能创造高品质空间。设计策略的关注点如下：

朝向：与住宅类似，会所中人所进行活动的空间要争取良好朝向，如茶室、咖啡厅、包间，以及某些会所中的活动室。办公空间可退而求其次，卫生间、楼梯间等辅助空间避开好朝向（图 2-5）。

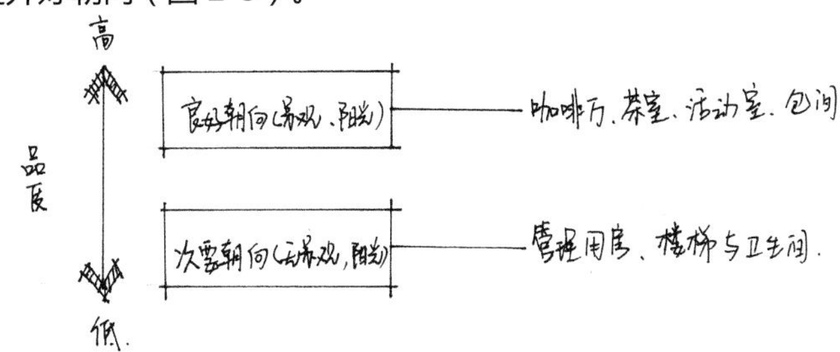

图 2-5 抽象南北向分布

（2）功能分区：会所类建筑一般会涉及辅助空间（管理、储藏等），为避免流线混杂，最好能将主要功能用房和辅助用房进行分区处理（图 2-6）。

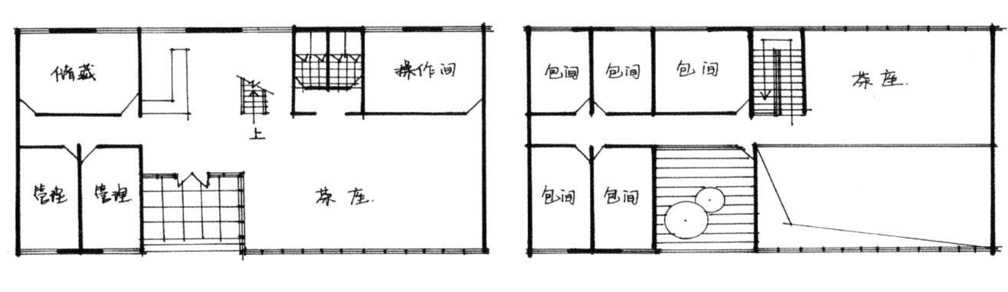

图 2-6 会所功能平面

（3）空间品质：室内空间要着重于剖面设计，例如通高空间、底层架空、屋顶平台以及天窗（图 2-7）。

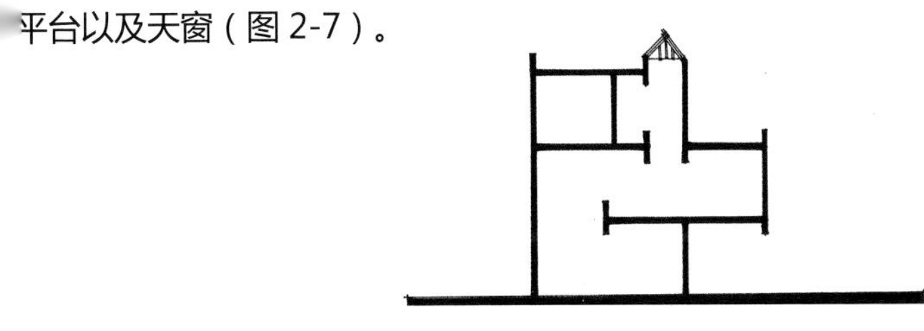

图 2-7 剖面含通高和露台

室外空间则需注重入口空间的设计（图 2-8）。

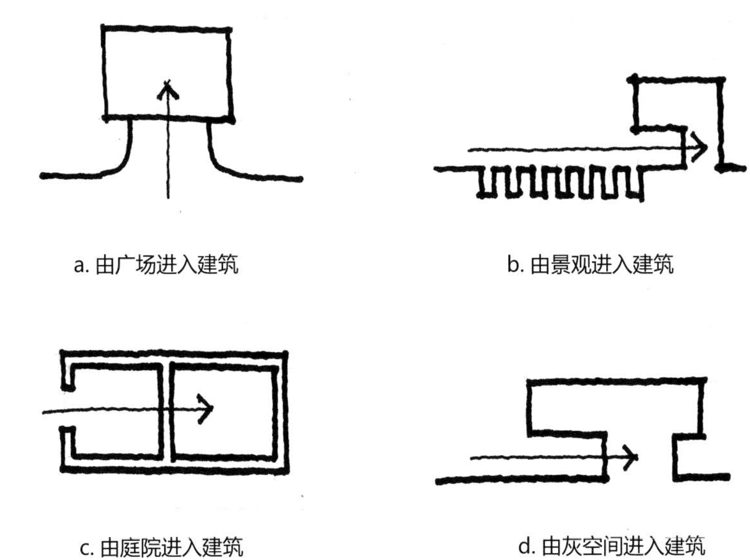

a. 由广场进入建筑 b. 由景观进入建筑

c. 由庭院进入建筑 d. 由灰空间进入建筑

图 2-8 室外入口空间的设计

3. 展馆类

展馆类建筑在历年快速设计考试中出现非常频繁，因此，此类建筑的基本设计策略应了然于心。展馆类建筑可以按规模分为两类，几千平方米的大型展馆和 1000m^2 左右的小型展馆，二者在应对策略上有相似之处，也有不同的侧重点。

（1）功能分区：展馆类建筑的功能主要包括两大类，即展示功能和管理功能，除此之外还有一些附属型服务功能，如咖啡、商店。展示和管理空间的性质是明显不同的，为避免流线交叉，二者在功能布局上应有明确的分区。对于大型展馆，主要分区方式有两种，一种可以对功能进行竖向分区，地面层作为办公等辅助空间，通过室外大台阶将参观者引导至二层进入展厅。另外一种分区方式是将展示功能与办公功能分体块划分，即水平分区（图 1-9）。

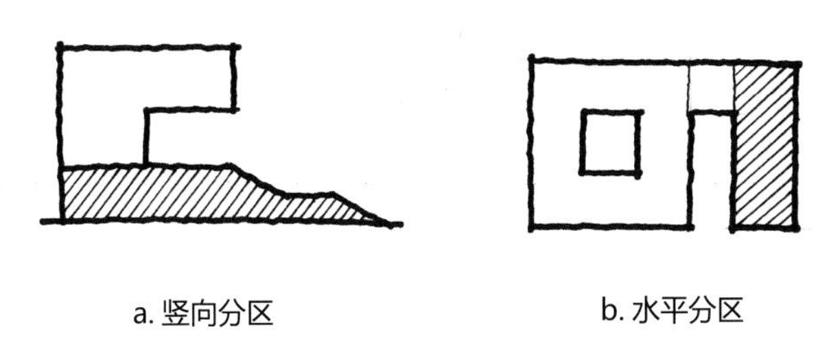

a. 竖向分区 b. 水平分区

图 2-9 大型展馆功能分区示意图

对于小型展馆，分区可以按块划分，将办公等空间集中到建筑中的一个位置整体化处理（图 2-10）。

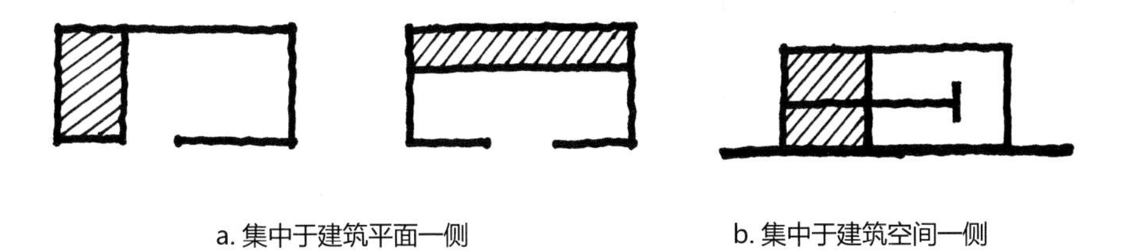

a. 集中于建筑平面一侧 b. 集中于建筑空间一侧

图 2-10 小型展馆功能分区示意图

快速设计展厅常用布局类型（图 2-11）：

串联式：适于中小型或小型馆的连续性强的展出。

放射式：适于中、小型馆的连续或分段式展出。

放射串联式：参观路线明确而灵活，适于连续或分段连续式展出。

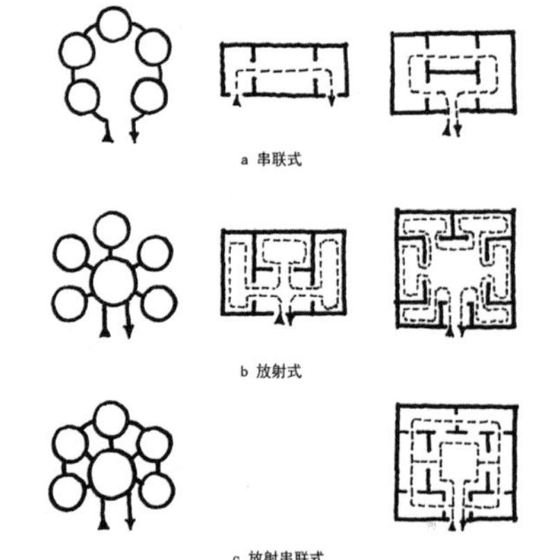

图 2-11 展厅布局类型

（2）立面处理：展馆立面设计不同于一般建筑，由于展示空间一般要避免阳光直射，因而在立面的处理上，展厅部分应不开窗或者开高侧窗。而不开窗会造成立面效果的单一，可以利用将需要开窗的房间集中布置来与展厅的实体立面作对比，营造下虚上实的立面效果（图 2-12）。或者利用展厅的变化，例如上空元素来进行局部开窗处理，从而在立面产生有节奏的变化（图 2-13）。

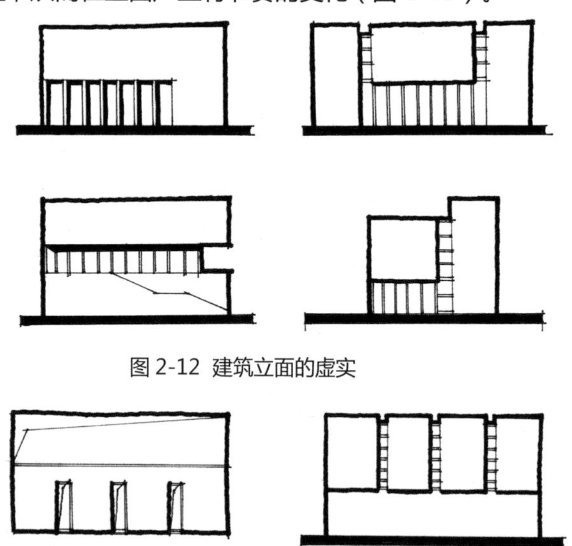

图 2-12 建筑立面的虚实

图 2-13 桑丘标志性展厅平面布局

4. 商业类

商业类建筑一般规模较为庞大，对于 3 小时、6 小时快速设计来讲，很难在这么短的时间内很好地控制如此大规模的设计，因而在考试中出现的几率较低。快速设计出现的商业建筑题型均着重于考查总平面设计，同时会混杂办公功能，商业面积并不是很大。这类题型主要涉及一些小型商业空间和沿街商业空间。

层高：在快速设计中，商业建筑层高在 4.5~5m 即可。

商业分布：若基地临城市步行系统，则商业功能尽可能临街布置。

商铺模式：沿街商铺一般有二层，各个商铺有通向二层的楼梯（图 2-14）。

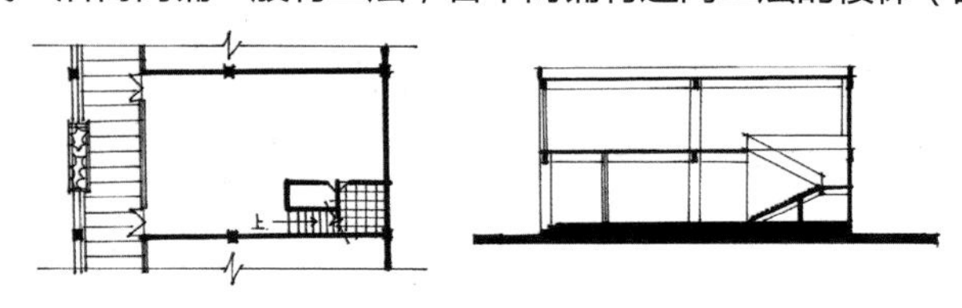

图 2-14 沿街商铺的一层平面和剖面

竖向交通：电梯及疏散楼梯应尽量避免占用核心商业空间。自动扶梯一般结合中庭布置，倾斜角在 30°左右（图 2-15）。

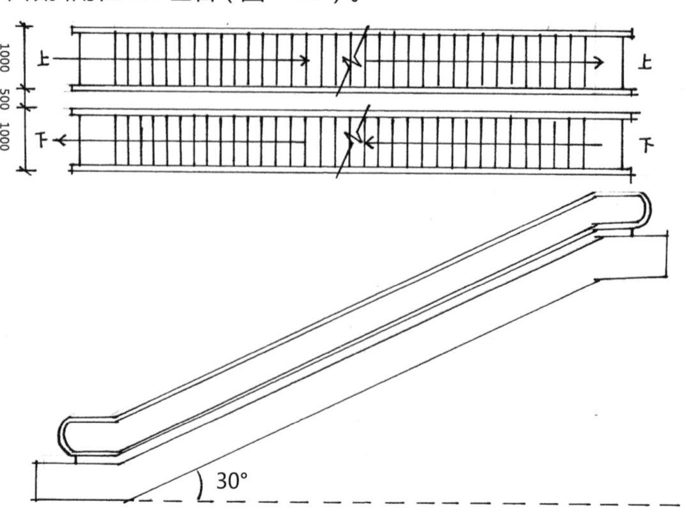

图 2-15 自动扶梯平面、尺寸与侧面角度

5. 教学类

教学建筑特别要注意的是采光。教室和体育用房根据不同的需要进行朝向安排。

教室朝向：对于普通教室，尽量南北向，避免东西向；计算机教室和美术教室尽量朝北。

操场朝向：室外篮球场和排球场等均长边南北向布置，场地周围留有宽度为 4 ~ 6m 的缓冲区（图 2-16）；室内风雨操场无强制要求，但是立面宜开高侧窗，避免大面积开窗 （图 2-17）。

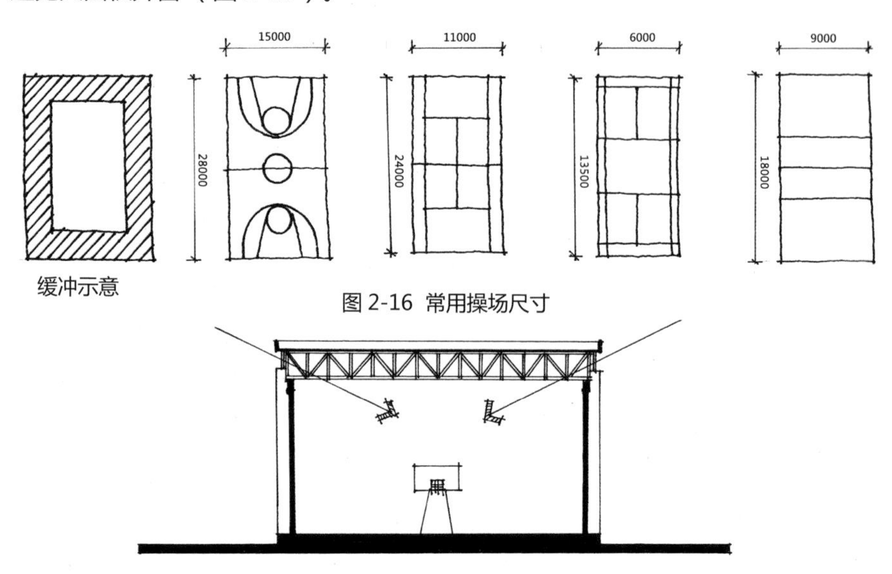

图 2-16 常用操场尺寸

图 2-17 体育馆采光方式

6. 旅馆类

快速设计中的旅馆建筑通常规模较小，通常客房数量在 30 间以下。旅馆类建筑的设计要点如下：

（1）功能分区：注意动静分区，客房区域要保证其环境的安静及私密性。

（2）房间朝向：客房要争取好朝向（采光或景观）。

（3）房间布局：标准间的长宽比约为 2：1，一般可容纳两张单人床，且配备一个卫生间（图 2-18）。

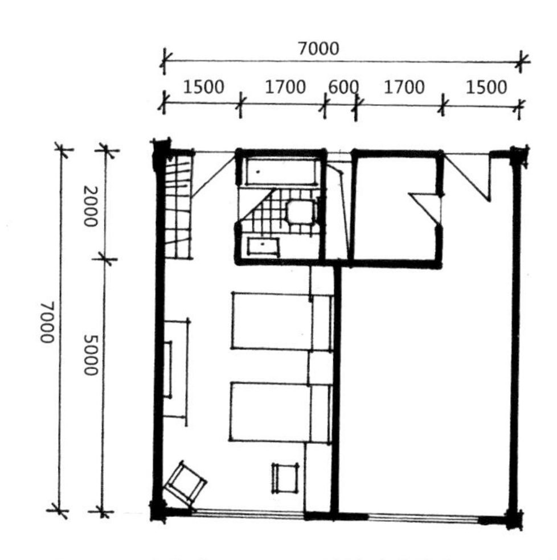

图 2-18 标间在 7m×7m 的柱跨内的布局及尺寸

2.2.2 应对不同的考点

1. 空间限定类

此类题目可以理解为所设计建筑的外立面已被确定且不可改变。例如某些题目给定无窗洞围墙或有窗洞外立面，要求功能房间必须于其内布置。既然外立面已确定，那么就要在建筑内部的品质上做文章。

（1）采光：一般我们习惯于在建筑的外立面开窗采光，但当给定建筑边界没有开窗时，建筑内部空间的采光就是要解决的难题之一。最简单的设计手法是营造庭院。庭院的出现不仅可以满足建筑内部采光，还能丰富并增加空间趣味，提升剖面品质（图 2-19）。

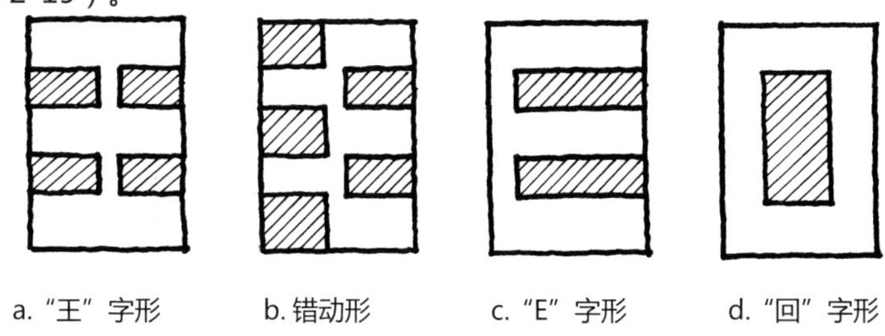
a.“王”字形　b. 错动形　c.“E”字形　d.“回”字形

图 2-19 常见庭院模式

（2）剖面设计：除了上述营造庭院的手法可以丰富剖面设计，还可以通过许多其他手法来实现，如通高空间、屋顶平台、天窗（图 2-20）。

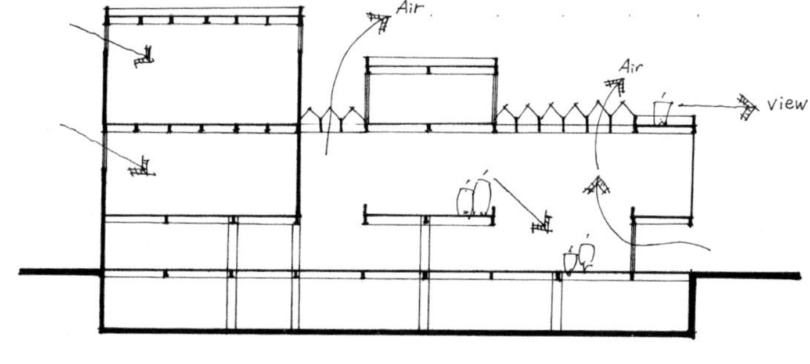

图 2-20 剖面表达

2. 新老建筑关系类

改造日益成为建筑界的热门话题，因此，这类题目已成为近年来的热门题目。应对此类题目的关键点如下：

（1）结构：分为两类情况，一种是水平加建，一种是垂直加建。前者需要注意新老建筑的承重柱要脱开 1m 左右，以防彼此基础在地面之下“打架”（图 2-21）。对于垂直加建，则需要注意新老建筑承重结构位置的对应，以及要分析原有结构的类型以判断其能否被破坏（如添置楼梯间）。

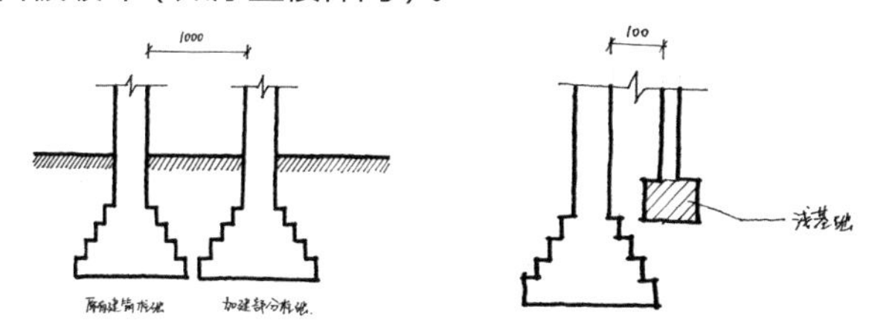

图 2-21 新老建筑加建柱础示意

（2）入口：一般题目中会做出如下要求：新建部分一般为原有建筑功能的延伸，应与原有建筑成为整体。在此条件之下，入口宜选设在靠近新老建筑交接处的位置，也就是在居中部分，这样便于人流分散（图 2-22）。

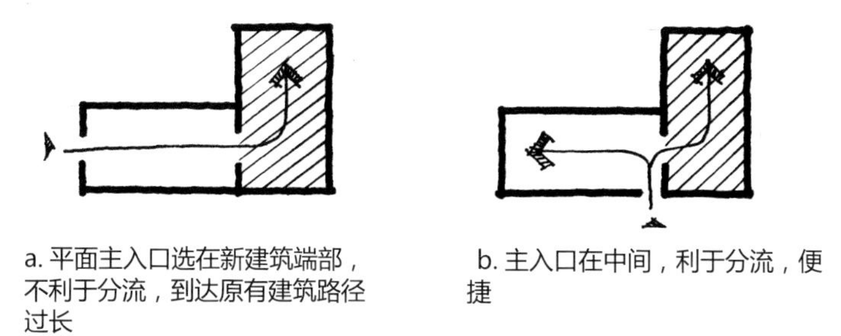
a. 平面主入口选在新建筑端部，不利于分流，到达原有建筑路径过长

b. 主入口在中间，利于分流，便捷

图 2-22 新老建筑主入口选择

（3）风貌呼应：在许多题目中往往会提及新建建筑的风貌要与原有建筑相呼应，或者有特别描述周边建筑风格的语句出现。在此情况下，我们需要在“补新以新”的原则下运用不同手法去呼应原有建筑。

形体呼应：譬如原有建筑为坡屋顶，那么我们就可以用更为现代的坡屋顶造型与之呼应（图 2-23）。

立面呼应：从比例、细节分析原有建筑的立面分段，例如窗的开洞界限，来约束新建筑的立面设计（图 2-24）。

材质呼应：把握原有建筑的色调，合理使用材质。

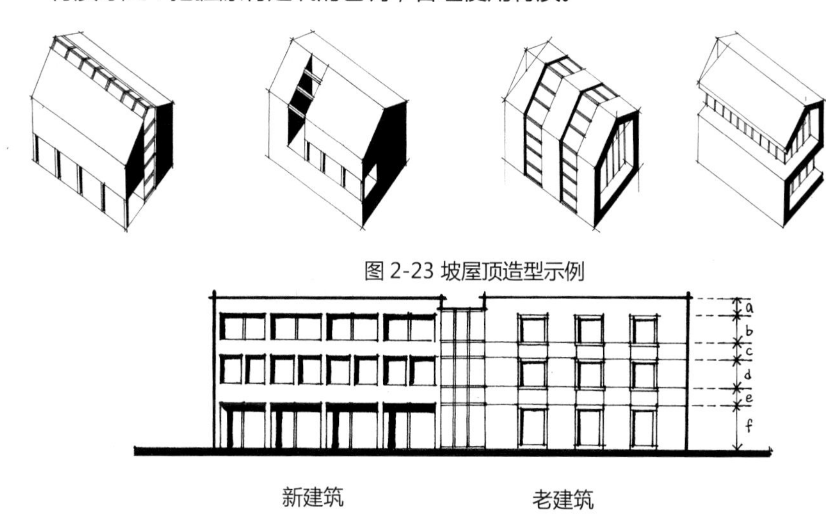

图 2-23 坡屋顶造型示例

图 2-24 新建筑与老建筑立面开窗呼应

3. 特殊结构类

快速设计中的特殊结构主要涉及的类型为大空间的结构选型，主要常涉及的结构类型为井字梁结构与桁架结构。所以对于两种结构的常用数据，需要熟知，以便作图表达合理准确。

井字梁：适用的空间长宽比范围为 1：1~1：1.5（2：3），跨度为 20m 以内（图 2-25），梁间距约为 3m，梁厚 500~800mm（图 2-26）。

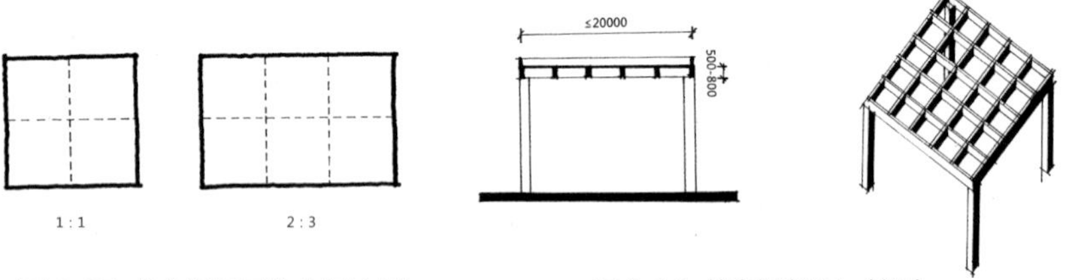

图 2-25 井字梁适用的空间比例　　　图 2-26 井字梁剖面、轴测

桁架结构：桁架结构自身表现力强，可结合立面合理做结构外露处理。其跨度范围以及剖面形式如图 2-27 所示。

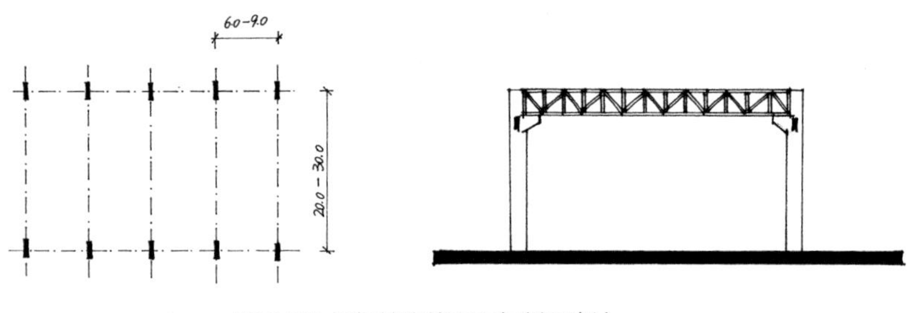

图 2-27 桁架结构的平面与剖面表达

4. 绿色生态类

绿色建筑也成为近年出现的考点之一，这里主要考查的是通过建筑本身形体的处理来达到节能目的的能力。处理手法可从以下方面考虑。

（1）通风：首先可以通过底层架空或架空与中心庭院的结合来改善建筑外环境通风（图 2-28）。对于建筑内部还可以利用剖面中的通高空间所形成的烟囱效应来达到通风目的（图 2-29）。

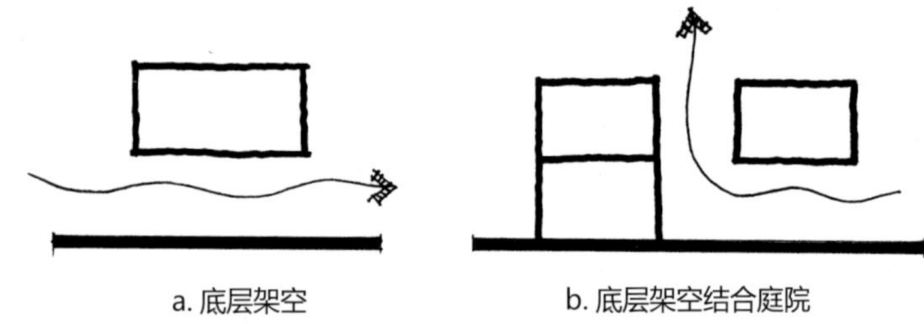

a. 底层架空　　b. 底层架空结合庭院

图 2-28 架空改善建筑外部通风环境

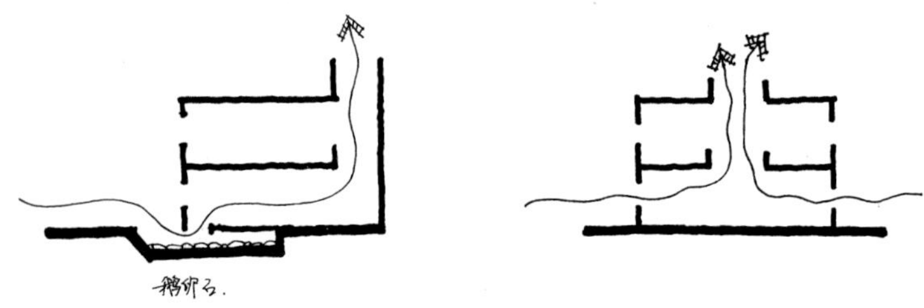

图 2-29 建筑内部通风

（2）遮阳：推荐使用凹窗，即将窗台加厚，玻璃后退形成深遮阳节能手段，同时又有利于短时间的快速形体表达（图 2-30）。或是将凹窗结合竖向百叶，形成有节奏的立面效果（图 2-30）。此外可利用墙面后退形成的平台来达到深遮阳的效果。

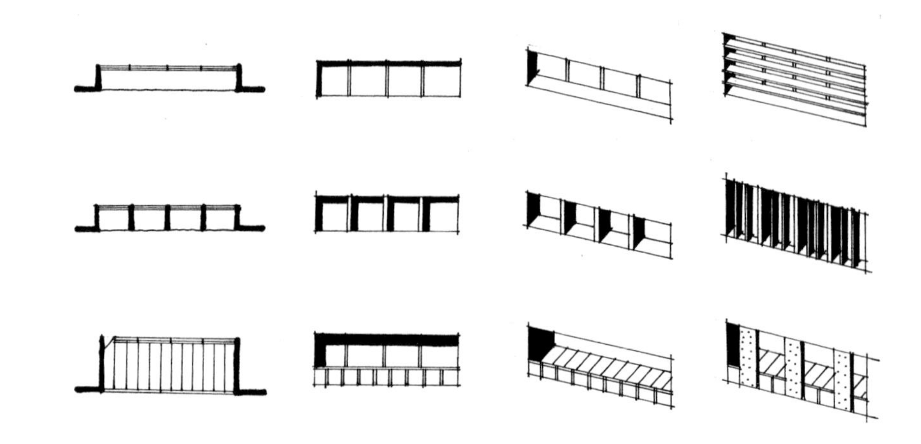

图 2-30 窗洞口遮阳处理

（3）绿化：绿化在绿色建筑中的作用主要是为建筑提供隔热层，同时美化环境。常用绿化的处理方式为屋顶绿化与垂直绿化（图 2-31）。

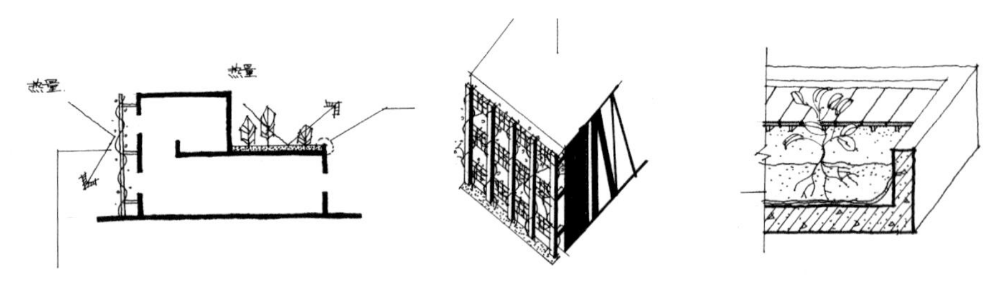

图 2-31 屋顶绿化与垂直绿化的隔热作用示意

5. 竖向空间类

此类题目一般考查的是设计者对于竖向设计的掌控能力。一般快速设计可能会首先从平面功能入手，那么此类题目则从解决剖面关系入手为佳。解决剖面关系中最复杂的就是处理不同的高差，这里主要包括室外高差与室内高差。

解决室外高差一般就是考查坡地建筑的设计手法。坡地建筑与地面的关系一般有六种，地下式、倾斜式、地表式、阶梯式、架空式和吊脚式（图 2-33）。

6. 总平设计类

在 3 小时快速设计中，对于总平面的考查点一般是如何处理单体建筑与基地之间的几何关系以及相应的一些设计常识。而在 6 小时设计中就会比较复杂，一般会涉及建筑群体的组合与主轴线的问题。

建筑与基地的关系：很多情况下，题目给定基地并不是正交图形，而是有一条或几条明显的斜轴，在这种情况下处理此问题可采用以下手段（图 2-32）：

（1）将基地轮廓等比缩放得到建筑轮廓。

（2）将正交建筑体块局部扭转呼应基地斜轴。

（3）利用正交的建筑体块平移呼应基地斜轴。

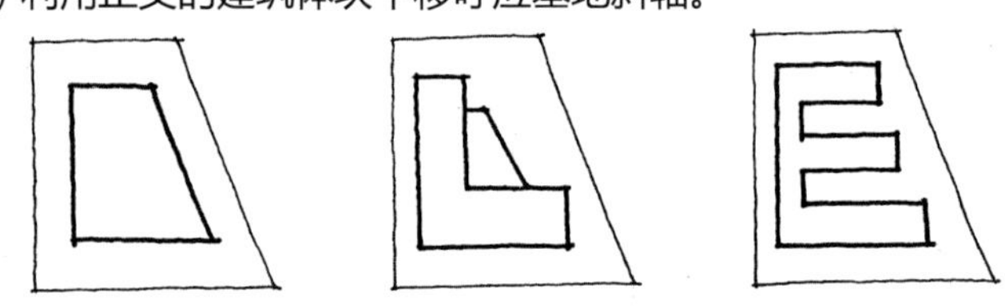

图 2-32 建筑体块与不规则地形的呼应

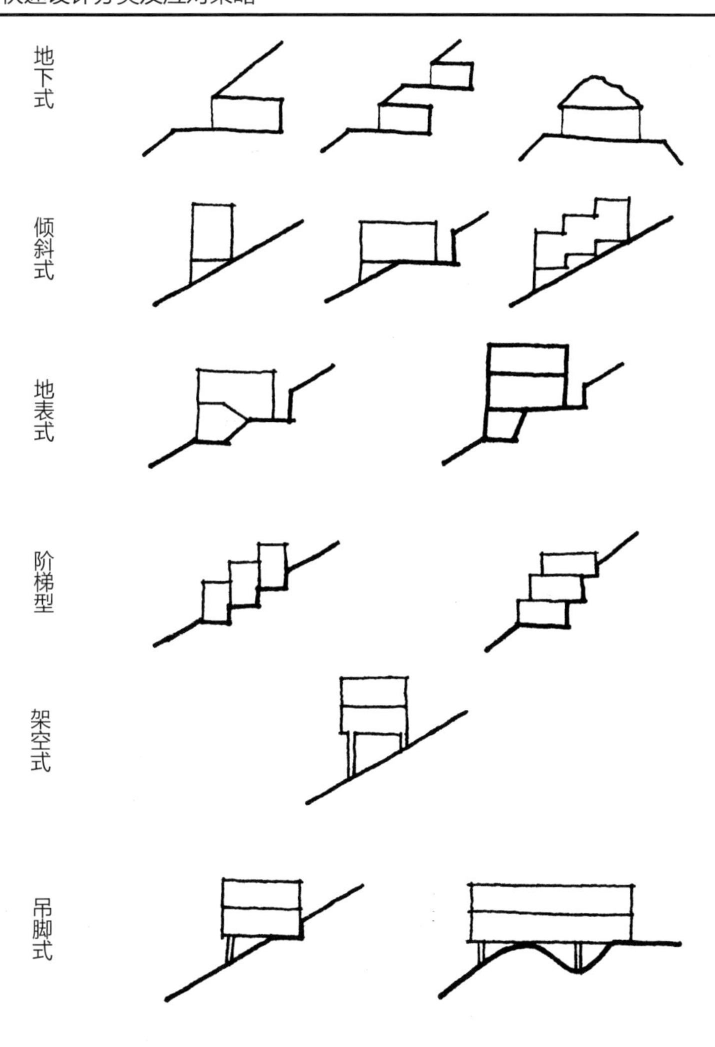

图 2-33 山地建筑的接地方式

基地车行入口的选择：基地周边若有城市干道与城市支路，那么一般将车行入口开在城市支路上。切记不要将车行入口开在干道、快速干道上。同时车行入口与城市主干道交叉口的距离，自道路红线交叉点起不应小于 70m（图 2-34）。

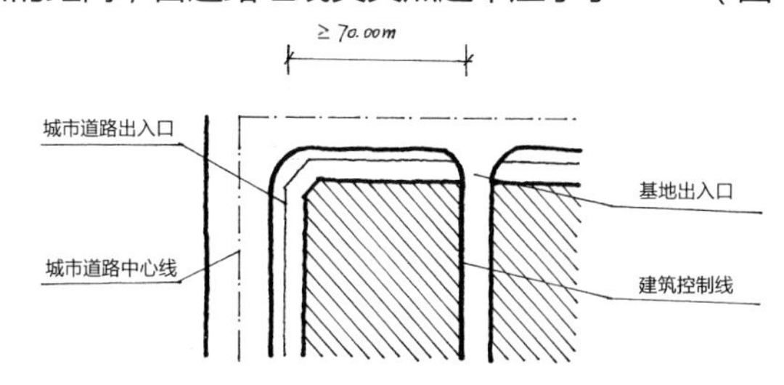

图 2-34 基地出入口与城市道路的关系

地下车库出入口：这里主要涉及一系列常用数据，出入口类型可分为单车道与双车道，宽度分别为 4m 与 7m。在快速设计中，出入口露出地面的长度不小于 25m 即可。图 2-35 为两种总平面表达地下车库出入口的图示。

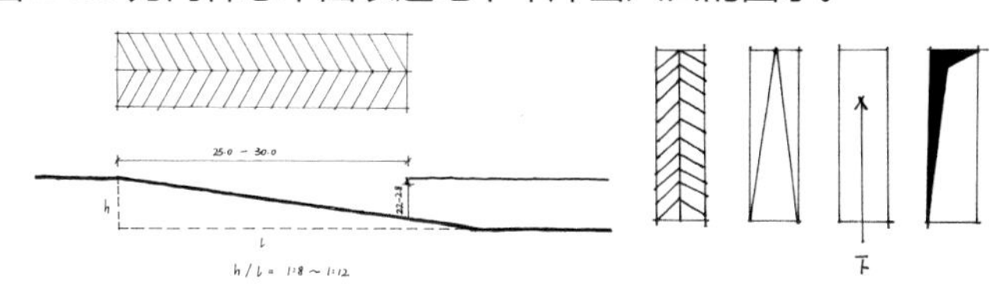

图 2-35 地下车库出入口剖面平面示意

建筑组团：将主要道路轴线画出后，基本就得到了建筑用地轮廓，此时只需按轮廓等比缩放得到环形的建筑形体，再将其截断增强通达性，最后再做一些局部处理就可得到协调的建筑组团（图 2-36，图 2-37）。

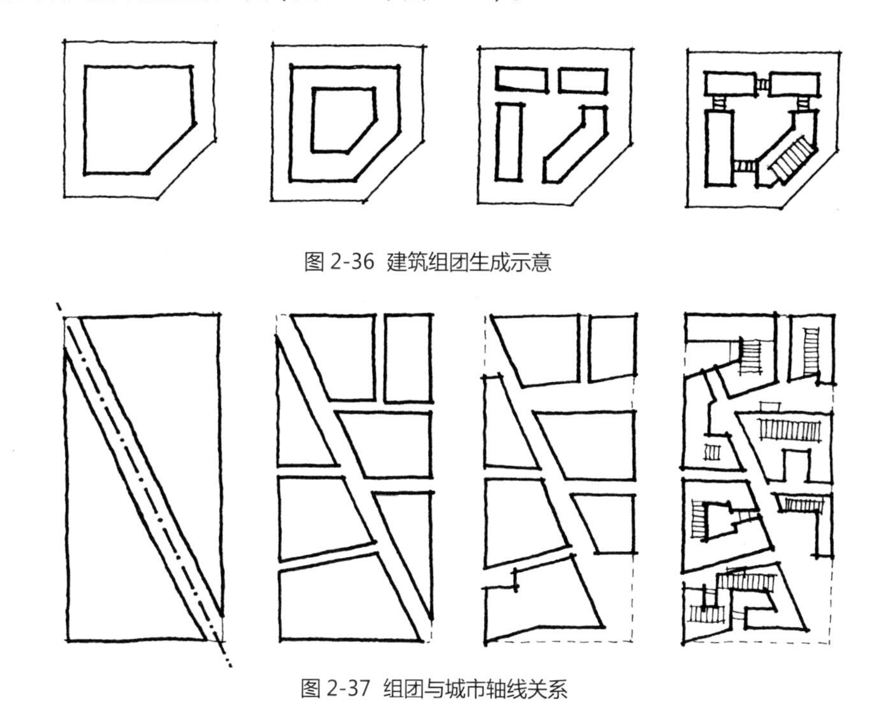

图 2-36 建筑组团生成示意

图 2-37 组团与城市轴线关系

3 快速设计中的建筑规范

3.1 建筑分类及耐火等级

民用建筑根据其建筑高度和层数可分为单、多层民用建筑和高层民用建筑。

高层民用建筑根据建筑高度、使用功能和楼层的建筑面积可分为一类和二类（表 3-1）。

表 3-1 建筑分类

名称	高层民用建筑		单、多层民用建筑
	一 类	二 类	
住宅建筑	建筑高度大于54m的住宅建筑（包括设置商业服务网点的住宅建筑）	建筑高度大于27m，但不大于54m的住宅建筑（包括设置商业服务网点）	建筑高度不大于27m的住宅建筑（包括设置商业服务网点）
公共建筑	1.建筑高度大于50m的公共建筑； 2.任一楼层建筑面积大于1000m²的商店、展览、电信、邮政、财贸金融建筑和其他多种功能组合的建筑； 3.医疗建筑、重要公共建筑； 4.省级及以上的广播电视和防灾指挥调度建筑、网局级和省级电力调度建筑； 5.藏书超过100万册的图书馆、书库	除一类高层公共建筑外的其他高层公共建筑	1.建筑高度大于24m的单层公共建筑 2.建筑高度不大于24m的其他公共建筑

资料来源：民用建筑住宅规范

民用建筑的耐火等级应根据其建筑高度、使用功能、重要性和火灾扑救难度等，分为一、二、三、四级。

3.2 总平面布局

主要注意一二级民用建筑之间防火间距设置（图 3-1）。

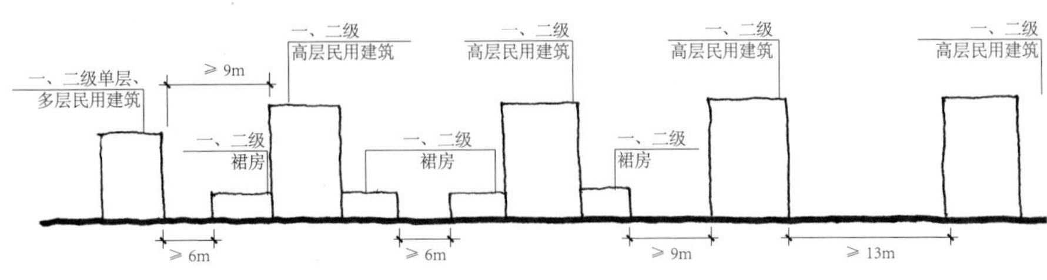

图 3-1 一、二级民用建筑之间的防火间距

3.3 防火分区和层数

一般民用建筑防火分区如表 3-2 所示。

表 3-2　　民用建筑防火分区面积

名称	耐火等级	防火分区最大允许面积（m²）	备注
高层民用建筑	一、二级	1500	对于体育馆、剧场的观众厅，防火分区的最大允许建筑面积可适当增加。
单、多层民用建筑	一、二级	2500	
	三级	1200	-
	四级	600	-
地下或半地下建筑（室）	一级	500	设备用房的防火分区最大允许建筑面积不应大于1000m²

资料来源：《民用建筑防火规范》

汽车库防火分区最大允许建筑面积规定如下：单层车库：3000m²；多层车库、半地下车库及设在建筑首层的车库：2500m²；地下车库、高层车库：2000m²。

注：表中规定的防火分区最大允许建筑面积，当建筑内设置自动灭火系统时，可按本表的规定增加 1.0 倍。局部设置时，增加面积可按该局部面积的 1.0 倍计算。

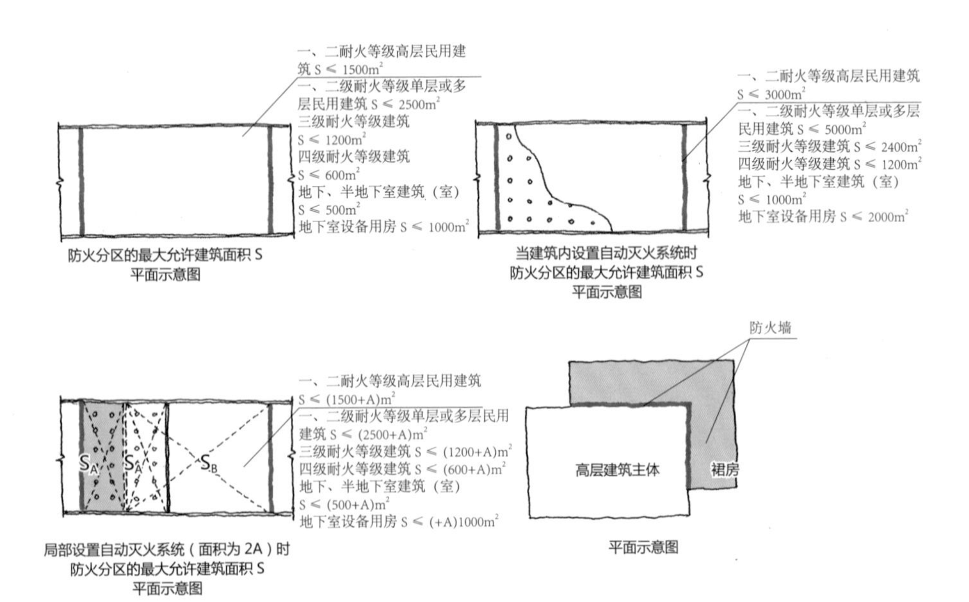

图 3-2 民用建筑防火分区面积示意图

3.3.1 敞开楼梯

建筑物内设置自动扶梯、敞开楼梯等上下层相连通的开口时，其防火分区的建筑面积应按上下层相连通的建筑面积叠加计算；当叠加计算后的建筑面积大于防火分区最大允许建筑面积的规定时，应划分防火分区（图 3-3）。

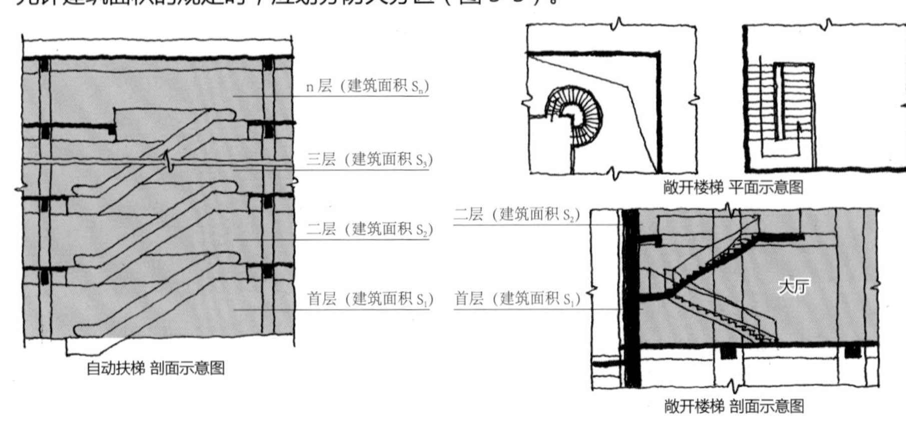

图 3-3 敞开楼梯防火分区面积示意图

3.3.2 中庭

建筑内设置中庭时，其防火分区的建筑面积应按上、下层相连通的建筑面积叠加计算；当叠加计算后的建筑面积大于规范中的防火分区最大允许建筑面积的规定时，应当符合下列规定：

（1）与周围连通空间应进行防火分隔；

（2）高层建筑内的中庭回廊应设置自动喷淋灭火系统和火灾自动报警系统；

（3）中庭应设置排烟设施；

（4）中庭内不应布置可燃物（图 3-4）。

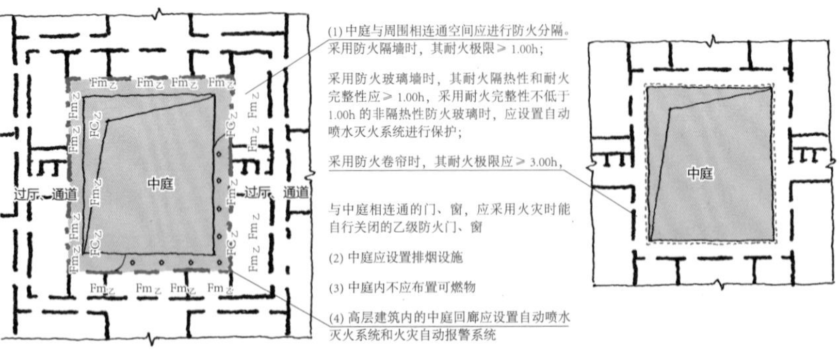

图 3-4 中庭防火分区设置示意图

3.3.3 营业厅、展览厅

一、二级耐火等级建筑内的商店营业厅、展览厅，当设置自动灭火系统和火灾自动报警系统并采用不燃或难燃装修材料时，其每个防火分区的最大允许建筑面积应符合下列规定：

（1）设置在高层建筑内时，不应大于 4000m²；

（2）设置在单层建筑或仅设置在多层建筑的首层内时，不应大于 1000m²；

（3）设置在地下或半地下时，不应大于 2000m²。

3.3.4 有顶棚的步行街

餐饮、商店等商业设施通过有顶棚的步行街连接，且步行街两侧的建筑需利用步行街进行安全疏散时，应符合下列规定：步行街两侧建筑相对面的最近距离均不应小于规范对相应高度建筑的防火间距要求且不应小于 9m。设置回廊或挑檐时，其出挑宽度不应小于 1.2m。

3.4 平面布局

3.4.1 住宅合建

住宅部分与非住宅部分的安全出口和疏散楼梯应分别独立设置；为住宅部分服务的地上车库应设置独立的疏散楼梯或安全出口，地下车库的疏散楼梯应按有关规范的规定进行分隔；住宅部分和非住宅部分的安全疏散、防火分区和室内消防设施配置，可根据各自的建筑高度分别按照住宅建筑和公共建筑相关规范的规定执行（图 3-5）。

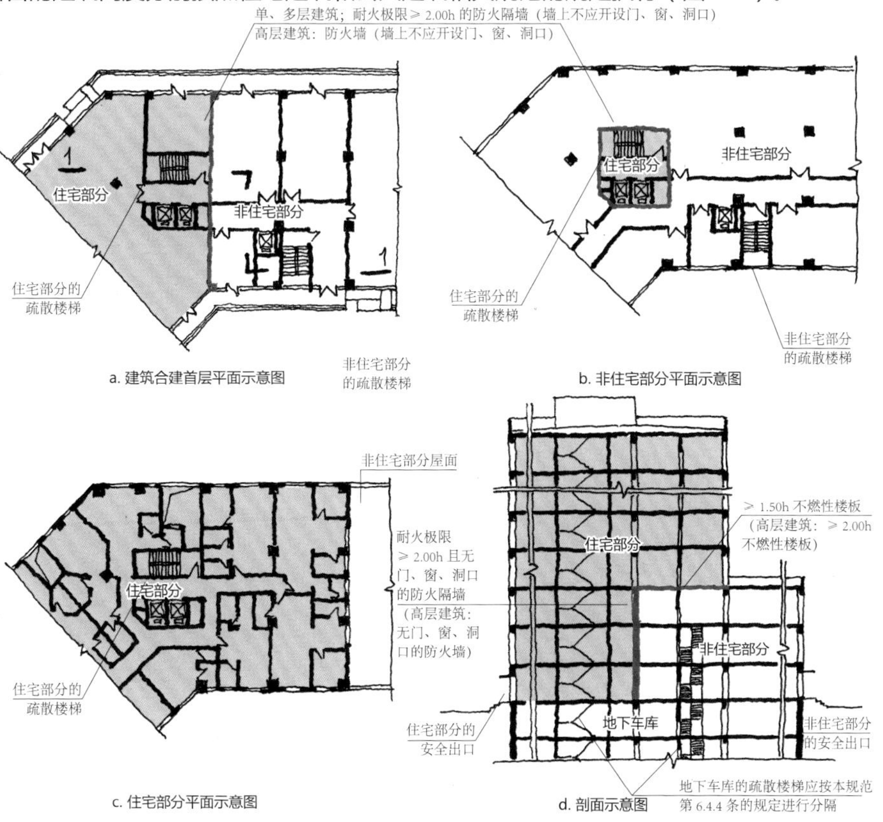

图 3-5 住宅与其他功能建筑合建示意图

3.4.2 商业网点

设置在住宅建筑的首层或首层及二层，每个分隔单元建筑面积不大于 300m² 的商店、邮政所、储蓄所、理发店等小型营业性用房。设置商业服务网点的住宅建筑，其居住部分与商业服务网点之间应采用耐火极限不低于 2.00h 且无门、窗、洞口的防火隔墙和 1.50h 的不燃性楼板完全分隔。住宅部分和商业服务网点部分的安全出口和疏散楼梯应分别独立设置（图 3-6）。

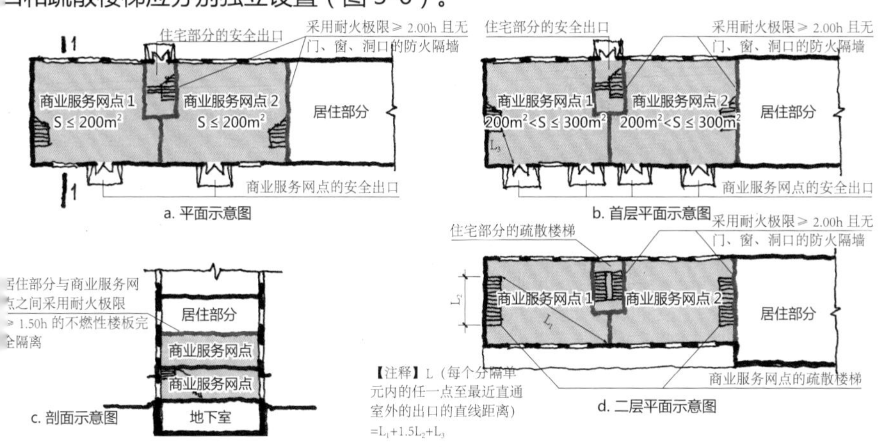

图 3-6 首层及二层为商业服务网点的住宅建筑

3.5 安全疏散

3.5.1 原则

疏散路线要简捷，易于辨认，须设置简明易懂、醒目易见的疏散指示标志，便于寻找、辨别。疏散路线设计应符合人们的习惯要求和人在建筑火灾条件下的心理状态及行动特点。尽量不使疏散路线和扑救路线相交叉，避免相互干扰。

建筑物内的任一房间或部位，一般都应有 2 个不同疏散方向可供疏散，尽可能不布置袋形走道。除有特殊规定外，建筑物内每个楼层或防火分区的安全出口不应少于 2 个，且各楼层或防火分区的安全出口总宽度，应能满足该楼层或防火分区全部疏散人数，在可用疏散时间内安全疏散到安全地点的要求（图 3-7）。

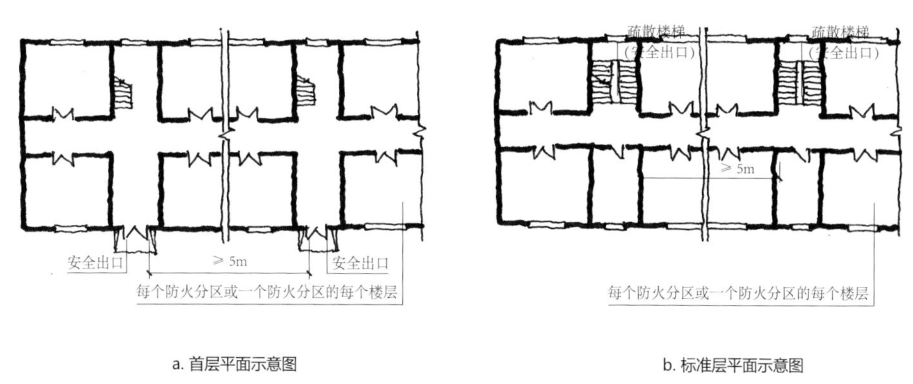

图 3-7 建筑物内安全出口设置

3.5.2 一个安全出口的条件

除托儿所、幼儿园外，建筑面积不大于 200m² 且人数不超过 50 人的单层公共建筑或多层公共建筑的首层；除医疗建筑、老年人建筑、托儿所、幼儿园的儿童用房，儿童游乐厅等儿童活动场所和歌舞娱乐放映游艺场所等外，符合下表规定的公共建筑，可设一个安出口（表 3-3）。

表 3-3 设置一个安全入口建筑条件

耐火等级	最多层数	每层最大建筑面积（m²）	人数
一、二级	3	200	第二、三层的人数之和不超过50人
三级	3	200	第二、三层的人数之和不超过25人
四级	2	200	第二人数不超过15人

3.5.3 疏散楼梯

疏散楼梯（间）的数量、位置、宽度和楼梯间形式应满足人员安全疏散和使用方便的要求。建筑的楼梯间形式应根据建筑形式、建筑层数、建筑面积等因素确定。楼梯间的首层应设置直接对外的出口，便于人流的直接疏散；当楼梯间的首层难以设置直接对外的出口时，应保证首层火灾不会影响到其上下各层人员利用该出口安全疏散。

一类高层公共建筑和建筑高度大于 32m 的二类建筑（除通廊式和单元式住宅外），其疏散楼梯应采用防烟楼梯间；裙房和建筑高度不超过 32m 的二类建筑，其疏散楼梯应采用封闭楼梯间。室内地面与室外出入口地坪高差大于 10m 或 3 层及以上的地下、半地下建筑（室），其疏散楼梯应采用防烟楼梯间；其他地下或半地下建筑（室）的疏散楼梯应采用封闭楼梯间（图 3-8）。

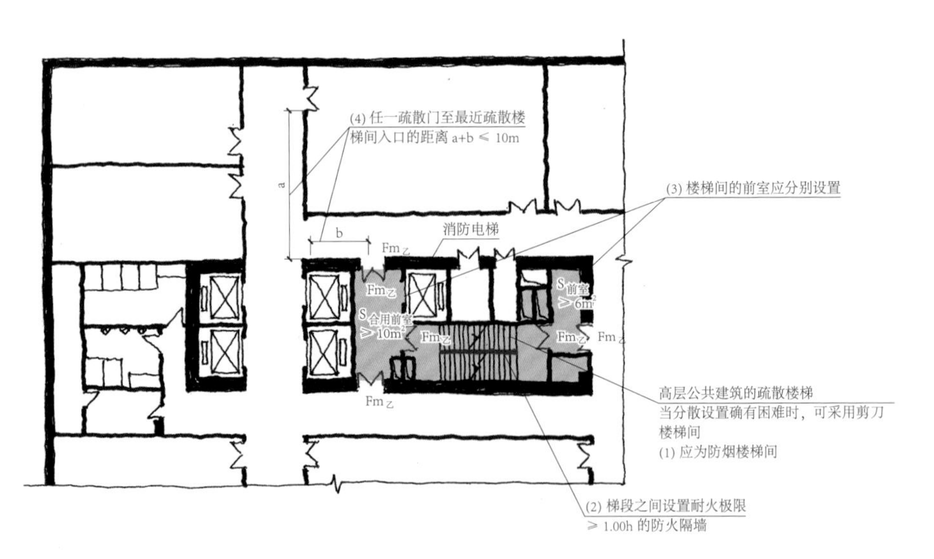

图 3-8 高层公共建筑疏散楼梯平面示意图

3.5.4 疏散出口

建筑内每个房间的疏散出口应分散布置且应尽可能相互远离。

一般情况下 2 个疏散出口最远边缘之间的直线距离不小于所在房间或区域内最长对角线的一半。规范要求疏散出口最远边缘之间的直线距离不应小于 5m，否则应按一个疏散出口考虑。疏散出口的总宽度应能满足室内全部人员在可用疏散时间内全部安全疏散到室外的要求。疏散出口应直接通向安全出口，不应经过其他房间。

3.5.5 疏散门

位于走道尽端的房间，建筑面积小于 50m² 且疏散门的净宽度不小于 0.90m，或由房间内任一点至疏散门的直线距离不大于 15m、建筑面积不大于 200m² 且疏散门的净宽度不小于 1.40m；歌舞娱乐放映游艺场所内建筑面积不大于 50m² 且经常停留人数不超过 15 人的厅、室（图 3-9），可设置 1 个疏散门。

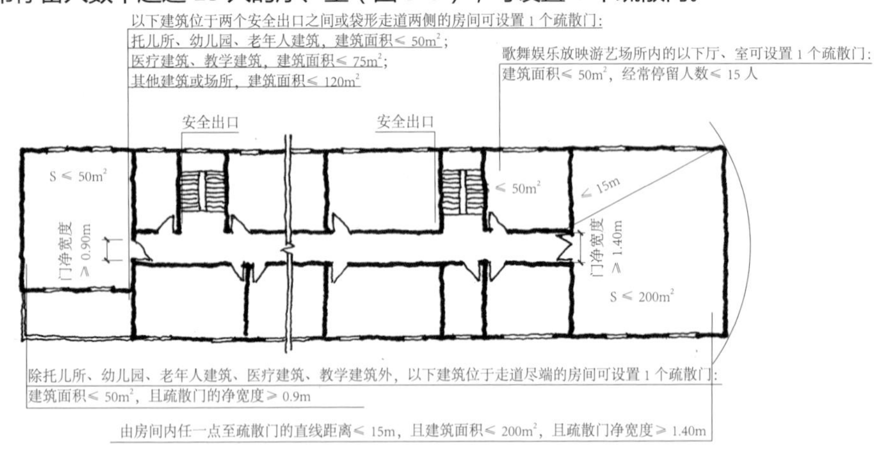

图 3-9 疏散门设置示意图

3.5.6 疏散走道

疏散走道的宽度应综合考虑所在区域的用途、疏散距离和疏散人数，应能满足该区域内全部人员安全疏散的要求，且不应小于安全出口或疏散出口的宽度。疏散走道应直接通向安全出口，并应考虑能有 2 个或多个不同的疏散方向。走道上不宜设置门槛、阶梯。疏散走道两侧及顶棚应采用具有足够的防火防烟性能的结构体与周围空间分隔。疏散坡道应设置围护墙体或高度不低于 1m 的护栏并应采取防滑措施，坡道的坡度不应大于 1：10。疏散走道在防火分隔处应设置与该部位分隔要求一致的防火门。

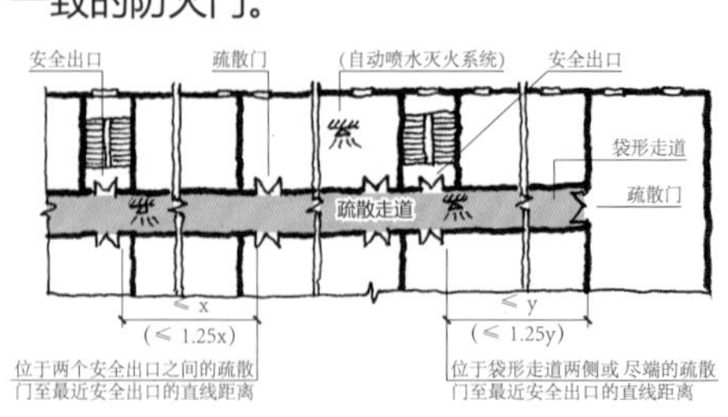

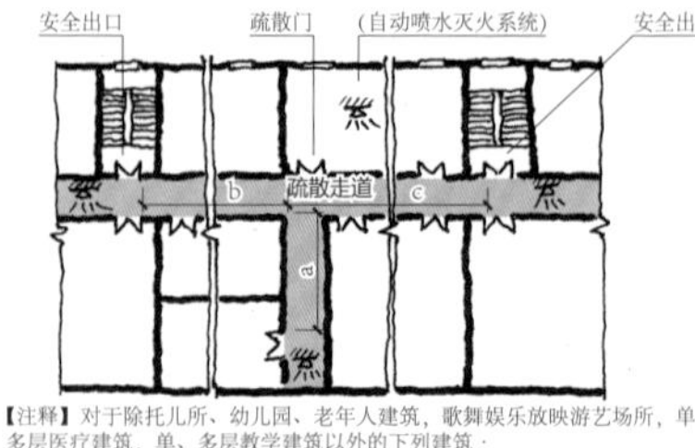

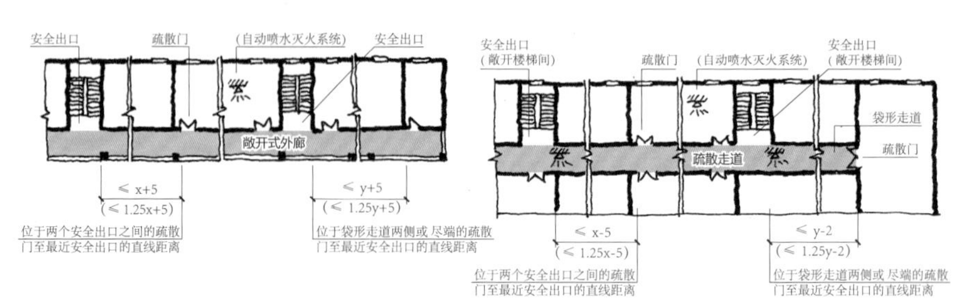

图 3-10 疏散走道设置示意图

3.5.7 疏散距离

建筑内开向敞开式外廊建筑的房间疏散门至最近安全出口最大距离可按表 3-4 增加 5m。直通疏散走道的房间疏散门至最近敞开楼梯间的直线距离，当房间位于两个楼梯间之间时，应按本表的规定减少 5m; 当房间位于袋形走道两侧或尽端时，应按表 3-4 的规定减少 2m。建筑物内部设置自动喷淋灭火系统时，其安全疏散距离可按表 3-4 的规定增加 25%。 楼梯间应在首层直通室外，确有困难时，可在首层采用扩大封闭楼梯间或防烟楼梯间前室。当层数不超过 4 层时，可将直通室外的门设置在离楼梯间不大于 15m 处。 一、二级耐火等级公共建筑内疏散门或安全出口不少于 2 个的观众厅、展览厅、多功能厅、餐厅、营业厅等，其室内任一点至最近疏散门或安全出口的直线距离不应大于 30m；当疏散门不能直通室外地面或疏散楼梯间时，应采用长度不大于 10m 的疏散走道通至最近的安全出口。当该场所设置自动喷水灭火系统时，其安全疏散距离可增加 25%。

表 3-4 建筑内疏散最大距离

名称			位于两个安全出口之间的疏散门			位于袋形走道两侧或尽端的疏散门		
			一、二级	三级	四级	一、二级	三级	四级
托儿所、幼儿园 老年人建筑			25	20	15	20	15	10
歌舞娱乐放映游艺场所			25	20	15	9	—	—
医疗建筑	单、多层		35	30	25	20	15	10
	高层	病房部分	24	—	—	12	—	—
		其他部分	30	—	—	15	—	—
教学建筑	单、多层		35	30	25	22	20	10
	高层		30	—	—	15	—	—
高层旅馆、展览建筑			30	—	—	15	—	—
其他建筑	单、多层		40	35	25	22	20	15
	高层		40	—	—	20	—	—

3.6 消防车道

街区内的道路应考虑消防车的通行，道路中心线间的距离不宜大于 160m。当建筑物沿街道部分的长度大于 150m 或总长度大于 220m 时，应设置穿过建筑物的消防车道。确有困难时，应设置环形消防车道。高层民用建筑，超过 3000 座位的体育馆，超过 2000 个座位的会堂，占地面积大于 3000m² 的展览馆等单、多层公共建筑应设置环形消防车道，确有困难时，可沿建筑的两个长边设置消防车道。对于住宅建筑和山坡地或河道边临空建造的高层建筑，可沿建筑的一个长边设置消防车道，但该长边所在建筑立面应为消防车登高操作面（图 3-11）。

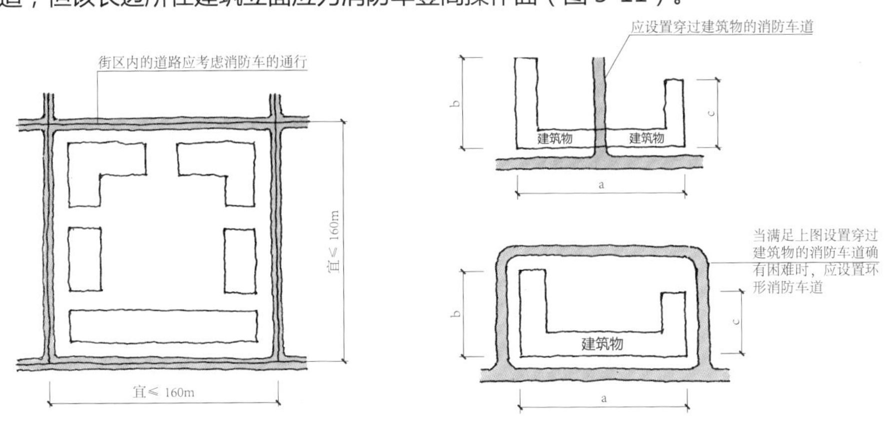

【注释】a>150m（长条形建筑物）；a+b>220（L 形建筑物）；a+b+c>220（U 形建筑物）

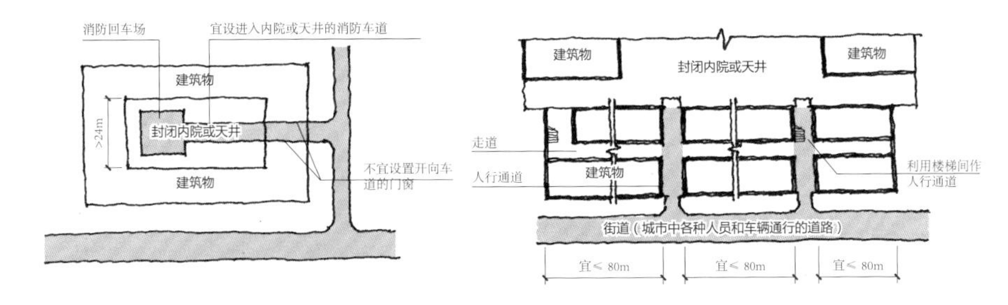

【注释】图示为不得影响消防车通行或影响人员安全疏散的设施举例

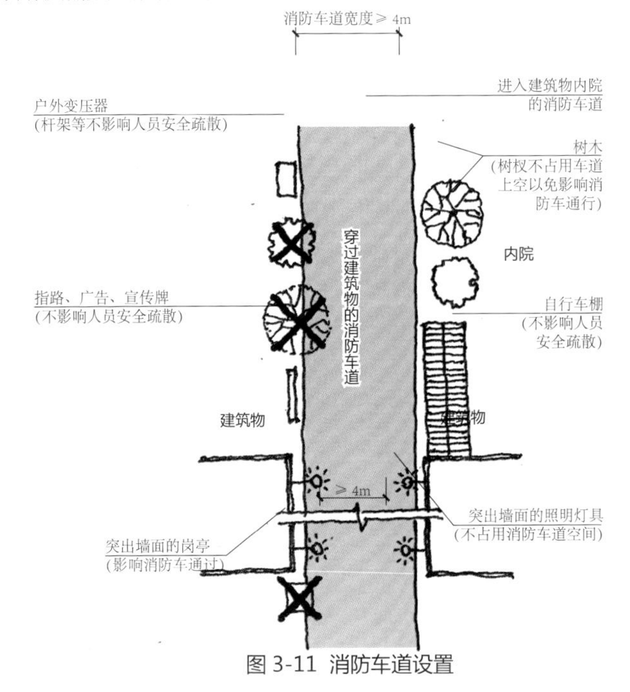

图 3-11 消防车道设置

车道的净宽度和净空高度均不应小于 4.0m：转弯半径应满足消防车转弯的要求；消防车道与建筑之间不应设置妨碍消防车操作的树木、架空管线等障碍物；消防车道靠建筑外墙一侧的边缘距离建筑外墙不宜小于 5m；消防车道的坡度不宜大于 8%。

环形消防车道至少应有两处与其他车道连通（图 3-12），尽头式消防车道应设置回车场，回车场不应小于 12m×12m；对于高层建筑，二类高层建筑不宜小于 15m×15m；供重型消防车使用时，一类高层建筑不宜小于 18m×18m（图 3-13）。

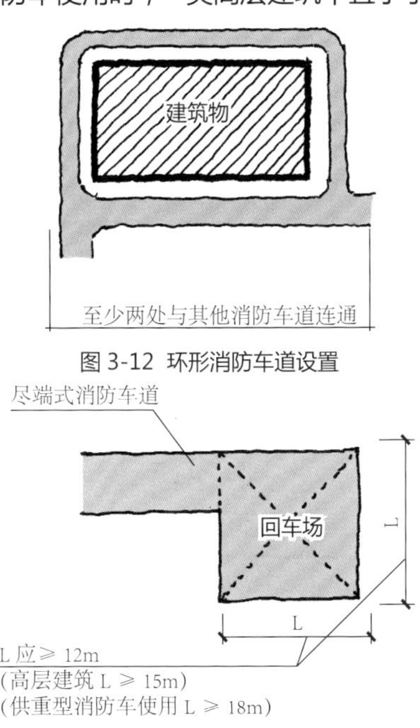

图 3-12 环形消防车道设置

图 3-13 消防车回车平面示意图

4 解题过程及思路

4.1 审题

4.1.1 步骤

项目概况，设计要求，功能要求，图纸要求。

4.1.2 思路要点

（1）审清任务书制约条件，包括限定条件、陷阱条件、暗示条件、干扰条件。

（2）分清主次，对于题目中的背景条件、特殊的限定条件等进行全面的思考与分析，在此基础上提炼出试题的考点，对此进行深入的探究，应当占用更大比例的时间和精力攻破，而对于相对次要的考查要求只需在设计过程中兼顾即可。

（3）总结归纳，需要将题目中给予的大量的信息进行整合和概括，这样的话才能在设计过程中保持清醒的头脑，在分清主次的前提下，高效地解决问题。

（4）"睁一只眼，闭一只眼"。类似于分清主次的思路逻辑，在具体的操作过程中，应当灵活地看待题目中给予的限制条件、陷阱条件、干扰条件等，分析问题时不是照搬全收，而是有意识地寻找主要矛盾，保证设计过程在朝着正确的方向进行下去。

（5）任务书的每一个字都很重要！

4.2 解题

4.2.1 步骤

读题；审题；场地设计；建筑布局；建立结构体系；平面、剖面设计并考虑形体；再读题，仔细核对各项要求；完善设计，调整平面、剖面及形体；排版上板。

4.2.2 思路要点

（1）审题认真，“题眼”提取准确。审题是解题的前提条件，只有审题认真，才能保证解题的过程是在正确的思路下进行，审清“题眼”，解题过程才有所依据和侧重。

（2）思路要清晰，思维要果断。解题过程头脑应清晰，化整为零，提取主要矛盾进行深入分析，应明确思路过程并在此基础上展开设计，思路的主线就是“题眼”所带来的设计难点，果断判断和选择设计手法。

（3）切入要准确，手法不必多。设计思路明确之后，设计的手法表达应清晰明确，手法不必多，避免设计过程中思路摇摆不定影响方案的深入。

（4）抓大放小，不求完美。问题有主有次，解决过程也有主有次，设计手法明了，解决重点问题。

（5）善于借鉴和拓展思路。平常的训练过程中，善于借鉴其他同学的思路，亦或借鉴优秀案例的亮点，才能提高解题的能力。

（6）善于总结。在训练过程中多去总结解题的经验，多去总结解题的手法。

（7）少一些“套路”，多一些“真诚”。应当摆正态度和对于快速设计考试的认识，踏实训练才能灵活应对多变的考试趋势。

4.3 应试

4.3.1 应试技巧

（1）寻找最简便的设计思路，避免方案设计陷入迷途；

（2）熟知设计原理，避免方案设计弄巧成拙；

（3）慎读设计任务书，避免方案设计出现麻烦；

（4）拥有底线思维意识，正确看待快速设计考试；

（5）处理好时间与心态的问题。

4.3.2 失误问题

（1）解读任务书失误：囫囵吞枣、理解偏差、忽略暗示等等；

（2）设计过程失误：出入口定位错误、功能分区不正确、房间布局混乱等；

（3）绘图失误：图纸不全、内容缺项、图面潦草等。

4.4 快速设计心得

（1）已知条件 > 臆想条件。在快速设计的解题过程中，应以题目中所给出来的条件和问题为准，在合理的范围内推断题目的设计难点，进行分析和做出解答。

（2）对症下药。快速设计解题的过程如同医生诊断的过程，只有准确发现病症所在，才能有效应对题目的考点，并做出相应的解答。

（3）站在理论的 " 小 " 高度上。快速设计的手法并非简单机械的解题过程，而应在一定深度和逻辑基础上去解题，真正地分析挖掘题目的考点，深入思考题目中的限定条件所带给的设计难度。之所以强调“小”，辩证地看待“快”的问题。如同济 2016 年初试活动中心设计题目，该题的思路重点应放在对于城市更新的问题探讨上，如何看待新建建筑对于原有功能、空间甚至是原有人群的使用习惯的“破坏”，具体该采用何种方法解决这样的问题成为解这道题的高分策略。

（4）解决限制是理性的过程。对于题目中的各种限定条件，应理性地看待，理性地解答，对于设计者分析能力是非常重要的考查，分析的过程应当有理有据。

（5）不要给自己降低难度。快速设计的解题过程应是迎难而上的过程，对于设计问题应当全面分析，化整为零，而不是适当忽略难点，避重就轻。

（6）不要贪婪。对于这个问题的认识同样是对手法不必多的认识，对于手法的贪婪会导致很多状况发生，高效的解题应当是分清主次、重点深入，手法清晰明确。

（7）学会“投机”。快速设计的解答过程和结果并不是完美的，可能出现房间面积不能完全符合考题要求等问题，但也应正确看待这些情况的发生，适当“投机”能够减轻设计的压力，有时候睁一只眼闭一只眼不失为一种高明的解题思路。

（8）不要把节能的事情压在细部构造上。由同济大学 2014 年生态塑形题目分析的心得，是让我们真正理解这道题的重点是生态策略，但在快速设计的考查中还是要以设计的手段去解决，而不是让细部构造设计成为主线。

（9）大量的训练和不断的总结。快速设计的训练是脚踏实地、厚积薄发的过程，画好快速设计也不是一朝一夕之功，不断总结自己的思路和手法，才能在设计中找到自己的方位，灵活应对各种建筑类型，形成自己的一套经验，取得理想成绩。

5 绘图表达

5.1 工具

纸张、草图纸、平行尺、比例尺、网格纸、模板、晨光会议笔、雄狮笔、点柱笔、纸胶带、夹子、铅笔、橡皮、马克笔。

5.2 配色

快速设计的配色应以清晰明快为主，主要颜色分为四个方面：首先是灰色系，奠定整张快速设计的风格，白纸建议用冷灰配色，黄纸建议用暖灰配色，进行明暗面的表达；其次木色主要用来表达室外平台、地面铺装、立面材质等，玻璃、水、植被等搭配选择，表达建筑的环境和建筑的细节。下面三种配色仅供参考。

配色 1：灰色系（白纸 CG3/5/7）；植被（美辉的 414）；木色（imark 的 R11、YR102）；玻璃、水（imark 的 PB76、PB77）。

配色 2：灰色系（Touch 的 WG3/5/7）；木色（Touch 的 97）；玻璃、水（Touch 的 BG3/5）。配色 3：灰色系（Touch 的 CG3/5/7）；木色（Touch 的 97）；植被（Touch 的 57、 WG3）；玻璃、水（Finecolor 的 83、84）。

5.3 作图流程

（1）审题、解题（构思好方案）

（2）平面图：在草图纸上用红笔打好柱网结构，黑笔画好围护结构和墙体，标注好楼梯间和厕所位置，标注好通高空间位置（思路清晰，一张平面图底稿足以）。之后上板画好平面图（单线 柱子 墙线 门窗 标注 指北针 图名）。

（3）轴测图：以平面图的底稿作为底层平面，用铅笔作出轴测图（留有调整余地）。待立面、剖面等完善之后再用墨线笔画好。

（4）立面图、剖面图：平面图柱网用铅笔作出，想好空间和立面用墨线笔画出。

（5）总平面图：设计之初就需规划好，或者就是方案的出发点，用铅笔打好大概轮廓后用墨线笔画好，标注。

（6）分析图：直接在图上用铅笔作草图之后墨线笔确定（设计思路或建筑分析）。

5.4 时间分配（min）（表 3-5）

表 3-5　　　　　　快速设计时间分配（min）

	审题	构思草图	带比例草图	正图	检查
3小时	5~10	20	20~30	120	2
6小时	10~20	30	20~30	240~270	10

5.5 图纸表现要求

5.5.1 总平面图

应表达基地及周边环境关系、建筑内容（含阴影、屋面特征）、场地布置（车位、车道、硬地、绿化）、建筑层数、用地控制线、指北针、主次车入口、图名比例等。

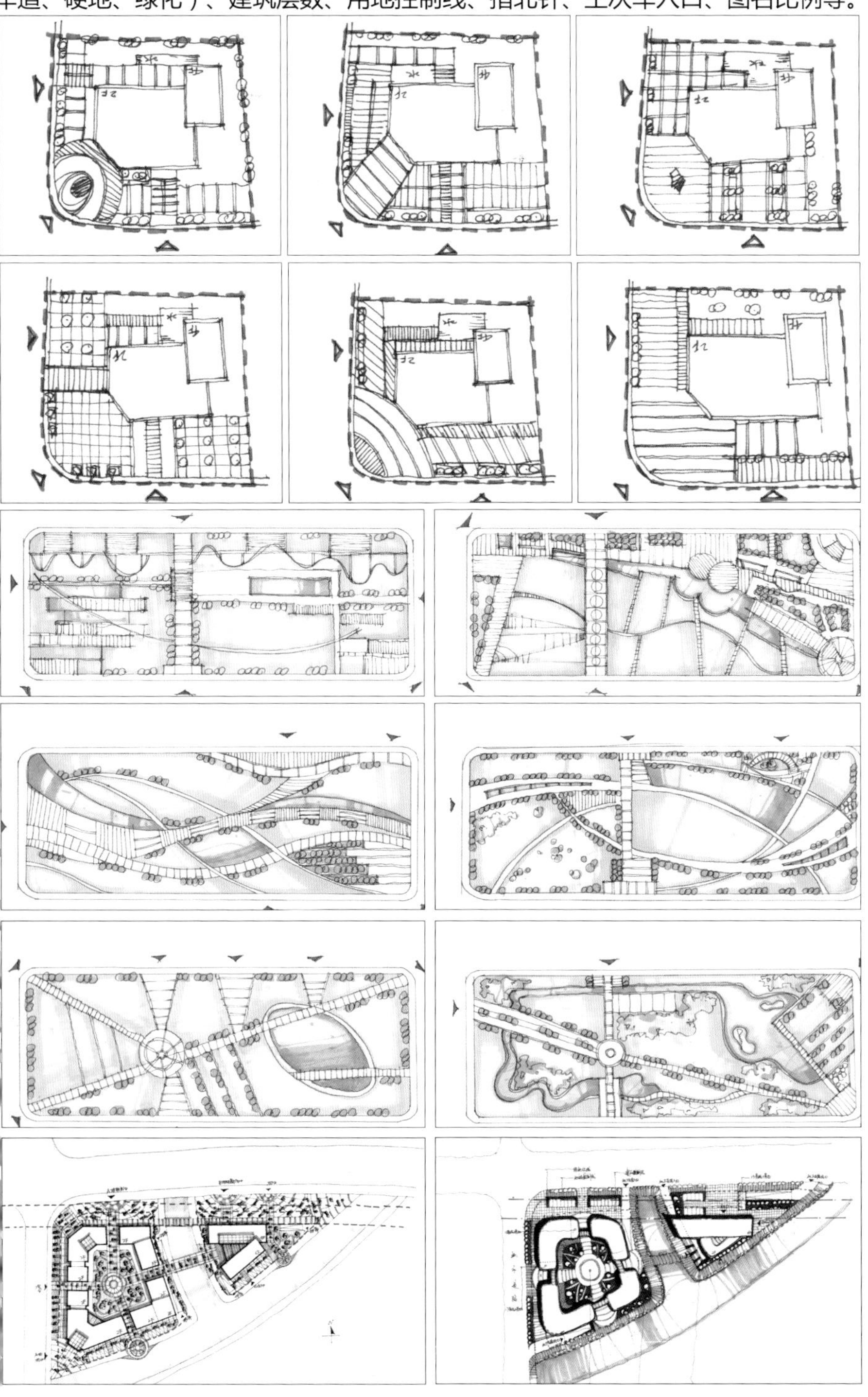

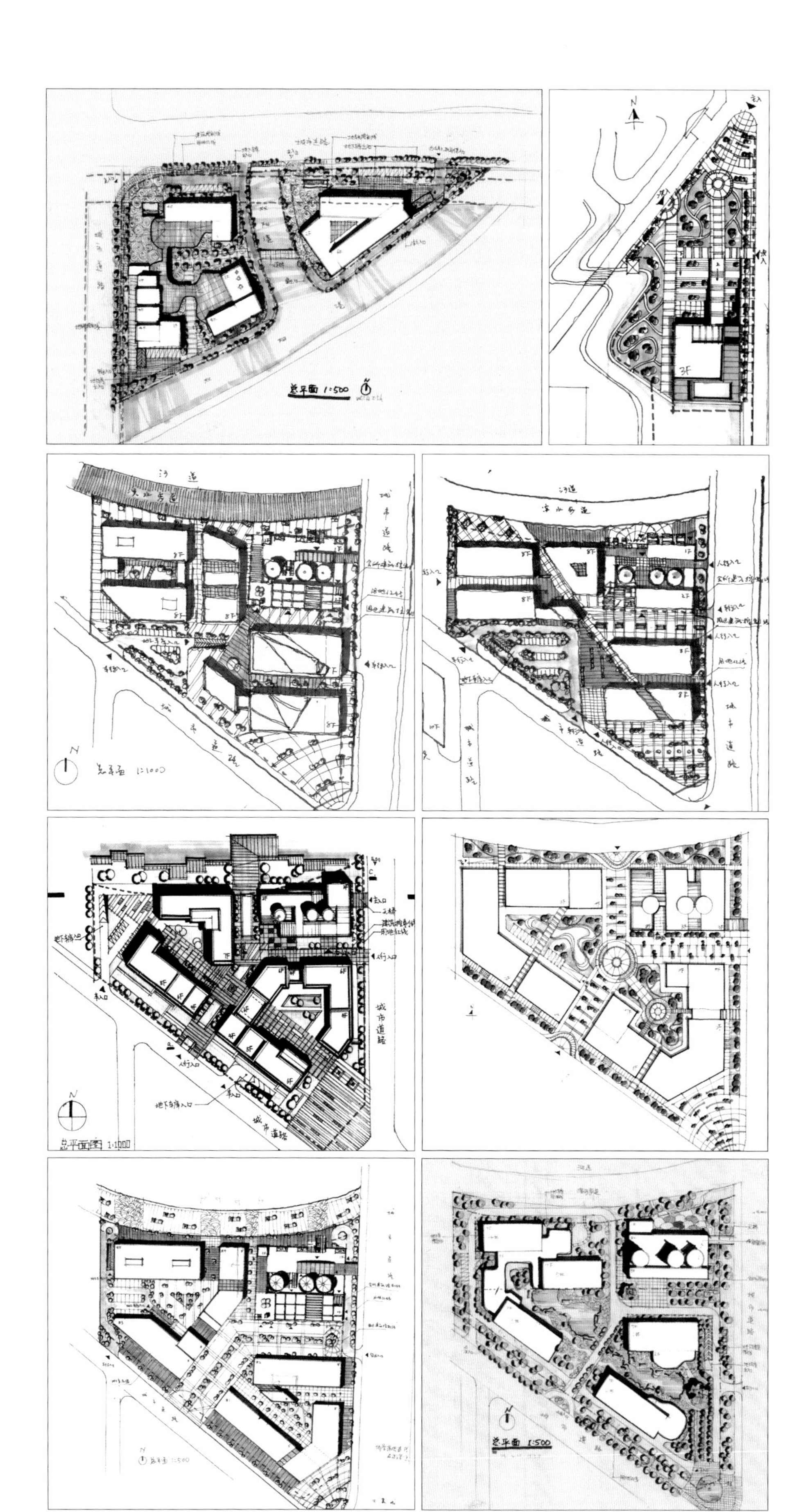

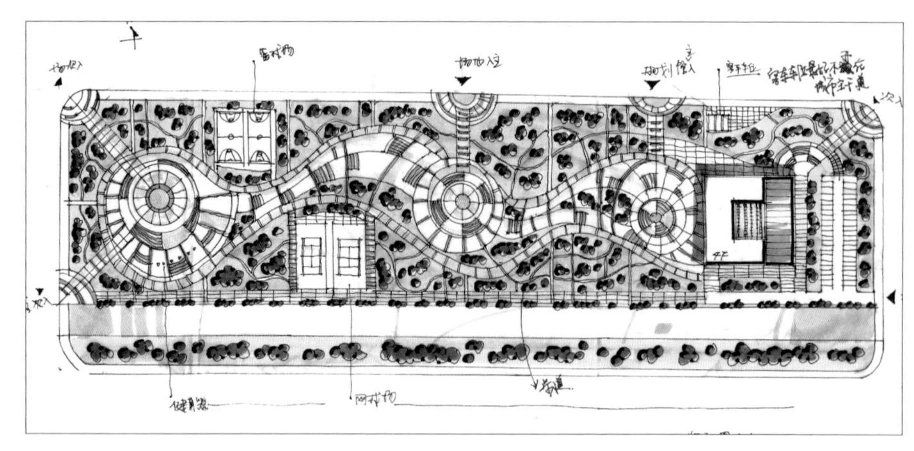

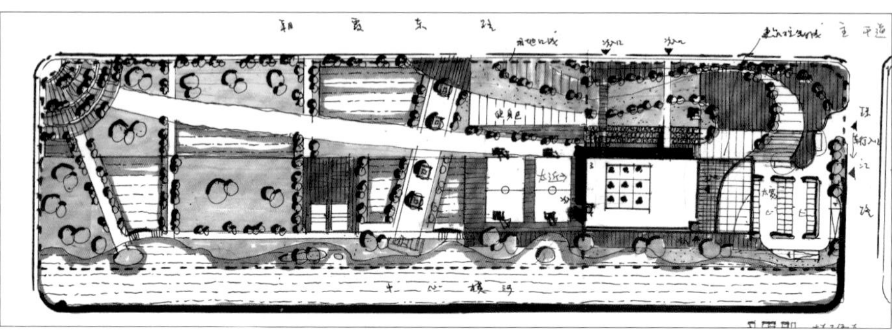

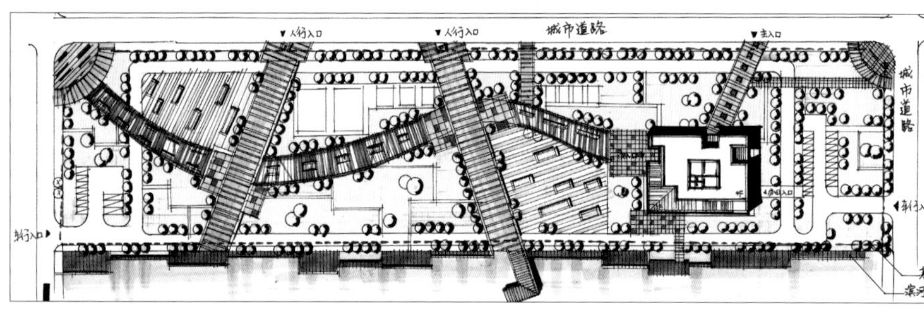

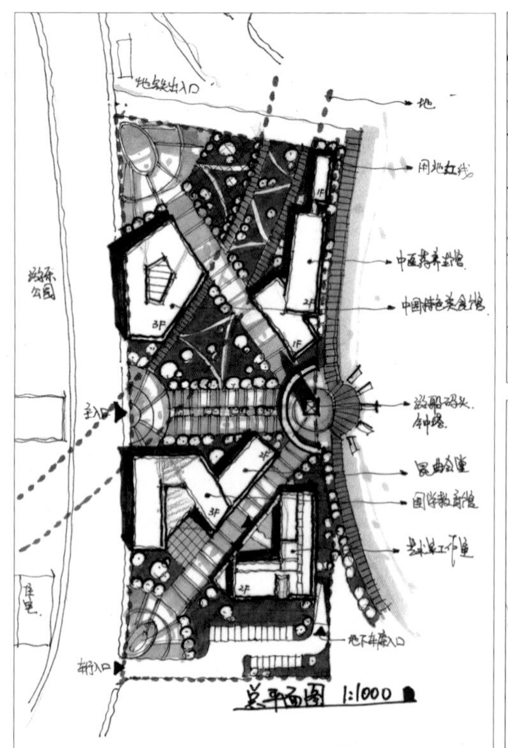

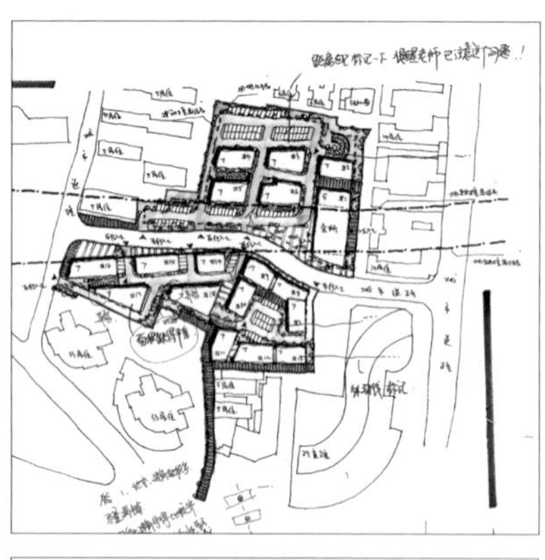

5.5.2 平面图

应表达结构形式、门窗位置及大小、功能名称、室内外高差变化、剖切线位置及方向、可标注主要轴线尺寸、图名比例、家具。

平面柱网的选择：

大柱网建筑（博物馆、展览馆、图书馆、电视台、餐馆、客运站）开间可以取 7~8m；进深方向以 7~8m 为主，那么每个格 50-60m^2，很好计算。要细分为 25m^2（3.6m×7m）；15m^2（2.1m×7m）；30m^2（4.2m×7m）；20m^2（3m×7m）。

面宽方向不需要太大的跨度（如：银行、幼儿园、剧场、医院门诊、办公楼）。

开间可以取 5~6m；进深方向根据要求不同取不同值：15m^2（5m×3m），20m^2（5m×4m），25m^2 (5m×5m），30m^2（5m×6m）注意这样情况下，楼梯间要单独取面宽开间 3.3 ~ 3.6m。

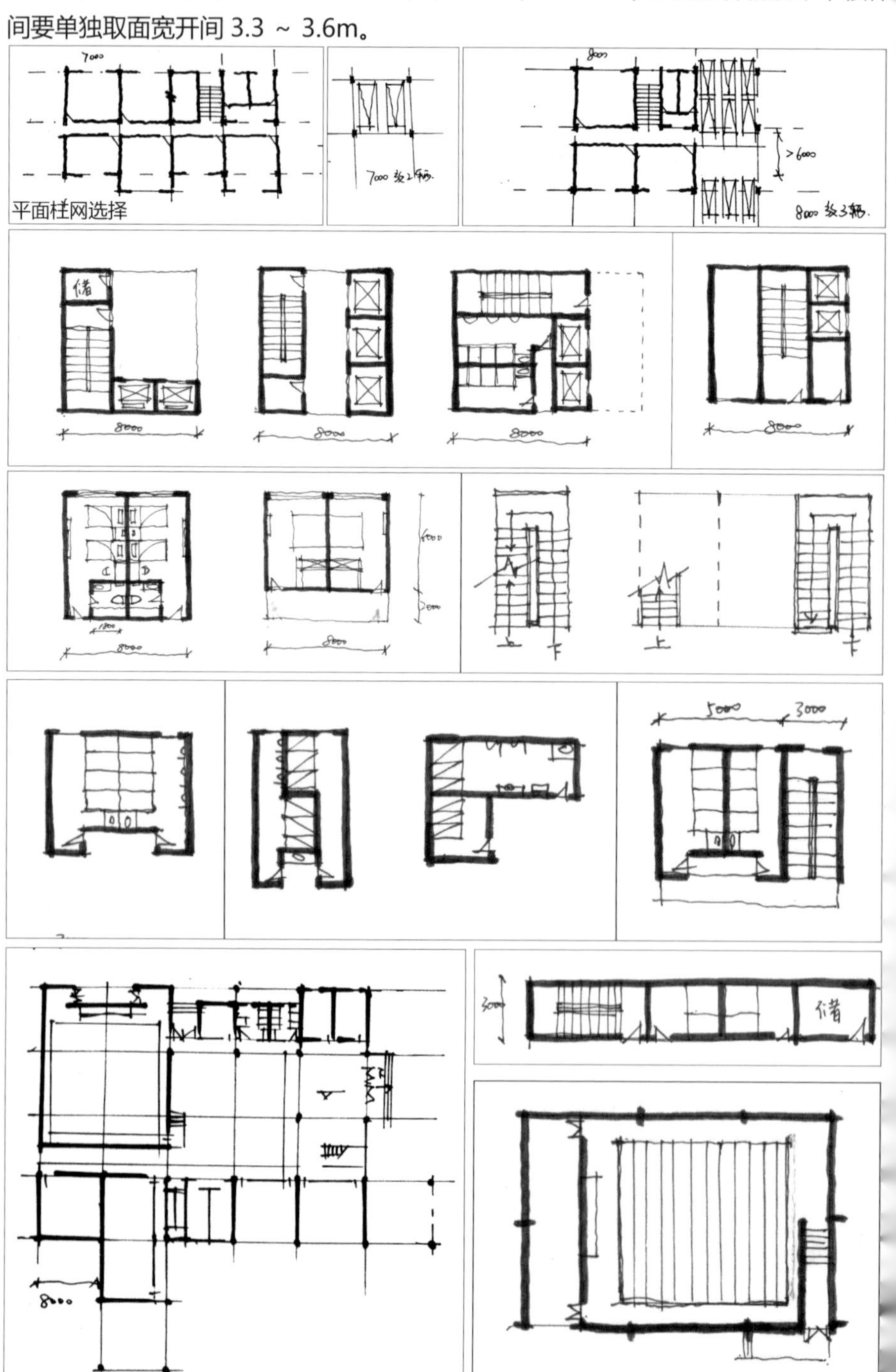

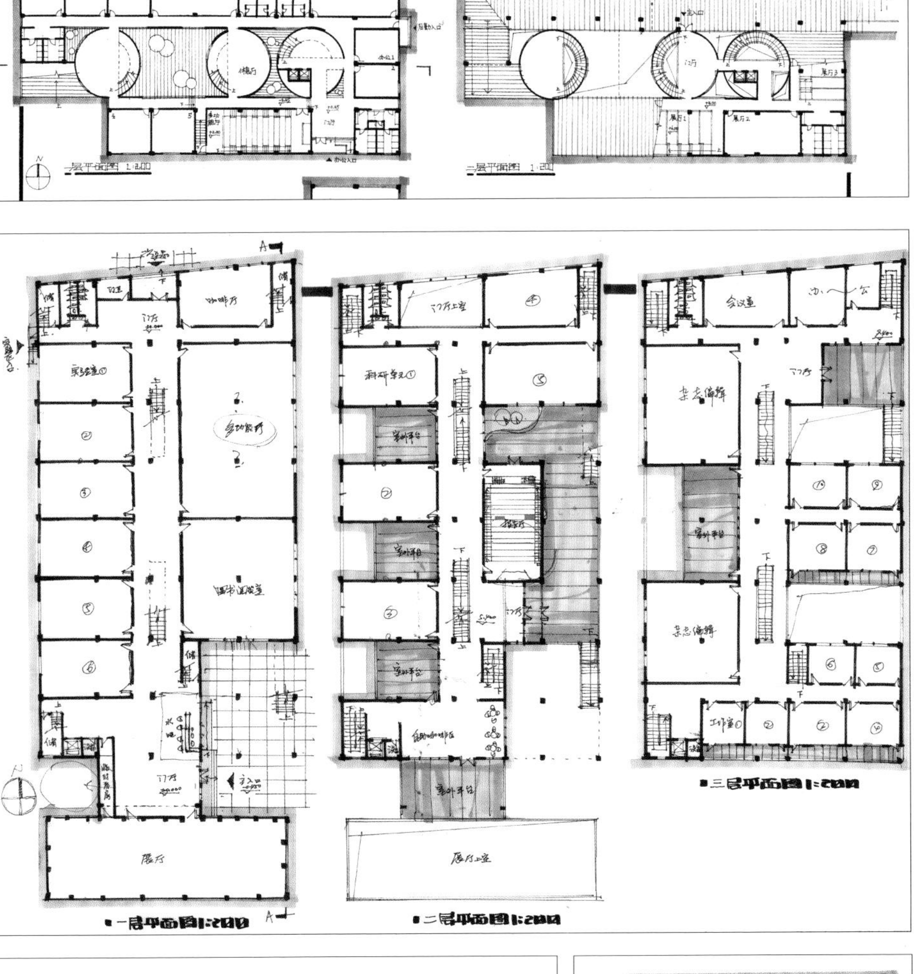

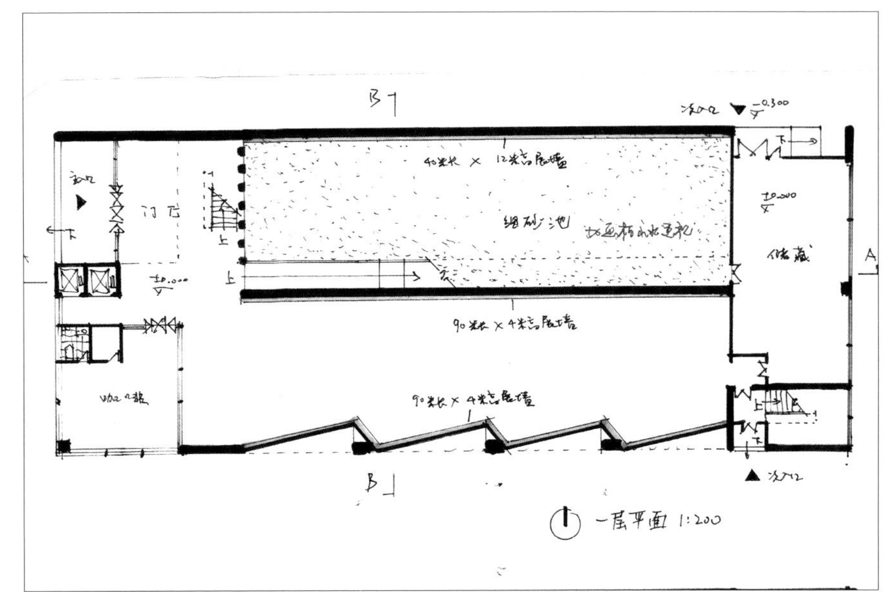

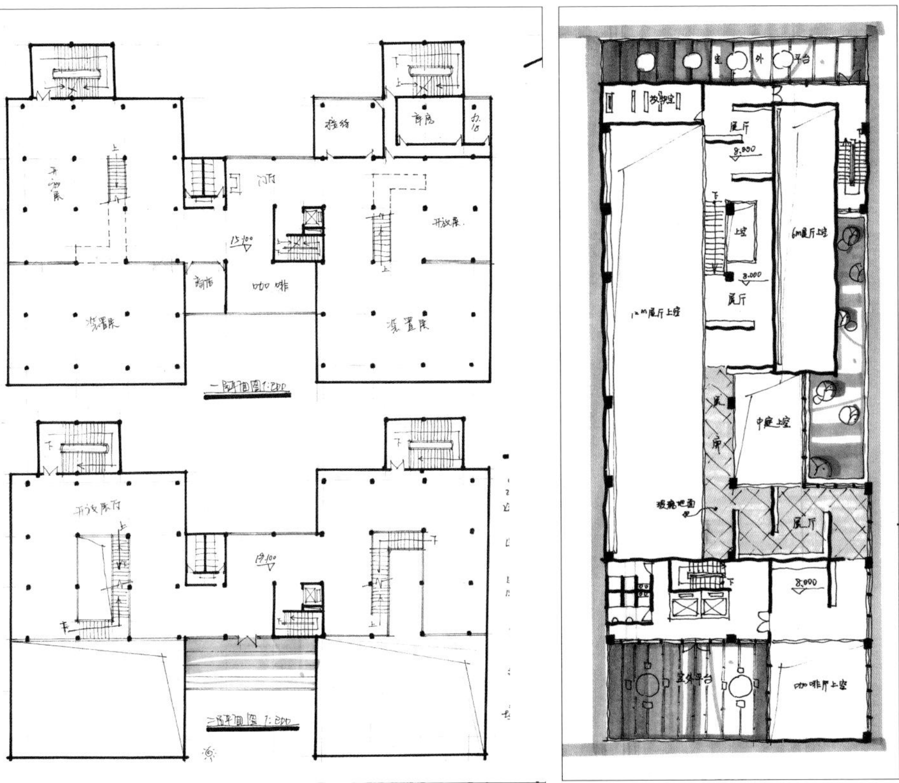

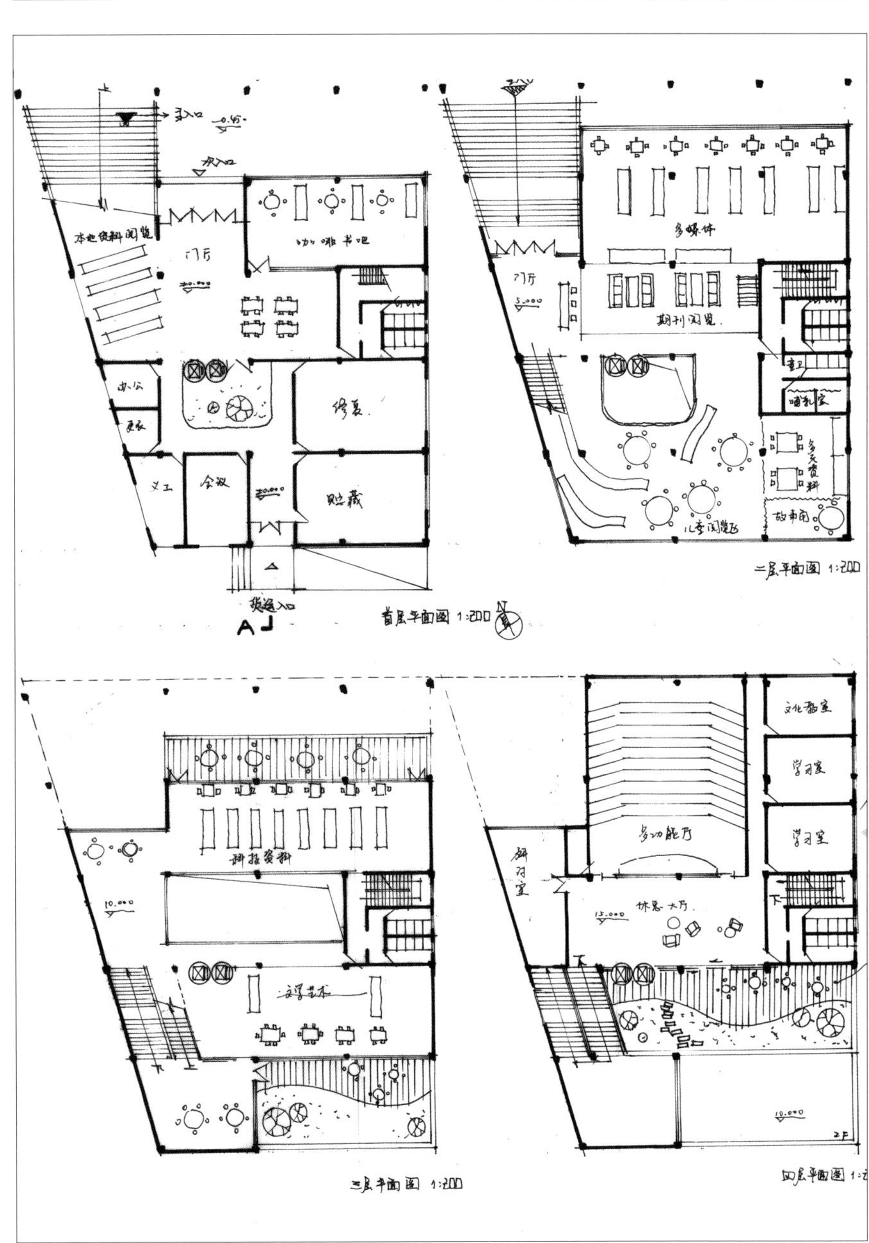

5.5.3 立面图

应表达立面比例、虚实关系、材料应用、细部、图名比例。

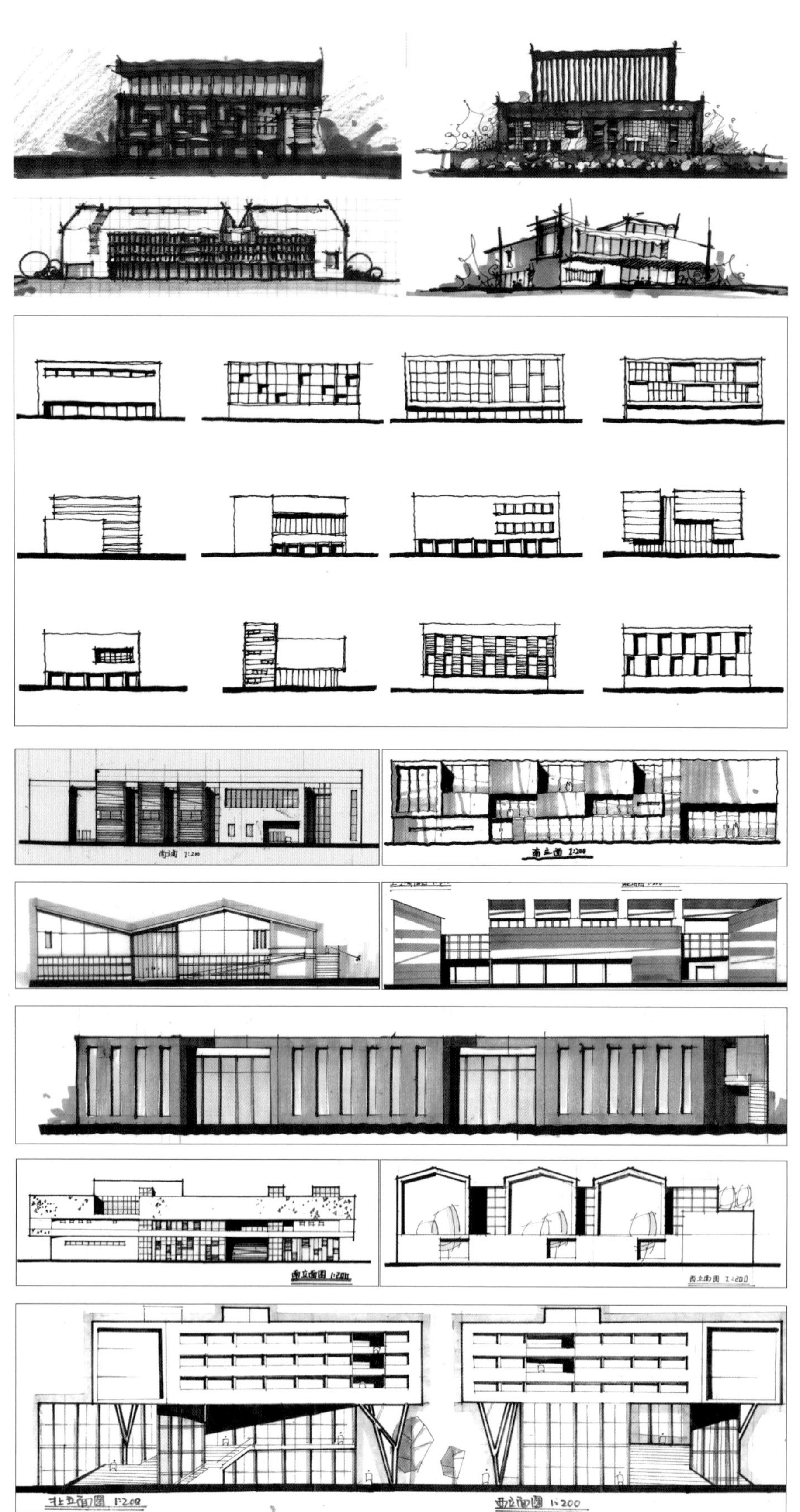

5.5.4 剖面图

应表达楼板、墙、女儿墙、剖到梁、楼梯、门窗、看线、视线分析及图名比例。

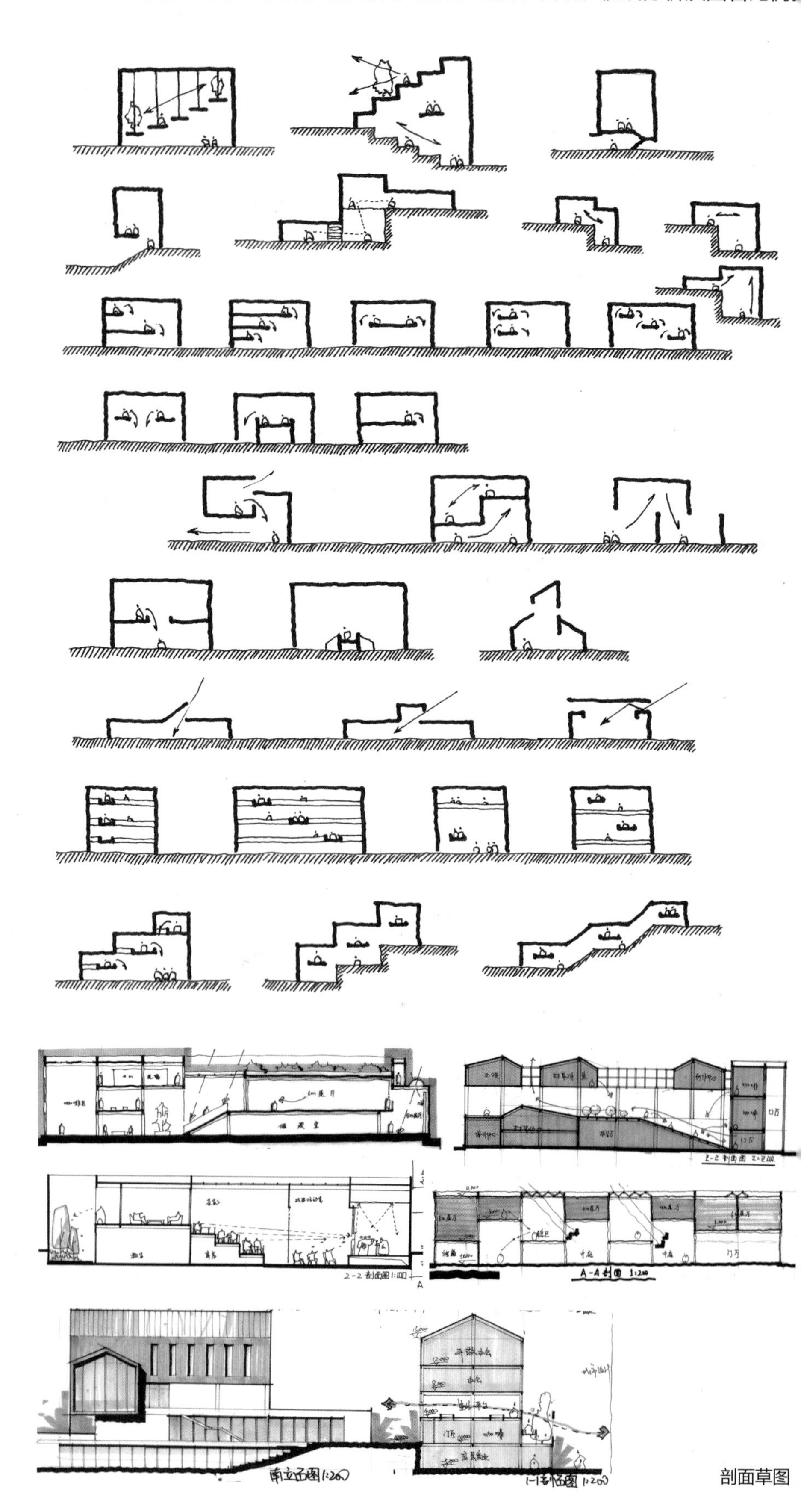

剖面草图

5.5.5 轴测图、透视图

以表达设计特点和意图为中心，根据时间决定图幅大小和多少。

5.5.6 分析图

分析图是非常重要的一方面，是对流线、体块、概念等的分析，不仅在平常训练过程中是思路的表达与提炼，同时在正图中也是对题点的直接反馈。所以分析的表达是对题点思考的结果，如有重要的环境要素，就表达和此环境要素的呼应，不论从功能抑或是空间出发进行阐释，简单、清晰、直接的表达才是高效的表达。

分析图的画法也是需要训练的，通过颜色、深浅、排线等方式将重点的信息进行提取和强调。

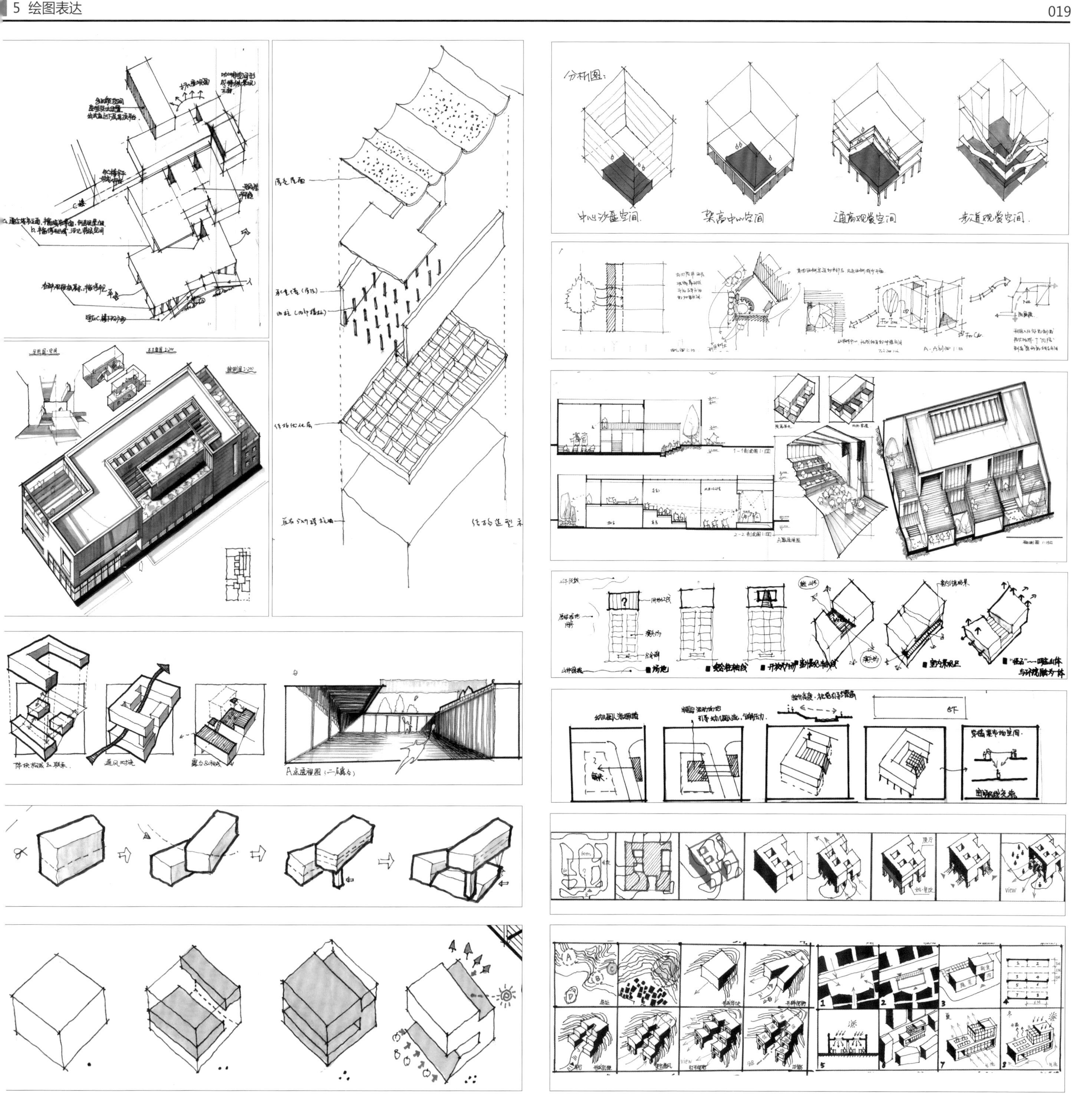
分析图:
中心沙盘空间
架高中心空间
通高观赏空间
步道观赏空间
体块的形成及联系
通风对流
A点透视图

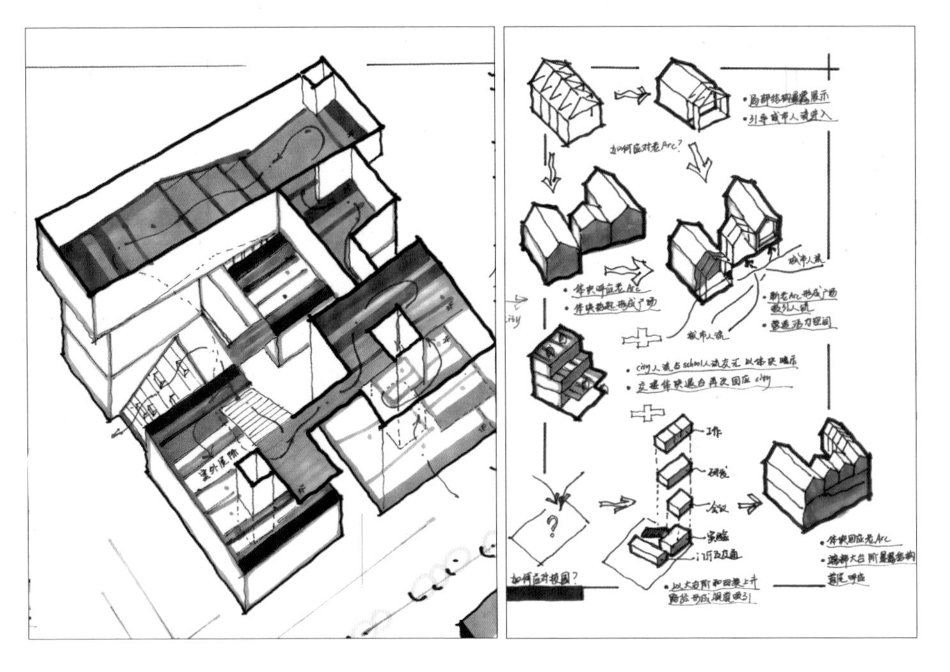

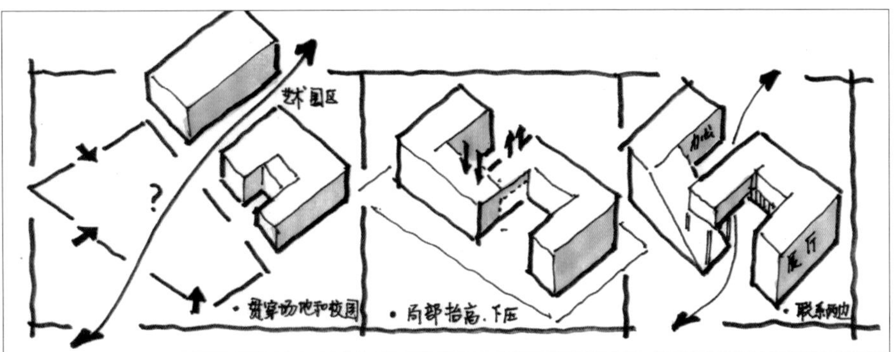
艺术园区
• 贯穿场地和校园
• 局部抬高、下压
展厅
• 联系两边

南向 主要人流
景观
引入人流
室外展厅

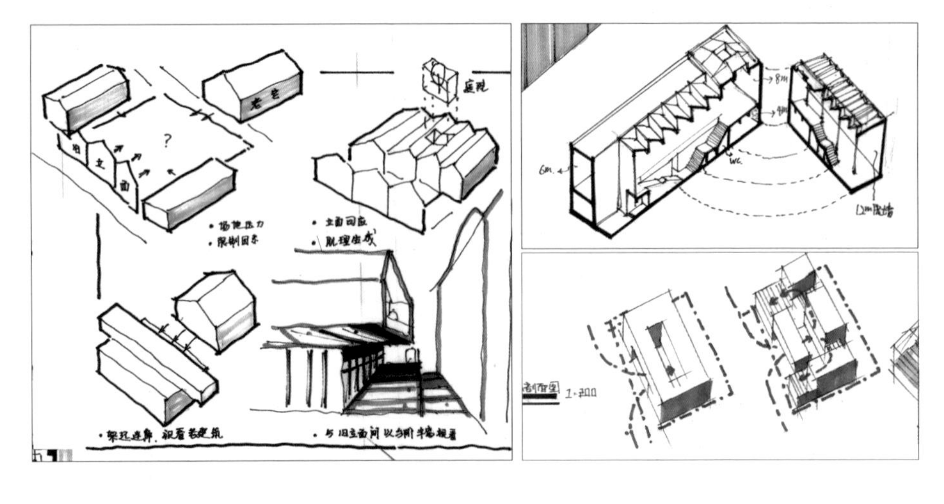

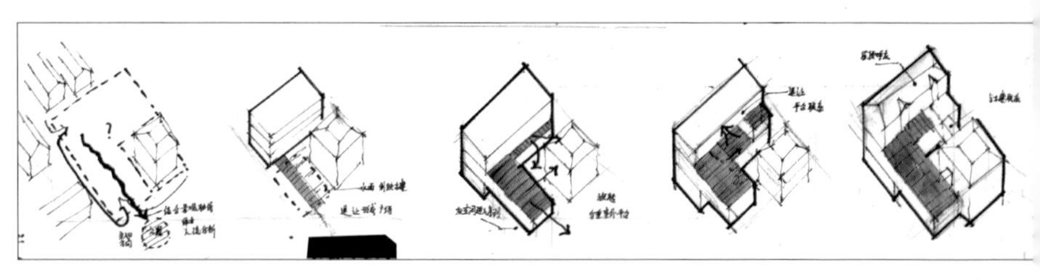

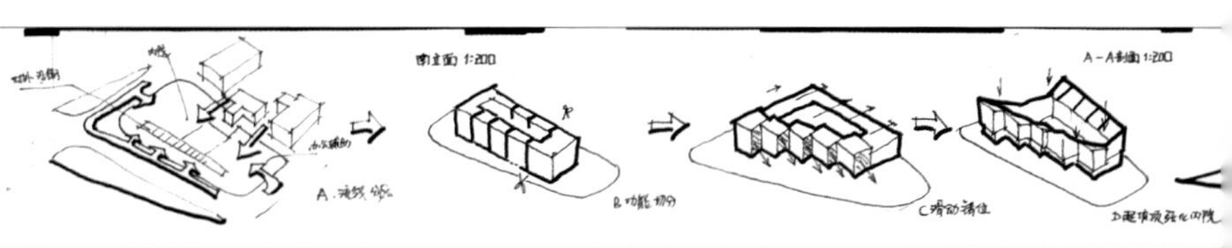

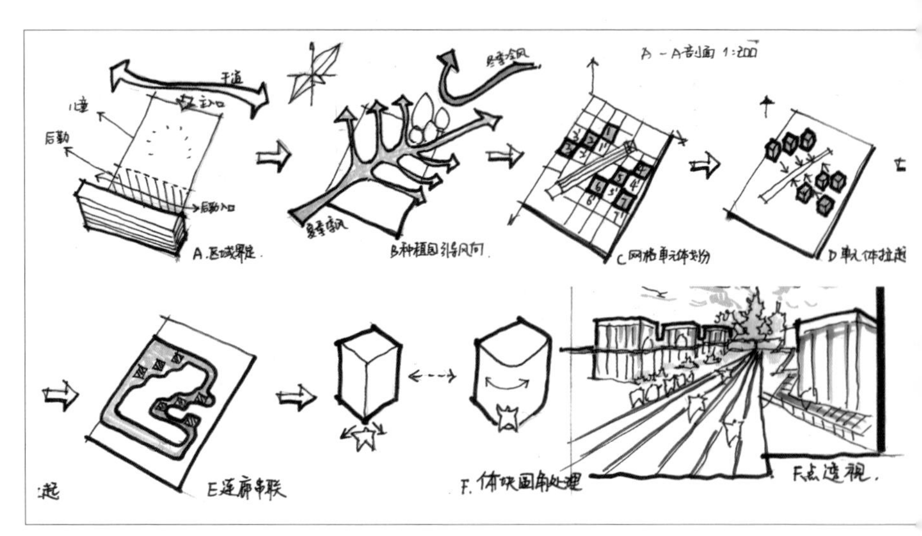
A.区域界定
B.种植园引导风向
C.网格单元体划分
D.单体推敲
E.连廊串联
F.体块圆角处理
F.点透视

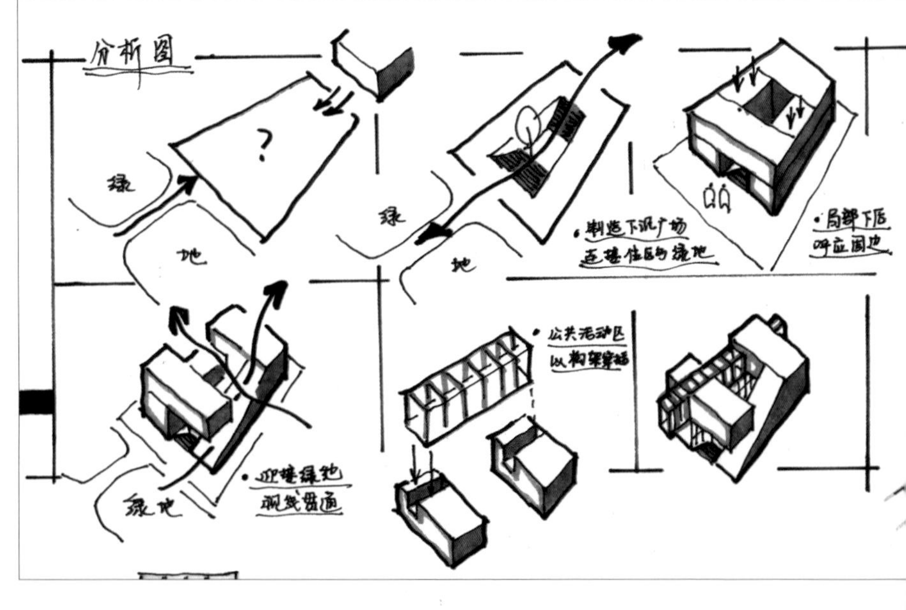
分析图
绿地
• 制造下沉广场
连接住区与绿地
• 局部下压
呼应周边
• 公共活动区

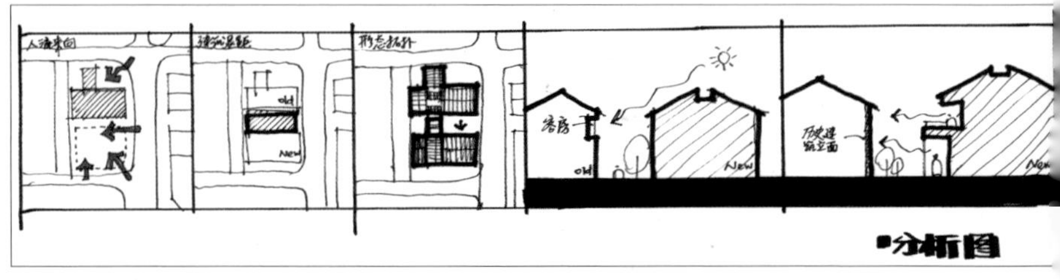
分析图

快速设计专题篇

专题 1

从平面空间布局入手的解题策略

1.1 基础知识点

平面是建筑设计中最见设计功力的部分，也是作为快速设计审图过程中最被关注的部分，由于平面的组织形式多种多样，与地形、环境、功能、交通、气候、规范等各种因素相关，左右着建筑的功能、分区、流线、结构、造型、品质、安全、舒适度等。所以设计一个好的平面需要建筑师的综合素质和空间判断力，是快速设计中我们首先要解决好的问题。

1.1.1 住宅类

在各类建筑中，住宅与人的关系最为密切，快速设计考试中的住宅一般为独立住宅，或者是带有工作室的 SOHO 类住宅 。客厅、餐厅等公共空间适合放在一层，私密空间如主卧 、书房 、家庭起居室等适合放在上层空间。

1.1.2 会所类

会所等消费空间所承载的，一般是满足人们基本需求之后的休闲活动，如餐饮、休息和聚会。因此，此类建筑的设计重点仍然是以人为本。会所类建筑一般会涉及辅助空间，为避免流线混杂，最好能将主要功能用房和辅助用房进行分区处理。

1.1.3 展览类

展览类建筑可以按规模分为两类，大型展馆和小型展馆，二者在应对策略上有相似之处，也有不同侧重点。主要包括展示功能和管理功能， 除此之外还有一些附属型服务功能，如咖啡厅、商店等。展示和管理空间的性质是明显不同的，为避免流线交叉，二者在功能布局上应有明确的分区。

1.1.4 商业类

商业类建筑没有具体的分区，如果是商业综合体，需要注意交通空间、辅助空间与商业空间的分区处理，根据不同的商业类型进行水平或垂直分区。

1.1.5 旅馆类

注意动静分区，客房区域要保证其环境的安静及私密性。标准间的长宽比约为 2:1，一般可容纳两张单人床，且配备一个卫生间。

1.2 解题策略

从平面布局入手的题目类型是对设计者建筑基本功的考查，而且进行解题的思路需要设计者对于平面空间布局有更清晰的认识。因此， 对于不同的建筑类型，如何进行明确的功能分区、如何把所有房间有秩序地配置到位、如何有效地组织水平和垂直交通流线、如何恰当地选择与平面布局相匹配的结构系统、如何在方案中执行国家规范等这些问题，成为了这种快速设计该解决好的问题，也是最基本的问题。

首先对于每种建筑类型能够有清晰的认识，并对各种功能定位有一定的了解。比如住宅类的题目需要思考怎样从平面布局出发解决好住宅中各个功能的使用问题，同时应明确室内各个功能的使用特点，对室内空间进行组合深化，营造更好的室内空间，如果周围环境较为良好，还需考虑建筑室外空间的营造。在此类题目的基础上，加入办公等功能之后，应该考虑平面系统中办公与居住两种功能的关系，既做到分区清晰，又能有一定空间上的联系。

其次应当具备一定的服务空间的组合意识，这种策略会起到非常好的效果。

一般将服务空间打包处理，即把服务空间都集中放置。最经典的布局，即楼梯间和卫生间打包处理，放置于 8mx8m 的柱网内。楼梯间和电梯间也可以打包处理。服务空间有很多灵活处理的方式，这是展现设计基本功的环节之一，也可以让我们的设计不受服务空间的限制，化被动为主动。

服务空间的组合方式有点状、条状等方式。点状布局就是让打包好的服务空间分散放置。这样的布局给建筑内部空间创造了灵活多变的可能性。条状布局就是把全部服务空间并置成一条，功能分区很清晰，在快速设计当中也是很常见的思路。

服务空间组合的原则在于集约化，不浪费过多的面积，简单高效的组合方式对于主要空间的营造提供了更多的便利与空间，对于快速设计的主题来说具有侧重性。

从平面布局入手并不意味着忽视空间和造型，而是在平面布局入手之后深入思考功能与空间的关系，最后对形体进行相应的处理。往往空间的营造集中于主要的功能空间，如门厅、中庭等，需要对这些节点空间的处理加强积累。

1.3 补充要点

1.3.1 入口空间的处理

（1）通过广场进入建筑。参考案例：金贝尔美术馆；

（2）穿过庭院进入建筑。参考案例：井宇；

（3）跨越水池进入建筑。参考案例：斯卡帕基金会大楼；

（4）沿着墙面进入建筑。参考案例：水之教堂。

1.3.2 灰空间的营造

（1）通过雨棚的营造。参考案例：维特拉消防站；

（2）经过建筑底层挑空营造。参考案例：宁波博物馆；

（3）通过虚的构架营造。参考案例：姬路文学馆；

（4）通过建筑室内外空间进入建筑。参考案例：良渚博物馆；

（5）通过巨型灰空间进入建筑。参考案例：广州市规划展览馆；

（6）通过柱廊营造。参考案例：纽约林肯表演艺术中心 ；

（7）通过大小空间渐变进入建筑。参考案例：Brufe 社交中心；

（8）通过室内外景观渐变进入建筑。参考案例：圣路易斯安娜州州立博物馆。

1.3.3 建筑空间的组织手法

（1）不同空间的组合顺序

原则：先大后小，先特殊后一般，先主后次。空间的组织应从建筑的主体功能出发进行考虑，且应该有先后顺序，主次分明，平面系统秩序清晰。

（2）被服务空间处理

被服务空间类型包括主要功能空间、大空间、均置空间。

被服务空间处理原则：完整性、明晰性。统一考虑被服务空间的使用。

（3）服务空间处理

服务空间类型包括支撑主体空间正常运行的辅助空间，如结构空间、卫生间。

服务空间处理原则：将所有服务空间整合在一起，使被服务空间完整。服务空间的组合对于被服务空间的营造非常重要，影响被服务空间的质量。

设计任务一 新农村住宅设计（6 小时）

一、设计内容

为三代同堂的七口之家设计一独立式农村住宅，设计者应该通过有效的空间手段组织三代人的血缘关系和各种生活。

家庭结构：

老年人：爷爷、奶奶、外公、公婆；

中年人：父亲、母亲；

青年人：一个 20 岁左右的青年。

二、设计要求

1. 在一个容积为 750m³ 长方体内组织室内外空间，长方体内的室内外空间容积比控制在 4：1。
2. 设计者自行决定长方体的各方向尺寸以及接触地面的姿态，设计者自行决定内部各空间的尺度以及功能配置。
3. 标出该长方体对外的出入口位置，并设定该立方体外的周边环境。
4. 挑出该立方体不大于 600mm 的不落地突出物（跳板、窗等）不计入容积。

三、图纸要求

1. 各层平面图，1：100；
2. 立面图至少 2 个，1：100；
3. 轴测或剖轴测图，1：100；
4. 剖面图，1：100；
5. 墙身剖面图，1：20（包括基础、墙、窗及屋顶女儿墙，遵从节能设计原则）；
6. 体量分析图（表达该立方体内外空间分布情况）。

独立解题后扫码观看解析视频 TJ06

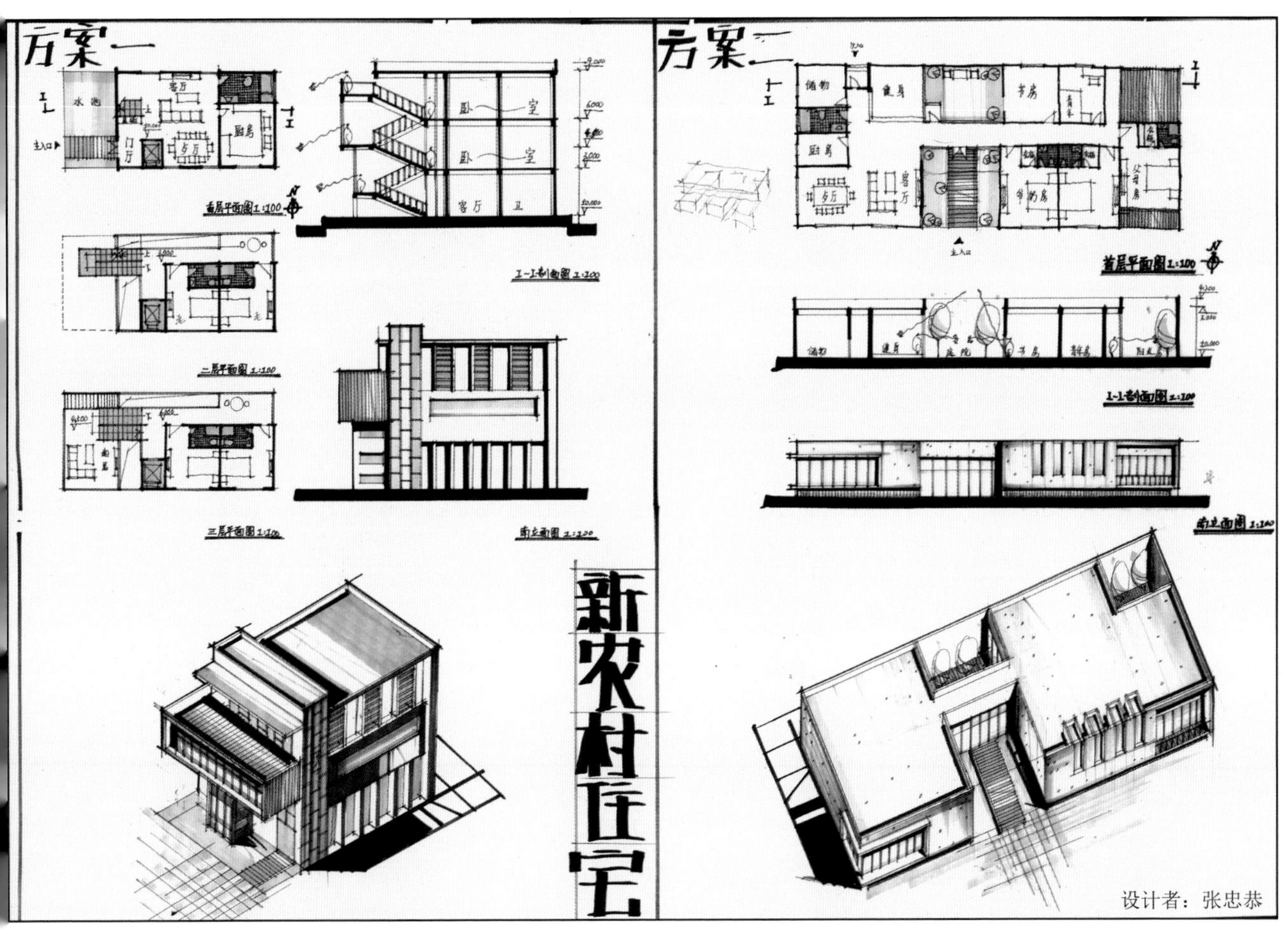

新农村住宅设计作品解析

短时间内完成住宅设计要求对小住宅建筑性质和平面排布有熟练的把握。住宅设计类强调尺度、朝向、分区、材质等多方面的内容，所选方案在这几方面都有很好的思考体现。这道题由于周围没有环境要素的限制，所以对于周边环境的呼应可以弱化，主要应该从题目要求的750m³、室内外容积比、出入口位置及挑出物等开始解题。应注意住宅建筑内部、平面布局、空间设计、体块造型等问题。

上图中方案一设计了3层，整体呈现出材质丰富、立面设计出色等特点。一、二层架空在一片水池之上，形成了入口空间，形体上也比较丰富。空间尤其是剖面的丰富度还可以再多加思考。方案二将功能平铺，建筑只做了一层，立面和材质处理同样很丰富，功能分区清楚。从轴侧可以看出建筑中有3个庭院，房间也以此展开，是比较舒展型的做法。

下图方案一也是在入口处做了架空处理，使得整个体块丰富有变化。基本的平面分区设计与上图方案一比较接近，是比较传统的住宅建筑的布置方法。不足的是后来增加的卧室间平台是为了满足4：1的室内外容积比，但是平台尺度太小，在使用上不是太合理。方案二参考了实际案例凹舍，通过一些形体切割，体块看起来很丰富。

参考案例

凹舍 / 陶磊建筑设计事务所
（资料来源：http://www.ikuku.cn/）

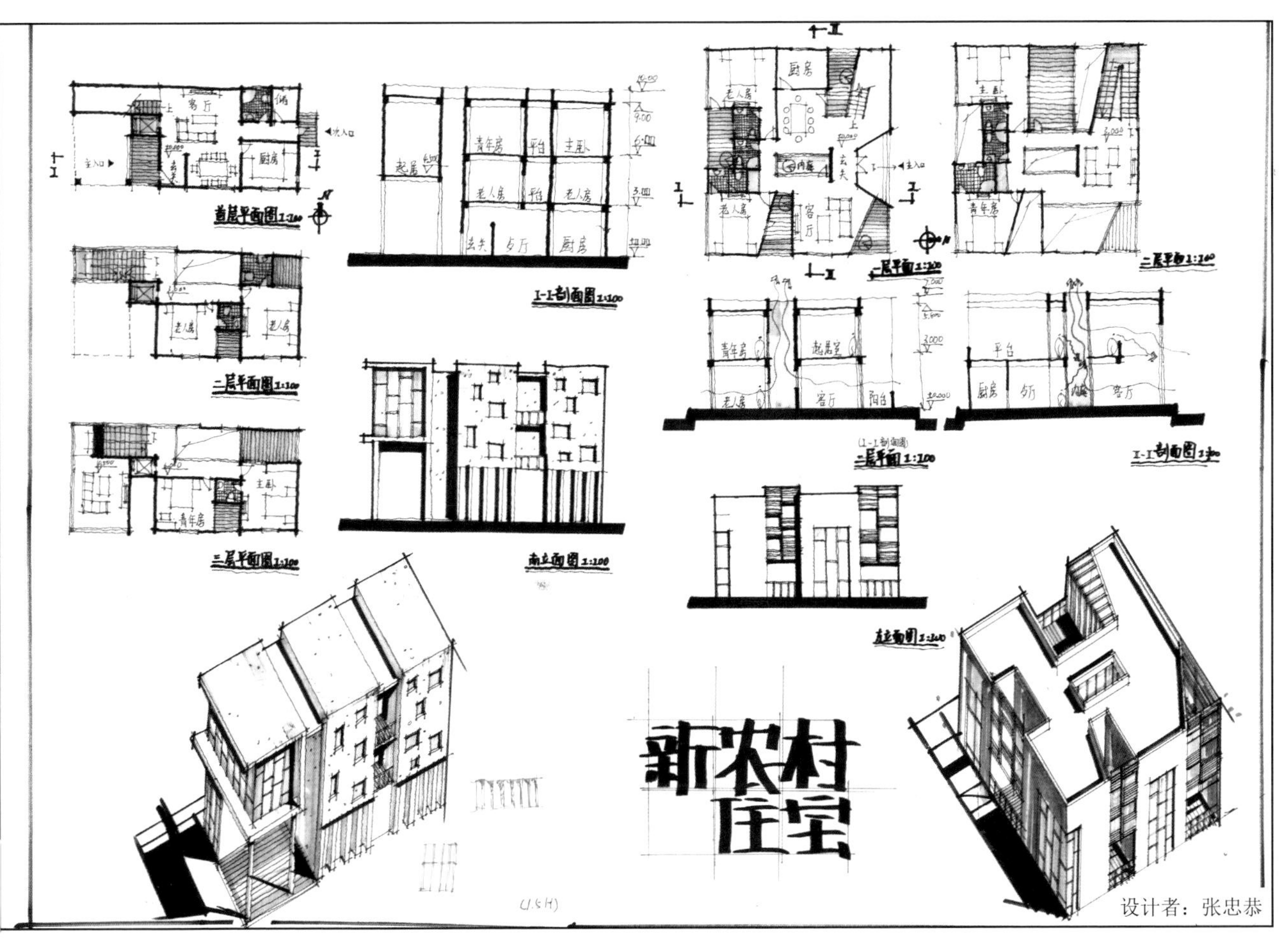

新农村住宅设计作品解析

两个方案对于住宅性质的把握都比较到位，房间的布置、功能联系等都没有太大的问题，对体块的处理和立面的设计都是比较现代的手法。整体看起来对于无场地特殊环境的题目还是可以抓住重心，从建筑空间内部入手，把小体量的住宅做出特色。

上图在一个长方体中进行体块操作，室内外面积的处理主要集中在卧室的室外平台上。平面上两个卫生间都占用了朝南的面积，有些浪费，可以退到房间内部解决掉，不需要太好的采光，例如三层平面图主卧的卫生间和北向的平台交换一下位置，这样平台朝向也会更好。不建议在住宅中过多设置北向平台。整个图面手绘线条很流畅，墙身大样图也绘制地很细致，如果有对750m³解释的分析图会更好。

下图的做法很有现代主义的风格。整个方案最突出的是上屋顶的特点，并且图面上用红色马克笔将屋顶楼梯加以强调，配合观景台透视图可以将设计者想表达的都展现清楚。观景台的处理正是室内外面积比的一个诠释。建筑剖面的绘制也很细致，住宅内部有很多细节上的变化。缺少墙身大样图和一些体块生成的分析图，立面可以再细化一些，比如加上材质的变化可以使方案深度更进一步。

参考案例

Quattro / Luciano Lerner Basso
（资料来源：http://www.ikuku.cn/）

向京 + 瞿广慈雕塑工作室 / 北京百子甲壹建筑工作室
（资料来源：http://www.gooood.hk/）

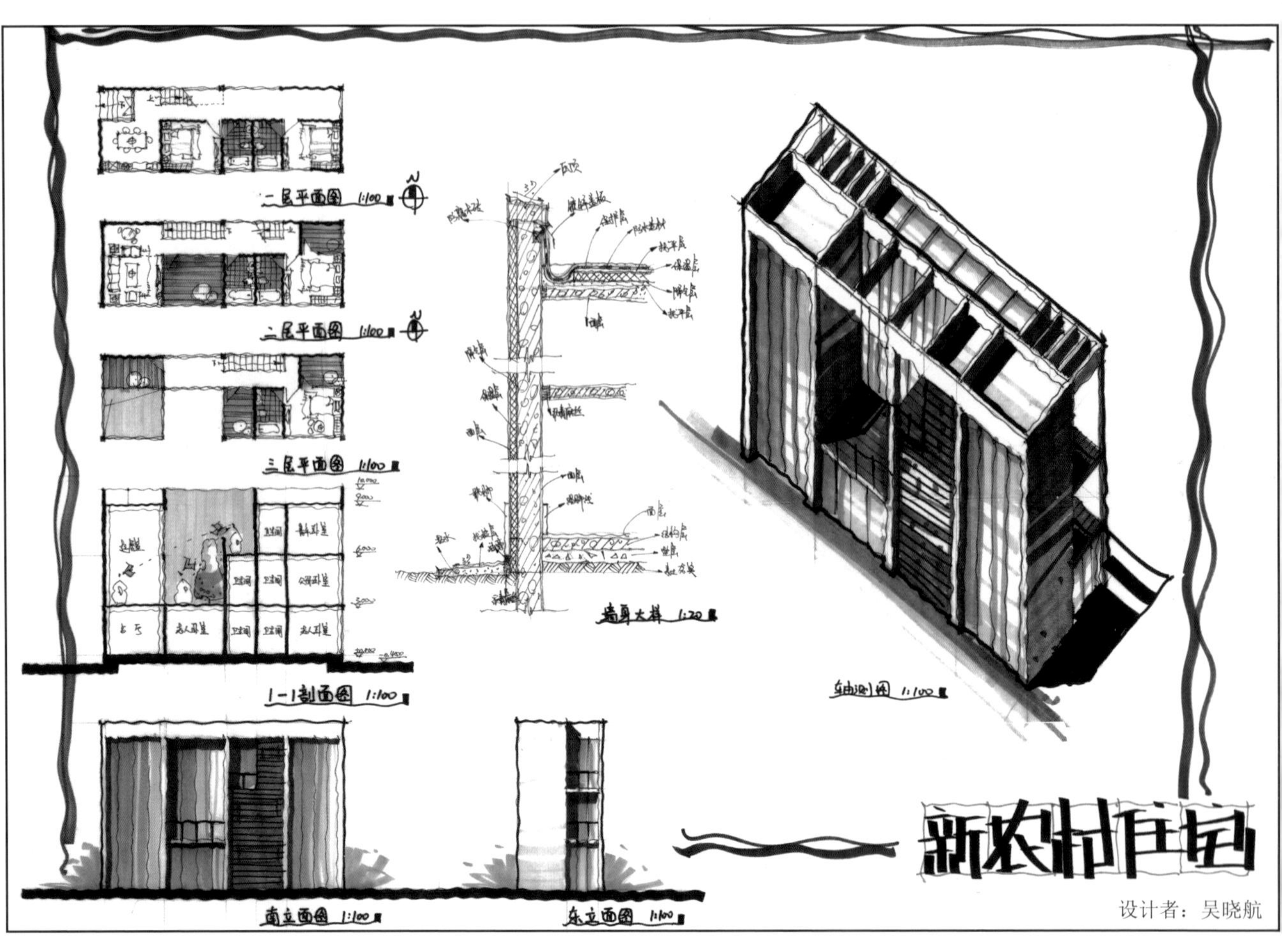

设计者：吴晓航

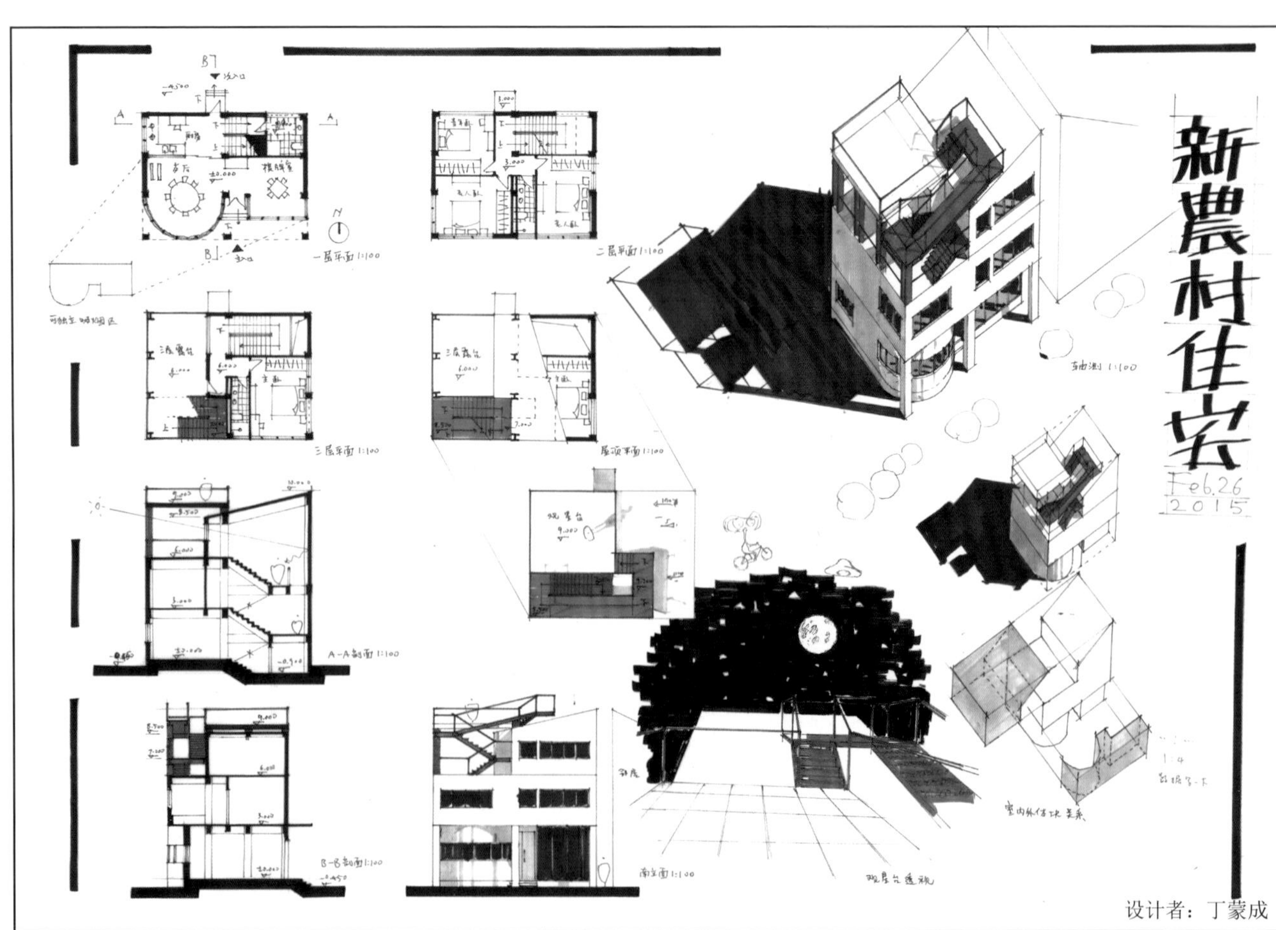

设计者：丁蒙成

设计任务二 青年旅社设计（3 小时）

一、设计背景

业主欲在某城区内建设一小型青年旅社。建筑基地范围为基地平面图中“a-b-c-d-e-f”点围合的范围。具体尺寸可见基地尺寸图。

建筑基地在平原地区，用地平坦，周围被一片 6m 高的围墙围合。基地四周都为 2 层高的坡顶民宅。其中部分民宅与基地边线相贴。

二、设计限制

1. 新建筑限高 9m（包括女儿墙高度，如做坡屋顶，限高算到坡脊顶）。
2. 新建筑与民宅的南北向必须留足 6m 以上的间距。新建筑允许紧贴民宅山墙，但为了给民宅的窗户留出采光距离，不能紧贴民宅山墙的窗户。民宅山墙上的窗户位置见基地剖面图。
3. 新建筑不能破坏东西向的 6m 高围墙，但可以对南北面沿街的围墙进行修整。
4. 新建筑必须设计在建筑控制线之内。
5. 不得以任何形式设计地域现状地坪以下 1.0m 的空间（如下沉大于 1.0m 的空间或者地下室）。
6. 基地南北都有城市道路。设计者可自由选择主入口方向。

三、功能要求

1. 18~21 间旅社客房，每间客房使用面积控制在约 30m²。
2. 餐厅约 120m²（其中包括 50m² 的厨房。餐厅用作早餐及其他时间的咖啡厅）。
3. 管理用房 3 间，共约 60m²（其中一间为储藏间）。
4. 其他相应部分：门厅、楼梯、公共卫生间等公共部分不定具体面积。
5. 建筑总面积控制在 1500m² 以内。
6. 场地内考虑 4 个小车停车位。

四、图纸要求

1. 总平面图，1：500，要求把“基地平面图”中表示的周边环境都画进图中。
2. 建筑各层平面图，1：150。本设计考查设计者对场地的处理能力，要求建筑底层必须清楚画出基地范围内所有场地关系及场地布置，并把紧贴基地的民宅位置表示出来。
3. 1~2 个建筑立面图，1：150。
4. 1~2 个建筑剖面图，1：150（剖面剖到邻近民宅时，应有表达）。
5. 自由绘制反映设计意图的轴测图、透视图或者内部空间透视图。

30000
a b
现状民宅
建筑基地
d c
f e
20000 10000
30000
12000
84000

独立解题后扫码观看解析视频 TJ08

基地平面图

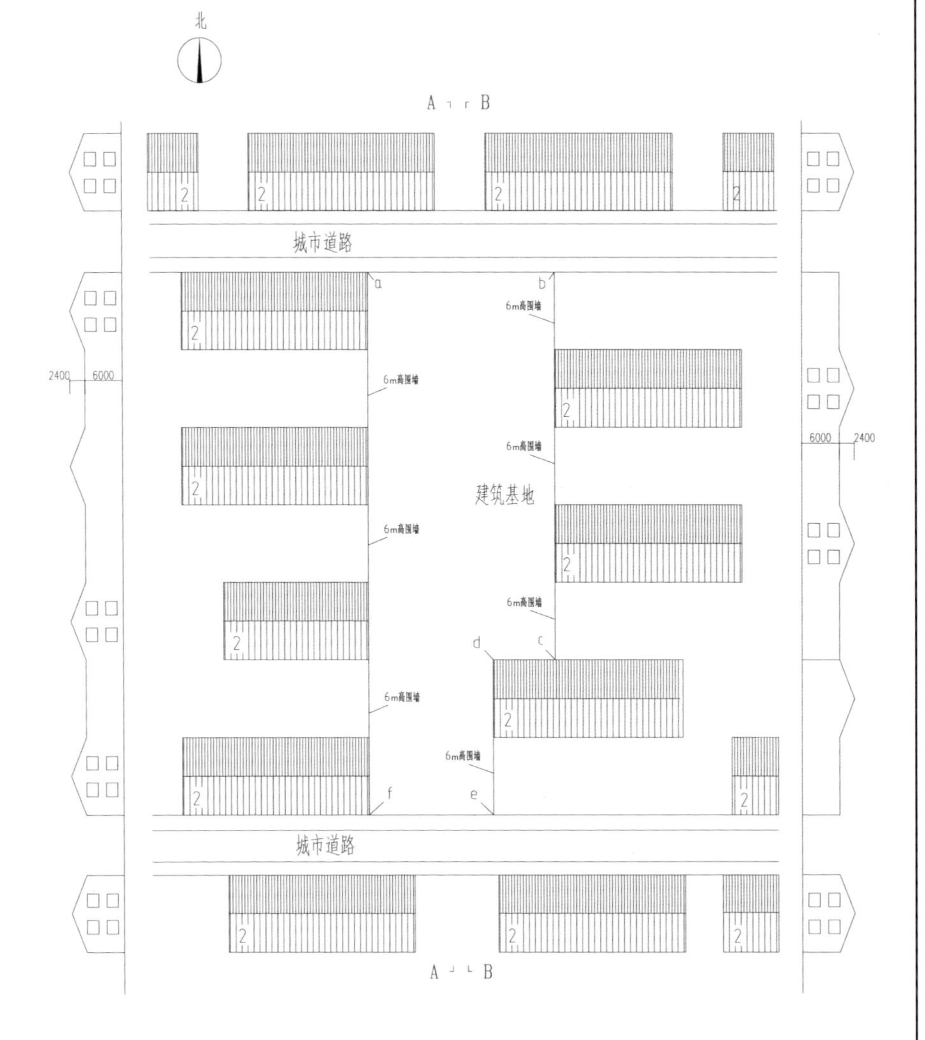

基地总平面图

青年旅社设计作品解析

青年旅社主要功能是客房，在解题中一定要围绕建筑朝向、采光、流线、动静分区等内容进行思考。本题由于场地限制，最重要的一个题眼就是不能影响周围民居的采光，最简单直接的做法就是留出庭院，既不遮挡已有的民居窗户，又可以起到商业与生活的分区过渡。前期读题中既要仔细分析基地平面图，也要看清楚立面已有的条件。

上图图面清新，以一条公共走廊串起四个体块，走廊的变化呼应庭院设计。屋顶做成了现代的单坡以呼应周围的老建筑。每个体块均是客房空间，有直跑梯解决交通和疏散。平面分区清楚，交通流线也直接明了。不足的是入口停车位没有考虑转弯半径，主入口的门厅设置也有些小气，次入口缺少门厅。

下图的总体策略与上图比较接近，也是走廊加体块，不同的是走廊与庭院的关系更加直接，没有设计庭院中的小细节。整体思路很清晰，坡屋顶也同样呼应了周围环境。基本的交通处理和房间布置也是与上图接近的处理。餐厅在一、二层都有，面积上得到满足。主次门厅的尺度如果能区分一下会更好。总平面上周围建筑的坡屋顶肌理最好画上，这样对建筑本身的坡屋顶处理也会更加有说服力。

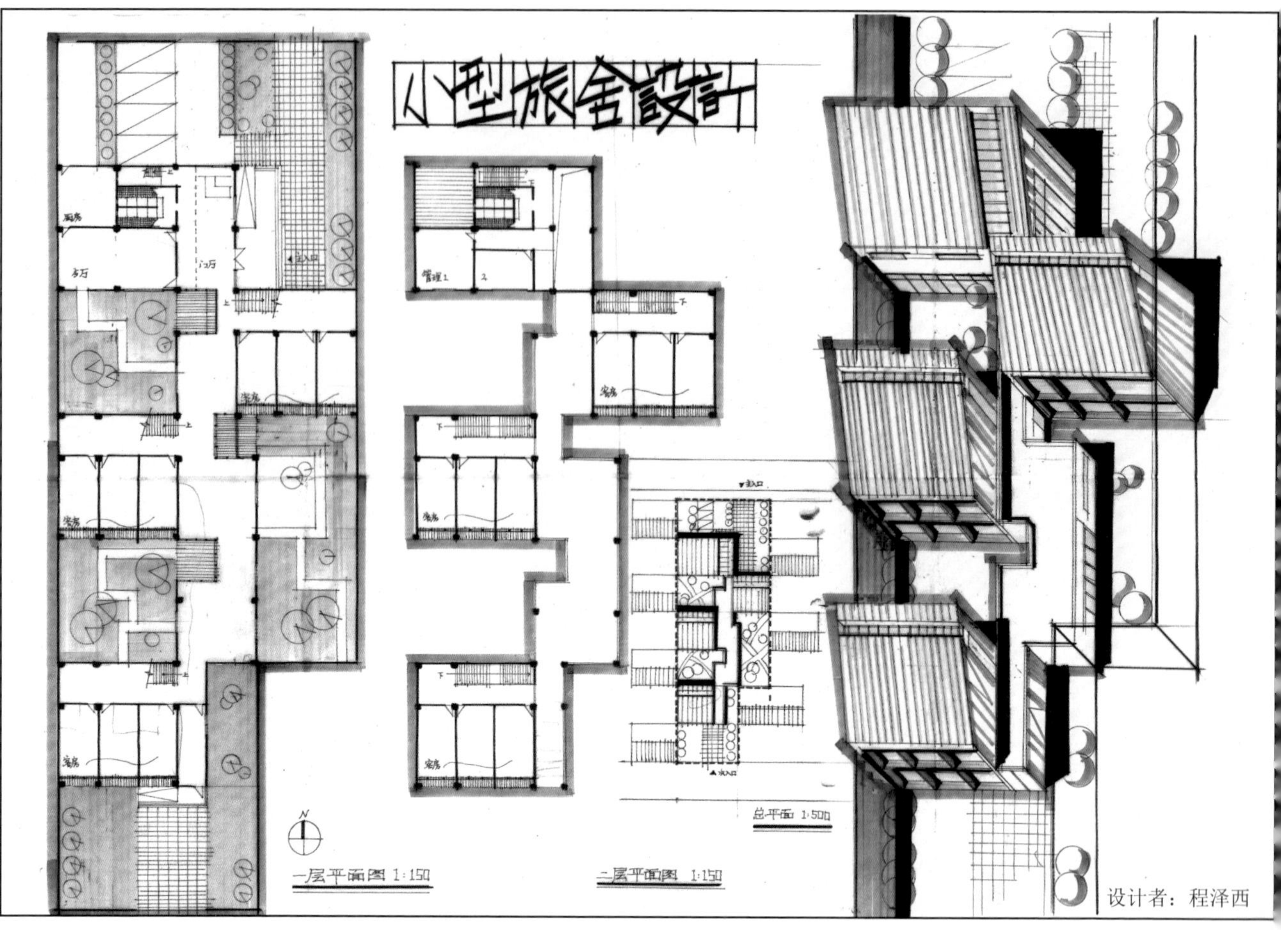

设计者：程泽西

参考案例

韩美林艺术馆 / 崔恺
（资料来源：http://www.gooood.hk/）

泰州（中国）科学发展观展示中心 / 何镜堂
（资料来源：http://www.ikuku.cn/）

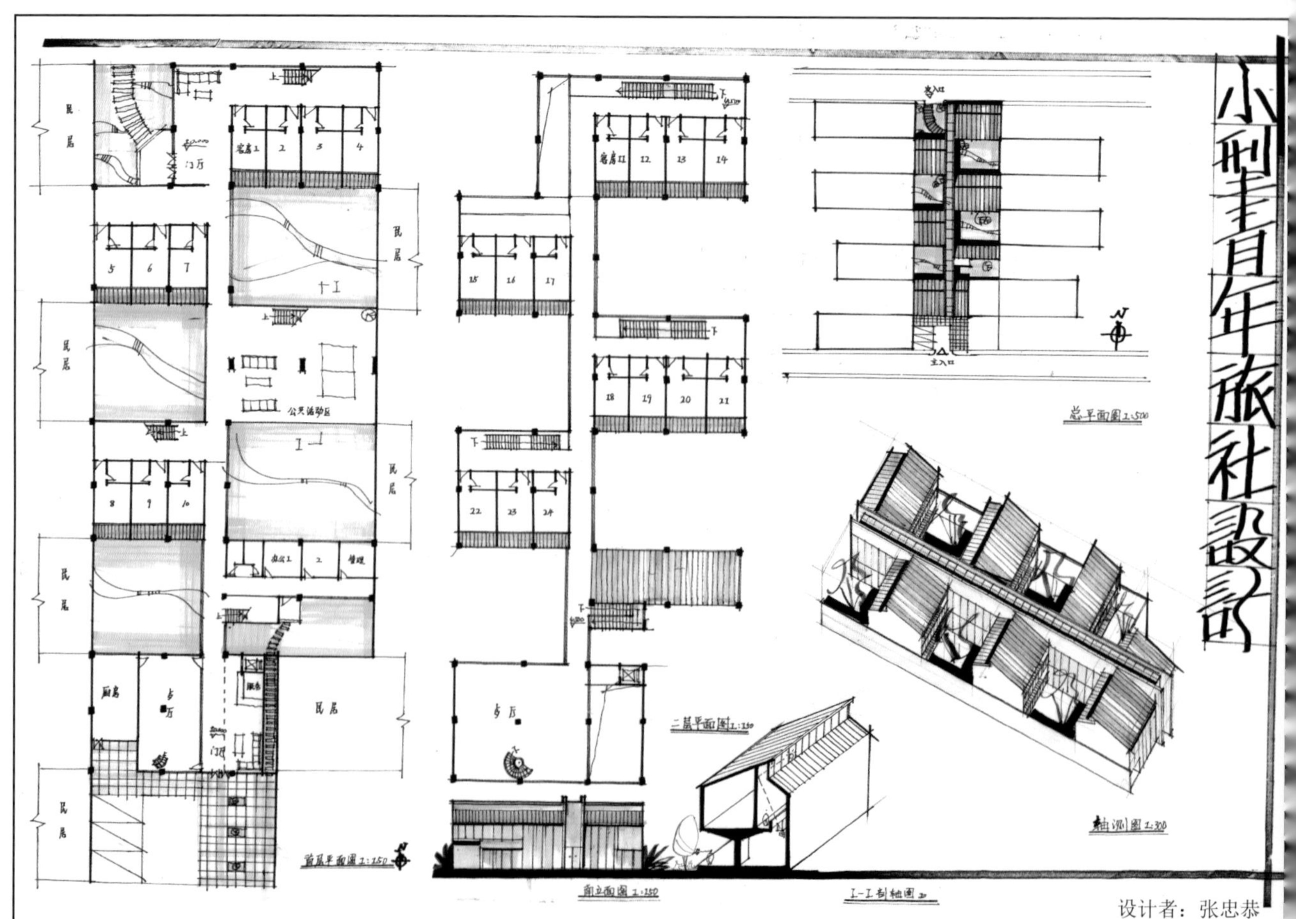

设计者：张忠恭

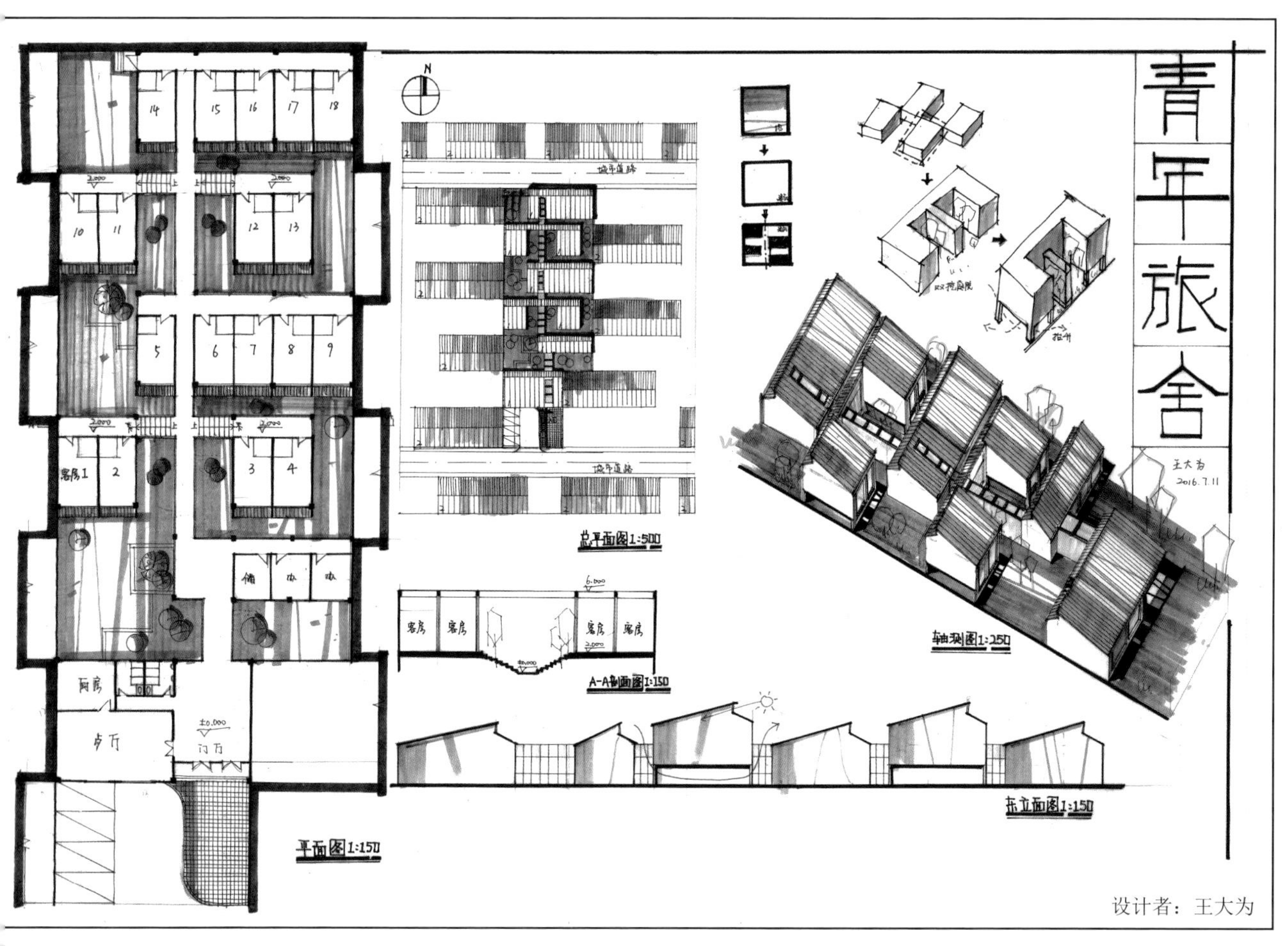

设计者：王大为

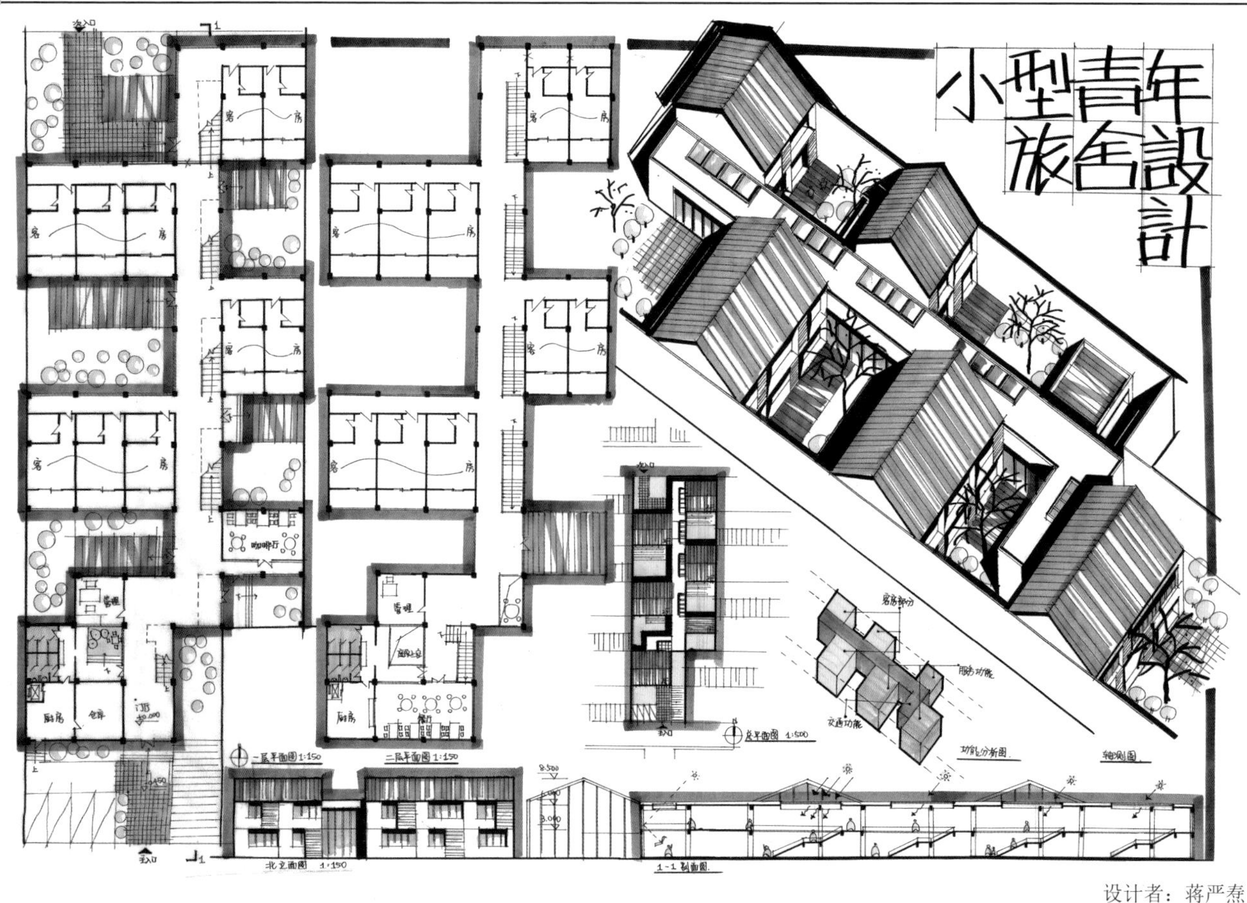

设计者：蒋严焘

青年旅社设计作品解析

旅社的客房一般都是重复的单元体块，以满足最短的交通和最便捷的统一管理。客房的平面尺度同样也是考点之一，类似住宅的建筑性质都应该首先把平面尺度、朝向、采光等放在首位。其余的问题再根据题目一一解决即可。

上图用一层建筑把功能要求等都满足了，在平面图上把周围已有墙体和民居住宅等都标注出来，在有墙体的部分留出庭院退让。主门厅设在南面，北面没有明显的次入口。虽然整个建筑功能都满足了，但是庭院留的比较小气，客房与客房间的退距无法满足采光。有一个弥补的方法是在坡屋顶上面开设天窗进行采光，但是建议遇到对采光要求高的房间还是尽量把距离做到位。建筑本身只有一层，也会导致整个交通流线过长。

下图的交通是以中间走廊的连续直跑梯展开，在剖面上可以有连续剖面空间的特色。体块分析图把功能分区交代得一目了然，主入口和辅助空间都集中在南边，客房部分退后。在细节部分，客房的卫生间可以设在一起。坡屋顶的做法也可以考虑更现代一些，不用完全照搬周围的肌理。一层的公共卫生间藏得太深，位置不太好，仓库的面积太大，位置应该退后，把门厅和庭院整合在一起。

参考案例

胡同茶舍 曲廊院 / 建筑营设计工作室
（资料来源：http://www.ikuku.cn/）

Kurve 7 / Stu/D/O Architects
（资料来源：http://archgo.com/index.php）

设计任务三 商办综合楼设计（3 小时）

一、设计任务

一栋 6 层综合楼，下面 2 层为普通商业空间，上面 4 层为普通办公功能。

二、基地环境

基地位于中国西南地区某小城市，紧临 40m 宽的城市次干道，南北向长约 72m，东西向宽约 45m，总用地面积约 2900m²。基地南北两端有沿街而建的 6 层双坡顶建筑，西面有建设中的双坡顶多层住宅小区，基地北面的道路通向该小区。基地中现有单层临时房屋将被拆除。城市道路中有绿化隔离带。

三、设计要求

1. 建筑必须是坡屋顶，建筑面积控制在 5000m² 左右。注意建筑退让道路红线以及与相邻建筑的距离控制，注意建筑造型与周边环境的协调。建筑的具体功能可按常规情况进行进一步假定。

2. 商业沿街布置，但要求为上部办公区设置临街出入口，同时要求从建筑背面能出入。地下车库不需设计，但要求在总平面图中表达出车库出入口以及少量地面临时停车位。

四、成果要求

1. 总平面图，1：1000；
2. 底层平面图、标准层平面图各 1 个，1：200(各 1 个)；
3. 立面图、剖面图至少 1 个，1：200(至少各 1 个)；
4. 沿街透视图 1 个；
5. 其余说明建筑设计构思的分析图及表现图自定。

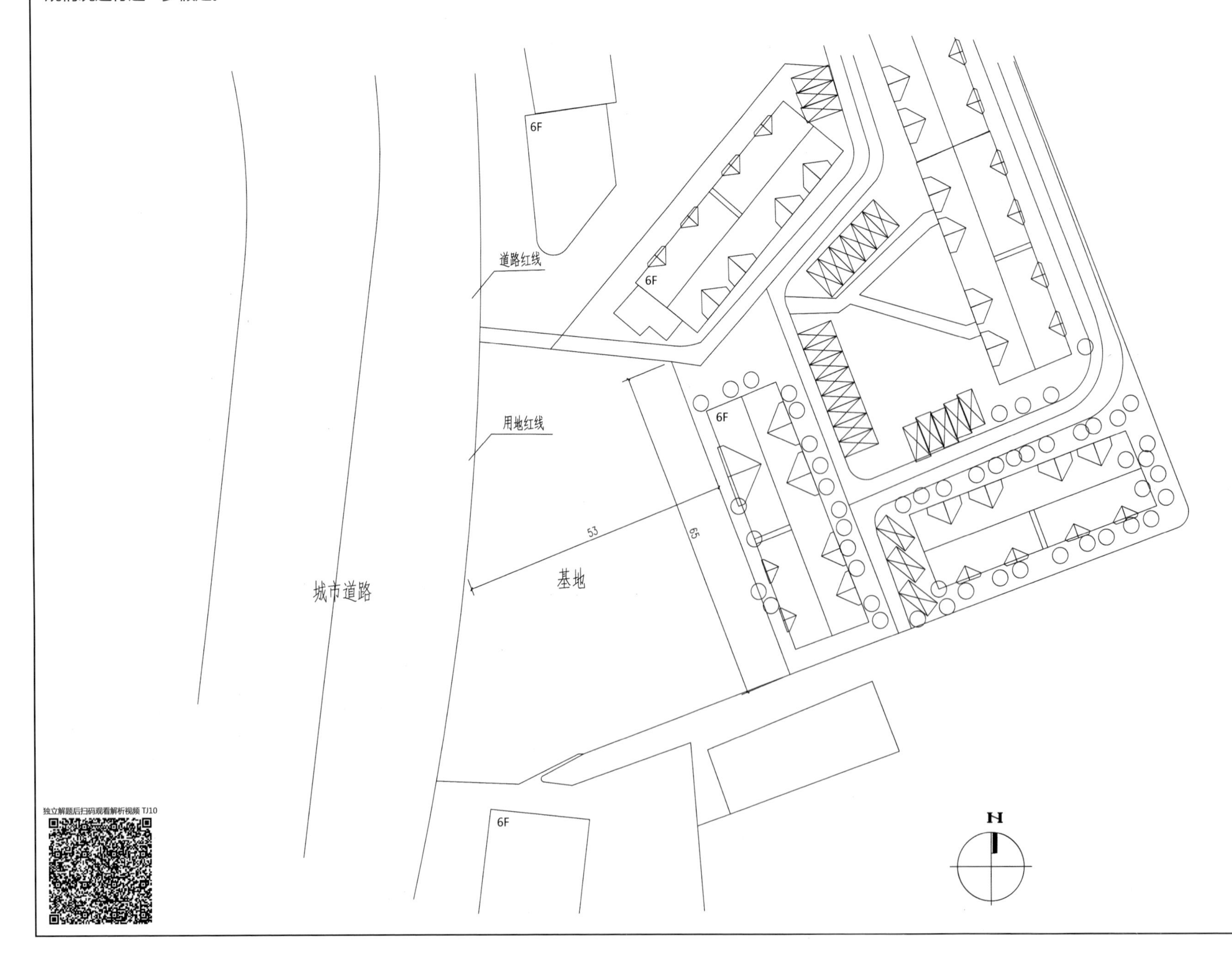

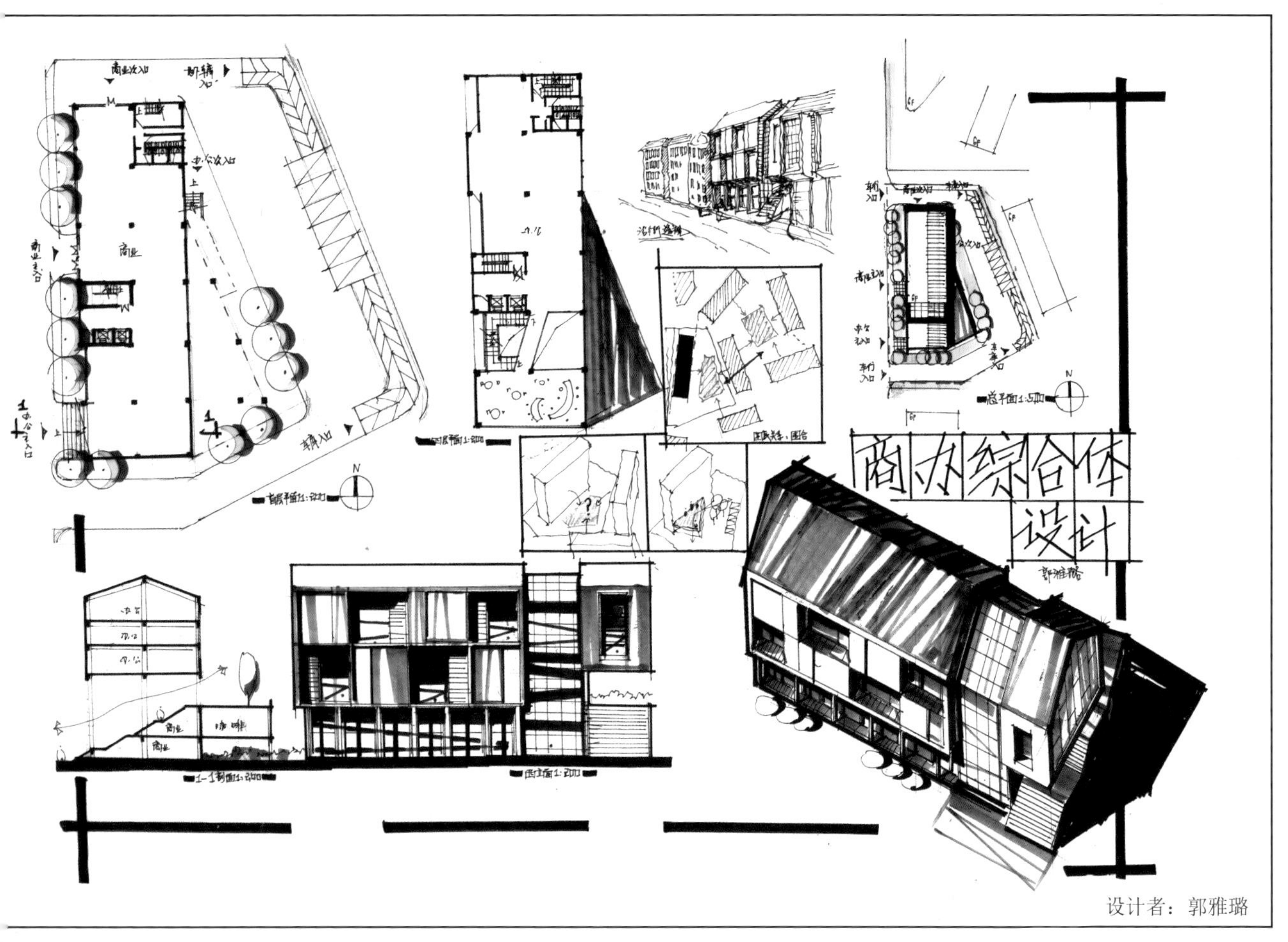

设计者：郭雅璐

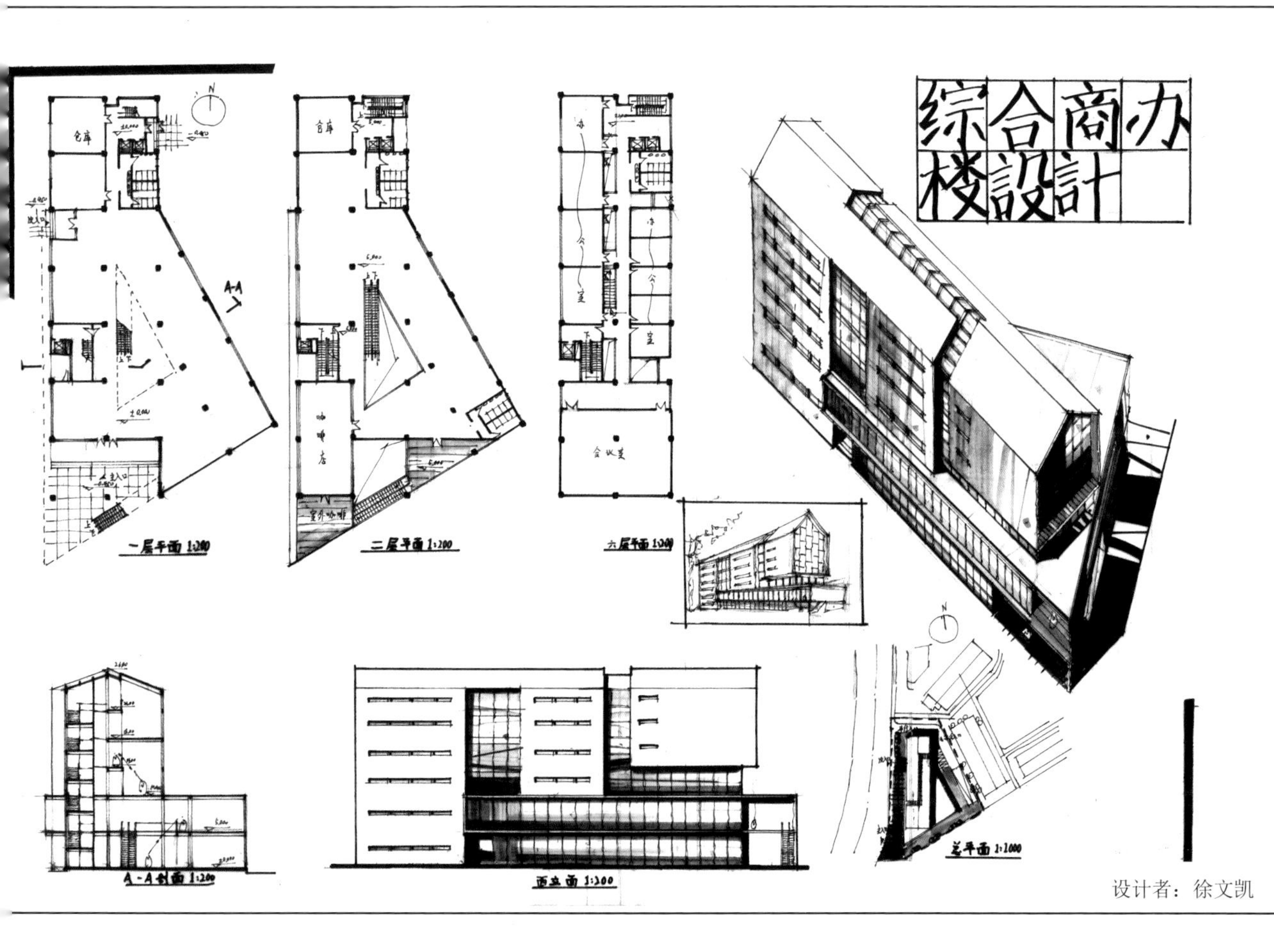

设计者：徐文凯

商办综合楼设计作品解析

商办综合楼的总平面信息比较复杂，基地在一个周围环境比较丰富的城市语境下，场地的红线也是不规则的。对于总平面的分析要多花些时间。建筑本身是商业和办公相结合的，所以在功能的排布和交通处理上比较直接简单，重点还是应该放在对城市环境的分析与思考上，比如停车场的位置、周围居民楼的采光退距、场地入口的选择等。

上图总平面的处理是很到位的，在分析图中强调了小区中心空地和新老建筑间的留白空间，这样与周围建筑的关系是合理的。方案把一层全部打开作为商业，办公的入口在背街一侧，方便人流从停车场走过来。四层标准层是开敞式的办公空间，在建筑的立面处理上也有丰富的变化，骑楼、平台穿插、大台阶等使得体块性质符合商办楼。建议一层商业空间再开放一些，把一层大台阶上二层处理成城市公共空间而不是作为办公主入口会使建筑更加活泼。

下图的商业空间形态贴合场地红线处理，使一层商业部分更加灵活，中间三角形通高空间使得平面不那么死板。上部办公空间是单元写字楼，中间的直跑梯太占面积，不如直接用两端的电梯和楼梯间解决交通即可。总平面上留出环形车道，这样车的停放更流畅。

参考案例

四川美术学院虎溪校区图书馆 / 汤桦
（资料来源：http://www.gooood.hk/）

King + King 建筑设计事务所总部大楼
（资料来源：http://www.ikuku.cn/）

商办综合楼设计作品解析

商业建筑很重要一点就是沿街面的处理，因为沿街是最有商业价值的一部分，所以一般沿街部分要全部打开做商业用，把交通、仓库等房间放到建筑内部，而且商业空间尽量充分利用，不需要把空间做得太碎分隔太细致。

上图平面处理比较完整，整个商业是完全打开的空间，只有中间有自动扶梯联系。上面的办公空间也是采用开敞式办公间，交通基本上在两端解决。从剖面上看，整个建筑的空间互动很好，有很多公共开放的平台空间，错动出了很多共享空间。建筑本身也以坡屋顶回应周围城市脉络。不足的是天窗有些小气，相对于丰富的立面设计，屋顶有些单薄，建议用些颜色进行材质区分，如开窗的木格栅等。

下图的沿街面全部打开，以骑楼结合大面积玻璃的手法把商业部分做得很好，交通部分也没有占用沿街面空间。办公部分房间分割比较多，做法比较直接，围绕着中庭直跑梯展开，在剖面上比较出效果。不足的是总平面信息交代太少，要求设计的停车位和车库入口都没有标识。平面上斜插的体块在轴测图上没有表现出来。建筑周围的环境也应适当表现，这样图面不会显得比较空，可以用马克笔适当再加些色彩。

参考案例

长兴中山化工办公楼
（资料来源：http://www.ikuku.cn/）

厄尔麦卡多餐厅 / Oz Arq
（资料来源：http://archgo.com/index.php）

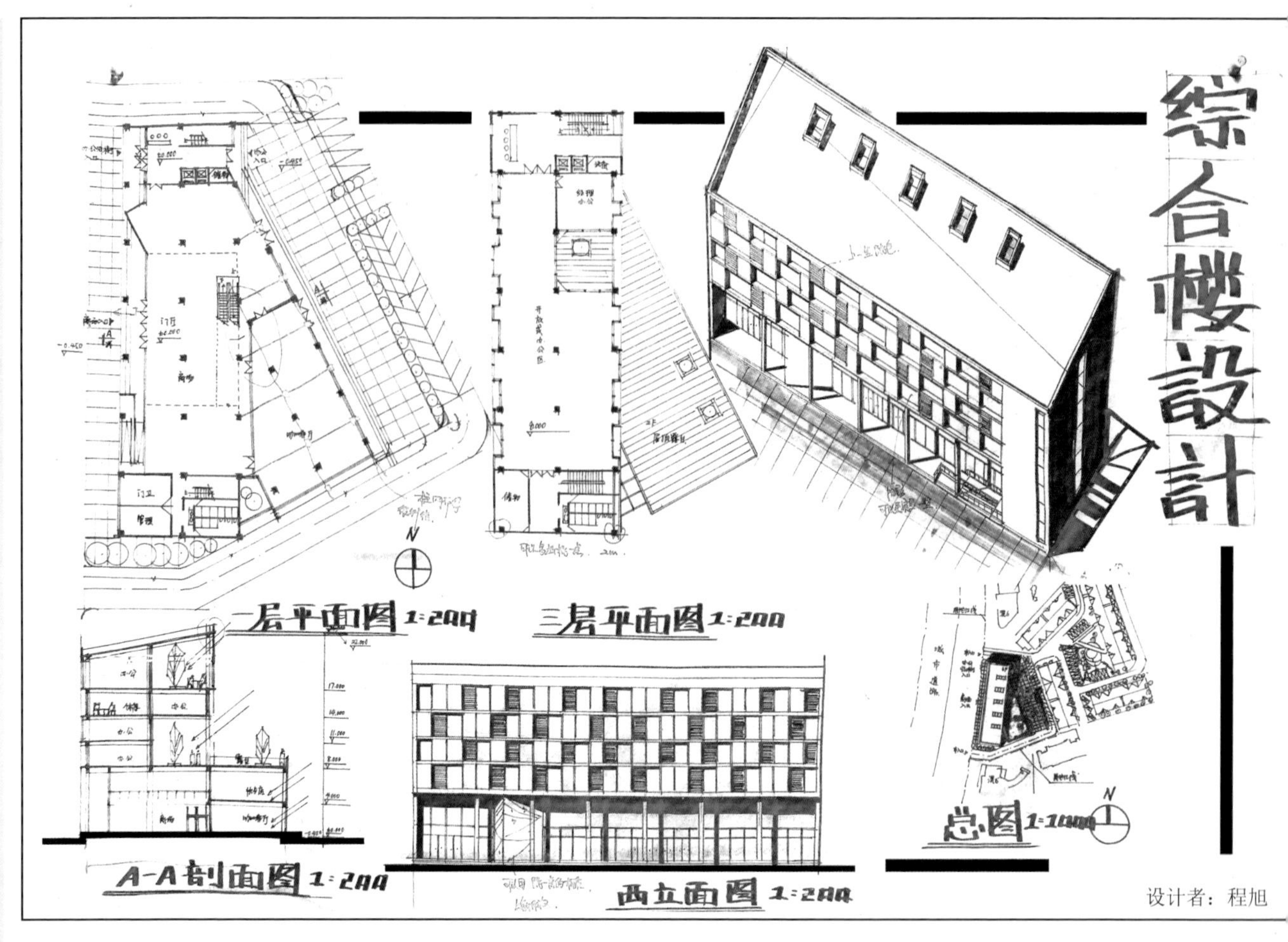

设计者：程旭

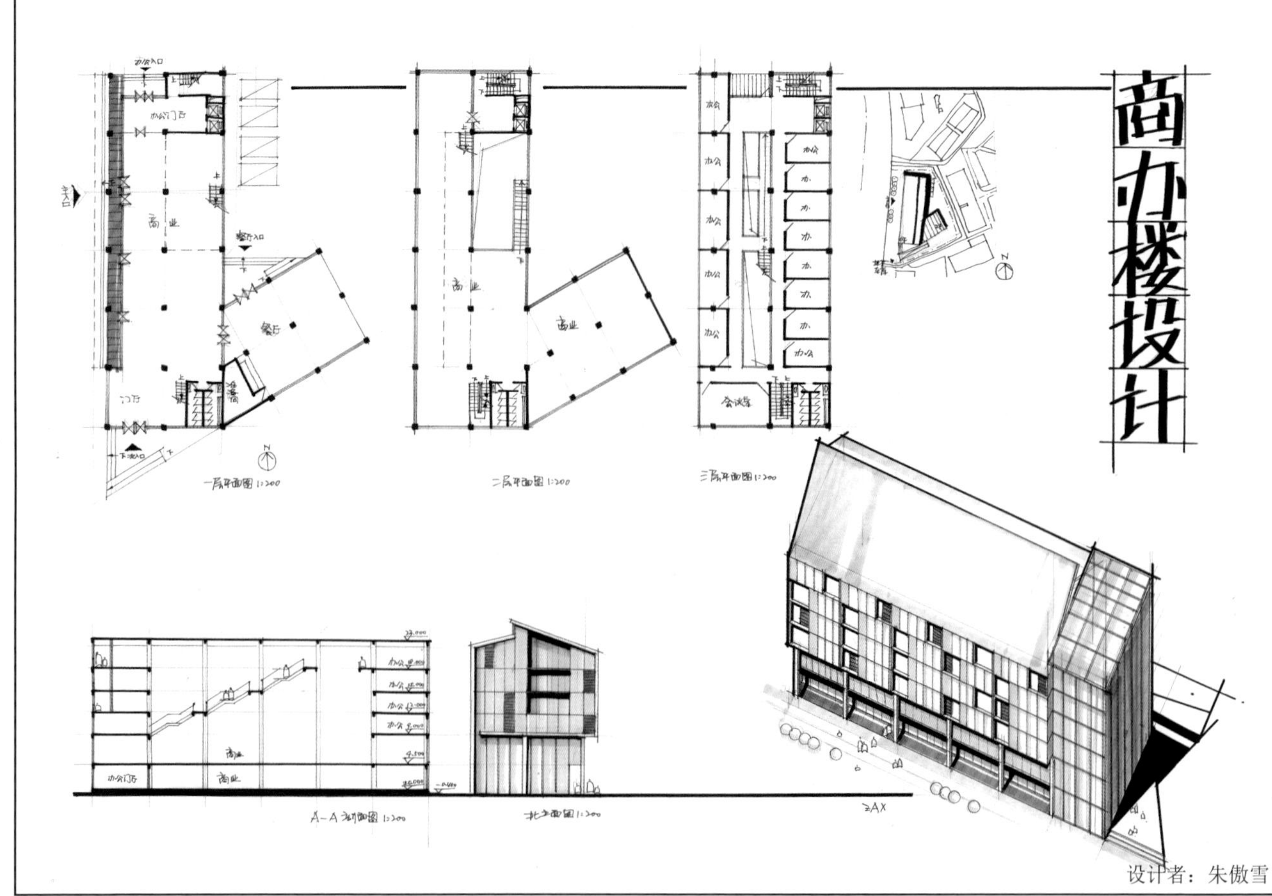

设计者：朱傲雪

设计任务四 湿地文化中心设计（3 小时）

一、项目概况

项目基地位于南方某城市的湿地公园中。拟在该地块建一湿地文化中心，以宣传环境保护理念，开展群众文化活动，为市民提供休闲聚会的公共空间，并成为湿地公园的景点。

项目建设范围呈矩形，东西边长 100m，南北边长 140m。建设范围的西面及北面均为湿地公园，南临湖影道（城市次干道）、东临临风路（城市次干道），两条次干道有 3 座桥与湿地相连接，可作为基地的出入口。项目建设范围与城市道路的关系在图中均已标出。该建设范围内陆地部分非常平坦，被水面划分为相对独立的几个部分，陆地边界（岸线）与水面边界（水线）间为斜坡， 高差 1m。地形图中以 10mx10m 的方格网来定位曲折的陆地边界。

要求所建湿地文化中心的建筑尺寸不大于 60mx60m，所建位置由设计者在项目建设范围内自行确定。

二、设计内容

该文化中心总建筑面积 4000m²（误差不超过 ±5%）。具体的功能组成和面积分配如下（以下面积数均为建筑面积）：

1. 展览功能：约 1000m²
   （1）主题展厅：200m²x1=200m²；
   （2）普通展厅：200m²x2=400m²；
   （3）多媒体展厅：150m²x1=150m²；
   （4）储藏库房：150m²x1=150m²。
   （5）修复备展：100m²x1=100m²。
2. 文化活动：约 1000m²
   （1）学术报告厅：300m²x1=300m²；
   （2）文化教室：100m²x5=500m²；
   （3）图书阅览：200m²x1=200m²。
3. 餐饮服务：约 600m²
   （1）公共餐厅：200m²，含吧台、餐厅，需布置餐桌椅位置；
   （2）雅间：30m²x5=150m²；各雅间自带卫生间；
   （3）厨房：150m²x1=150m²；
   （4）咖啡厅：100m², 须布置餐桌椅位置。
4. 办公管理：约 300m²
   （1）办公室：25m²x8=200m²；
   （2）接待室：50m²x1=50m²；
   （3）小会议室：50m²x1=50m²。
5. 特色空间：约 200m²

该空间根据设计意图自行设定，以突出湿地文化展示中心的空间特质；其功能既可以是与整体建筑功能相协调的独立功能，也可以是任务书中已有功能的扩展。

6. 公共部分： 约 900m²

含问询、讲解员休息、纪念品销售、门卫保安等展览建筑固有功能，以及门厅、楼梯、电梯、走廊、卫生间、休息厅等公共空间及交通空间，各部分的面积分配及位置安排按方案的构思进行处理。

三、设计要求

1. 方案要求功能分区合理，交通流线清晰，并符合国家有关设计规范和标准。
2. 所建湿地文化中心的建筑尺寸不大于 60mx60m，所建位置由设计者在项目建设范围内自行确定。
3. 建筑形象要与湿地环境协调融合，并尽可能减少建筑体量对湿地环境的影响，建筑层数 2 层，结构形式不限。
4. 设计要尽可能保留湿地的原有水面，并将水面作为空间元素运用到设计中。
5. 本项目不要求设置游客停车位，但需考虑、展品运输通道及停车卸货空间。

四、图纸要求

1. 设计者须根据设计构思，画出能够表达设计概念的分析图。
2. 总平面图，1：500；
   各层平面图，1：200，首层平面图中应包含一定区域的室外环境；
   立面图 2 个，1：200（2 个）；
   剖面图，1：200（1 个）。
3. 轴测图 1 个，1：200，1 个 ，不作外观透视图。
4. 在平面图中直接注明房间名称，首层平面必须注明两个方向的两道尺寸线，剖面图应注明室内外地坪（或水面）、楼层及屋顶标高。
5. 图纸均采用白纸黑绘，徒手或尺规表现均可，图纸规格采用 A1 草图纸（草图纸图幅尺寸 790mmx545mm）。

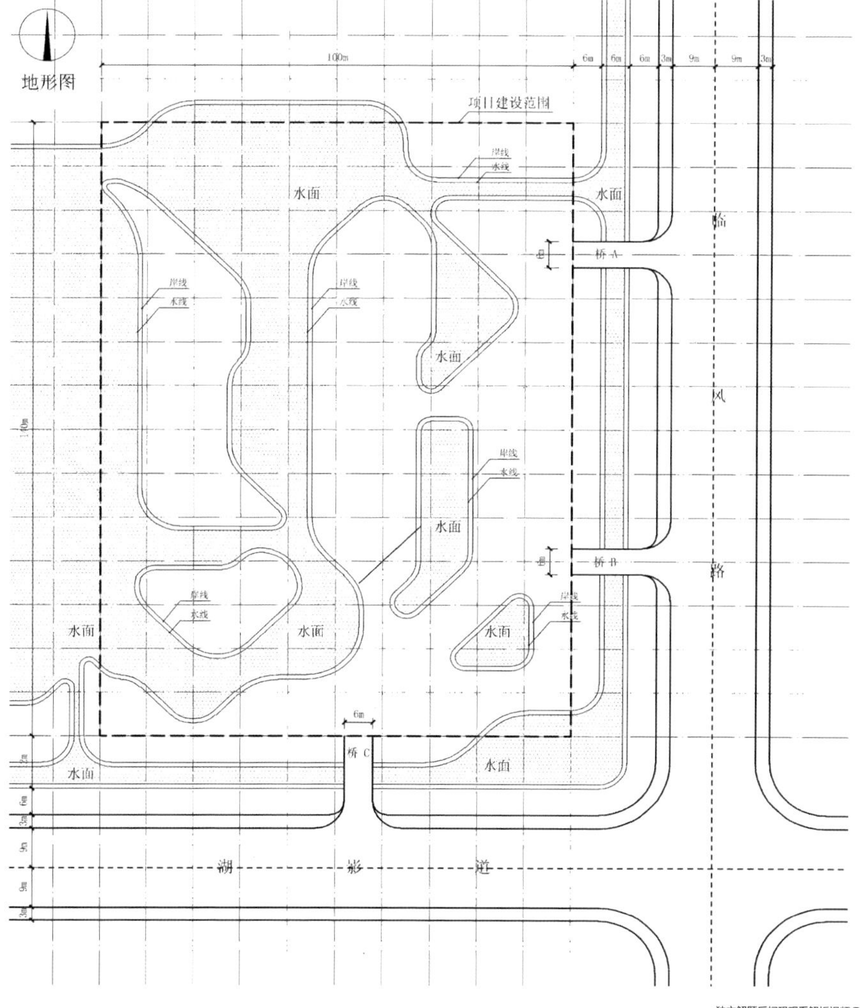

独立解题后扫码观看解析视频 TD14

湿地文化中心设计作品解析

环境要素相对较多的场地在设计时要先从建筑与环境的关系出发，增加建筑本身与场地中已有元素的交流。基本的环境要素包括点状景观、条状景观、片状景观等。在方案处理时要因地制宜，增强开放性。

上图的处理方式参考了实际案例费孝通江村纪念馆。展厅的连接和交通的处理基本上是单廊加房间式。从分析图可以看出来，一层错动的体块是从水面的渗透性出发，二层以非常完整的体块将其覆盖，整个建筑分成两条置于两边，一层和二层通过室外平台联系在一起。这样的做法对于功能联系紧密的建筑来说不是特别适合，因为整个建筑的连通性要受到一定的影响。优点是可以创造出丰富的室外交流空间。建议可以加强一层的景观渗透。

下图基本也是从两个条状体块出发，与上图方案不同的是，该方案增加了斜插平台，源于设计者对场地各个入口桥梁的分析。整个建筑体块做得比较实，不同于上图方案完整的二层形态，该方案平面是非常规则的，但是最后整个体块却是曲线处理的，应该是考虑到了湿地的水岸线，建议将这些思考以小的分析图进行展现，可以更清楚更快速表达设计思路。整个图面的线条是徒手绘制的，稍显乱。

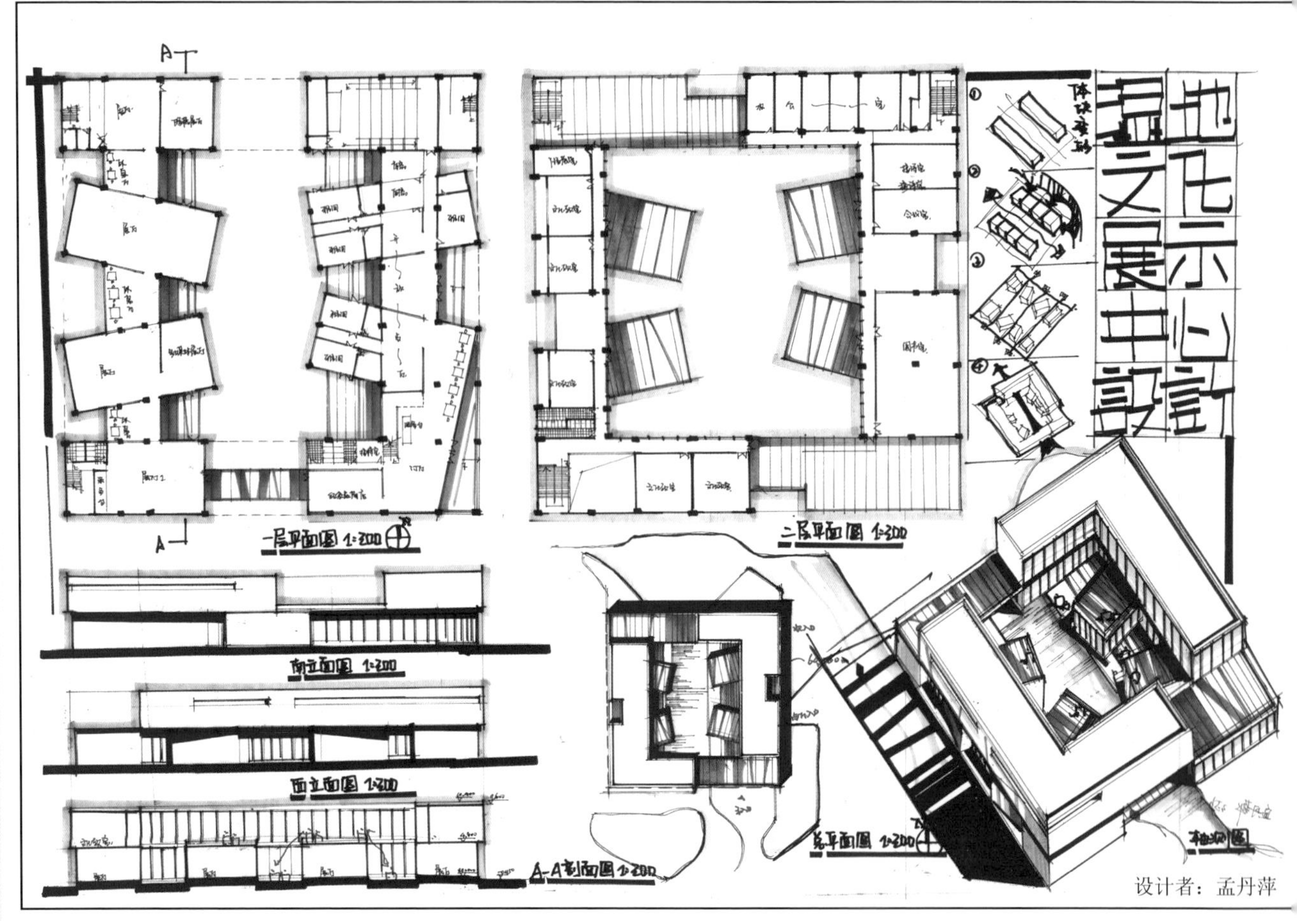

设计者：孟丹萍

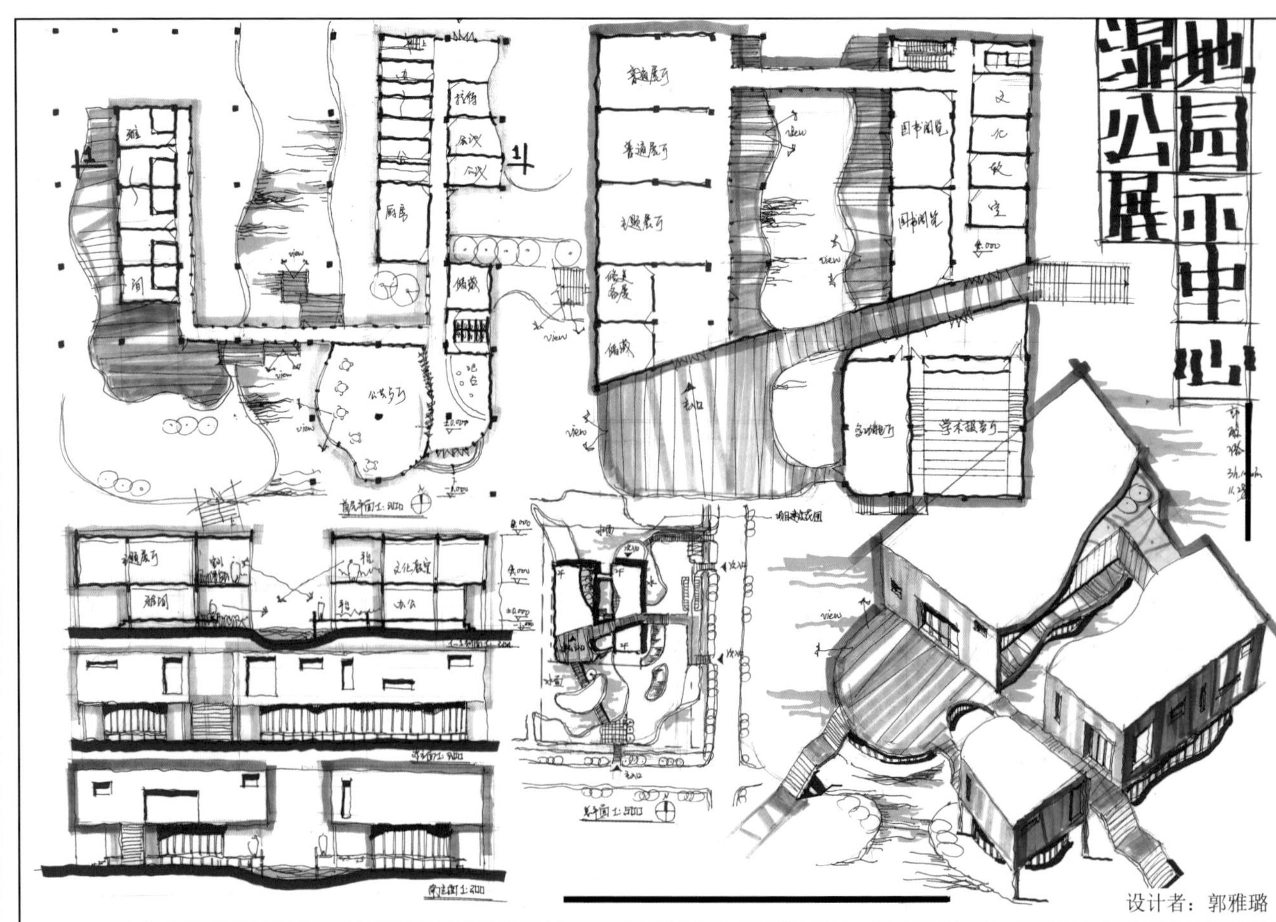

设计者：郭雅璐

参考案例

费孝通江村纪念馆 / 李立
（资料来源：http://www.ikuku.cn/）

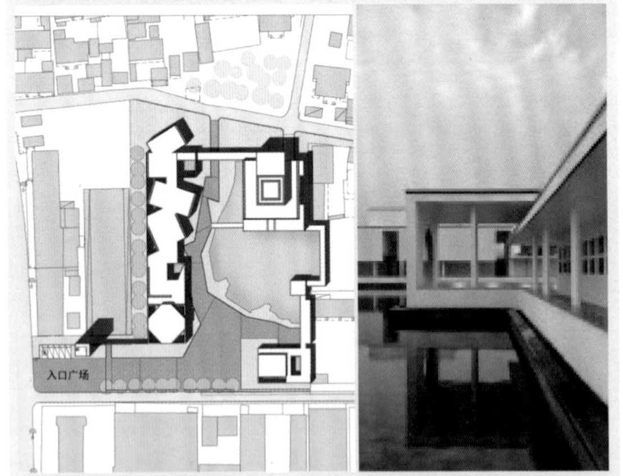

宁波帮博物馆 / 何镜堂
（资料来源：http://www.ikuku.cn/）

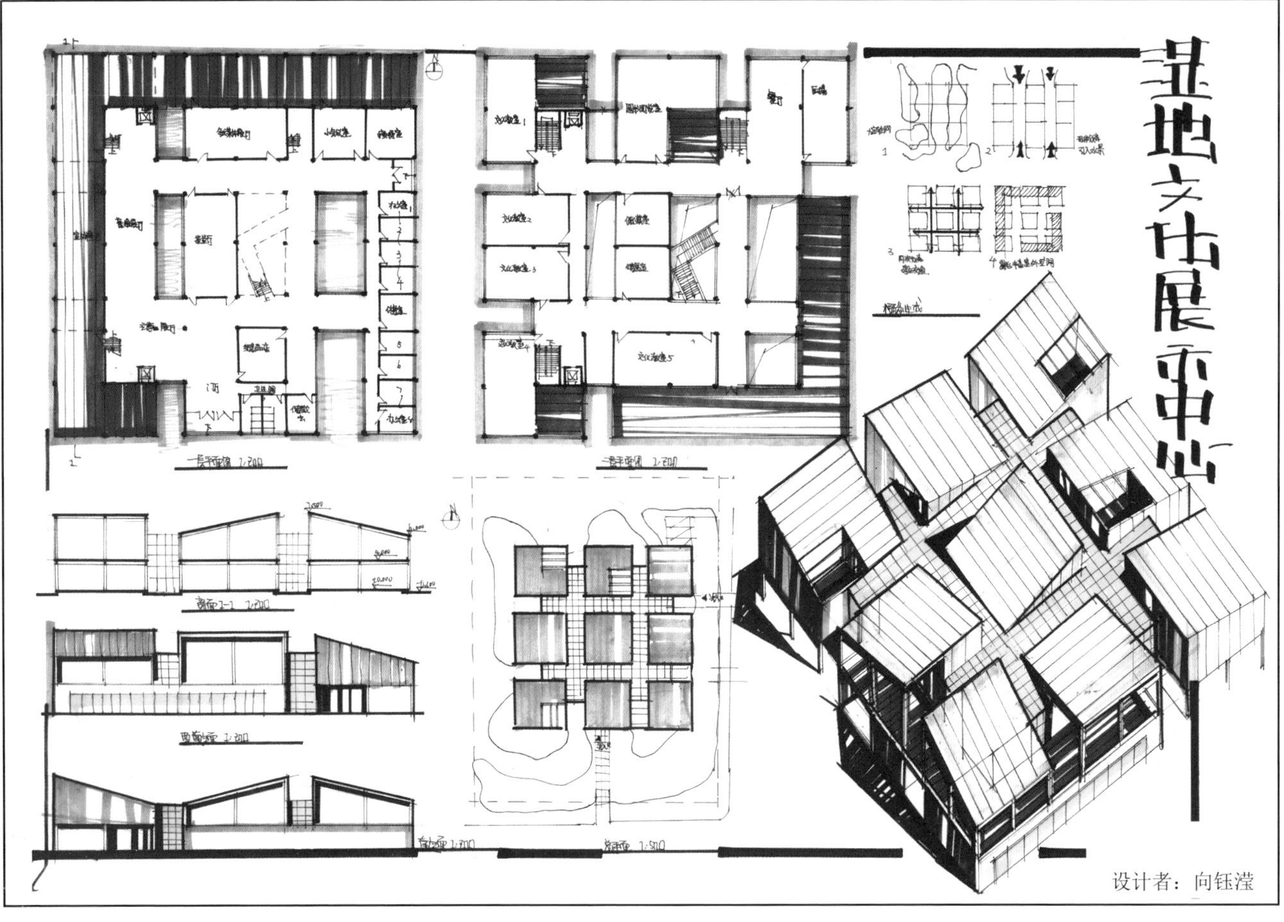

设计者：向钰滢

湿地文化中心设计作品解析

湿地文化中心的功能比较复合，场地环境也比较复杂，在设计时应该抓住题目要求的建筑尺寸控制在 60m×60m 内，把功能分区处理好可以有利于快速解题，而场地中水和陆地的关系也是重要的考点之一，以对湿地环境最大化保护为首要思考点。

上图方案采用九宫格的处理方式，分析图将生成过程清晰地表达出来。建筑形体也是在九宫格的基础上进行的变形，把小的单元体块处理成不规则单坡组合。平面布置比较清楚，功能分区一目了然。整个形态是属于规则处理，在建筑与水的关系处理上有些欠佳，由于体块的衍生是从已有九宫格出发，所以建筑与环境的联系太少，影响整个湿地的和谐关系。尤其是零碎体块间以玻璃体穿插起来，使得环境元素的特色不够突出。

下图方案很直观的是可以上屋顶的游览型建筑，这一策略在周围环境比较丰富的场地中还是挺适合的，一些斜插的体量既满足交通，又满足本身报告厅的功能设置，整个形体看起来比较丰富。剖面的架空和中心庭院体现了共享空间的交流性。由于家具的布置使得整个平面看起来有些乱，建议平面可以再处理地干净一些，突出主要的功能分区，条状建筑本身也可以增加些趣味性，不用做得太整合。

参考案例

朱家角人文艺术馆 / 祝晓峰

（资料来源：http://www.ikuku.cn/）

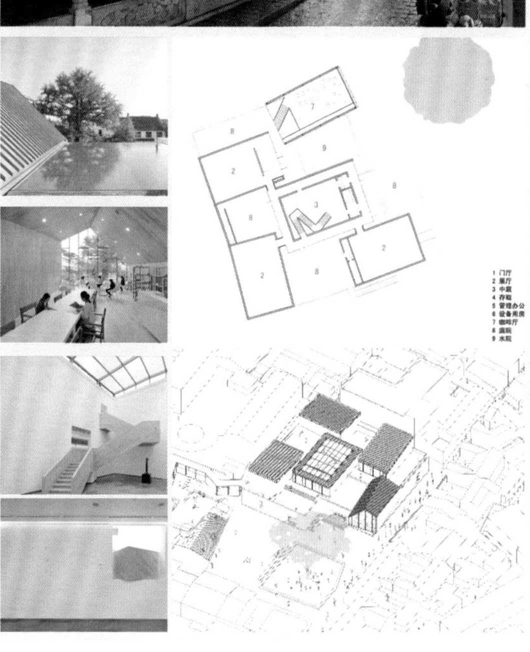

湿地文化展示中心

设计者：冯卓然

设计任务五 小菜场设计（3 小时）

一、项目概况

项目基地位于北方某城市的社区中。拟在该地块建 2 层小型菜市场，以解决周边居民日常生活服务的需求，激活社区活力。

项目建设用地呈梯形，北侧短边为 48m、南侧长边为 60m，西侧边长为 72m，项目用地面积 3888m²。项目用地的南面及西面为住宅区，北临城市次干道铭德道（道路红线宽 42m，要求后退道路红线 9m），东侧为玉泉路（道路红线宽度 26m，要求后退道路红线 6m），隔路相对为幼儿园，幼儿园主入口朝向玉泉路。菜市场可朝向铭德道及玉泉路开口。项目用地范围及周边环境的关系在图中均已标出。

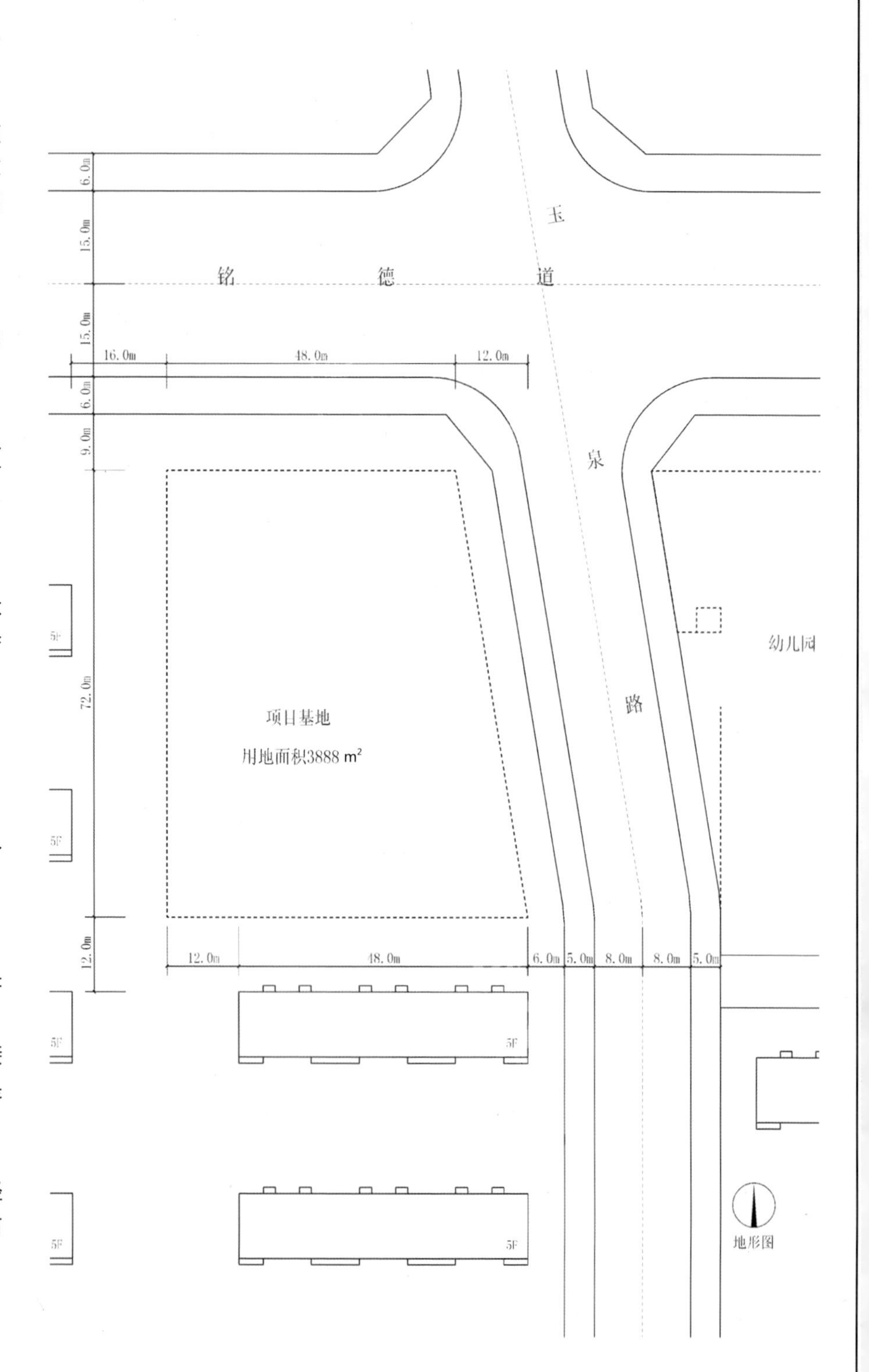

二、设计内容

该菜市场建筑层数 2 层，总建筑面积约 3000m²（误差不超过 ±5%）。具体的功能组成和面积分配如下（以下面积数均为建筑面积）：

1. 小菜市场：约 1200m²

小菜市场设若干摊位，设计中注意菜市场空间的采光与通风要求。菜市场的主入口须后退用地红线 18m 以上，留出足够的缓冲区域。小菜市场每个出入口处都应留有不少于 100m² 的自行车临时停放区，以及不少于 3 个汽车停车位（每个停车位按照：3mx6m 计算）。

2. 独立店面 16 间：约 800m²

独立店面供对外长期出租，经营项目为理发店、百货店、小菜馆等，店面开间不少于 4m。独立店面若对向铭德道及玉泉路设出入口，则须后退用地红线 9m 以上：若不对向铭德道及玉泉路设出入口，则不作用地红线后退。

3. 社区活动：约 500m²

含多功能厅 200m²x 1 间；文化教室 75m²x 4 间 =300m²。

4. 办公管理：25m²x 4 间 =100m²

5. 公共部分：约 400m²

含门厅、楼梯、走廊、卫生间、休息厅等公共空间及交通空间，各部分的面积分配及位置安排由设计者按方案的构思进行处理。

三、设计要求

1. 建筑层数 2 层，结构形式不限，方案要求功能分区合理，交通流线清晰，并符合国家有关设计规范和标准。

2. 项目基地北侧铭德道及东侧玉泉路均为居民上下班途经的主要道路。幼儿园在接送孩子的时间段会在幼儿园主入口附近形成道路的局部拥堵。因此如何组织交通将是本项目面临的最大考验。

3. 满足前述小菜市场及独立店面的后退用地红线的要求。

4. 用地范围内必须留出消防车道。消防车过道宽度不小于 6m，消防车道转弯半径不小于 12m。小菜市场的货物运输通道可临时借用消防车道，但停车卸货空间不得占用消防车道。

四、图纸要求

1. 能够表达设计概念的分析图，或用 150 字以内的简练文字阐述设计概念。

2. 总平面图，1：500；各层平面图，1：200； 立面图 2 个，1：200; 剖面图 1 个，1：200。

3. 轴测图 1 个， 1：200 。不作外观透视图。

4. 在平面图中直接注明房间名称。首层平面图必须两个方向的两道尺寸线。剖面图应注明室内外地坪、楼层及屋顶标高。

5. 图纸均采用白纸黑绘，徒手或仪器表现均可，图纸规格采用 A1 草图纸。

独立解题后扫码观看解析视频 TD16

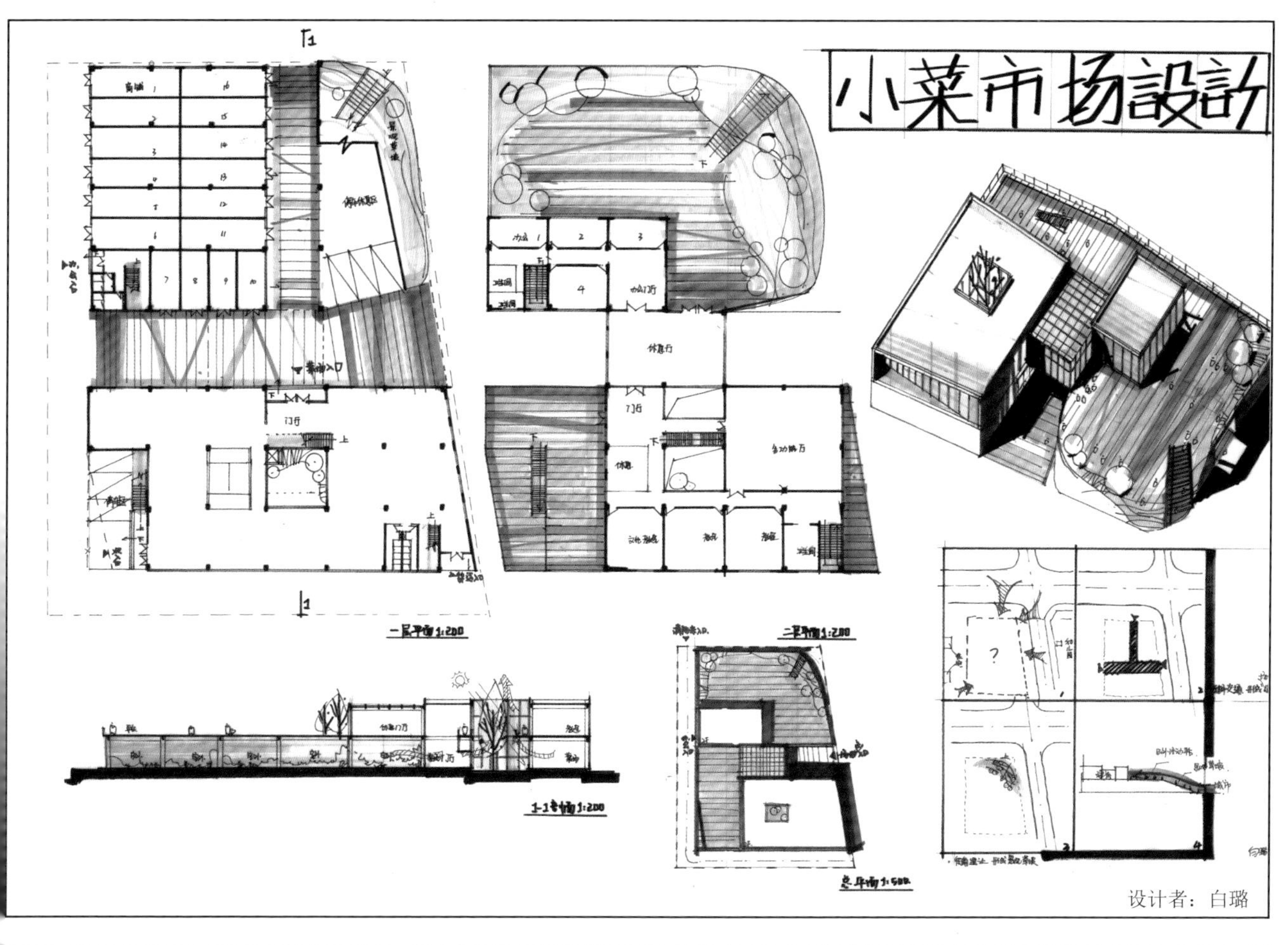

设计者：白璐

小菜场设计作品解析

小菜场是有生活气息的一类建筑，不仅仅要求我们对设计规范、建筑基本的设计手法把握好，还要有一定的生活经验和常识。该场地周围元素比较多，要满足社区人群使用，考虑主干道附近的幼儿园，并且由于基地是转角部位，要考虑沿街的商业性等。思考的问题需要全面才能做出相对稳妥的方案来。

上图重点是对整个建筑的开放性的思考，从室外直接上大平台，上屋顶，使得建筑在社区中是一个增加交流的场所。街角的斜坡是该设计的亮点，上下功能分区明确，流线比较清晰。细节上，菜市场中摊位的布置还要再多加考虑，过于开放的菜市场太注重对外交流，能不能满足最基本的进货、采购等日常需求，这一点还需要更多思考和取舍。

下图方案是比较完整的体块操作，基本上首层解决了市场中心大空间需求，商店也均在沿街，符合商业空间需求。二层体块丰富有变化，房间之间的平台处理增加建筑与场地的交流性。菜市场的主入口收进太多，不太便捷，在这一点上应该从实际出发，方便日常生活为主要切入点。主要的菜场空间集中在首层，但是中心大空间的采光有些问题，最好有天窗采光。在总平面的设计上也可以增加些细节，引导社区中人流直接从次入口或沿街商店进入建筑。

小菜市场設計

设计者：米准

参考案例

WHY Hotel/ WEI 建筑设计事务所
（资料来源：http://www.ikuku.cn/）

Fish market in Bergen Eder Biesel Arkitekter
（资料来源：http://www.ikuku.cn/）

专题 2

从竖向空间布局入手的解题策略

2.1 基础知识点

快速设计常用建筑结构类型有 5 种。

2.1.1 钢筋混凝土框架结构（最常用）

框架结构是指由梁和柱组成框架共同抵抗水平荷载和竖向荷载。采用此结构的房屋墙体不承重，仅起到围护和分隔作用。

2.1.2 剪力墙结构（钢筋混凝土板墙）

剪力墙结构是用钢筋混凝土墙体来代替框架结构中的梁柱，这种用钢筋混凝土墙板来承受竖向和水平力的结构称为剪力墙结构。

2.1.3 钢结构

以钢材为主搭建承重体系的结构。特点是强度高、自重轻、刚度大，故用于建造大跨度的建筑物特别适宜； 建筑工期短；其工业化程度高，可进行机械化程度高的专业化生产；快速设计中适用于较远距离的悬挑。

2.1.4 井字梁：多用于报告厅、多功能厅

井字梁就是不分主次，高度相当的梁，垂直相交，呈井字形。这种一般用在楼板是正方形或者长宽比小于 1.5 的矩形楼板。梁间距 3m 左右，跨度 20m。又称交叉梁或格形梁。

2.1.5 桁架

桁架由直杆组成的一般具有三角形单元的平面或空间结构，桁架杆件主要承受轴向拉力或压力，从而能充分利用材料的强度，在跨度较大时可比实腹梁节省材料，减轻自重和增大刚度。一般分为平面桁架和空间桁架。桁架的高度与跨度之比，通常立体桁架为 1/12~1/16，立体拱架为 1/20~1/30，张拉立体拱架为 1/30~1/50，在设计手册和规范中均有具体规定。

2.2 解题策略

竖向空间的设计是最基本和常见考查类型。需要设计者对于结构选型的问题能够有所了解，如框架结构、报告厅或多功能厅中常用的井字梁结构、大跨建筑中适用的桁架、网架等结构。同时，对于从竖向空间布局为出发点的题目类型来说，往往对于空间的限制，需要在竖向空间布局上考虑功能布局问题和空间深化利用的问题。

首先对于题目中所提及的特殊功能空间要敏感，并思考对于建筑整体空间所带来的影响。例如同济大学 2005 年展墙美术馆设计题目，题目中提出了四种展墙类型，每种展墙类型又有不同的功能使用上的要求，如何解决好四种展墙的空间关系成为设计的难点。所以从竖向空间出发就可以轻松找到四种不同高度展墙的关系特点。在有限的基地环境下，利用剖面关系进行交通流线组织和功能分区深化，达到解题的目的。

其次，对于室外空间条件较少或者以室内空间塑造为主的题目来说，从剖面出发解题是非常好的设计策略。例如同济大学 2012 年 3 小时快速设计题目公园茶室设计，室外空间景观环境较为单一，从竖向空间布局出发可以很快解决功能布局问题，同时着重营造室内茶室空间，以及大小茶室空间的组合，从而解决题目的设计难点。

最后，注重不同功能在竖向空间上的组织。

注意建筑类型的使用特点以及主要功能用房的设计要求，从竖向空间布局出发去思考功能组织问题，同时应当积累一些竖向空间的设计技巧，如中庭空间的处理、门厅空间的处理等。在整体考虑的前提下，对于一些节点空间也应当有适当的考虑与设计，只有这样，才会是一个深入的、有空间质量的设计。

2.3 补充要点

2.3.1 剖面与平面结合设计

在设计中营造竖向空间时，实际上要同时考虑平面和剖面。以下三个案例，都有非常丰富的剖面空间，平面的设计也与剖面密切相关。

（1）特瑞加诺住宅：通过调节建筑内部墙体、楼板与窗的位置与尺寸，将光线结合空间引入室内，并将住宅内部空间布置到极致。

（2）圣地亚哥德孔波斯特拉音乐学院：注重内部空间的营造，通过连续的剖面空间带来空间感受上的变化。

（3）天津博物馆：大空间的营造结合天窗、大台阶等元素形成变化的室内空间。

2.3.2 天窗设计

天窗也是丰富建筑竖向空间的重要元素。在快速设计中，可以考虑在交通空间开天窗，这样整个建筑在形体上的逻辑会很清晰，天窗也成为了丰富建筑形体的元素之一。

建筑中庭共享空间也可以考虑做天窗。这样一方面有利于中庭通高的大空间的采光，另一方面也有利于整个建筑室内场所气氛的营造。

展览空间和虚空间的天窗设计也同理。

要注意的是，针对不同功能空间，要采用不同的天窗形式。天窗的形式与朝向也要考虑建筑的结构。

设计任务一 展墙美术馆设计（6 小时）

一、设计任务

在公园内设计一美术馆，基地平坦。长 65m，宽 25m，宽边方向朝正南北，周围为宽阔草地。入口可以在基地内任意位置设置。建筑物可以占满基地，但不得超越基地范围（包括悬挑）。

受展品尺寸的要求，业主提供具体的供展示用的墙面（室内）大小要求，这些墙面中有 12m 高、8m 高、6m 高和 4m 高四种。

二、设计要求

1. 此处墙体“高度”为业主强制要求，任何高于或者低于此要求的墙面不予承认。
2. “最小视距”指单边视距，如果展墙在两侧的，墙与墙的最小间距应该是“最小视距”的两倍。
3. 其他必须有的功能为：

咖啡馆 ，100m² ；

管理用房，100m² ；

储藏，200m²；

其他相应部分：卫生间、楼梯、门厅等公共部分不定具体面积。

建筑限高 13m（包括女儿墙）。

建筑一律在地面以上解决，不得出现任何地下室或者下沉设计。

三、图纸要求

1. 各层平面图，1：200；
2. 立面图 2 个，1：200；
3. 若干剖面图，1：200（12m、8m、6m、4m 的墙面都必须剖到）。

这四种高度墙面的具体要求列表如下：

墙面	长度	高度上下浮动	最小视距	采光要求	其他要求
12m高	40m	1m	10m	白天自然采光为主	1片平的12×40m的完整墙面（此墙面在剖、平面方向都不得弯曲、转折、开洞）
8m高	30m	0.8m	8m	白天自然采光为主	1片8m×30m的完整墙面，此墙在平面方向可折一次（此墙面在剖面方向都不得弯曲、转折、开洞）
6m高	50m	0.6m	6m	必须人工采光为主	1片平的6m×50m的完整墙面或2片平的6m高的墙，它们长度之和为50m（此墙面在剖、平面方向都不得弯曲、转折、开洞）
4m高墙面	90m	0.5m	5m	白天自然、人工采光皆可	若干片平的4m高的墙，它们的长度之和为90m（这些墙面在剖面方向不得弯曲、转折、开洞）

独立解题后扫码观看解析视频 TJ05

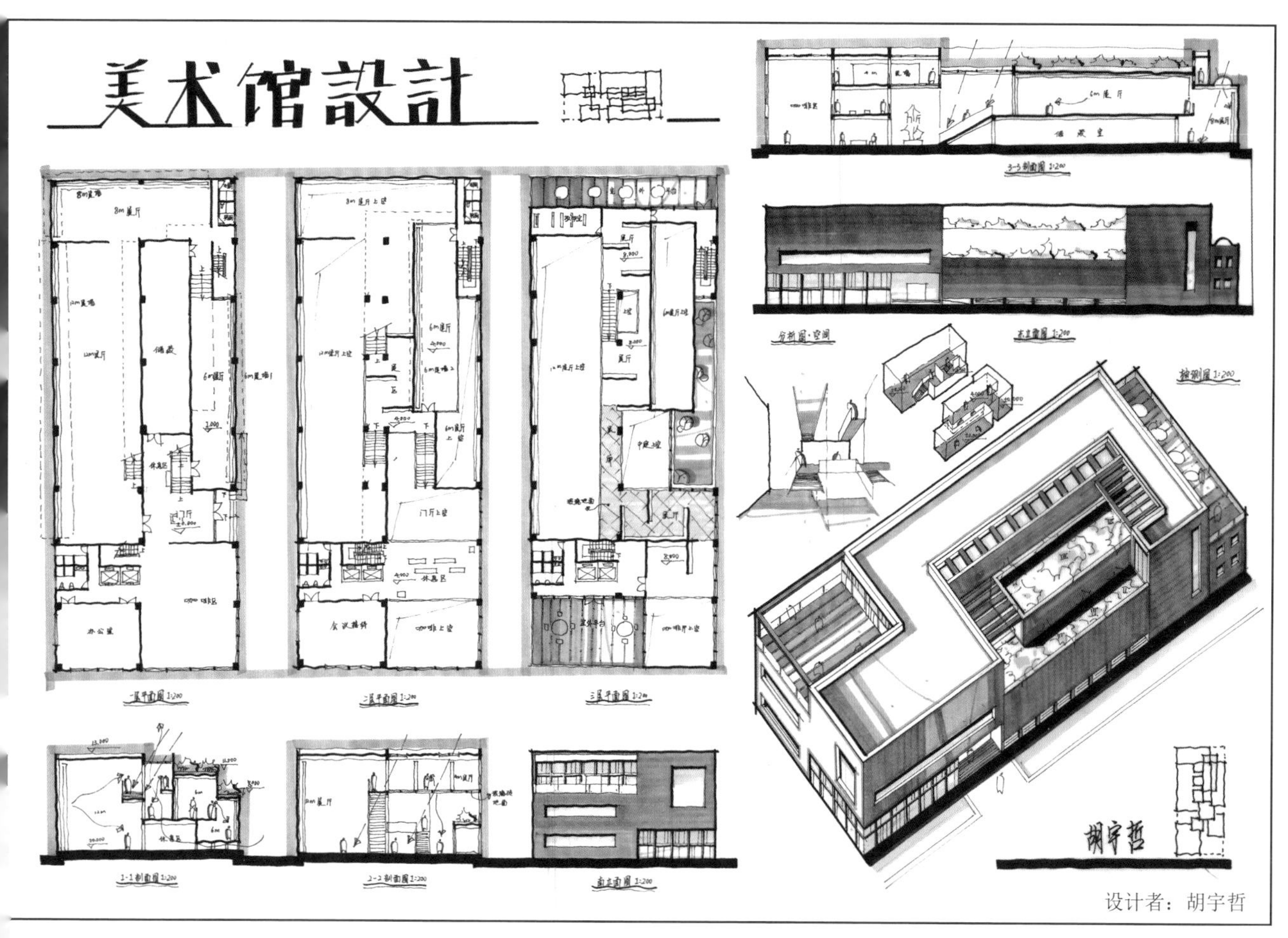

设计者：胡宇哲

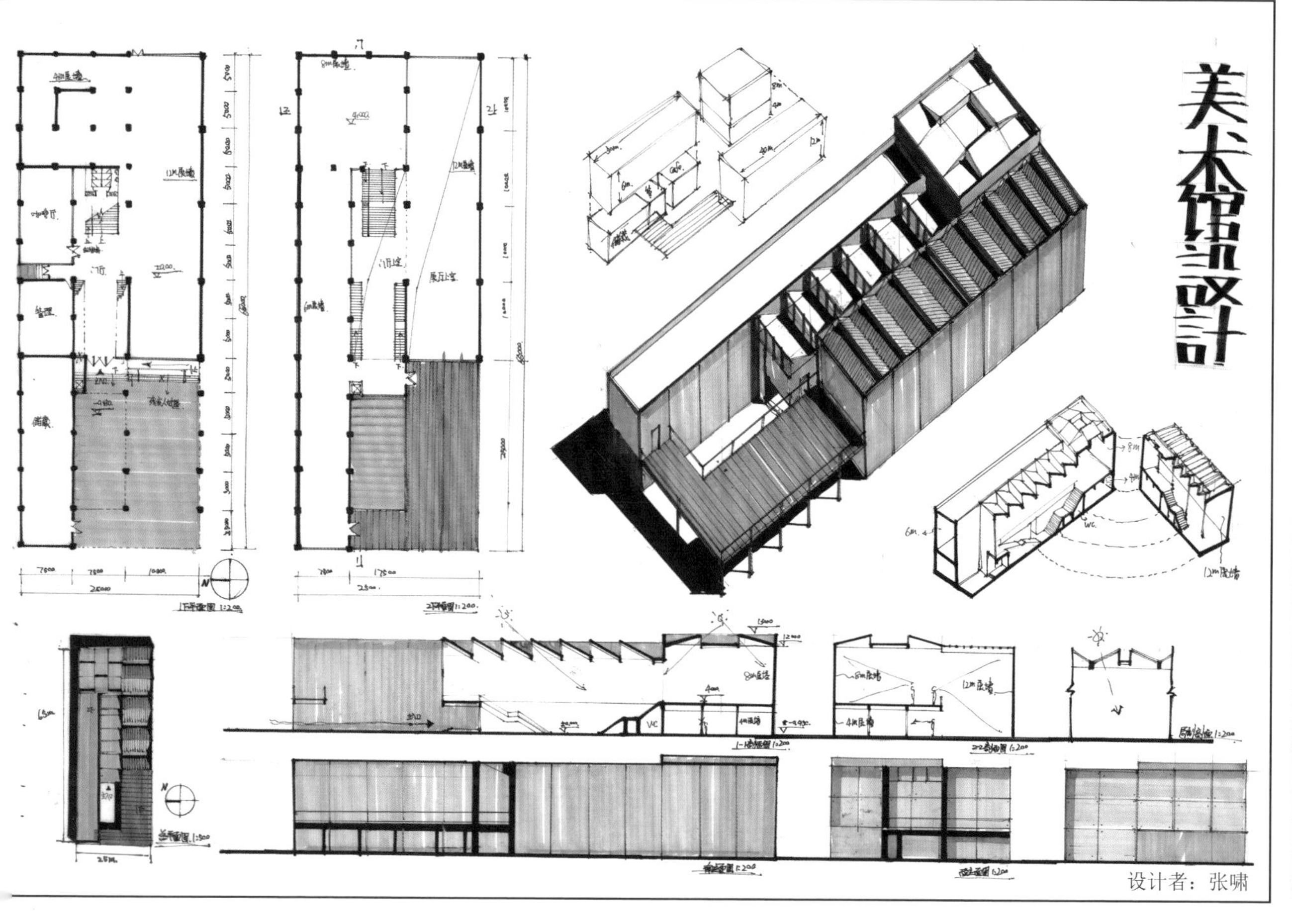

设计者：张啸

展墙美术馆设计作品解析

展览建筑最基本的考点是平面流线，整个空间的塑造与设计也是围绕流畅的游览路线来进行思考。有时候对于空间的把握在平面上不好处理时可以考虑从空间上，即从剖面入手来进行设计。将有限制的点通过剖面墙体的安排来转换难点。

上图形体处理非常丰富，庭院、平台、水池的结合使得整个展览馆的形态活泼多变，轴测图的画法也很出色。方案在剖面展示上也很清楚，不同高度的展墙设置在空间内处理得很合理，而且天窗采光的分析在剖面上也有所展示。平面上大的功能分区很清晰，服务与被服务空间分割明晰。交通流线有点过于复杂，不同展墙的高差处理不是特别清楚，可以把流线再整合一下，不用增加过多高差。分析图可以根据展墙的设计画得更清晰一点。

下图方案平面以三段式为主，交通集中在中间一条中，交通流线比较简单。展墙的处理方式比较直接，四种不同尺度的展墙集中放置在一块，从剖面上看展览空间和辅助的分区还是很清楚的，设计者的重点放在对于展墙区域的营造，多样的天窗形式给观展带来不错的体验。建筑本身体块的处理有些单薄，庭院和平台的设置不是特别有意义，可以适当考虑把内部空间做得丰满一些，外部空间不用太大面积。

参考案例

波兰当代艺术馆的扩建方案

（资料来源：http://www.ikuku.cn/）

LPL 艺术馆 / OSA

（资料来源：http://archgo.com/index.php）

展墙美术馆设计作品解析

基地位于周围是均质景观的公园内，因此外部没有特别需要应对的元素，解题的重点应放在展厅内部。展墙美术馆最大的难点就是四种不同高度的墙面布置。根据要求，无论是从平面展览流线入手，还是从剖面空间进行解题，都要将展墙关系处理好。

上图从展墙入手，将几种不同高度的展墙合理布置，在轴侧上体块高差反映出了各个展墙要求的高度，其中4m展墙和立面结合的也很到位。分析图和剖面图上都有标明各个尺寸的展墙的布置位置，充分理解了题意，使得解法一目了然。整个建筑的形体特色也比较突出，二层有一个大平台供游客休息。平面逻辑是三段式，中间灰空间处理成交通空间，把12m高的展墙氛围营造得很好。

下图最大的特点是在展墙的形式上有所变化，曲面墙的引入在立面上产生非常棒的效果，虽然立面非常干净纯粹，没有上过多的颜色，但是一个小小弯角的阴影处理就将展厅内曲面墙的空间特色展示了出来。坡道作为交通引导，剖面的空间处理有亮点。入口门厅处的4m展墙也有特色处理，让人觉得是特殊空间的位置，如果门厅与咖啡厅位置换一下，正好置于变化的展墙处，入口空间的效果会更加出色。

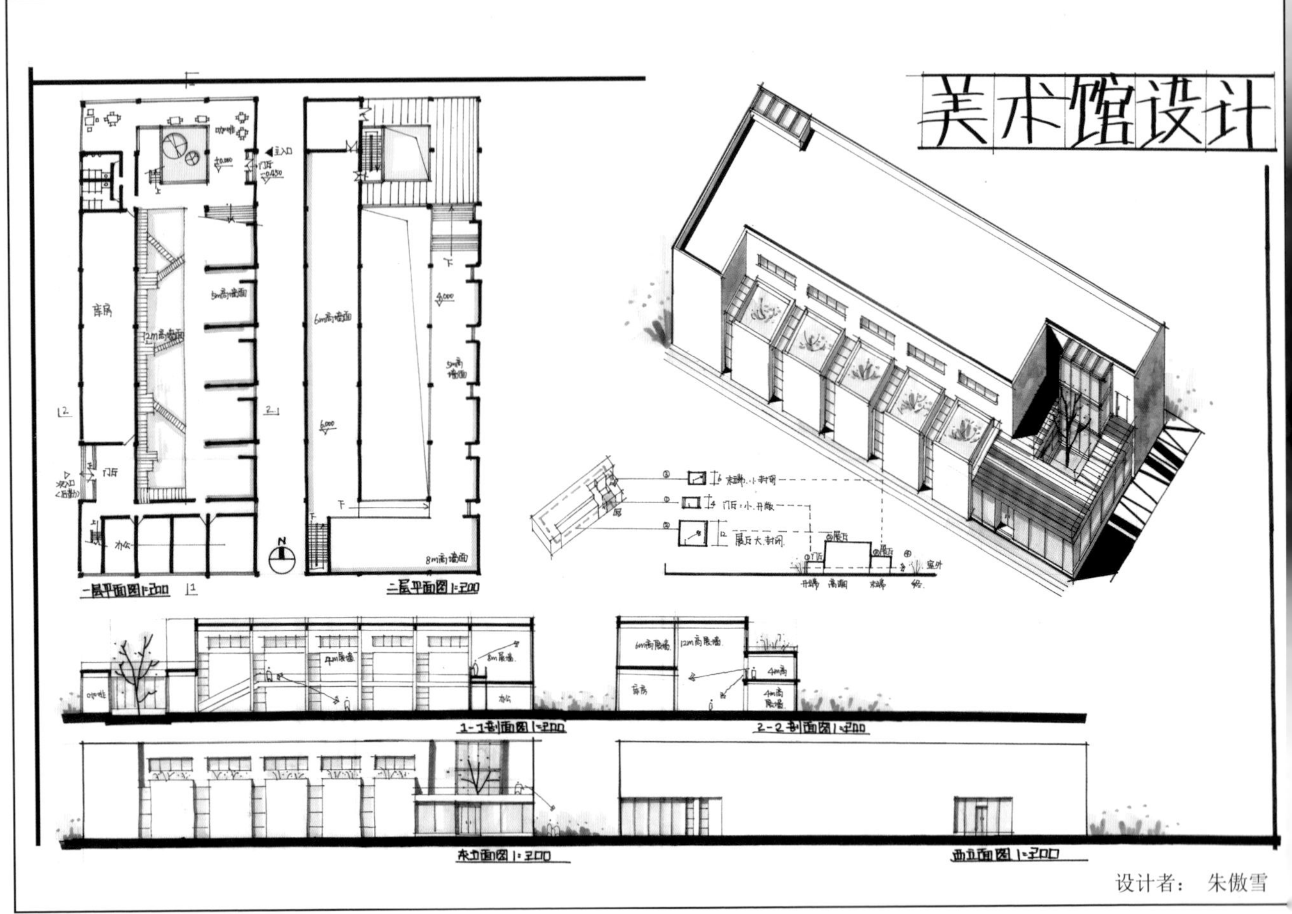

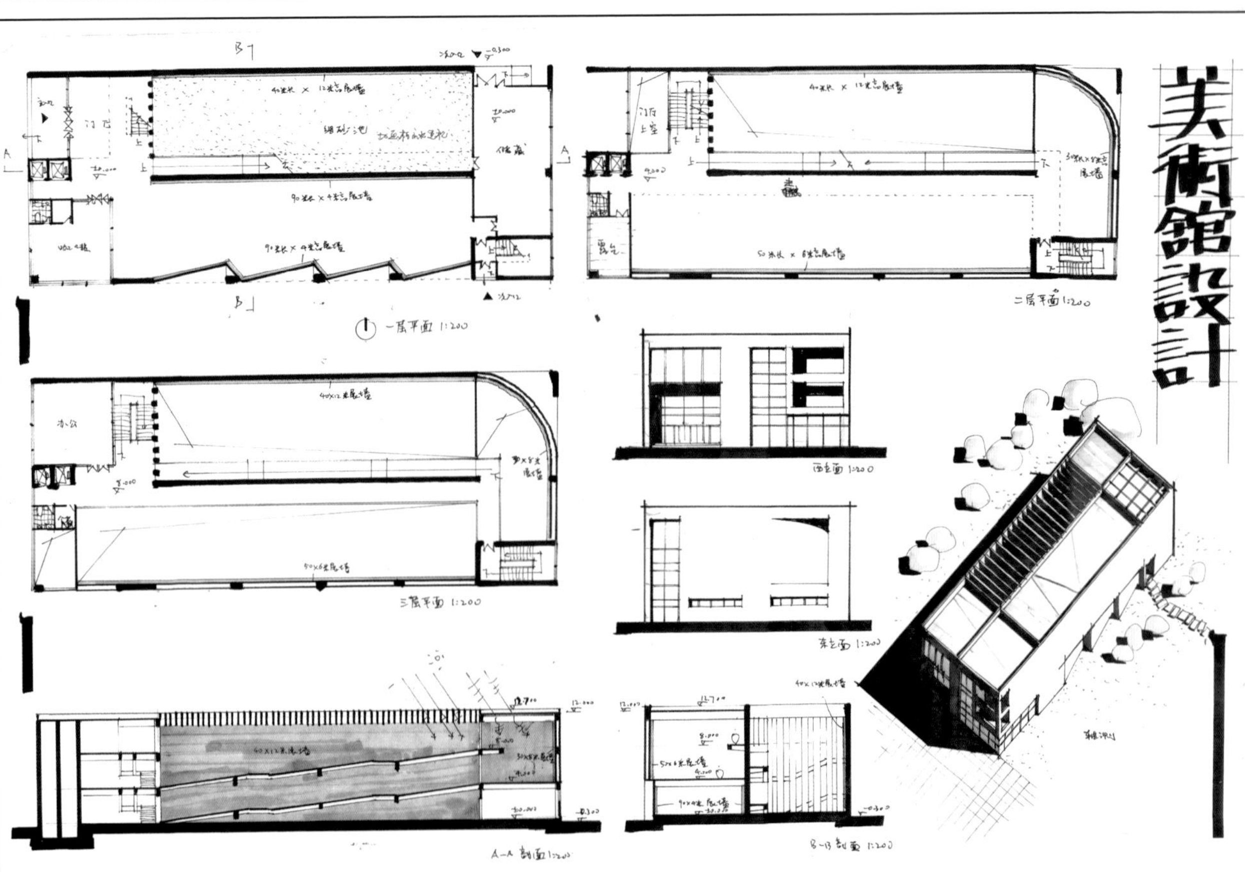

参考案例

欧洲远东美术馆 / Ingarden&Ewý Architekci
（资料来源：http://archgo.com)

Fuglsang 美术馆 / Tony Fret Architects
（资料来源：http://archgo.com/index.php）

设计任务二 风雨操场设计（3 小时）

一、设计任务

在某中学校园内设计一风雨操场综合体。建筑面积 2500m² 以内。风雨操场指有覆盖的室内运动场，运动场四周可封闭也可敞开。

二、基地状况

基地处于中国江南地区，平地，基地内为无明显高差变化。基地在有围墙围合的封闭校园内。基地周围环境及具体尺寸见“地形图”。

三、任务要求

1. 风雨操场，面积 1000m² 以内，其中必须能布置一篮球场及球场周边边界。风雨操场净高 8m 以上。
2. 体育教师办公室 200m²（允许上下浮动 10%），要求有自然通风采光。
3. 体育教师更衣室 60m²（允许上下浮动 10%）。
4. 体育器材室 500m²（允许上下浮动 10%），要求必须设置在一层，设借物窗口和易于搬运运动器械的出入口。出入口直接对外。
5. 公共卫生间 80m²(允许上下浮动 10%)，要求有自然通风采光。出入口直接对外。
6. 总建筑面积控制在 2500m² 以内。

四、规划要求

建筑限高 15m。建筑不得超越建筑控制线，但应对建筑红线范围内道路及绿化布置进行设计。

五、图纸要求

1. 总平面图（比例及涉及范围自定，需交代红线范围内环境及道路）；
2. 各层平面图，1：150；
3. 立面图，1：150，2 个或以上，选择设计者认为主要的立面；
4. 剖面图，1：150，1 个或以上，必须剖切到风雨操场净高 8m 以上空间；
5. 其他适合表达设计的图纸，内容不限，如分析图、透视图、轴测图、内部空间透视、细节详图。
6. 设计提醒：注意建筑的经济性。结构合理，尽量避免小跨度结构压大跨度结构。
7. 空间利用合理，尽量避免小面积房间空间过高。

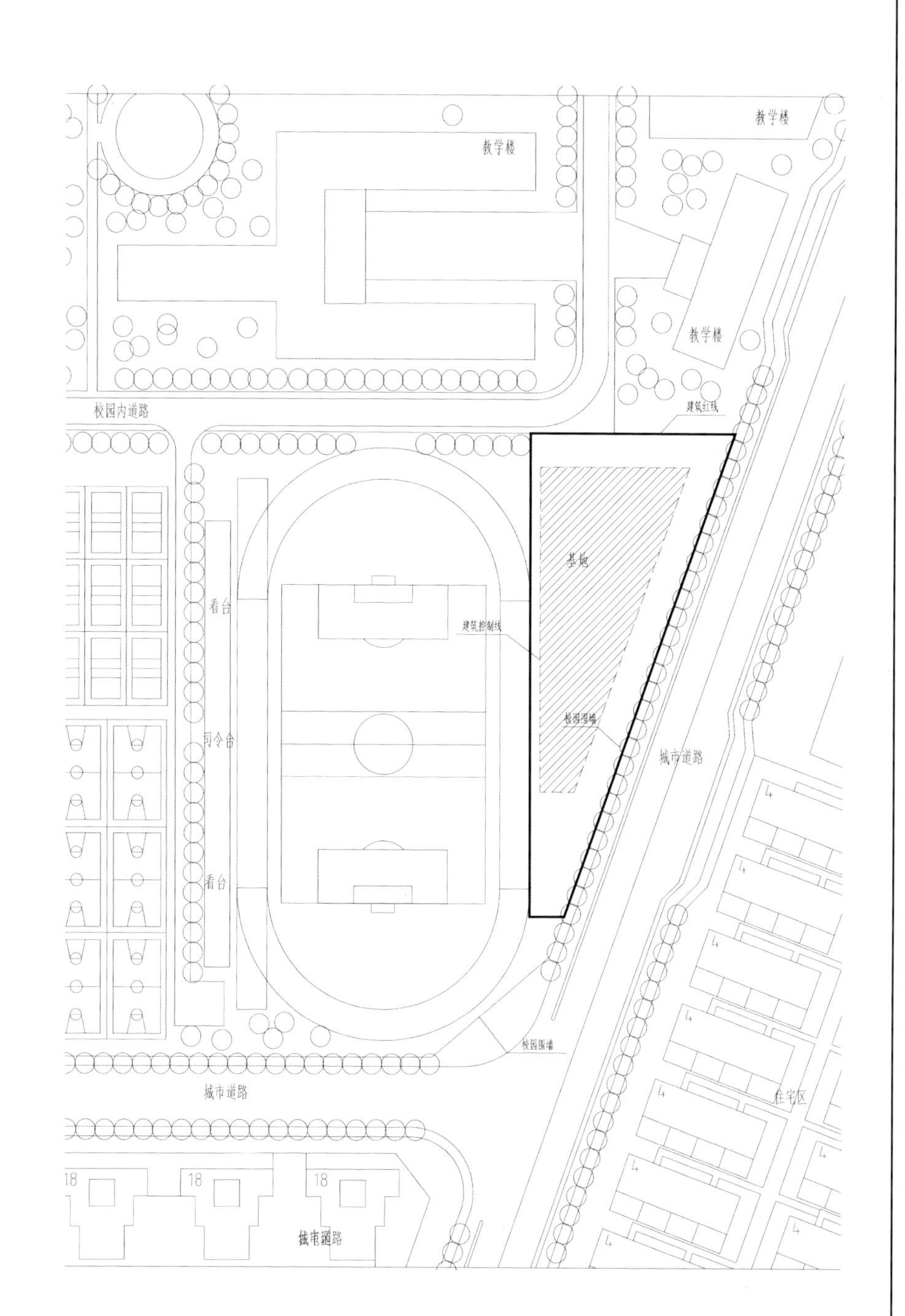

独立解题后扫码观看解析视频 TJ11

风雨操场设计作品解析

体育类建筑由于特殊性质，具体规范比较多，一般记住了细节之后，体育建筑也会很好处理，只要基本规范满足，难点也就解决了，从大的方面来看主要是结构、尺寸、分区、对内对外交流性等内容。

上图大台阶和平台的设置应对校园的运动场地，功能设置上篮球场放在二层，下面放置器材室等小空间，同时大空间下部还有灰空间留给停车位。办公和更衣室之间增加一个庭院，增强了辅助空间的空间品质，在二层平台处也有出色的效果。建筑体块处理得很整体，基本上是一个长方体块与一个扁长体块的咬合，同时这种错动又呼应了场地的不规则形状。不足的是一层的卫生间要求公共使用，位置却放在建筑内部，没有对外开放。

下图的大台阶和平台处理与上图类似，基本上功能分区也是相近的。这种平面应处理得非常干净，结构上也最合理。一层的公共卫生间画得很细致，在轴测图上也以单独体量展示出来，方便学生使用。建筑体块干净，天窗设计有规则，立面的开窗也与天窗有呼应。建议总平面图和轴测图的周围可以加一些信息，例如校园内运动场在场地的位置，这样平台和大台阶的处理更有说服力。

参考案例

Plabennec 体育馆 / Bohuon Bertic Architectes
（资料来源：http://archgo.com）

鲁西荣卡内健身房 / mDR Architectes
（资料来源：http://archgo.com/index.php）

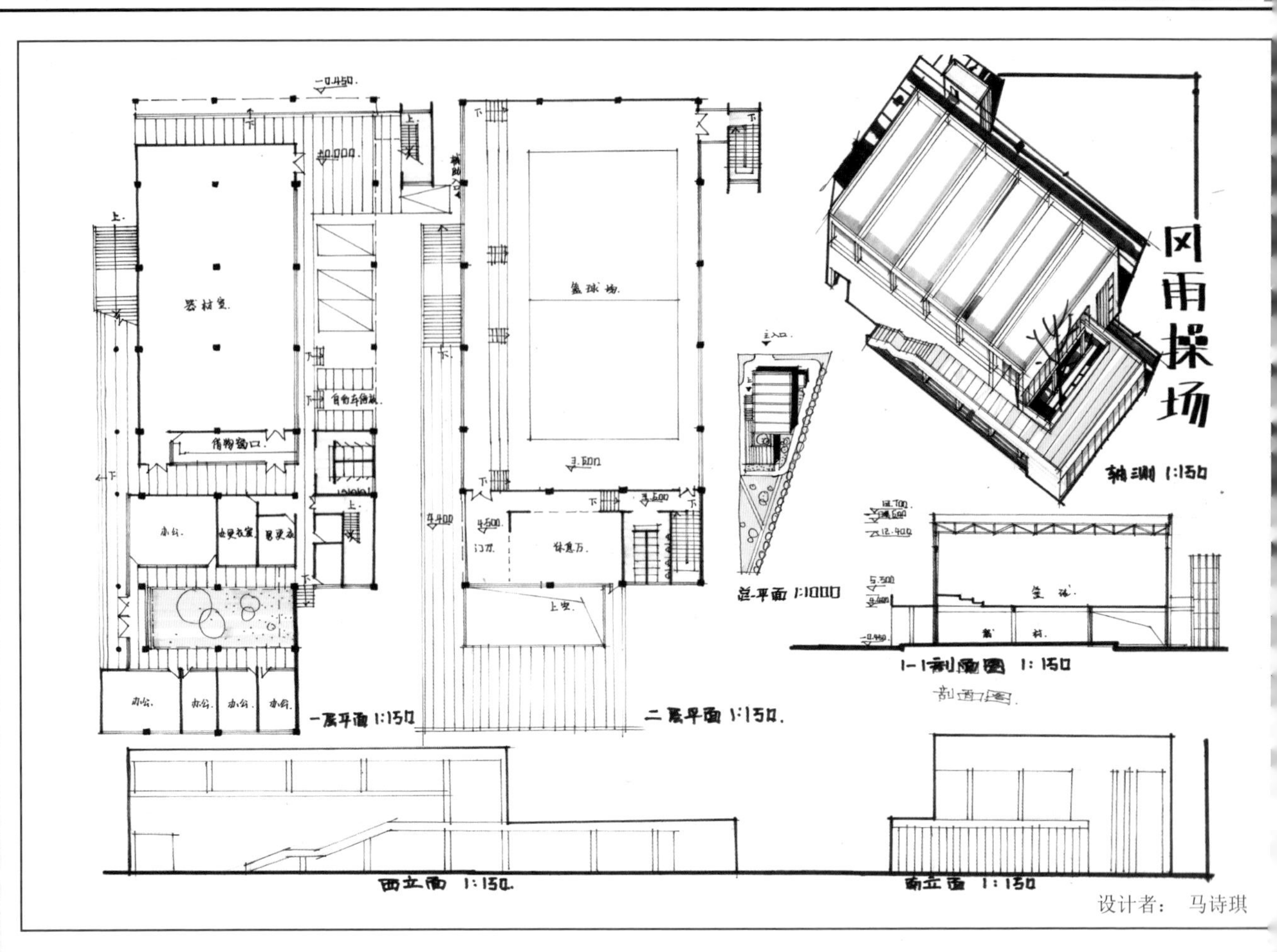

设计者： 马诗琪

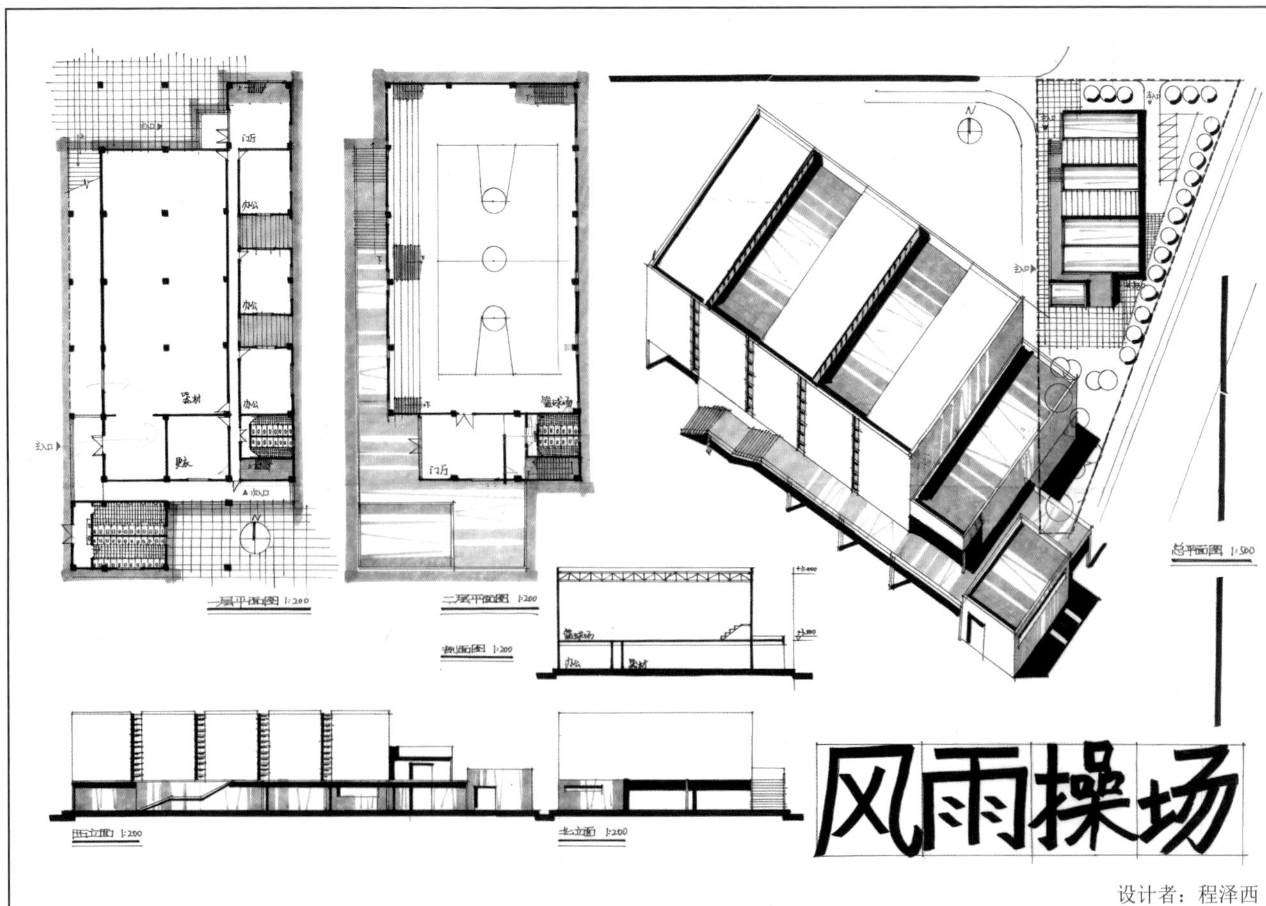

设计者：程泽西

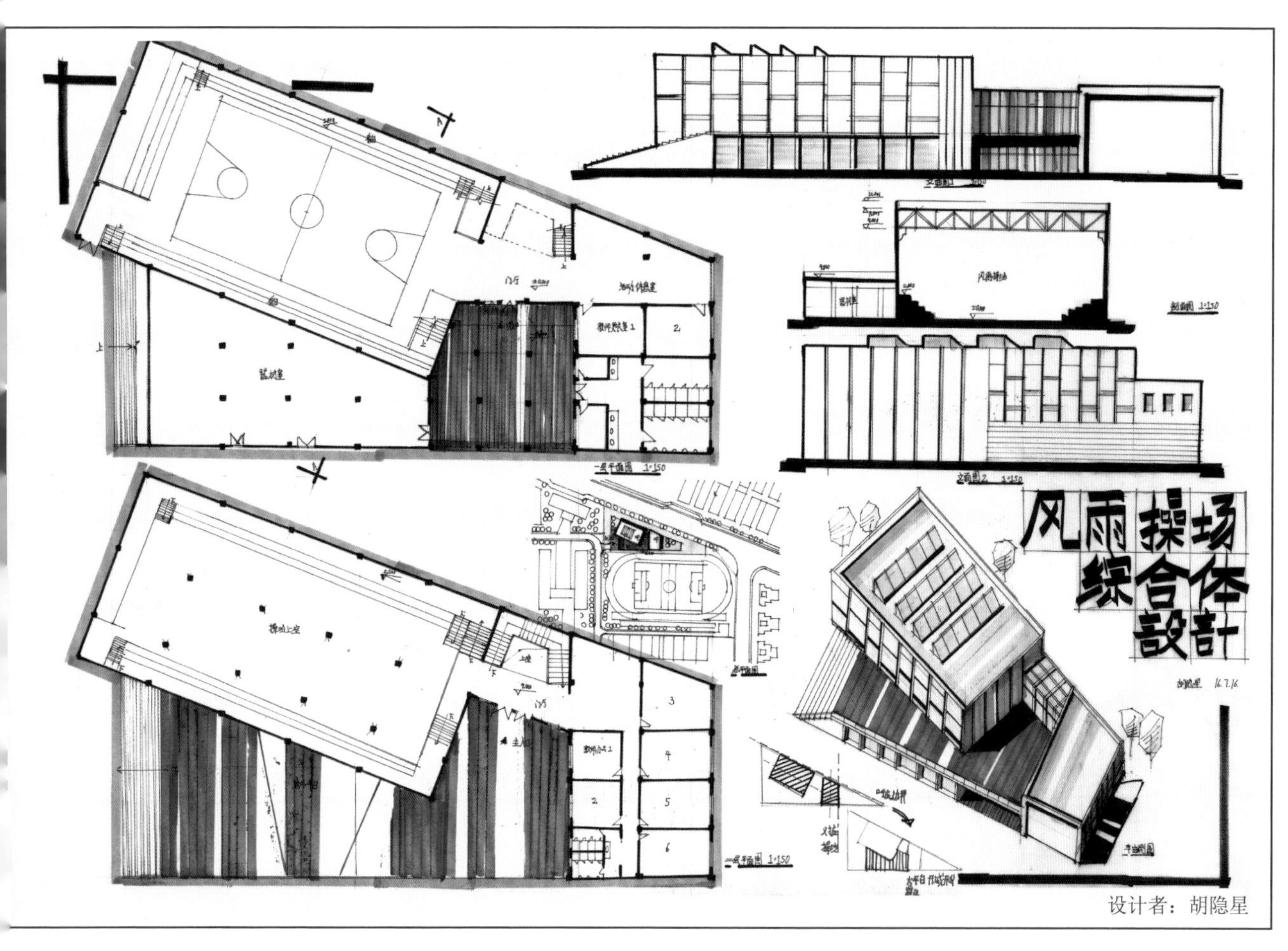

设计者：胡隐星

风雨操场设计作品解析

风雨操场是比较常见的建筑类型，在掌握基本的设计规则的同时，还要对体育建筑的一些规范予以把握。比如各种球类操场的面积、篮球场尺寸、网球场尺寸、羽毛球场尺寸等，体育建筑的开窗如何设计以及大跨度建筑的结构选择等。

上图用大台阶把人流从校园北侧的入口直接引导到二层篮球场馆。大台阶下部是器材室，面向已有的运动场，方便在室外上体育课的同学来借器材。整体方案思路很清晰，流线完整，在剖面上体现了大小空间高度对比，大跨度空间的桁架结构画法也是正确的。建筑形体贴合场地红线，回应了不规则场地。建筑平台的位置呼应运动场，与校园内部有对话交流。整体方案做得比较完整妥帖，切合题意。

下图与上图方案同样选择用大台阶把人流引导到二层，基本的功能分区也是北面大空间，南面辅助空间。该方案把篮球场大空间完整放在二层，一层是器材室等小空间，这样的结构比较合理，可以在入口大台阶下部开口作为器材室的送货通道。总体来看，平面处理干净，图面清新。不足的是体块开的细条窗像展馆的处理方法，风雨操场更适合开天窗来采光，二层入口处的门厅可以进入建筑后再达到观众席，不然一楼门厅部分的层高就会过高。

参考案例

波兹南体育馆 / Neostudio Architekci
（资料来源：http://www.ikuku.cn/）

Pajol 体育中心 / Brisac Gonzalez
（资料来源：http://www.ikuku.cn/）

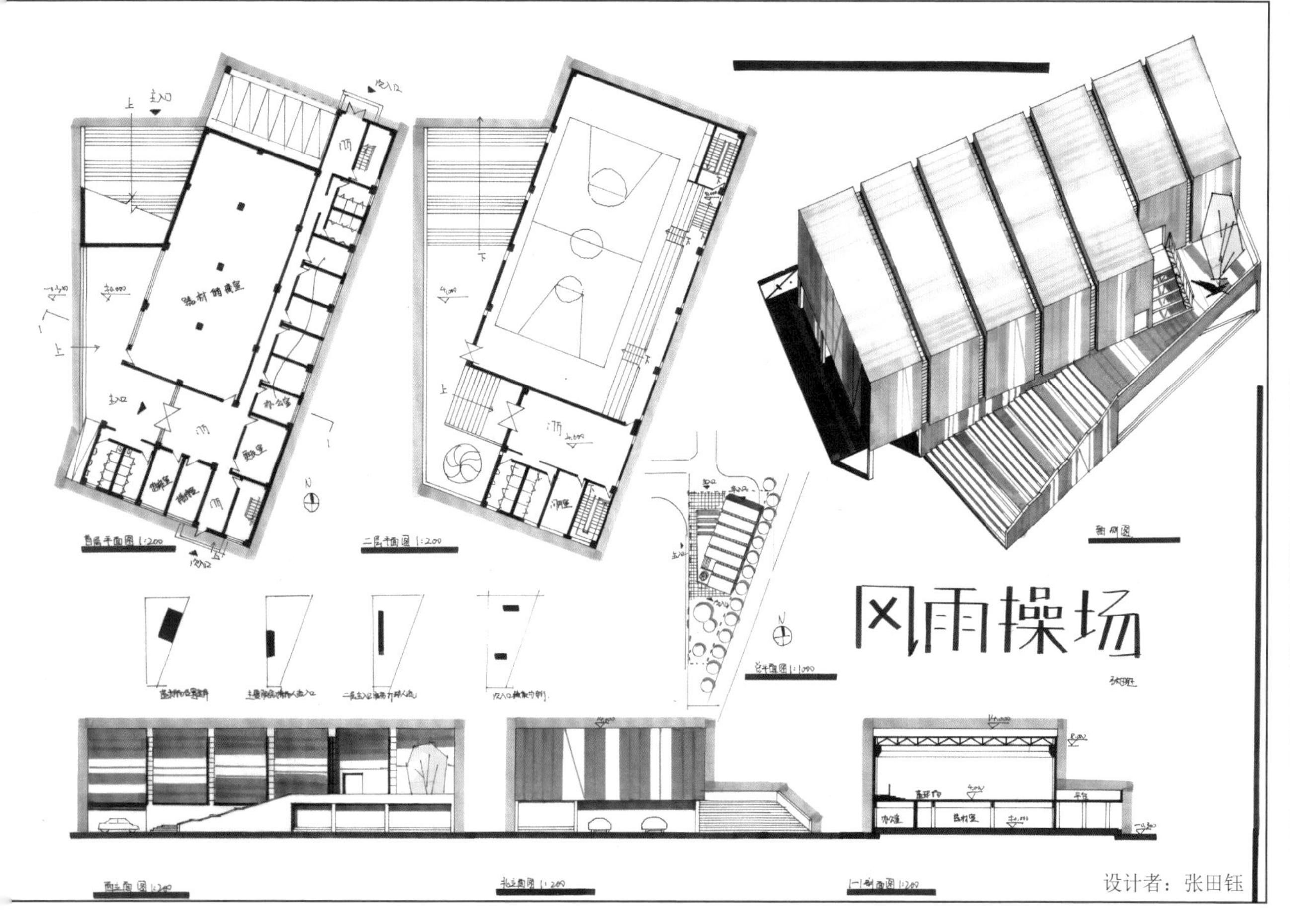

设计者：张田钰

设计任务三 中学音体楼设计（3 小时）

一、设计任务

上海某中学校园内将加建 1 栋音体楼，建筑共 2 层，总面积控制在 2200m² 以内，限高 15m。基地建筑不得超越建筑红线（与周边建筑的立体连接不受此限制），并结合校园周围建筑与环境进行相应的场地设计。

二、基地状况

设计基地位于校园北部的平地上，西侧与学生食堂毗邻，南侧面向户外体育活动场地。基地具体尺寸及周围校园环境见“地形图”。

三、任务要求

1. 风雨操场：同时布置 1 个篮球场与 2 个羽毛球场及周边边界，风雨操场净高 9m 以上。
2. 音乐教室：100m²x3；乒乓球室：100m²x1；舞蹈室：150m²x1；健身房：150m²x1；设备器材室共 180m²（可以划分成 5 个左右的小房间）。
3. 教师办公室：35m²x3。
4. 必要的门厅、卫生间与更衣室，面积自定。

四、图纸要求（请用答题纸作图，也可以绘制在 A3 规格的自带纸上）

1. 一层平面图，1:300；
2. 二层平面图，1:300；
3. 剖面图，1:300，需要表达风雨操场空间；
4. 轴测图。

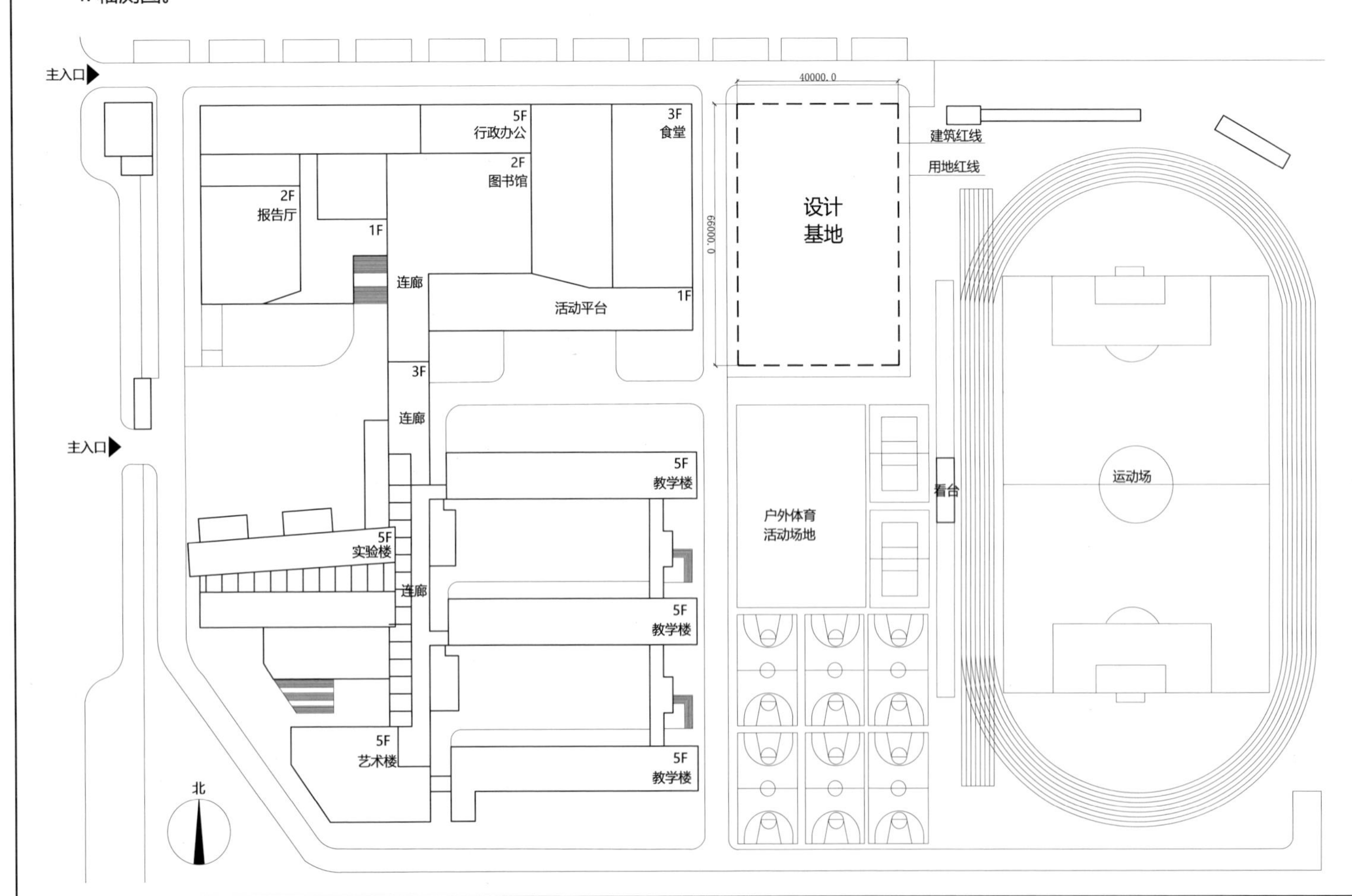

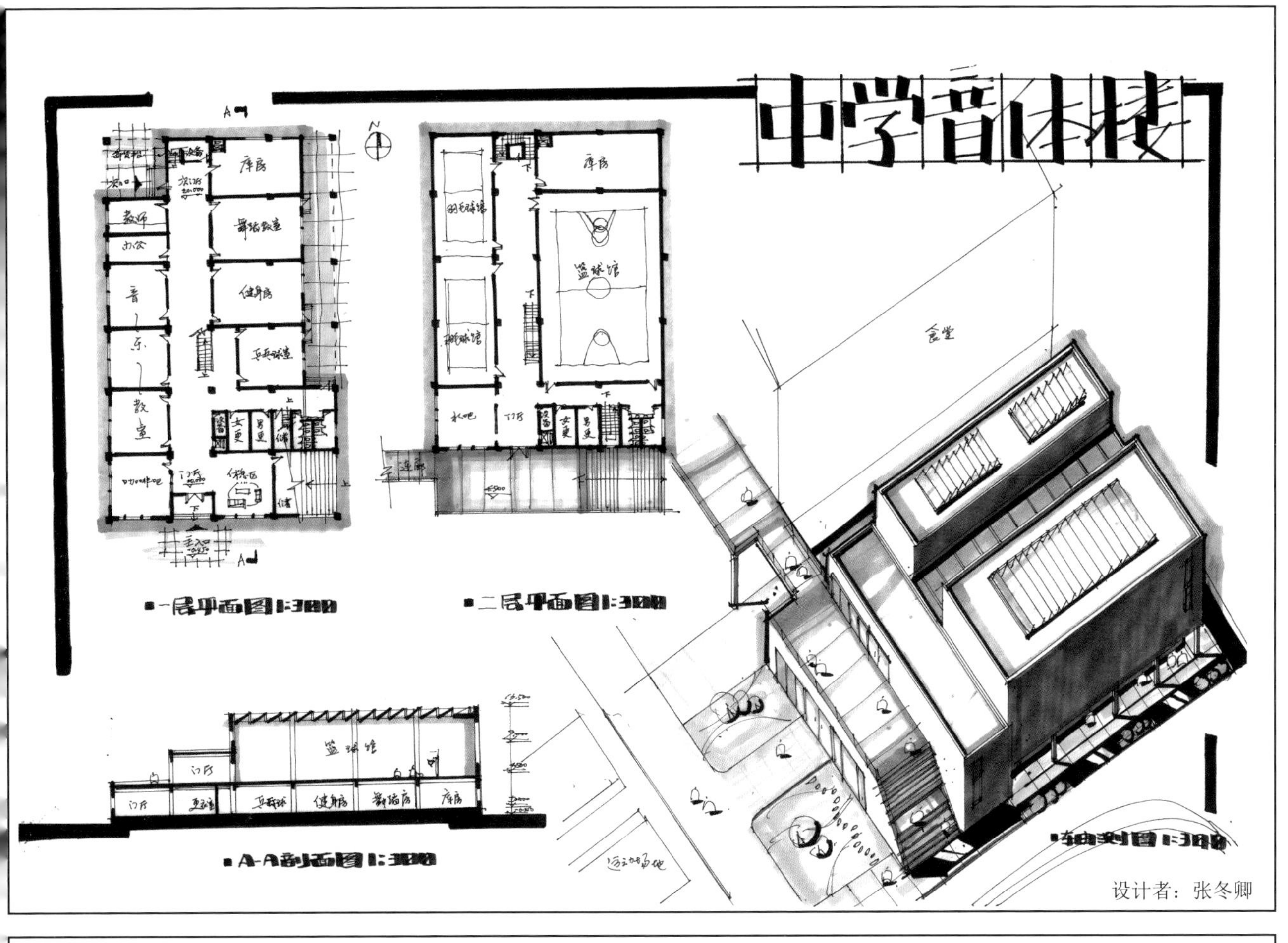

设计者：张冬卿

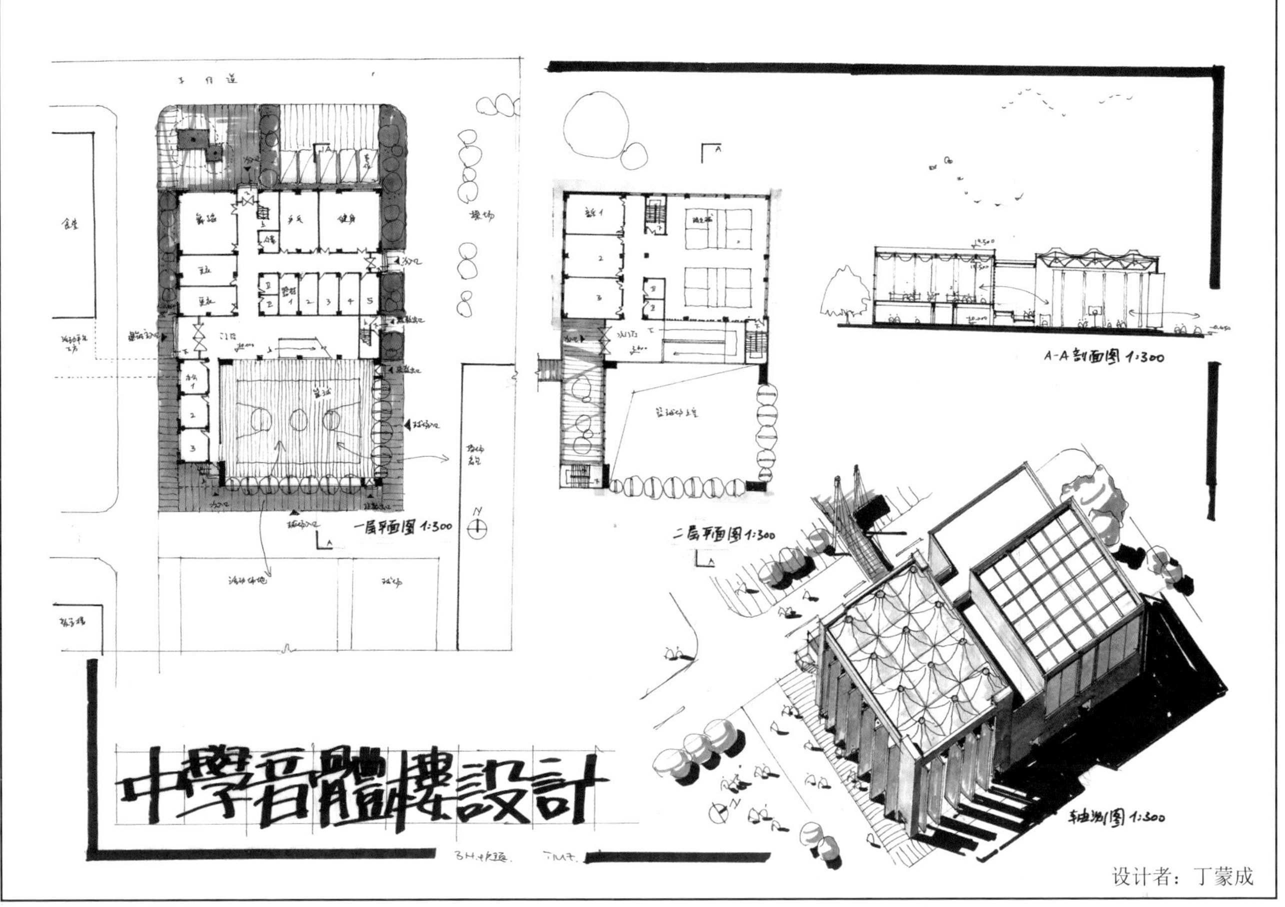

设计者：丁蒙成

中学音体楼设计作品解析

与风雨操场的建筑性质类似，音体楼的考点主要在于球场大空间、音乐教室等规范要求比较严格的空间处理上。场地位于已有中学食堂和户外运动场地之间，所以在建筑与外环境的交流对话、新老建筑的关系上也需有一定的思考。

上图方案的设计思路是平面三段式，二层大空间压在一层小空间上。主入口在南边，次入口在北边，功能分区比较清晰。在体块操作上，方案的平面与体块对应，高度的差别体现了不同空间的性质区别。剖面上篮球场大空间的结构很清晰，天窗设计合理。整个设计在对校园内已有环境的应对上处理得比较到位。平台连接、大台阶作观众席位、架空灰空间均符合校园建筑的特质。建筑前场地的处理比较简单，硬质铺地和大片绿地景观衬托出建筑主体。

下图方案的体块很清晰，最大的特色是半开放式的篮球场的设计。从轴测图上可以看出，设计者将篮球场处理成对外开放性很强的空间，天窗设计比较有特色。平面的功能分区很明确，建筑的主入口偏在西边，这一点对音乐教室的使用有一点不合理。二层的连接平台对应着食堂，与已有建筑发生对话。建议方案再多些与南面、东面运动场地的交流，使得整个校园环境更加活泼生动。

参考案例

Dunalastair 学院体育馆 / Patricio Schmidt+ Alejandro Dumay
（资料来源：http://www.ikuku.cn/）

专题 3

空间限定类解题策略

3.1 基础知识点

空间限定常见形式有以下 3 种

3.1.1 体积限定类

该类快速设计题目会给定容积率、建筑密度、建筑室内外空间比例等条件，由此为出发点进行相关建筑类型的设计，重点考查设计者对于建筑体量与空间的控制能力，在限定的条件之下深化建筑的室内外空间。

3.1.2 结构限定类

该类快速设计题目会给予一种特定的结构形式，此结构形式不同于常规的结构形式，多以顶层加建、工艺遗迹改造等题目类型表现，考查设计者对于不同结构形式的认识以及室内外空间的塑造能力。

3.1.3 环境限定类

该类快速设计题目通常会设计一些特殊的环境要素，如一棵树、一片树林、一个保留雕塑等，建筑设计必须在充分考虑这些环境要素的基础上进行深化，并通过节点空间的塑造呼应环境要素。

3.2 解题策略

空间限定类的题目，无论是从整体考查出发，如框架展览馆限定出结构体系、茶室设计限定立面，还是从具体环境要素出发，如独立住宅设计考虑保留桂花树对于场地及建筑的影响等，都给设计带来了难点及挑战，需要重点对待和集中精力思考解题策略。

3.2.1 造型设计和功能分区共同考虑的设计方法

第一步：功能分区。将主要功能与辅助功能、被服务功能与服务功能分开。主要功能包括展览 、多功能厅等。辅助功能包括库房、办公、接待等；被服务功能包括主要使用空间。服务功能包括卫生间、疏散楼梯间等。

第二步：确定分区关系及体量。根据任务书将功能房间的关系以及面积划分成不同的体量。明确柱网关系以及房间面积，然后将体量进行组合，给主要空间留下操作余地，特殊空间在体量上尽可能突出。同时也需要设计者掌握一些处理造型的手法。

3.2.2 流线组织和交通组织共同考虑的设计方法

第一步：将功能分区明确，尤其是主要部分和办公储藏部分分开；

第二步：确定疏散方式、疏散距离。解决服务功能、疏散问题以后，剩下的空间就可以有意识地组织流线；

第三步：主要流线需要清晰流畅，一般起点和结束点都在门厅，用具有引导性的交通方式如直跑楼梯、电扶梯、台阶等。

3.2.3 空间塑造和细节塑造共同考虑的设计方法

第一步：设计推进至完整体量划分完成、空间划分较完整；

第二步：空间层面上，增加空间层次；造型上，屋顶进行加减法或扭曲变化。立面根据空间划分虚实；细部上，增加天窗、柱廊、构架等细节。

3.3 补充要点

3.3.1 有限空间内的空间组合问题

快速设计题目给予的各种限定条件影响到空间的使用，有限空间内的空间组合问题显得尤为重要。例如同济大学 2006 年 3 小时快速设计题目框架展览馆设计，题目中所给出的保留框架不同于一般的框架结构，有其自身的结构特点，对于交通等服务空间的使用有很大的影响，因此组织好交通空间能够为之后展厅空间设计与流线组织提供更多的便利。

3.3.2 功能分区与流线交叉问题

一般限定条件的给出都会对功能分区提出挑战，如环境限定类题目要考虑环境要素与主要功能空间的呼应，结构限定类题目要考虑特殊结构对功能的影响，如体积限定类题目要考虑室内外空间与功能的对应。在合理的功能分区的基础上，流线的组织应该综合考虑不同人流的使用，减少流线交叉和功能分区问题要同时进行设计，从而形成清晰明确的设计方案。

3.3.3 采光和通风问题

通常限定条件越多，房间的安排越难以进行合理的安排，所以经常会出现黑房间、异形房间、房间高度时大时小等问题，由此带来采光通风等问题。因此在明确限定条件之后，充分考虑服务空间和被服务空间的组织，交通流线安排要尽量简明，大小房间要经过计算而确定位置。

3.3.4 空间营造问题

空间营造问题在每种题目类型中都需要进行考虑，空间限定类的题目也不例外。例如体积限定型类题目会从体积出发来寻求解决办法，了解柱网尺寸、房间的层高、面宽、进深等基本数据后开始设计，明确主要功能空间，通过中庭空间、屋顶花园、架空层等方法提升建筑空间品质。

设计任务一 社区活动中心设计（3 小时 ）

一、设计任务

因社区建设需要，拟建一座小型社区活动中心。基地位于居住小区内，处在居住小区的沿路地段，小区内主要居住建筑 5 至 6 层，与拟建建筑基地周边相接建筑物为 2 层，人流来自道路南北两个方向，基地面积为 600m²，总建筑面积不超过 500m²。

具体功能内容与要求如下：

1. 本社区服务中心主要为本小区的居民服务。
2. 功能空间组成：
   茶室，100m²；
   书画活动室，60m²；
   戏迷活动室，60m²；
   教室，60m²；
   棋牌室，60m²，可分成小间；
   小卖部，12m²；
   办公室，12m²；
   卫生间，40m²。
   部分功能空间可开放布置，但需保证使用面积。

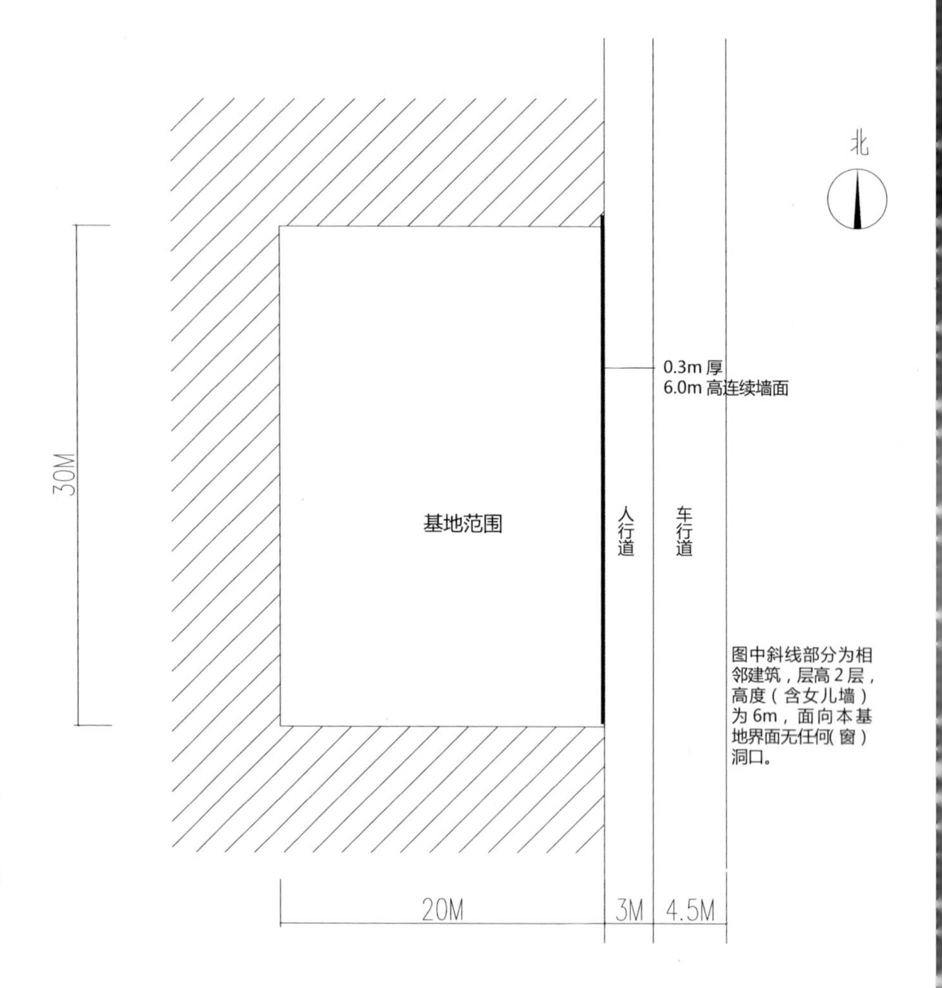

二、设计要求

基地图中所给区域为实际可建造区域，相邻建筑外墙可共用。

建筑所有部分（包括局部突出物）高度均不超过 6.0m。

沿路现状为 6.0m 高连续实墙面，且无任何形式的（窗）洞口，墙表面沿路为白色涂料，墙厚 0.3m，可利用。但除设置必要的出入口外，不得开启任何形式的（窗）洞口或以其他方式改变现状。出入口的大小控制在 1.5m（宽）x 2.4m（高）的范围之内，出入口的数量不超过 2 个。

三、表达方式

1. 绘图表现方式不限。
2. 纸张材料不限，图纸尺寸 720mm × 500mm，图面表达清晰。
3. 如果表达需要，可以辅助以反映方案构思的简要文字说明（注意不作为必要内容）。

四、图纸要求

1. 屋顶平面图，1：100；
2. 各层平面图，1：100；
3. 剖面图，1：100，不少于 2 个；
4. 轴测图，1：100，不少于 1 个；
5. 以及其他表达设计构思的图纸。

独立解题后扫码观看解析视频 TJ05

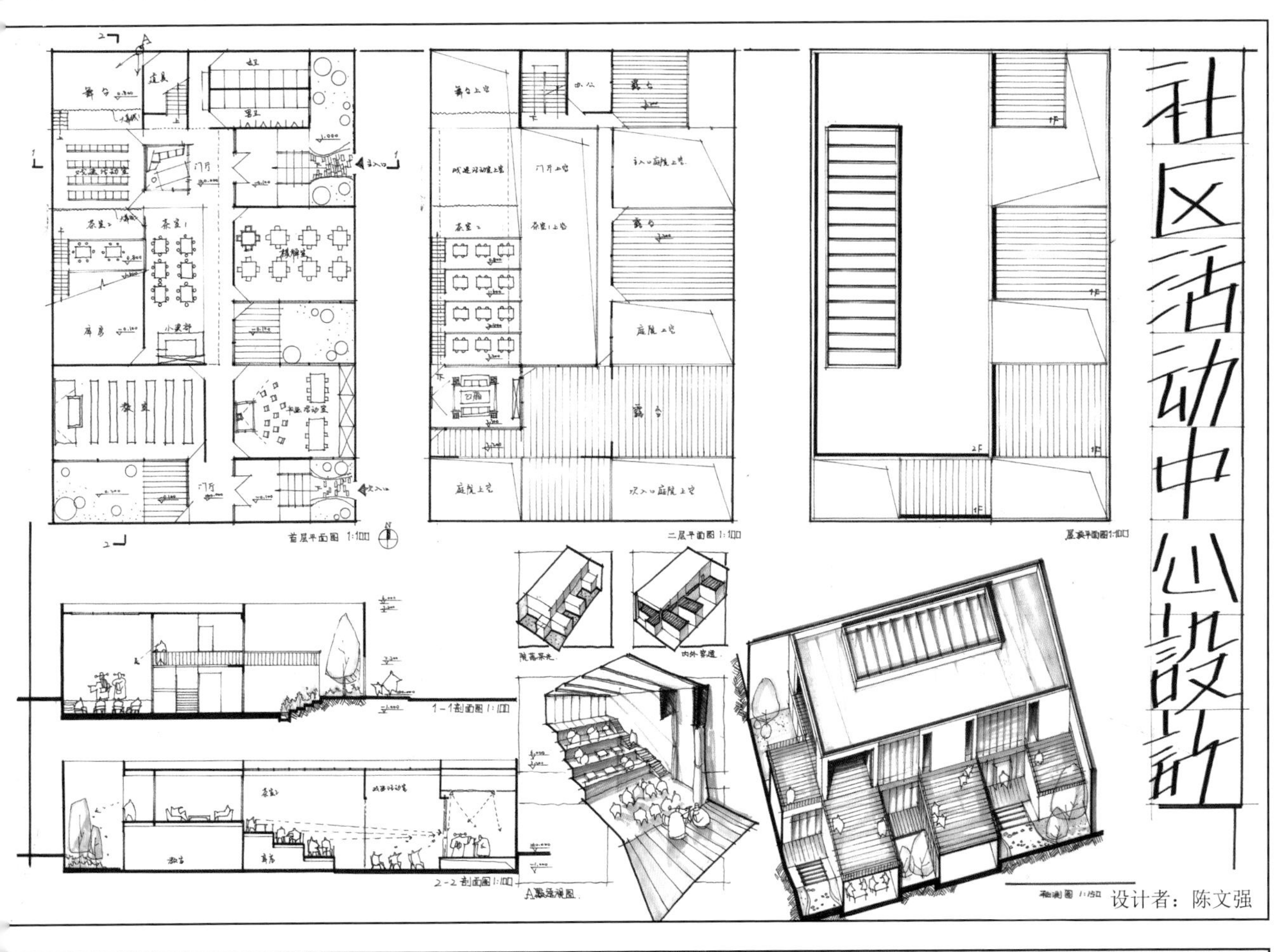

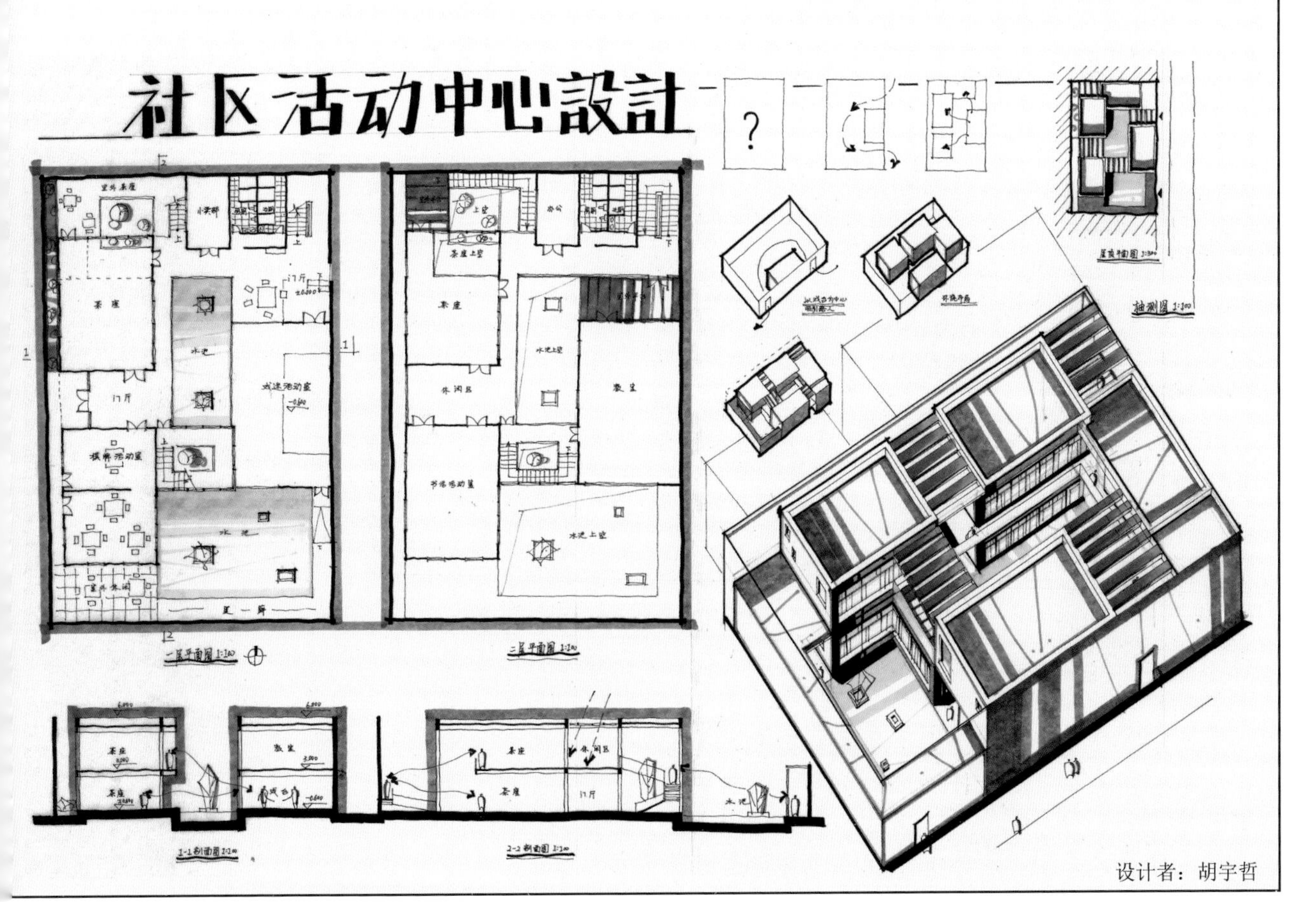

社区活动中心设计作品解析

在限定体量中做设计最考验空间的丰富性，因为没有周围环境，所以对外的交流就不是很重要，即使有外向的空间也是在对建筑本身予以回应。

上图方案形体明确，分区清楚，茶室空间同样是以阶梯状空间来设计的。并且茶室空间在屋顶平面图和轴测图上有所展示。相对于规范和尺寸更为严格要求的教室空间，茶室、展厅一类的建筑空间都是可以进行特色设计的地方。在快速设计中，阶梯处理是一个很常见也很出效果的手法。该方案的平面图画的很细致，家具布置都很合理。最出彩的是其分析和透视图，把社区活动中心的活力、交流展示得淋漓尽致。

下图方案在限定的体量中引入了两片水池空间，满足采光和空间分隔。平面上功能分区比较简单。但是茶室空间与水池有走廊相隔，茶室的采光有些问题。体块的联系在轴测图上看来还是很丰富的，围绕着水面展开的建筑室内外空间有渗透性。基本的入口门厅有些问题，开在了两侧，而围墙只可以在一面开两个洞口，这一点有些不符合题意。分析图的画法比较清新，把已有设计内容也交代清楚了。不足就是平面逻辑还不是很清楚，茶室景观处理不是很成功。

参考案例

洛阳博物馆新馆 / 李立
（资料来源：http://www.ikuku.cn/）

安徽艺术学院美术馆 / 同济大学建筑设计研究院
（资料来源：http://www.ikuku.cn/）

社区活动中心设计作品解析

社区活动中心是早期内部空间限定类的题目，主要的设计重心应该放在建筑空间设计上，以营造出丰富多变、符合要求的内部环境。本题的题眼主要是不可拆除的围墙，即在一个封闭的盒子里做设计。

上图的设计思路是E字形基本空间，四个单元教室空间采用间隔庭院采光。平面的中间段解决建筑的交通部分。茶室空间的处理比较有意思，做成了台阶状的空间，使得长方体空间不那么乏味。整体功能布置一目了然，从剖面上也可以看出体块与庭院结合的节奏感。整体图面很清新，没有多余的笔触，马克笔上色也属于小清新的类型。建议在立面和屋顶上可以再多加思考，使整体设计做到更加丰富。

下图的整体思路是两个T形体块的叠加。一层的庭院和架空空间很多，由门厅的直跑梯上到二楼完整的茶室空间，由于体块的拓扑，一层有架空灰空间，二层就出现了方形的平台，正好满足茶室空间与外部交流的需求。分析图从围墙内部的采光、体块入手，增加在方盒子中做设计的特色之处。不足的是二层教室中间挖的平台使得二层体块细碎，原体量的拓扑关系有些被打破。一、二层的两侧留出的采光部分也应是庭院空间，但设计者在图上没有表示出来。

参考案例

苏州博物馆新馆 / 贝聿铭
（资料来源：http://www.ikuku.cn/ ）

木心博物馆 / OLI Architecture PLLC
（资料来源：http://www.ikuku.cn/ ）

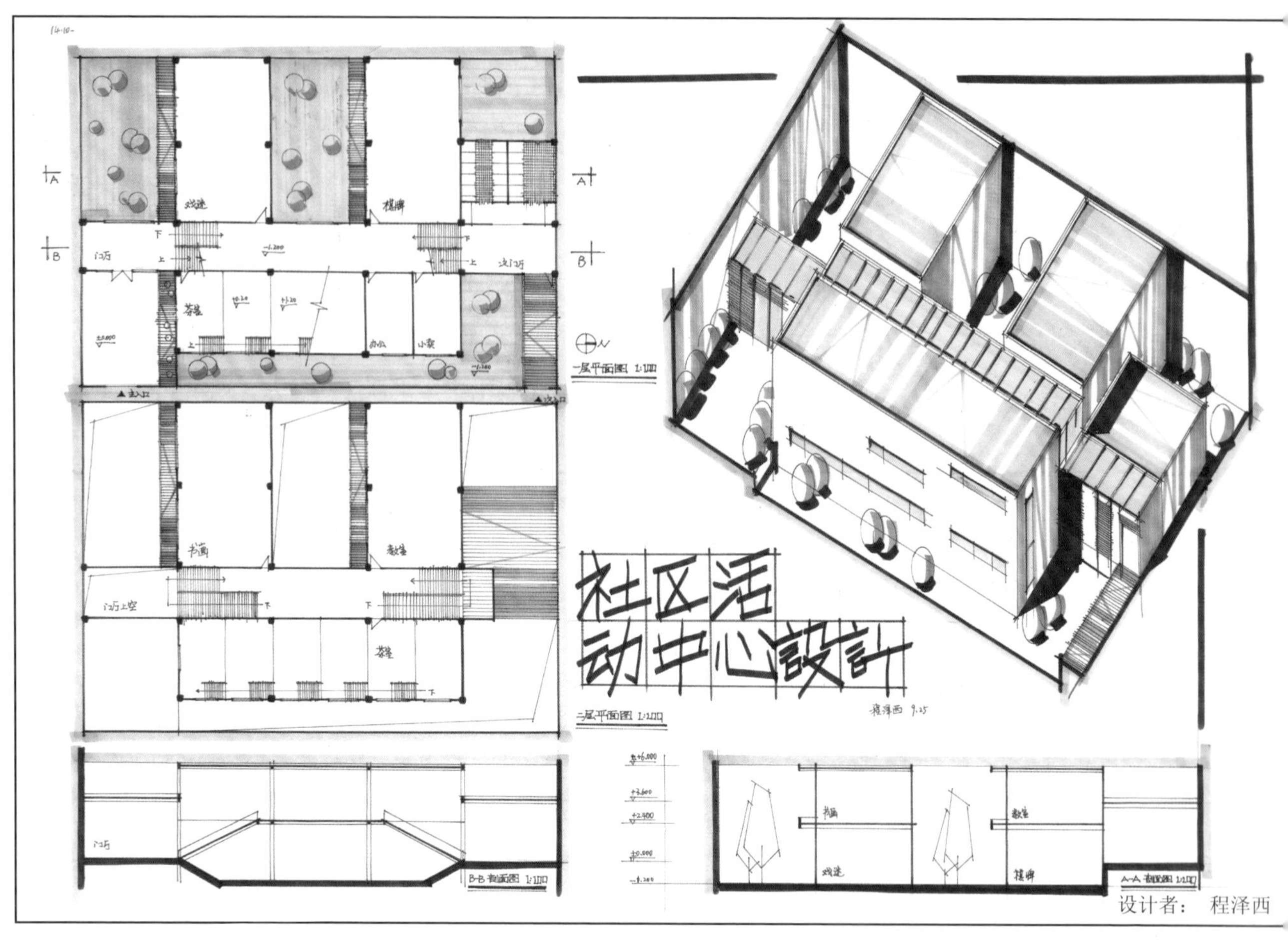

设计者： 程泽西

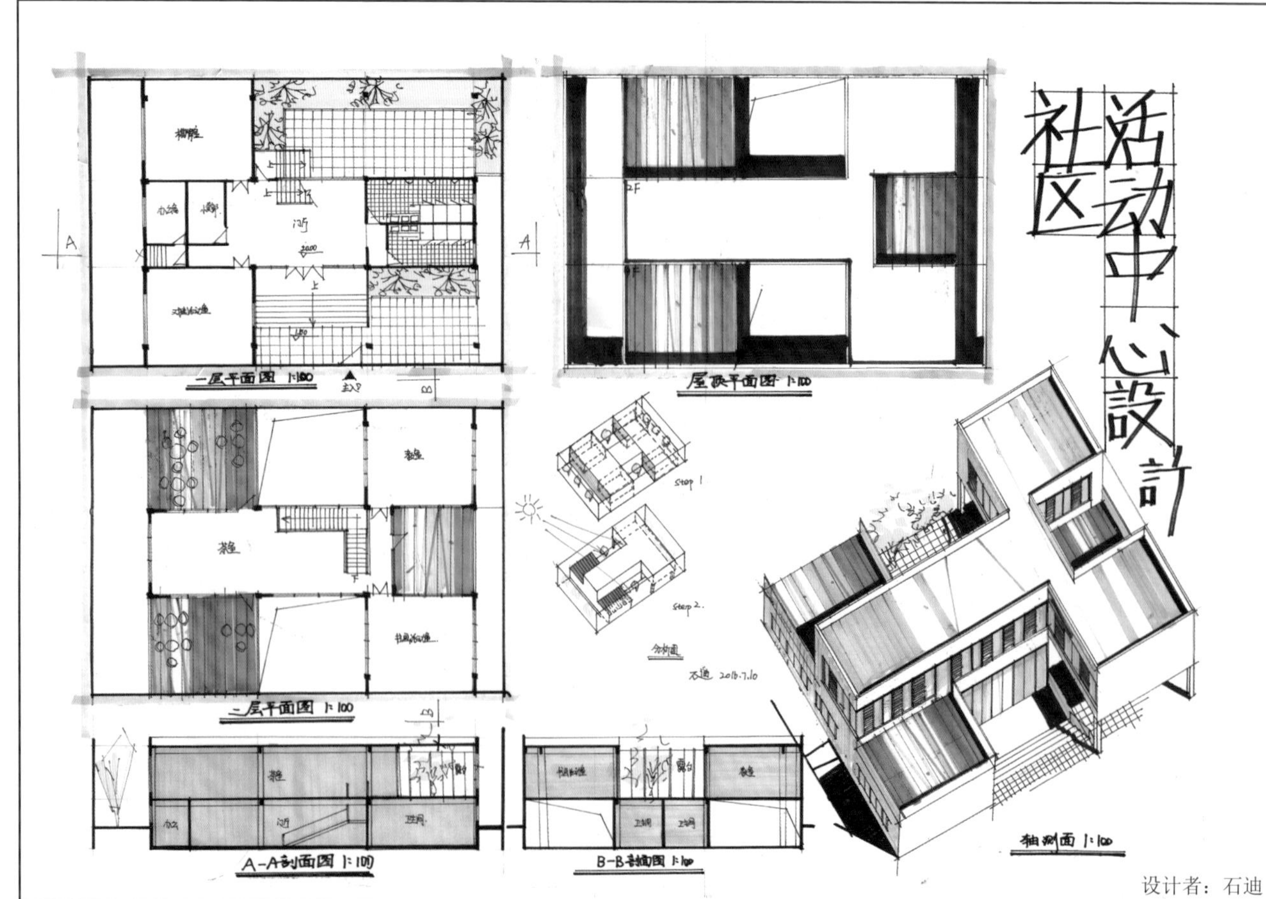

设计者：石迪

设计任务二 框架展览馆设计（3 小时 ）

一、说明：

展览馆，宽边朝正南北，给定结构，7m 柱网（7 开间，接近两进深），要求展厅 600m²，储藏 90m²，办公 90m²，咖啡 120m²，其他功能自定，只允许南向入口（不规定入口个数，按个人设计决定需不需要辅助入口给辅助功能），楼板可以自行设定。不超过 2 层，限高 10.2m（屋顶 9m+ 女儿墙 1.2m），不可出挑超过 1m。

特殊展品（长 × 宽 × 高）：

2400mm×4800mm×4800mm， 5600mm×1600mm×6000mm。

二、图纸要求：

1. 一层平面图，1：150；
2. 二层平面图，1：150；
3. 屋顶平面图，1：150；
4. 轴测图，1：150；
5. 立面图 2 个，1：150；
6. 剖面图 2 个，1：150；

三、附图：

1. 平面图 ，1：250；
2. 剖面图 ，1：250；
3. 轴测图。

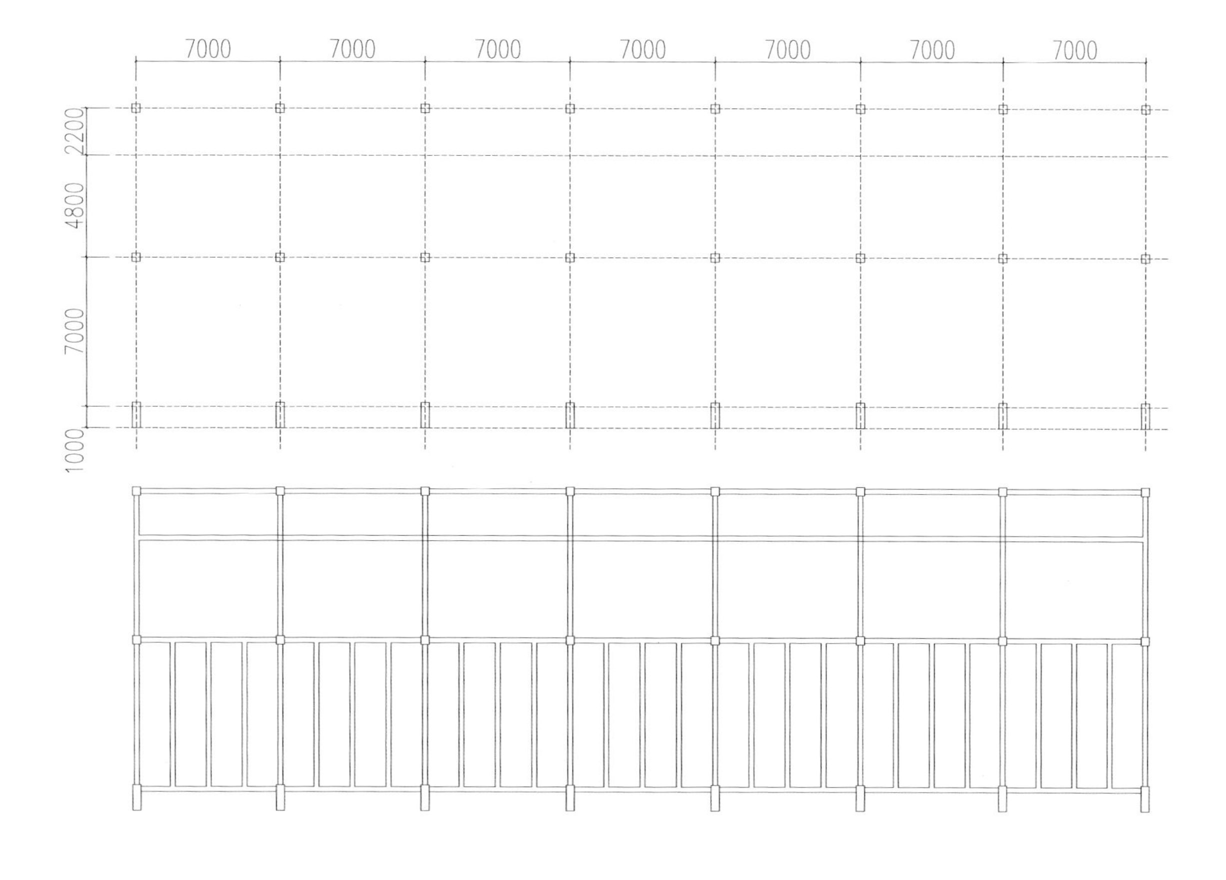

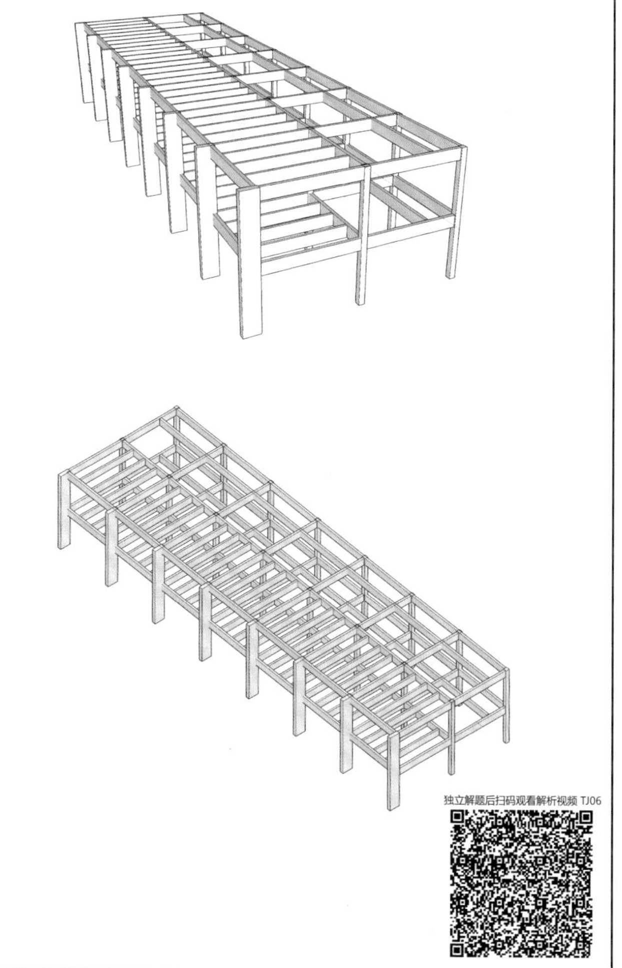

框架展览馆设计作品解析

展馆类建筑主要考点在于展览流线、功能分区、内部空间塑造等方面，而该题引入了框架作为结构元素，限制了内部空间的设计。除了要注意的基本分区之外，本题还要留出供特殊展品展览的区域。

上图图面清晰，基本的展厅内部逻辑很清楚。设计者的手法就是对长方体块进行错动设计，一层平面分区一目了然，一侧给辅助和门厅，一侧给展厅，交通空间分布在左右两侧。二层纯展厅空间，错动的展厅间引入观景平台。从轴测图的立面上也可以看出方案上实下虚，是典型的展览馆立面的处理手法。不足的是该方案最终的效果是比较实体的建筑，对于本题的框架结构来说好像没有足够的思考。

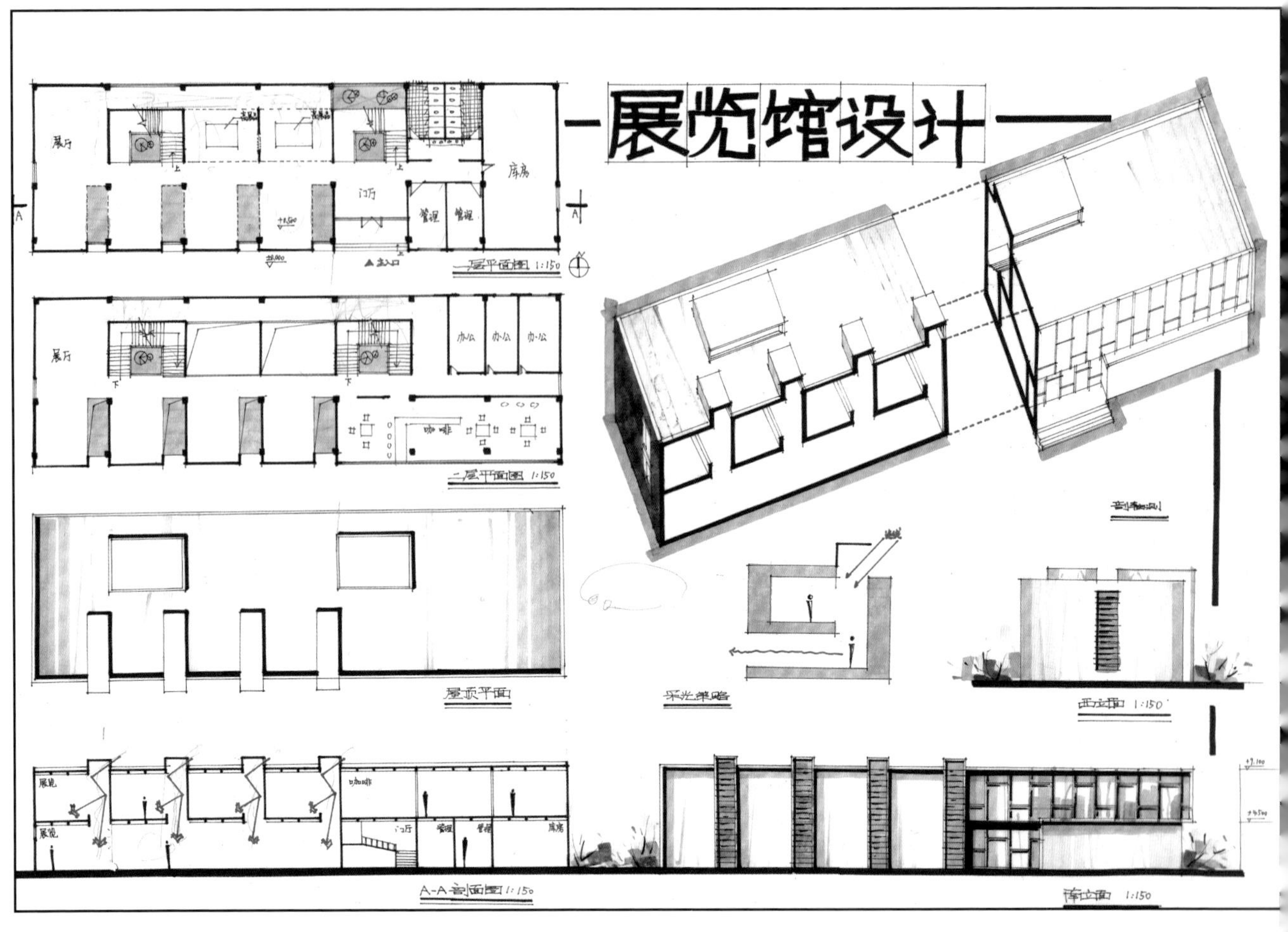

下图方案平面逻辑与上图方案接近，同样是单元展厅布置，特殊展品放在一层，然后在二层通高满足展品的高度要求。不同的是，该方案的交通统一在北侧处理。在这里会存在一定的问题，就是已有的框架梁会在楼梯平台处出现，虽然层高可以满足最低要求，但是对于直跑梯来说，整个空间是通高的会比较好。在轴测图上可以看出展厅的室外平台顶部暴露了部分框架，很符合这道题的题眼设置。不足是建筑内部空间的连贯性没有画出来，剖面应把最精彩的空间部分展示出来。

参考案例

奥克兰艺术展览馆 / FJmT+Archimedia

（资料来源：http://archgo.com/index.php）

Fuglsang 美术馆 / Tony Fret Architects

（资料来源：http://archgo.com/index.php）

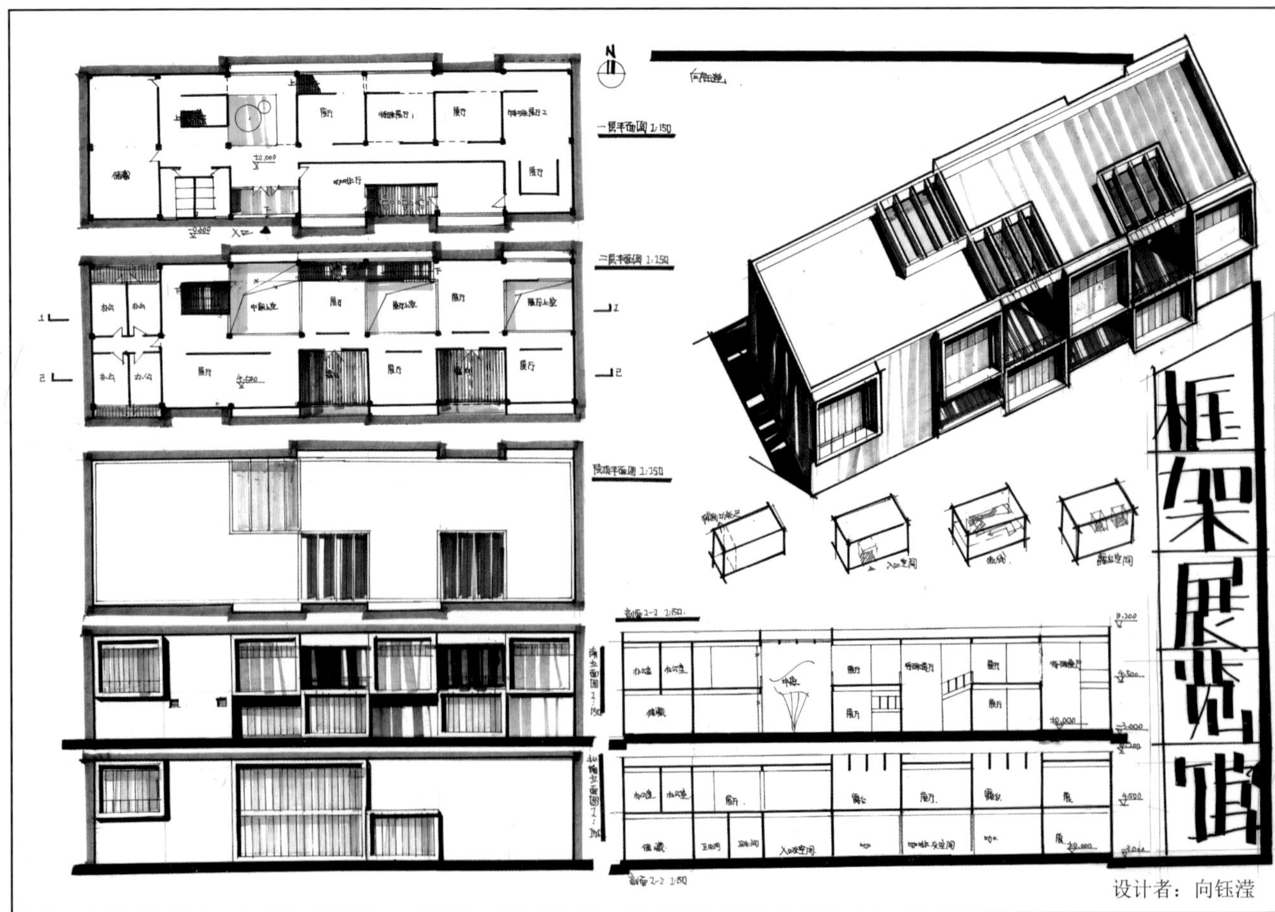

设计者：向钰滢

设计任务三 公园茶室设计（3 小时 ）

一、设计要求

基地原有建筑已拆除，周围大片绿地，现在基地上设计一个茶室，原有建筑立面要保留，外墙表面为白色涂料。

二、具体功能

室内：

茶室面积：150m²，可分层布置，其中包括服务区 30m²；

茶叶、茶具商店：40m²；

表演厅面积： 30m²；

卫生间：40m²；

小茶室包间：20m²×3 间；

储藏间：20m²；

管理人员休息用房：20m²；

管理人员办公室：20m²；

内部卫生间：20m²；

室外：

室外茶室面积最小面积 60m²，要求与部分室内茶室密切联系；

其他景观平台、绿化、阳台等，设计者可根据需要自定；

总面积不超过 500m²。

三、图纸要求

各层平面图，重点位置布置室内外家具，1：100；

屋顶平面图，1：100；

剖面图，2 个或者 2 个以上，1：100；

轴测图，比例自定；

其他表达设计者意图的图纸根据需要自定，图纸自定。

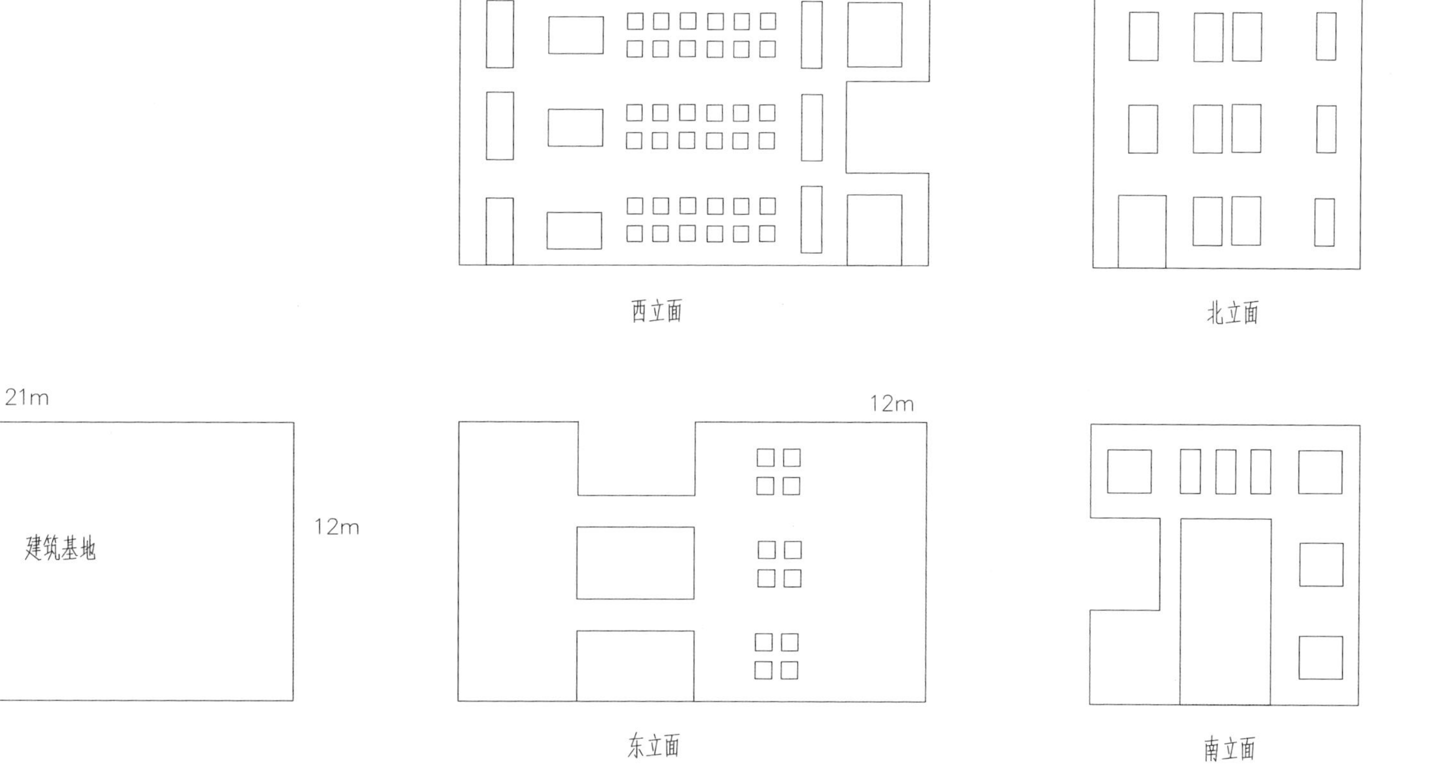

公园茶室设计作品解析

公园茶室的周围环境属于均质型，因而对于外部的关注比较少，因为题目本身属于限定型，基本上四周的墙体以及开窗方式已经固定，所以在解题过程中可以进行一定的推导设计，根据已有的条件来揣测出题人的意图。

上图平面很清晰，三段式的处理，根据北向开窗形状确定北面以辅助为主，门厅开在南边，正对着表演戏台。西侧是直通三层的直跑梯，围绕中间的通高空间进行功能组织。小透视图对于室内空间的分析到位。茶室空间面积有些不足，而且没有对着最好的庭院景观。包间的景观很好，但是尺度也过小。

下图剖轴测图将建筑内部的空间处理展现得一目了然，二、三层的大小空间之间的处理也是模仿桑丘的手法。基本的功能分区是对的，辅助空间选在北面，主要空间在南面。建筑体块的处理比较完整，室外茶室的位置选取也很合理。入口有一个直跑梯上二层，对着的次门厅有些局促，这里的设置有些多余，因为本身有墙体限制在这里，直跑梯的尺度也比较小，建议可以稍微放宽一些，在分析图中也可以增加一些对直接上二层的做法的解释，不然一、二层的大茶室是没有分级的。

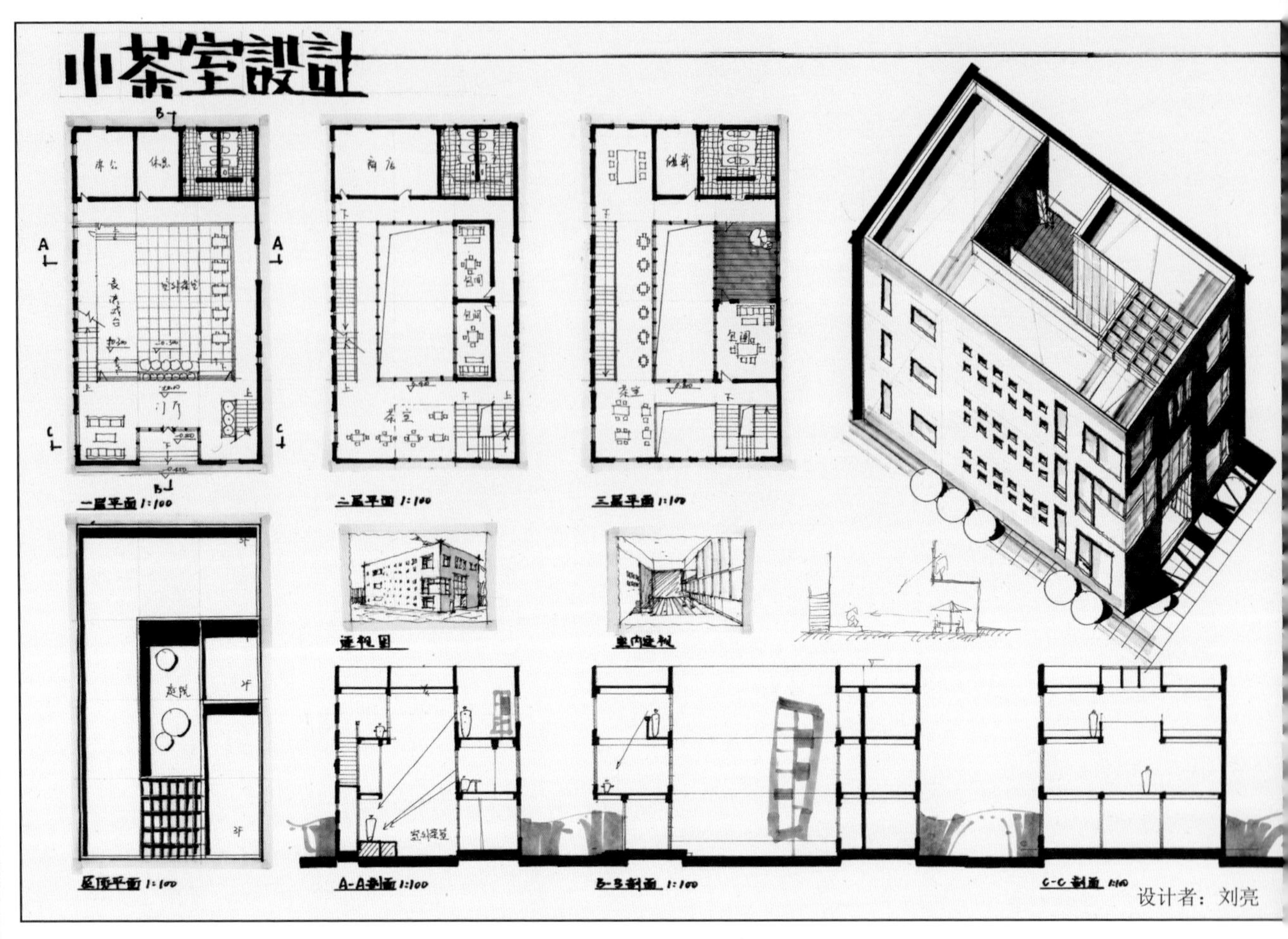

设计者：刘亮

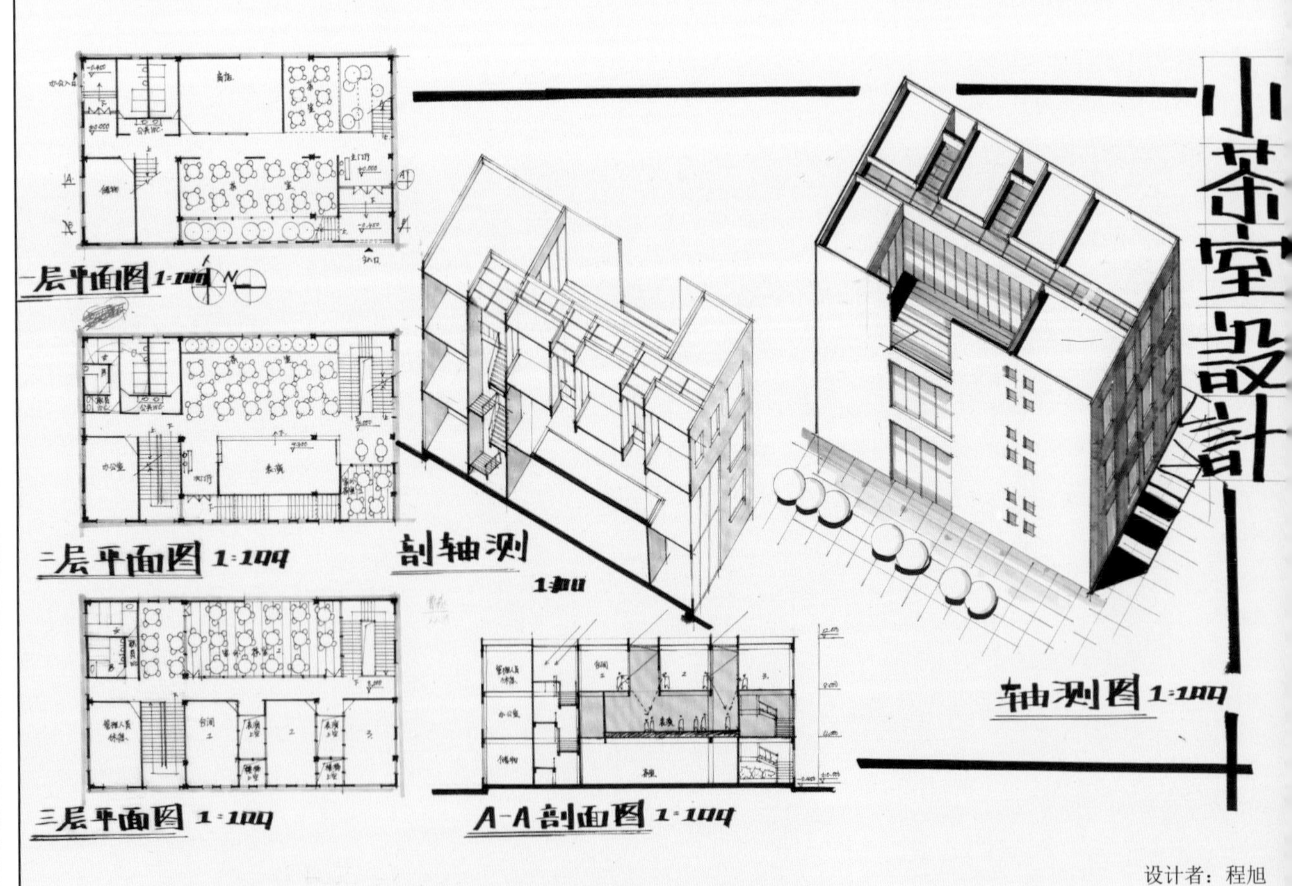

设计者：程旭

参考案例

天津美术馆 / KSP 尤根・恩格尔建筑师事务所
（资料来源：http://archgo.com/index.php）

泰州科学发展观展示中心 / 何镜堂
（资料来源：http://www.ikuku.cn/）

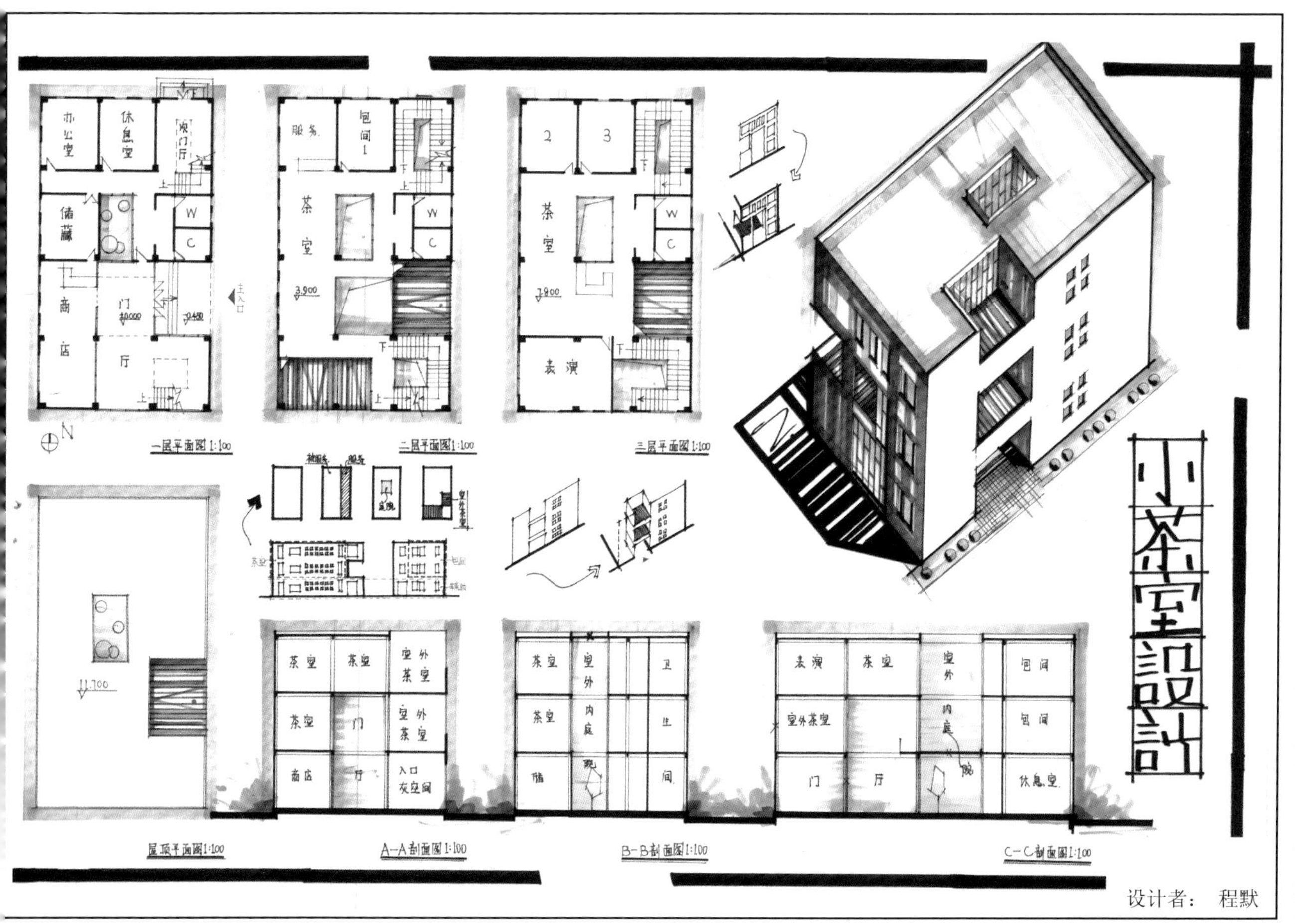

设计者： 程默

公园茶室设计作品解析

茶室小体量的建筑，其中最重要的空间自然是大茶室、室外茶室、表演区等。从这几个主要空间的关系入手才能把这个题目解得更合理、更有意思。

上图平面分区明确，图面看起来清新淡雅。建筑内部设了一个庭院，门厅处做了一个通高空间。外部平台的位置与原有墙体的开窗形式是对应起来的。设计者在分析图上也清楚说明了如何从立面转化到设计本身。整个建筑形体的处理不是很完整，中间庭院有些破坏形态。茶室表演区的位置偏高，最好跟大茶室或门厅结合起来，这样剖面空间上也会有些变化，而不是比较中规中矩地排布房间。

下图剖面空间的塑造还是比较出彩的，尤其是表演区与室外庭院的对话渗透。平面上有些小问题，厕所的选择太偏中间，导致服务区与被服务空间混在一起，大茶室空间的完整性也被厕所和疏散楼梯破坏掉了。表演区和室外茶室的联系有些弱，应该有走廊直接穿过表演区到达室外茶室。门厅旁边不如直接设置商店，而不是在厕所对面还有茶座。建议分析图能画得更清楚一些，或许换成二维表达方式会更好。轴测图的屋顶和立面形式也应更加细致地表达。

参考案例

La Jota 文化中心 / Gbang
（资料来源：http://archgo.com/index.php）

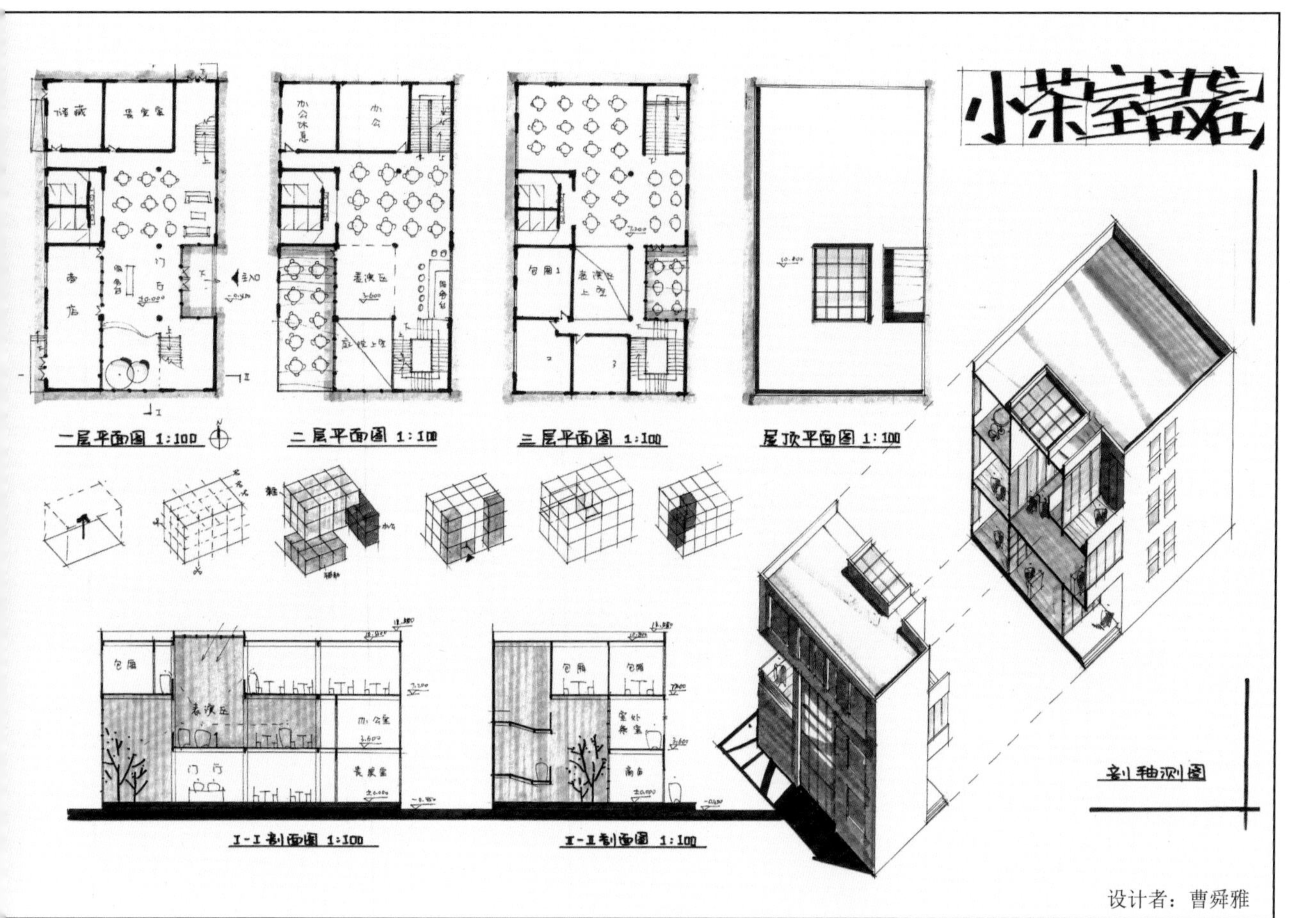

设计者：曹舜雅

专题 4

异形基地类解题策略

4.1 基础知识点

异形基地是指被自然条件、城市环境、已有建筑限制，基地环境条件复杂的场地类型。包括不规则地形和山地地形。其中不规则地形表现为非矩形、三角形、斜边、曲线等场地环境，山地地形表现为高差、台地、坡地等场地环境。

山地类型包括山顶、山腰、山麓、山谷等形式。不同的表现形式有不同的空间特征。

（1）山顶空间特征是中心性、标志性强，具有全方位的景观，视野开阔。对山体轮廓线影响大，利用可能性大，可向山腹部位延伸。

（2）山腰空间特征是方向明确，可随水平方向的内凹或外凸形成内敛或发散的空间，并随坡度的陡缓产生紧张感或稳定性。具有单向性的景观，视野较远，可体现层次感。使用受坡向限制，宽度越大、坡度越缓，越有利于使用。

（3）山麓空间特征类似于山腰，稳定性更强。视域有限，具有单向性景观。当面积较大时，利用受限制较少。

（4）山谷空间特征是具有内向性、内敛性和一定程度的封闭感。视域有限，在开敞方向形成视觉通廊。当面积较大时，利用受限制较少。

4.2 解题策略

4.2.1 复制偏移法

复制偏移法主要是将场地的不规则转化为不规则的庭院，或者不规则的房间，以求得建筑大体的规则。这种方法是最简单且出效果的方法，能够保证建筑体量或者建筑组团的完整，利用庭院、中庭等，产生丰富的室外空间。

4.2.2 化零为整法

化零为整法是将场地的不规则通过建筑错动的排布，通过折线来转化斜线或曲线。建筑的形式可以是点状、条状等，方式多以滑动、错动等方式呈现，对于功能及流线的合理组织都能够产生很好的效果，适用于大部分的不规则场地类型。

案例：连岛大沙湾海滨浴场 / 山水秀建筑事务所

这座建筑朝东面向太平洋，由 3 块搁置在沙滩后方山坡上的“Y”形板体组成。板体之间的叠层和退台将来自南侧入口的人流引导到不同的平台，并为所有楼层提供了壮丽的海景视线。“Y”形板体的上下斜坡形成了多样化的户外开放空间，为不同的功能活动提供了交流机会。

案例：大理文化创意产业园 / 北京派吾德建筑设计咨询有限公司

多样的用途被安排在中心景观轴周围，结合了现有的地形与景观。户外的平台分隔了各个功能空间。与前部建筑毗连的是酒店空间，其中包括了具备良好景观视线的休闲健身空间。在工程之后的阶段还将包括适合小型企业办公的“观景楼”风格的商业办公建筑。这个斜坡上升状的基地还与大理重要的城市大门相连，建筑的总体高度被控制在三层以下，以便尽可能地减小对这个城市中非常突出的地块的视觉影响。

建筑阶梯与自然地形相吻合，同样为了最好地利用云南山地的景观，最小化对景观的影响。建筑体块向周围的景观伸展，营造出室内外交错的空间，为建筑的使用者与访客创造出可达性很强的露台与阴影下的平台。建筑形式表现为一系列堆叠起来的长条体块，被由石材包裹的核心筒定在地形中，堆叠在一起的条形体块拥有木质与铝材立面，以迎合业主对现代与创意建筑概念的需求。

4.2.3 轴线法

轴线法就是利用已有的地形地貌特点、城市建筑环境的特色，根据已有的景观视线轴线或历史轴线来布置体量、路径或者空间。

案例：美国国家美术馆东馆 / 贝聿铭

东馆的建造必须要与四周的原有建筑相协调。贝聿铭将东馆等腰三角形的中垂线与西馆的东西轴线重合，东馆的西墙面对西馆，东西呼应。东西两馆之间，贝聿铭别出心裁地设计出一个 $7000m^2$ 的小广场。小广场借助大理石铺地材料和玻璃金字塔等元素与其他区域区分开来。玻璃金字塔与东馆的框架天花板相呼应，成为了这座美术馆的标志。

4.2.4 散布法

散布法主要是通过小体块沿一定方向的排布来顺应场地的不规则。建筑成了单个体量或者多个小体量的组合。单元体的形式可以是点状、条状、组合形式等多种表现形式。建筑体量之间的空间应该再通过室外庭院、平台、连廊等形成一定的整体性和连续性。

案例：XH 山地别墅 / 张之杨

为了尽量不破坏坡地的自然地貌，同时使更多的空间可以获得开阔的田野景观，设计了一个沿坡地跌落的架空四合院空间结构。围绕中央的庭院平台，在四周依就坡地高差设置了 8 套规模不同的套房。由于坡地的高差较大，标高较高的房间可以越过低标高的空间的屋顶获得景观视野。主入口位于坡底的停车平台，楼梯沿山坡逐级上行。

4.3 补充要点

对于不规则形场地一定要有所处理，切勿背题，同时解法最好能综合考虑各种要素。解题时一般复制偏移法、化零为整法用得较多，应该熟练掌握，散布法相对较难，故在解题时应有取舍。

山地建筑的设计在于如何正确处理好构成建筑环境的三个基本物质要素：山体、植物、建筑之间的关系，特别是如何处理好人工的建筑物与自然景观之间的关系，是山地建筑设计成功的关键。建筑根据坡度的陡缓、跨越等高线的数量来调节山地建筑的底面，产生高低变化，差参错落的效果。

为了山体形态和谐统一，我们提倡建筑要与环境共融，使建筑形体的塑造与山体地段环境相适应。山地建筑形体既要考虑与环境的协调，又要注意与整体山势的和谐。

设计任务一 山地会所设计（3 小时）

一、设计任务书及建设用地

拟在长江三角洲地区某城市近郊设小型商业会所一处。建设用地南北向长 60m，东西向长 25m，共计面积 1500m²，用地的正南方向为城市市中心，拥有良好景观。

用地地形的高程自南向北逐步提高，最低处的相对标高设为 0.00m，最高处相对标高为 6.0m。用地平面图中等高线每根高度差为 0.50m，在用地南北侧均有通往城市中心的东西向城市道路。南侧道路红线宽 12m（机动车道 7m 宽，两侧各设 2.5m 人行道）。相对标高 0.00m。北侧道路红线宽 7m（无人行道），相对标高 6.00m。

会所总建筑面积为 1200m²，面积允许误差上下 15%。

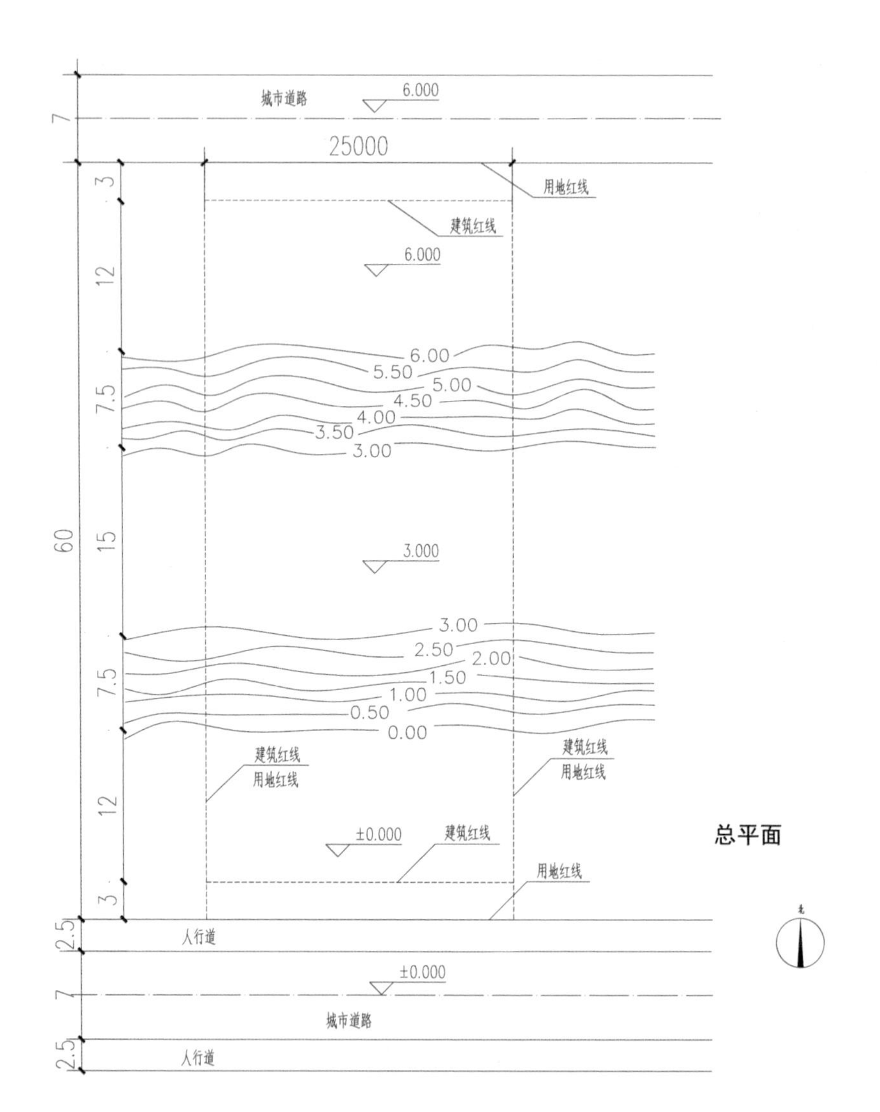

二、功能分配

1. 门厅及餐饮区：400m²；
   门厅：40m²，布置总服务台；
   咖啡厅：60m²，可结合门厅布置；
   餐厅：200m²；
   厨房：60m²；
   茶室：100m²，20m²x5=100m²。
2. 客房与健身区：250m²；
   健身房：100m²，含更衣室；
   客房：150m²，30m²x5=100m²，每间设独立卫生间。
3. 服务与管理用房：120m²；
   办公室：40m²，共两间，每间 20 平方米；
   商务中心：40m²；
   卫生间：20m²，男女各一。

三、设计要求及说明

1. 南北向建筑两侧用地红线与建筑红线重合，建筑红线退道路红线不小于 3m，东、西两侧建筑贴用地红线。
2. 建筑不超过 3 层，高度不超过 10m。
3. 不能挖土、可设置填土墙。
4. 餐厅、咖啡厅、健身房等公共用房，可结合室外设置。
5. 入口设置：设置主入口，建筑入口至少两处。
6. 不考虑机动车停车布置，但结合总平面图，一层平面图标明主入口与城市道路关系，在一层平面图中（用地范围内）布置车行出入口。
7. 用地范围内道路坡道不大于 7%。

四、图纸要求

1. 总平面图 ,1：500；
2. 各层平面图、屋顶平面图（其中，一层平面图画配景）,1： 200；
3. 立面图不少于 2 个，1：200；
4. 剖面图 南北向（剖切线与等高线垂直），1：200；东西向 1：200；
5. 轴测图，1：200；
6. 分析图以及相应文字说明（不是必要内容）。

独立解题后扫码观看解析视频 TJ13

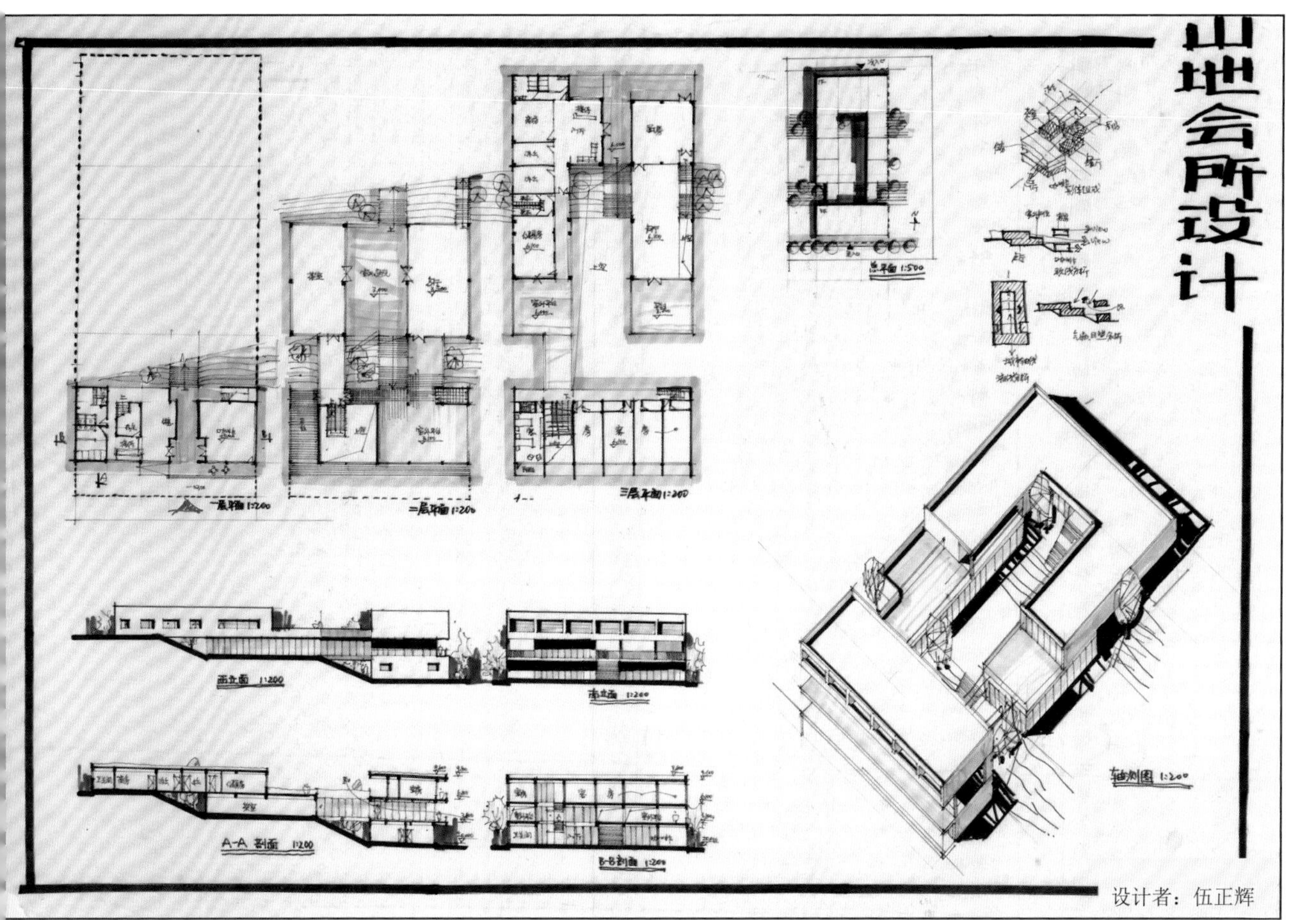

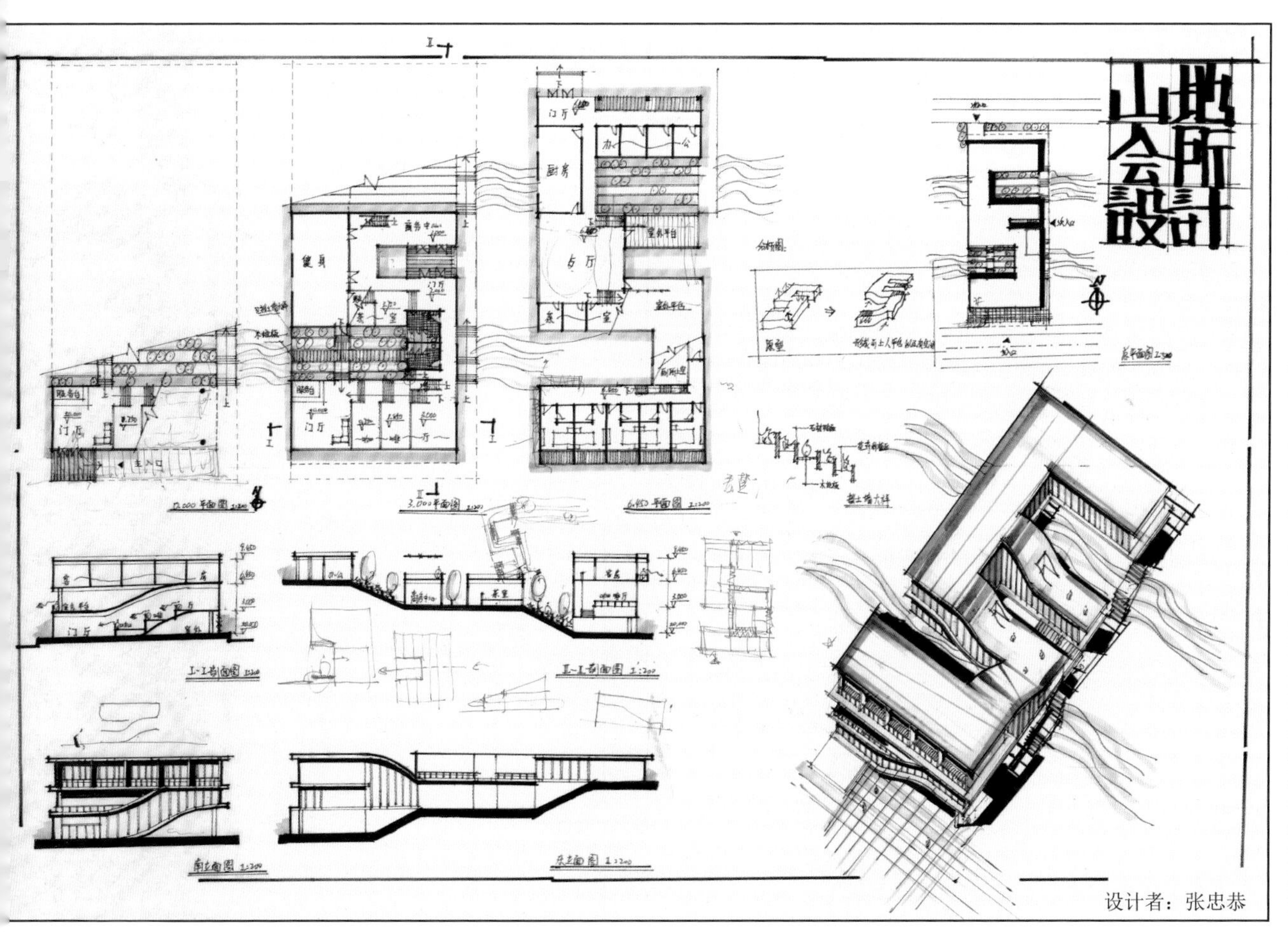

山地会所设计作品解析

高差问题是快速设计中常出现的考点，解决高差问题主要看交通系统如何处理，水平交通和竖向交通如何结合。高差也分很多种，有坡地、山地、坎等，每种高差的处理方式也有所区别，具体如何组织交通还要因题而异。

上图形体逻辑清楚，U 字形体量加一条长方形单体，中间山地留出了大片的室外庭院。从剖面上可以看出设计者清晰的思路，二层中间架空使得风向、视线得以贯通。平面分区清楚，主要是中间一条城市内街的布置，使得场地南北两侧可以连接在一起，整个功能也一分为二。整体来说，建筑的外向交流性做得比较好，体块操作也很清晰。建议分析图画得更清楚一些，总平面和轴测图的屋顶细节也可以进行更多思考。

下图处理方式是 S 形平面。交通以直跑梯的形式处理在体块一侧。比较有特色的地方在于中间高度的体块有一个弧线下降，是一二层之间的过渡，设计者将其处理成了可上人屋顶平台。这一点在轴测图上可以看得很清楚。基本的功能分区没有大问题，场地也在东侧有一条走廊式开放的台阶被南北联通起来。曲线的引入再用分析图进行更多说明，如与山坡的关系等等，会把设计思路更好地展现出来。

参考案例

WHY Hotel / WEI 建筑设计事务所
（资料来源：http://archgo.com/index.php)

花园下的图书馆 / BCQ arquitectura
（资料来源：http://archgo.com/index.php ）

山地会所设计作品解析

山地会所的考点在于如何处理场地高差。会所建筑本身功能比较复合，有客房、餐厅、健身房、商务用房等，要把各种功能分区好，同时用横向和竖向交通把建筑联系起来，对设计能力和处理问题的方法有一定的要求。

上图图面干净清晰，基本手法是在三个高度上放置了三个盒子，然后用错动的楼梯和走廊将不同的体块联系起来。整个形体看起来很完整，处理的手法也很直接。平面上的功能分区很清晰，基本上把山地的高差直截了当地解决掉了。有些交通空间位置很接近，有点多余，会造成交通面积浪费。建议中间增加一些对外交流的平台，增强建筑与场地的对话交流。

下图的基本思路是E字形平面逻辑，主门厅开在南侧，因为南面有人行通道，而北侧只有城市道路。基本的分区方法与上图类似。该方案的特色在于把坡屋顶元素引入，从而把几个体块统一起来，并且有一种顺应山势走向的特点，更符合山地建筑的特色。形体处理很完整，配色和线条看起来有一种素雅的韵味。不足的是，整个建筑的外向交流性不是很好，建议增加一些大的休息平台。轴测图的立面也可以再多些细节处理。

参考案例

胶印厂的再生 77影剧院 / 原地建筑
（资料来源：http://archgo.com/index.php)

丹麦 mariehøj 文化中心 / Sophus Søbye+WE
（资料来源：http://archgo.com/index.php ）

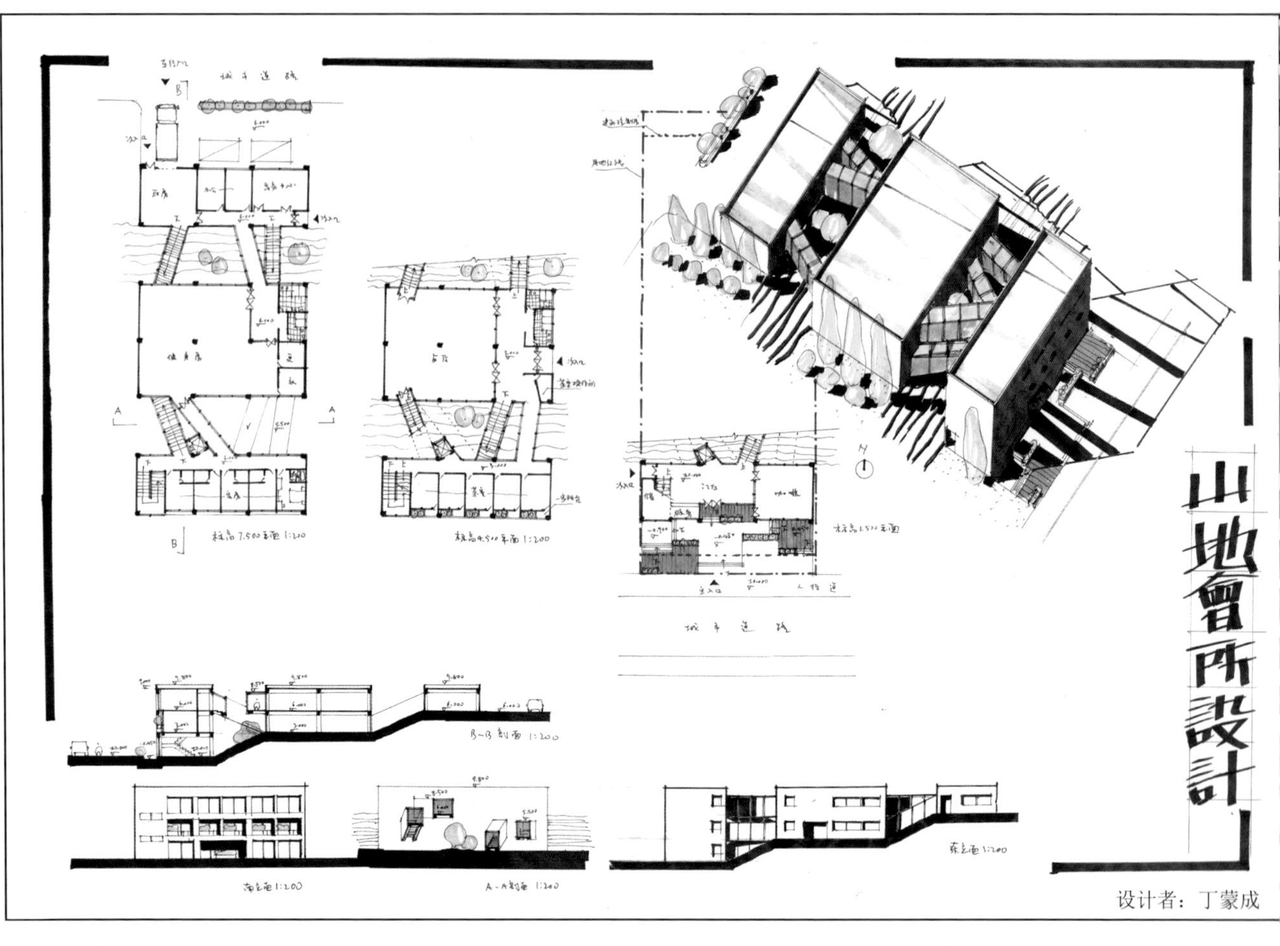

设计者：丁蒙成

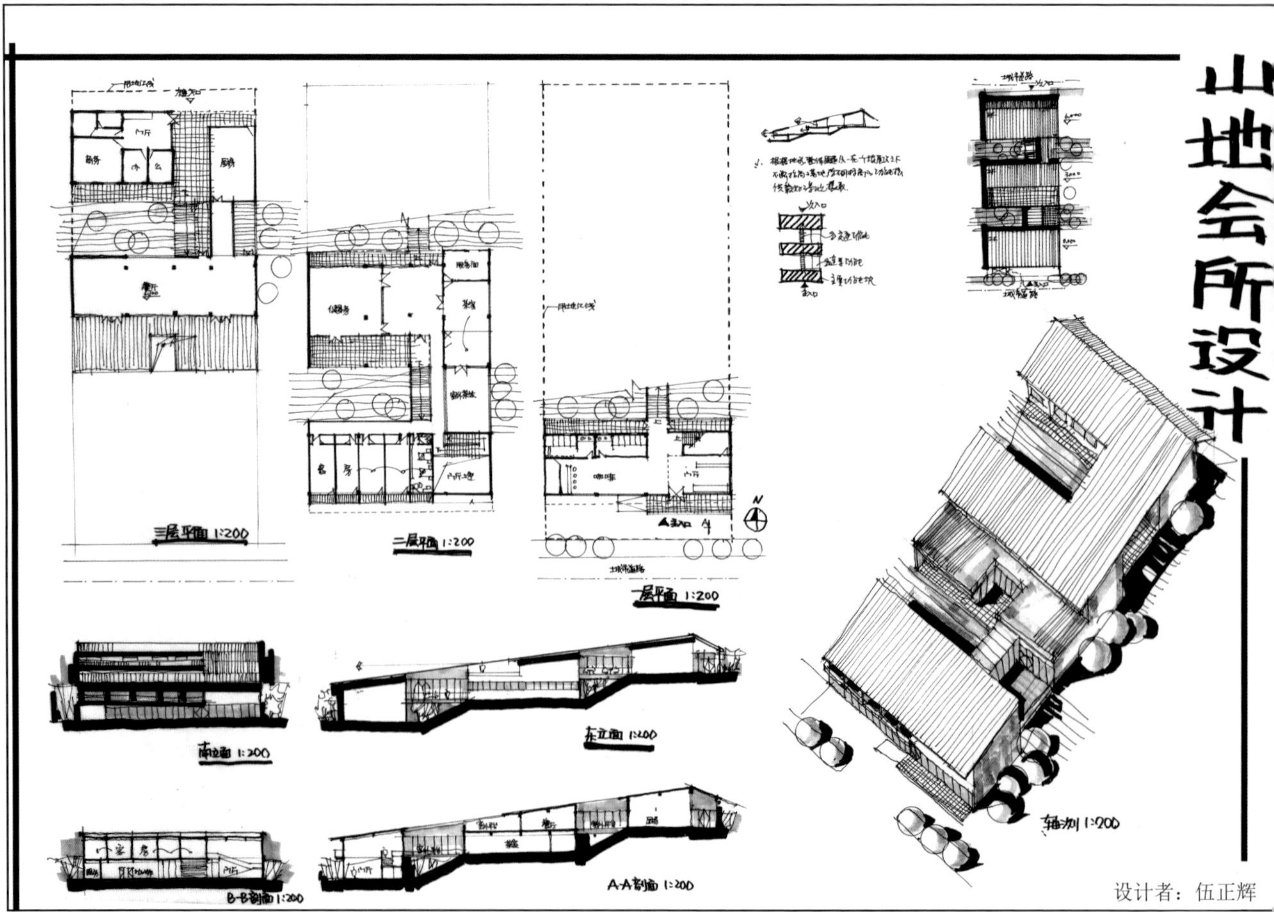

设计者：伍正辉

设计任务二 山地俱乐部设计（3 小时）

一、项目概况

某高规格度假村位于湖心岛上，环境优美。其建筑基本特征为现代风格配以红瓦屋顶。

现拟在中心位置配建一个俱乐部，为度假村已有设施配套，服务对象主要是在此度假的人士。

二、功能要求

俱乐部使用功能及其面积要求如下：

1. 门厅：150m² 内设接待台；
2. 贵宾休息室：80m²；
3. 乒乓球室：50m²；
4. 桌球室：50m²；
5. 健身房：50m²，含更衣室及淋浴间；
6. KTV 包间：18m²x6 间；
7. 多功能厅：300m²，满足歌舞及餐会等使用要求；
8. 棋牌室：18m²x6 间；
9. 咖啡茶座：80 座，并配置不少于 30 座的露天茶座；
10. 阅览室：50m²；
11. 办公室：18m²x4 间；
12. 室外停车位：不少于 10 个。

三、说明

1. 建筑层数不超过 3 层，并配备一步客用电梯。
2. 上述功能为基本要求，洗手间、贮藏间、楼梯、设备用房等请酌情配置。
3. 上述面积指标可以有 10% 的出入，但总建筑面积不得超过 2500m²。
4. 建筑退后基地红线 3m 以上。

四、图纸要求

1. 总平面图，1：500；
2. 各层平面图，1：200；
3. 剖面图，1：200 ；
4. 透视图或轴测图；
5. 以上图纸表现方式不限。

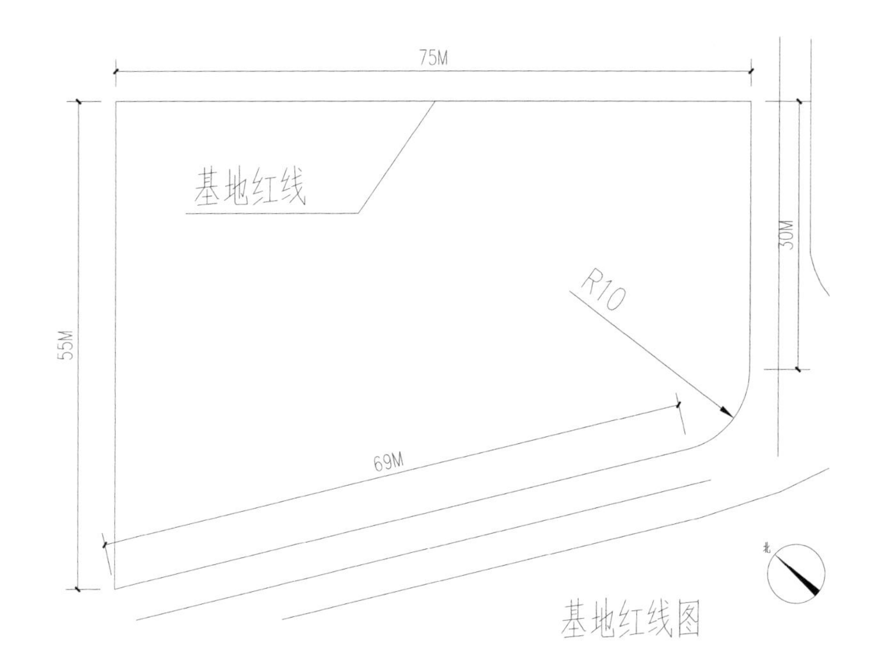

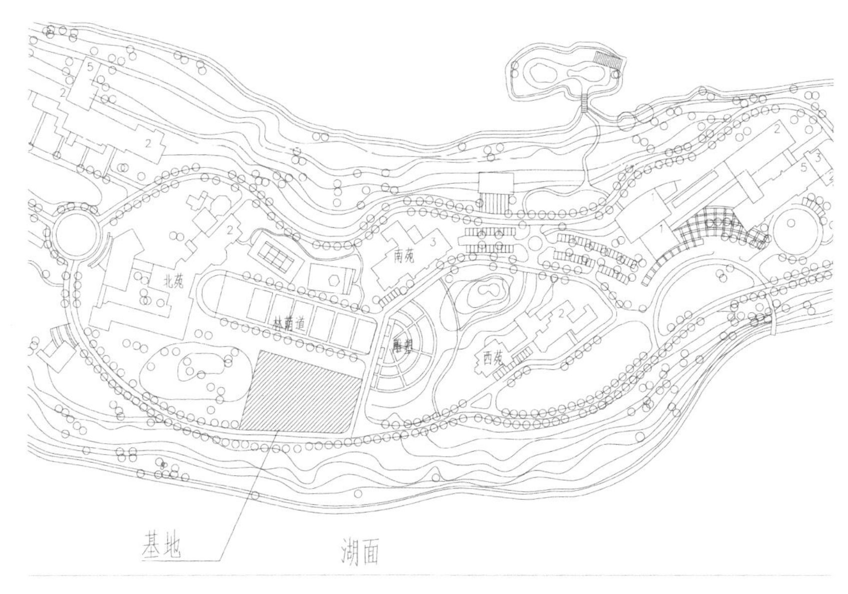

山地俱乐部设计作品解析

山地俱乐部的基地是不规则的，但是建筑本身体量比较小，同时场地周围的环境要素很多，景观面比较广，因此在解题时可以从建筑与周围环境的对话入手，设计出更加开放的建筑。

上图的基本思路是E字形体块，平面与体块对应比较完整。坡屋顶的设计是回应山地周边建筑，立面及屋顶的红色格栅也是呼应周边红屋顶。基本的平面逻辑是把交通放在北向无景观处，其余房间依次排布。整个方案对场地周围景观应对欠思考，基本上是在做内向型建筑，没有房间是朝向景观湖面的，从这一点来说，设计者没有把握好题眼设置。

下图方案对于景观面的把握、建筑的外向交流性做得很到位。基本的平面逻辑是三段式，一层为了呼应湖面做了架空处理，入口门厅放置在二层，由大台阶和室外平台引入。主要房间都朝向良好景观，四层屋顶也全部开放，做成了完整的观景平台。从总平面上看，方案做得比较规整，场地周围用水围绕，不同楼层的平台设计也是对湖面和山地景观的呼应。不足是场地内的停车流线不太顺畅，主次入口的分级不太明显。建筑内部的公共空间营造不是很到位，中间交通空间可以进行更细致的处理。

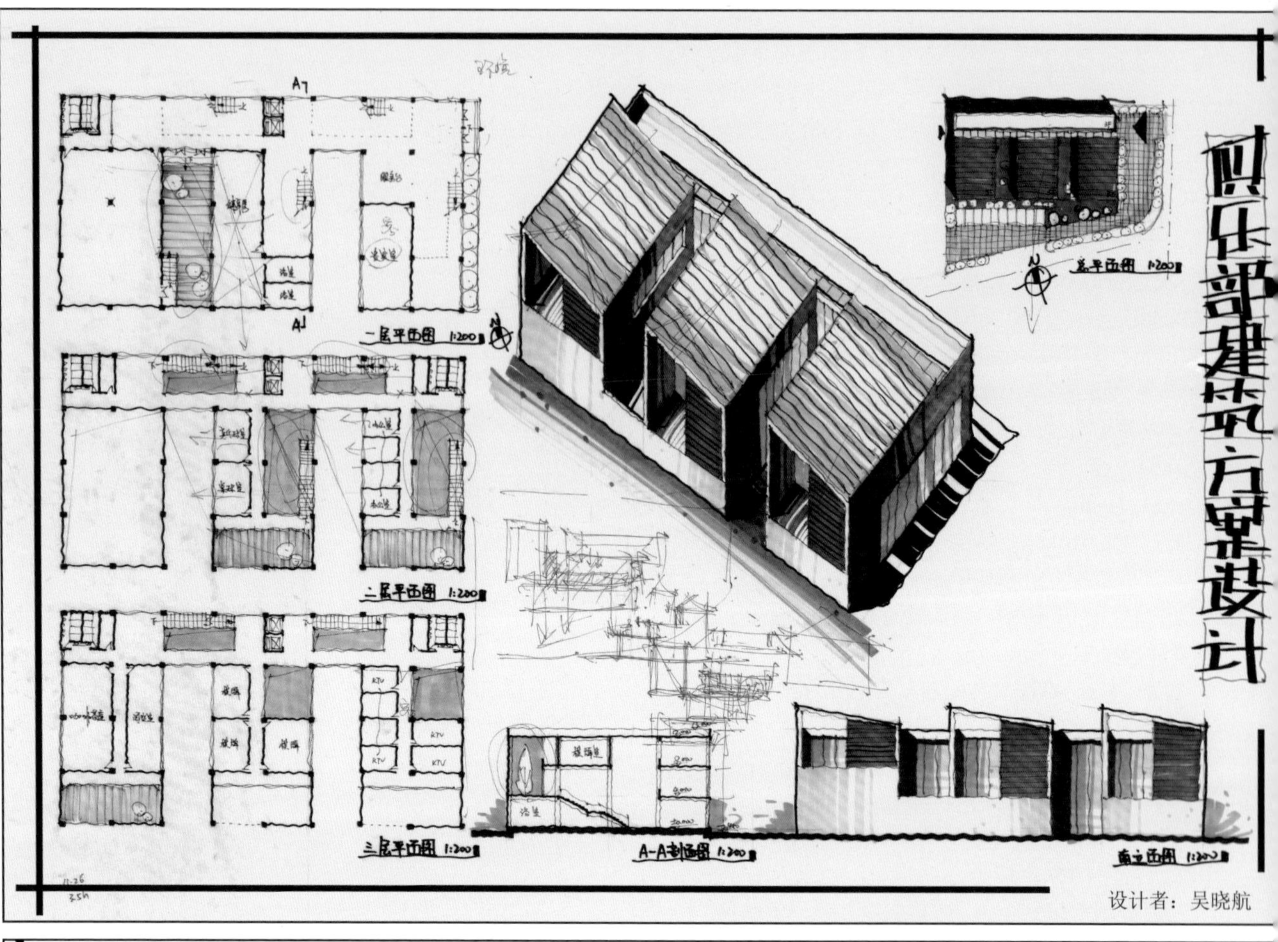

设计者：吴晓航

参考案例

韩美林艺术馆 / 崔恺
（资料来源：http://archgo.com/index.php）

莱蒙中学及多功能体育馆
（资料来源：http://archgo.com/index.php）

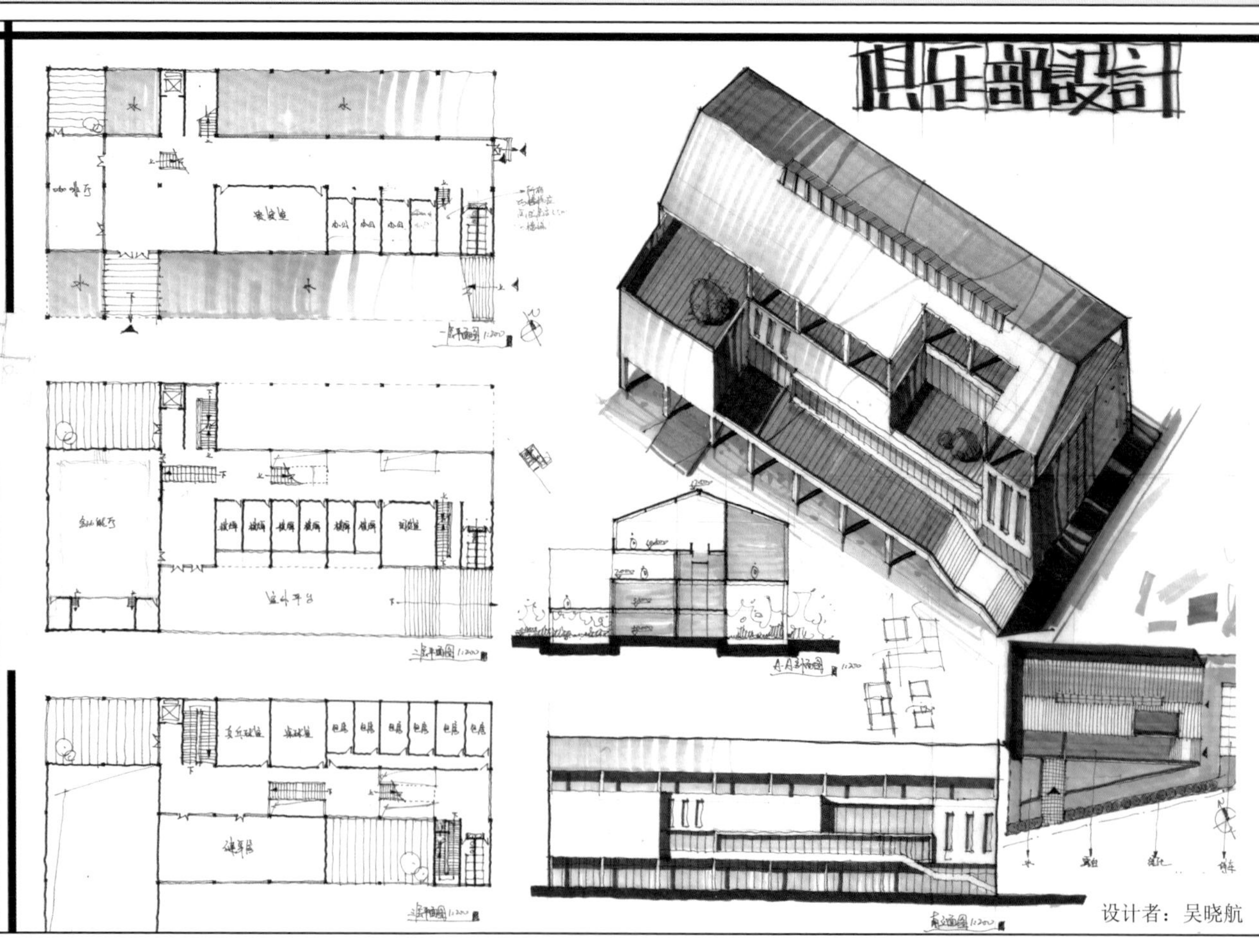

设计者：吴晓航

设计任务三 山地体育俱乐部设计（3 小时）

一、设计题目

江南某市郊山地拟建一体育俱乐部，设计要求反映文体娱乐建筑的特点，处理好建筑与自然环境景观及地形的关系，充分反映设计者的思考与创意。

设计者可在地形图的 A，B，C，D 四个区域任选 5000m² 左右区域作为建设用地。其余用地可根据设计者对娱乐体育项目的理解自行布置相关内容。从总体上统一考虑建筑与活动场地的设计（不可将建筑全部布置在水面或平地上）。

建筑面积控制在 3000 m² 左右。

地形图中的岸线为水面的常水位，汛期最高水位 +1.5m，枯水期水位 -1m。

二、设计内容

自行设计体育项目及内容，但至少应包括以下四个部分：

1. 体育活动用房若干，并根据活动内容确定空间及场地的大小、数量；
2. 沐浴更衣、理疗等体育活动辅助用房；
3. 咖啡、简餐等餐饮休息空间；
4. 行政办公、后勤辅助用房、库房及设备用房等。

还应考虑门厅、走道、服务台等相应的公共空间，道路、广场、绿化小品以及沙滩排球场地、游艇码头、钓鱼台、网球场等室外场地也要结合具体构思内容统一规划设计。

考虑 4 ~ 6 个室外停车位。

设计者对于具体的功能可充分发挥想象。

三、平面要求

1. 体育用房

健身房，150m²；　　乒乓室，100m²；

台球室，80 m²；　　壁球室，150m²x2；

棋牌室，50 m²。

2. 休闲活动用房

多功能厅，200m²；　　图书馆，50m²；

书画室，50m²。

3. 体育活动辅助用房

按摩室，60m²；　　更衣室，40m²。

4. 餐厅休息空间

快餐厅，100m²；　　售楼部，50m²；

咖啡、酒吧，80m²。

5. 后勤辅助用房

值班门卫，20m²；　　办公，60m²；

医疗，40m²；　　库房，40m²；

厕所，60m²；　　备用房，150m²。

四、成果要求

1. 图纸规格一号图纸不透明纸不少于 2 张。
2. 图纸内容

总平面图，1:500，可增加 1：1000 的总体规划图；

建筑各层平面，1:200；

建筑立面，1:200；

建筑剖面，1:200；

建筑外侧（相对山体而言）外墙节点构造，内侧接地外墙节点构造详图，1:20；设计说明，及相关技术指标。

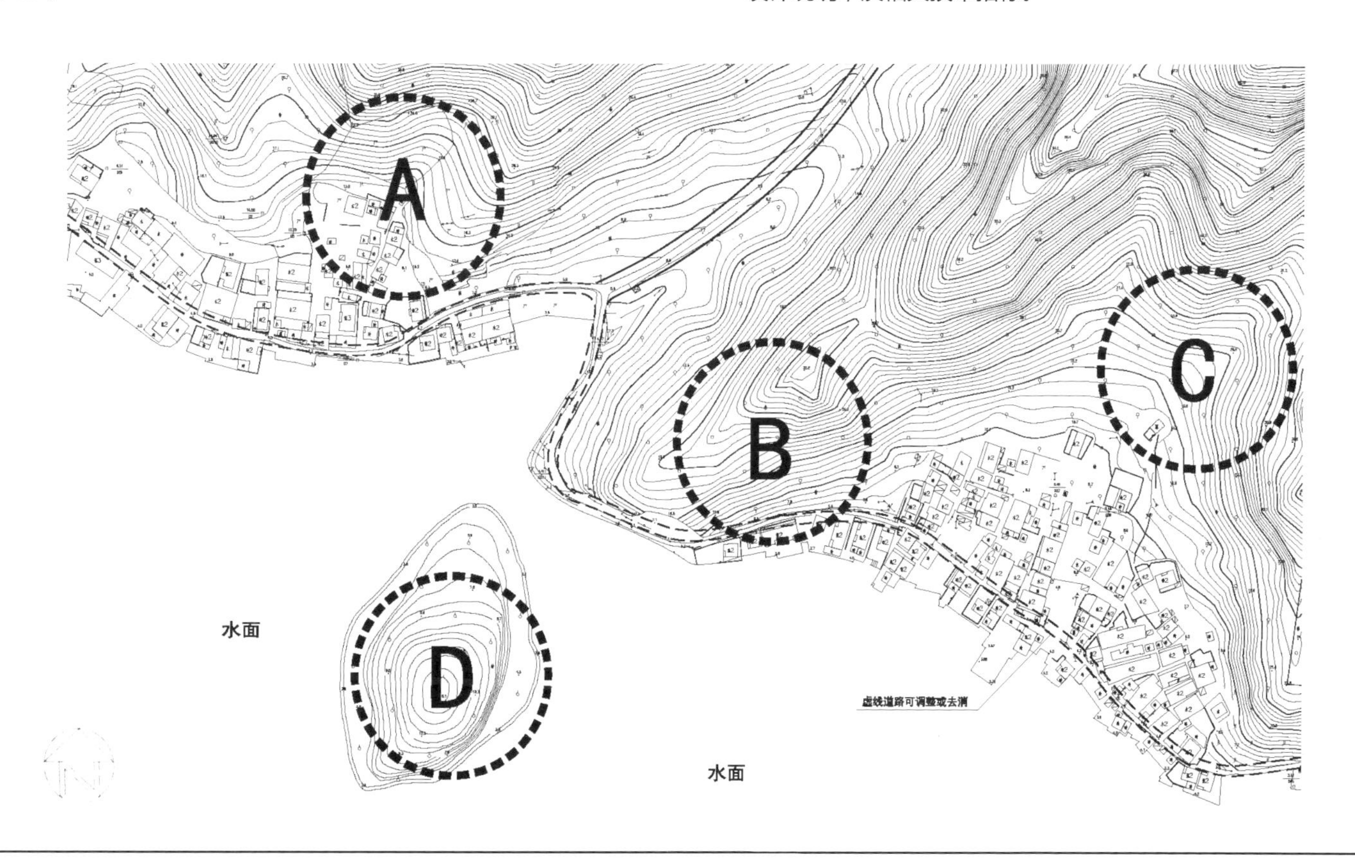

独立解题后扫码观看解析视频 TJKT

山地体育俱乐部设计作品解析

方案选取的是基地A，由总平面图可以看出，充分考虑了建筑在原有场地中的关系。还有从图底分析的视线关系图中可以看出，设计者提取了原有建筑文脉，在场地上做了一条斜向内巷。在第二张图上，设计者也画了一幅室内透视用以表达视线关系。

通过视线关系来确定建筑使得总平面设计很有特点，方案由山中小路中引一条道直达建筑。场地的景观设计延续了山脉原有的高差，基本与周围等高线保持一致，靠近建筑的地方进行了规则处理。建筑本身有三层，以一个封闭的立方体形态伫立在场地中。平面的基本思路即是被服务空间包围着服务空间，把交通核放在中间。设计者充分打开景观面，把需要景观朝向的主要使用房间沿四周布置，以达到景观利用最大化。其中大空间和小空间的分隔是以一个庭院分开的，在轴测图上也有所体现。

具体来说，在周围环境要素非常多景观非常丰富的山地中，设计者选取一个立方体的做法有些过于保守，在高差的处理上也是简单直接地架空起来，没有将高差进行利用设计。对于山地建筑，建筑应该更多地结合山地特殊地形进行处理，增加室外平台、交流空间、互动庭院等，该方案的形体没有体现出山地建筑的特色。

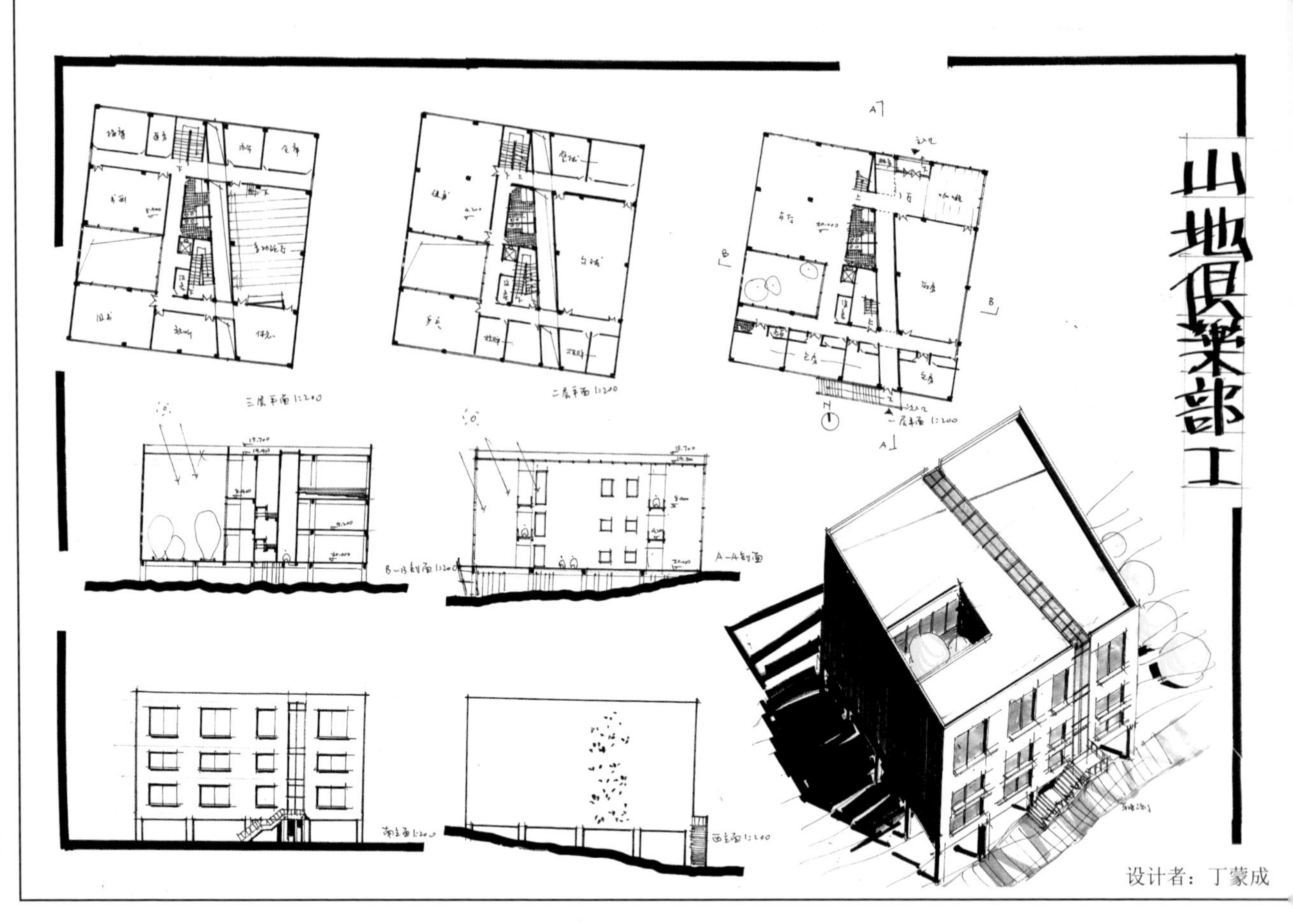

设计者：丁蒙成

参考案例

何多苓工作室 / 刘家琨
（资料来源：http://archgo.com/index.php）

范增艺术馆 / 原作工作室
（资料来源：http://www.ikuku.cn/）

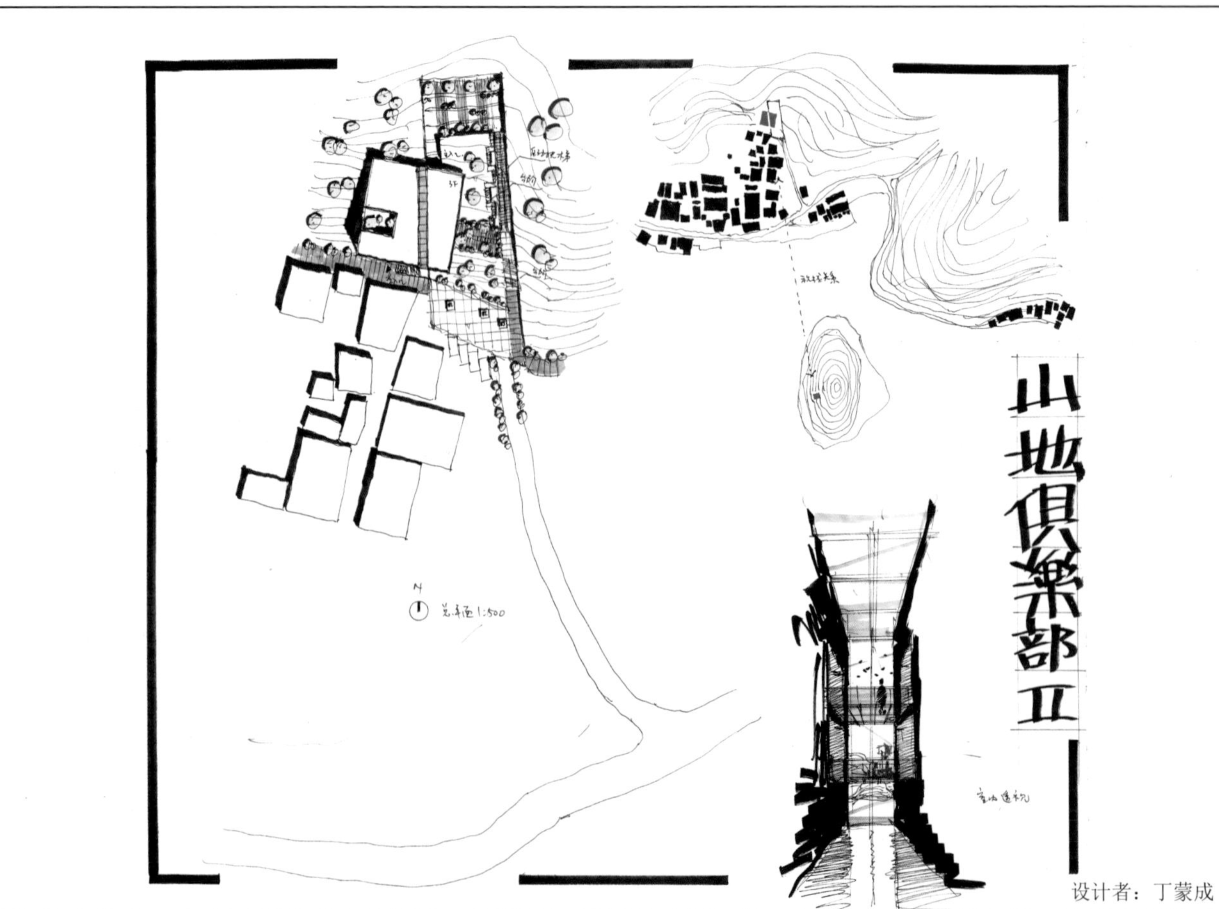

设计者：丁蒙成

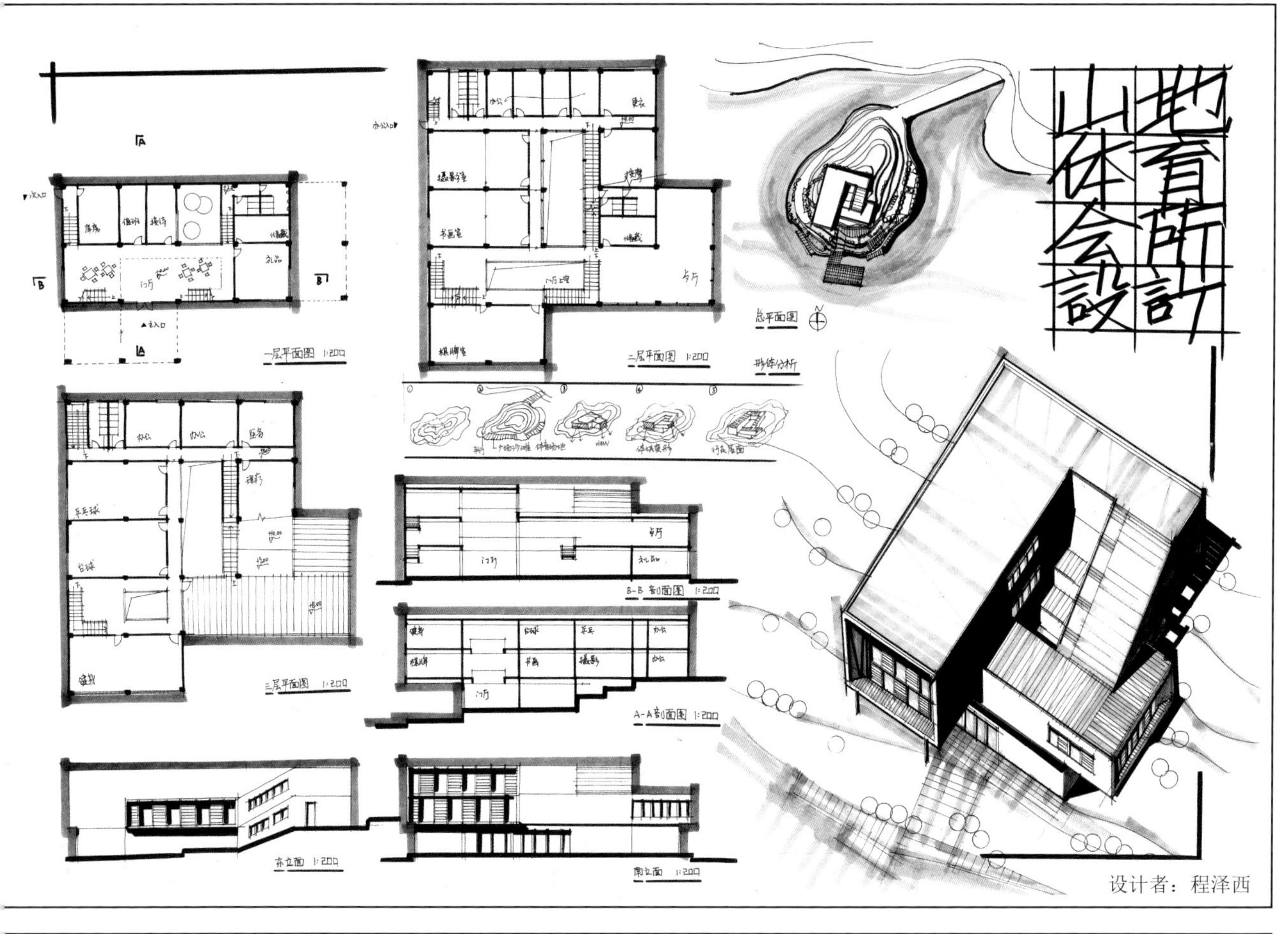

设计者：程泽西

设计者：罗淼

山地体育俱乐部设计作品解析

文体娱乐建筑与山地结合，设计应处理好建筑本身与自然环境、周围景观、场地地形等多方面的关系。由于景观要素和场地要素的出现，设计者必须充分考虑建筑与周围环境的对话进行设计。

上图选取了基地D，场地在水域中，四面环水，景观视线极佳。设计者选择体块穿插，上屋顶的手法，使得体育俱乐部与周围环境进行多方面多角度的交流与对话。从平面上看，方案分区明确，根据场地的高差限制，一层放置辅助功能，二、三层为主要使用空间。结合景观视野和地形组织剖面，上人屋面的设计与体块的穿插在不规则地形中注意了对环境的呼应。建议总平上的场地景观也应结合建筑进行设计，把建筑和景观结合得更紧密些。

下图完全从地形高差的处理入手，整个建筑做成了层层递进的退台式。这点在山地高差处理时可以既照顾景观视线，又满足建筑与环境的对话与交流，是高差类设计中比较常见的手法。图面非常干净，没有多余的笔触，从平面上可以看出设计者逻辑清楚，单廊加房间的处理，将文体建筑中复合的功能处理得很清晰。建议把轴测图画上，可以更直观地展现设计思路。同时平面上也可以增加些木色马克笔，把平台位置表示出来。

参考案例

INTEGER Ltd (Intelligent & Green) & Oval partnership Ltd
（资料来源：http://archgo.com/index.php）

山地体育俱乐部设计作品解析

上图的主要特色在于山地建筑的体块化处理。通过三个体块叠加，既解决了高差问题，又出现了大面积的观景平台。从剖面上看，空间效果符合山地建筑的特色，各层都有良好的视线关系。设计者的手绘功底很好，四张分析图将室内外空间表达得淋漓尽致。同时轴测图的画法也使得方案特色跃然纸上。用大面积抢眼的橘色，使该方案具有特色。在山地文体建筑中，简单直接的功能处理，房间都可以有最大化的景观面，同时完整的平台又是解题思路的体现。建议把平台之间用室外交通梯联系起来，使得整个建筑的对外交流性更加出色。

下图的基本策略是层层退台式面景。这在山地建筑中也是非常常用的手法之一。通过退台式体块安排，既解决了山地场地中的高差，也让所有房间都尽量面向景观。该方案的分析图非常详细，也是从大的环境出发，考虑到地形本身与场地下游许多聚集民居要产生对话，从当地文脉引入切角，将建筑本身一分为二。从鸟瞰图和墙身大样可以看出设计者的细致思考，这类图将对说明设计思路有很大的帮助。建议在画细节图时可以把设计亮点用一两种颜色标明出来，这样效果会更清楚。

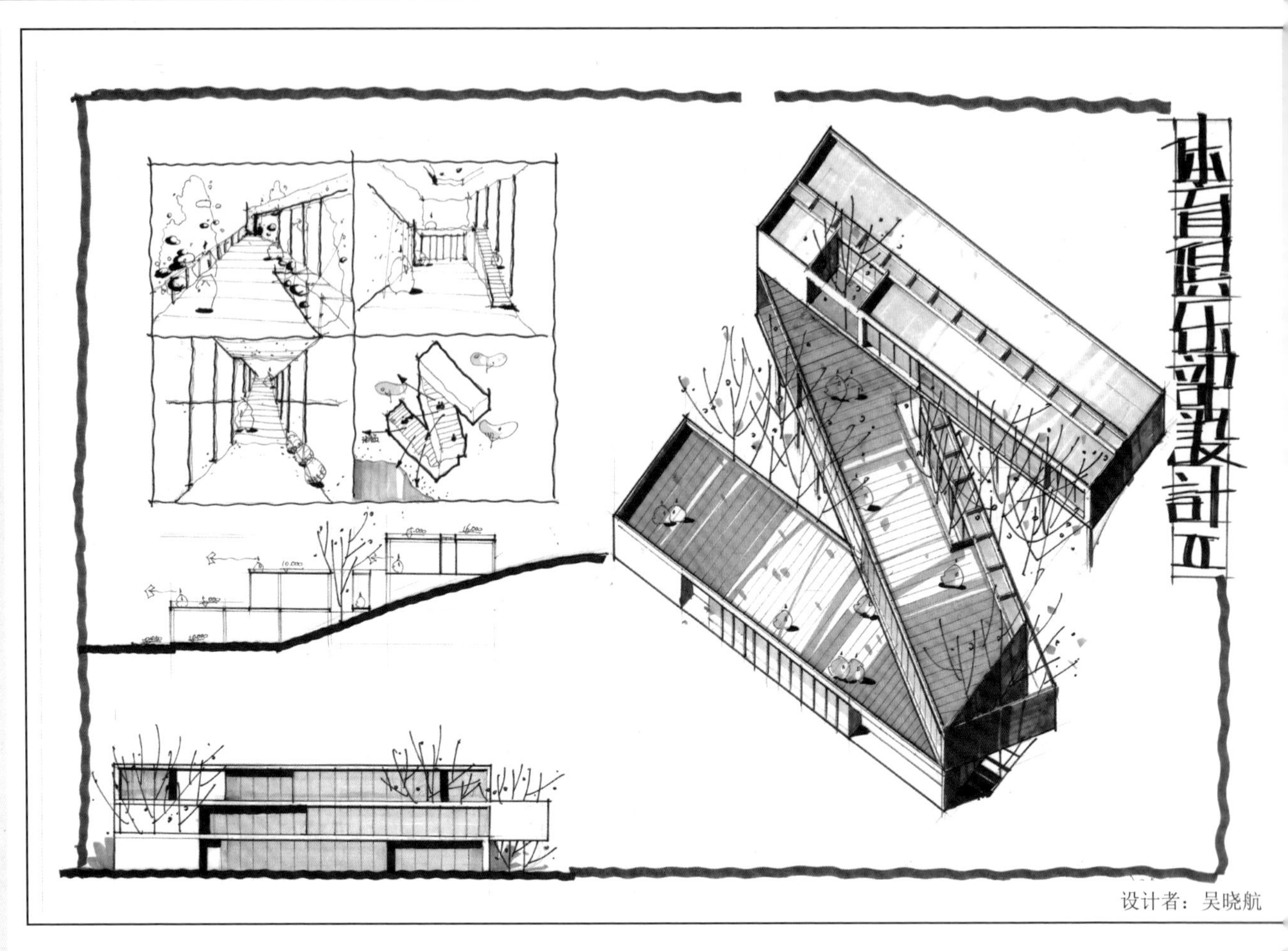

设计者：吴晓航

参考案例

欧洲远东美术馆 / Ingarden&Ewý Architekci
（资料来源：http://www.ikuku.cn/ ）

中国美术学院民俗艺术博物馆 / 隈研吾
（资料来源：http://www.ikuku.cn/)

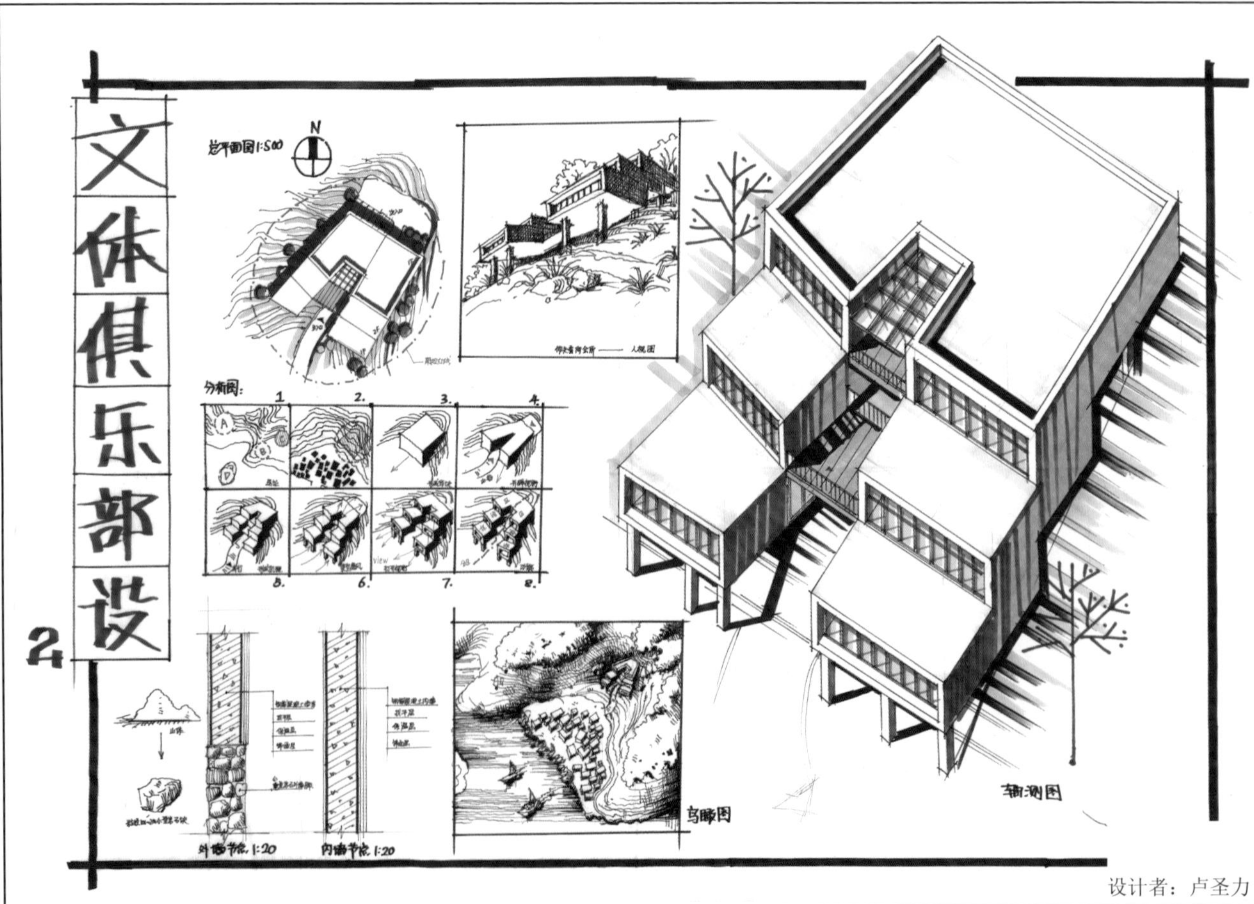

设计者：卢圣力

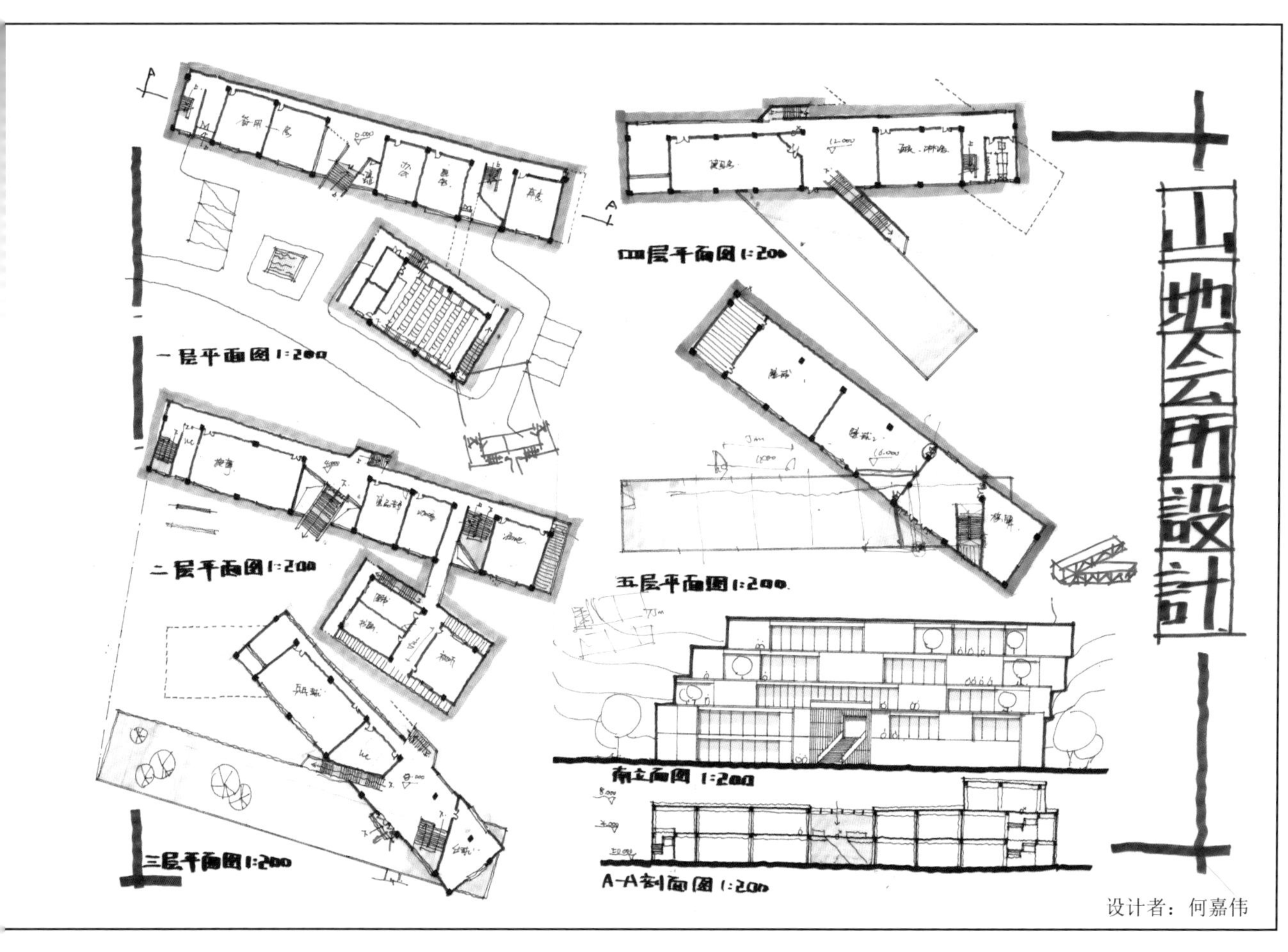

设计者：何嘉伟

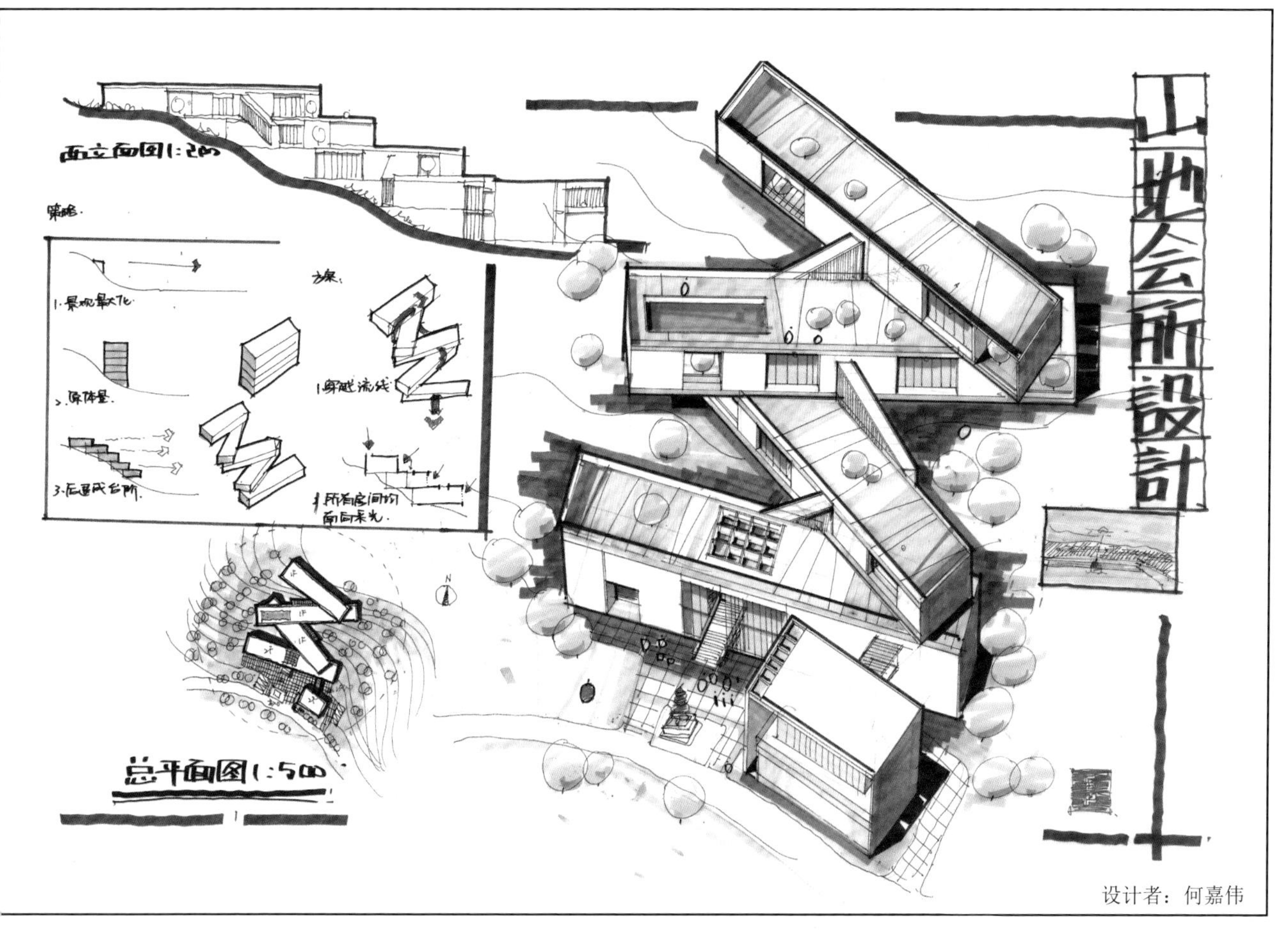

设计者：何嘉伟

山地体育俱乐部设计作品解析

该方案在处理高差时也是采取体量叠加，层层跌落的做法。既解决了场地内繁杂等高线带来的不同高差，又满足了房间面景和观景平台最大化的需求。从分析图可以看出，设计者在坡地上先将原始体量摆好，然后顺应山势将体块一层层铺开，再根据穿越流线以及满足所有房间都南向采光这一点将体块进行斜插。最后呈现的效果体块丰富，很符合山地建筑的特征。

从平面来看，结合等高线交叉布置体量，条状平面交通和房间很好处理，但是各个体块的交接处理不是特别清楚，交通体量连接不够好，没有融入体块。报告厅的平面布置需要优化，画法和布置上有些浪费面积。一层平面周围环境交代不明，可以把景观要素、人车流线画的更清楚一些。体块操作非常清晰，设计思路也非常清楚。剖面上可以再强调一下平台及视线关系，立面也可以再增加些设计细节，比如材质的对比变化等。总平面上也应把周围环境要素再增加一些，这样使得整个设计更具说服力。两张图纸的上色方式有些不同，色系处理上不太到位，很容易让别人误以为是两套图，最好都用暖灰色系或者冷灰色系进行统一。

参考案例

中国美术学院民俗艺术博物馆 / 隈研吾
（资料来源：http://www.ikuku.cn/）

新桥镇展示馆 / 荣朝晖
（资料来源：http://www.ikuku.cn/）

设计任务四 汽车展示中心设计（3 小时）

基地位于浦东世纪公园附近某社区，由于规划道路的调整，在住宅小区与城市道路之间形成一块空地。经规划部门批准，拟建街心公共花园和汽车展示中心。

汽车展示中心用地面积 2200m²（建筑红线面积 1600m²），拟建总建筑面积 1000m²，层数局部 2 层，用于汽车的展示和销售。

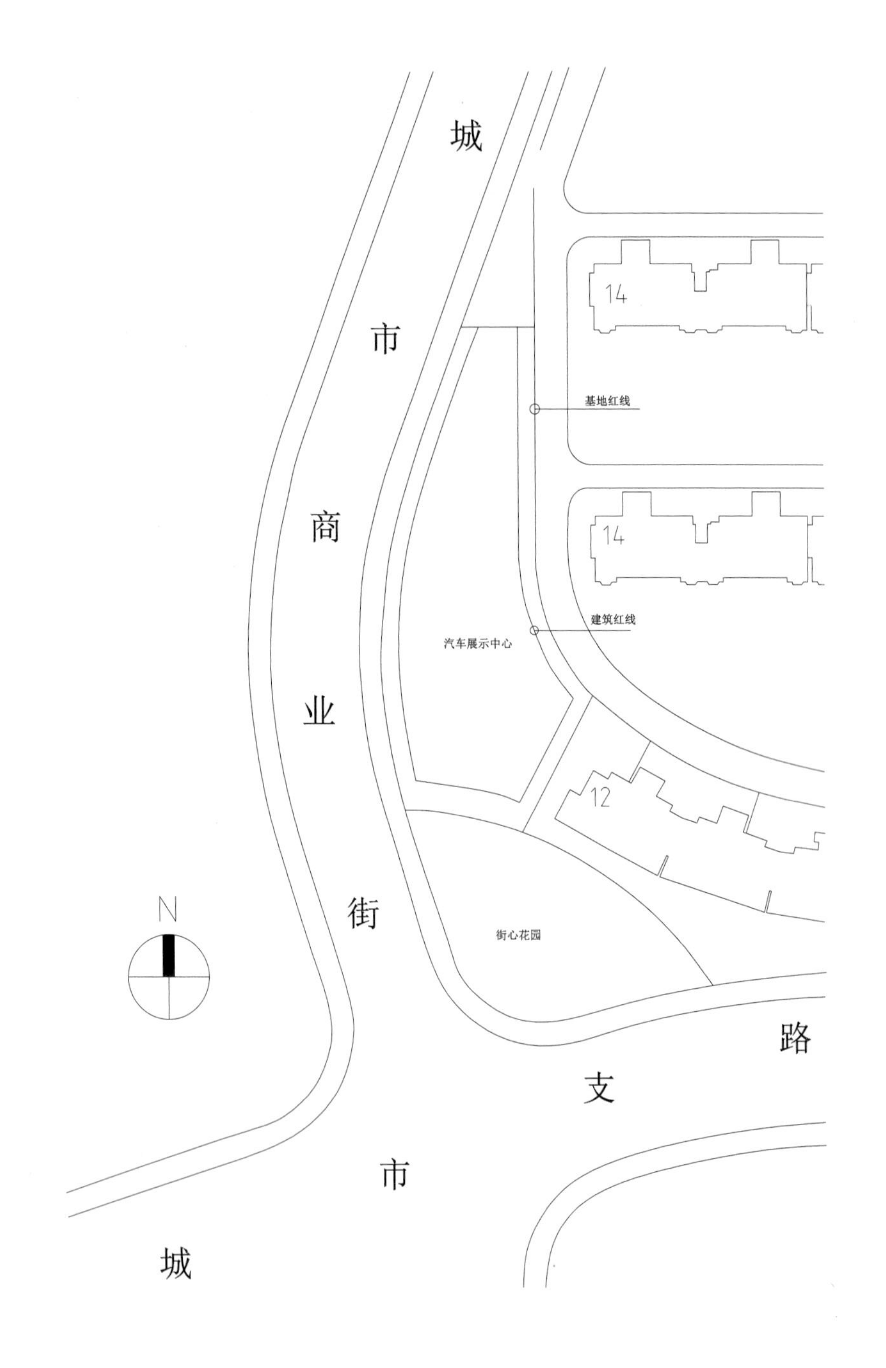

一、任务描述

1. 设置室外的汽车临时展示区。
2. 设置室外休闲咖啡区。
3. 顾客停车在小区的地下公共停车库解决，展示中心地面可不考虑停车。
4. 室外场地景观需结合街心花园一并进行设计。
5. 建筑布局应考虑与城市道路与街角的空间关系。
6. 建筑主要功能面积组成（均为使用面积）
   展示大厅区，300m²；
   洽谈咖啡区，100m²；
   问询服务总台，30m²；
   汽车杂志阅览与资料复印区，50m²；
   小型 video 间，50m²；
   会议兼接待室，50m²；
   后勤办公室（办公、财务、秘书等），10m²x8 间；
   经理办公室，20m²x2 间；
   卫生间、楼梯间等，由设计者确定。
7. 建筑要求反映汽车所代表的科技、速度、时尚等特点。

二、图纸要求

1. 总平面图，1：500；
2. 各层平面图，1：100；
3. 立面图 2 个，1：100；
4. 剖面图 1 个，1：100；
5. 透视图 1 个。

三、评判原则

1. 场地利用与城市关系的处理。
2. 建筑功能、形态与空间的逻辑。
3. 恰当而充分的设计表达。

四、时间

3 小时。

独立解题后扫码观看解析视频 TJKT

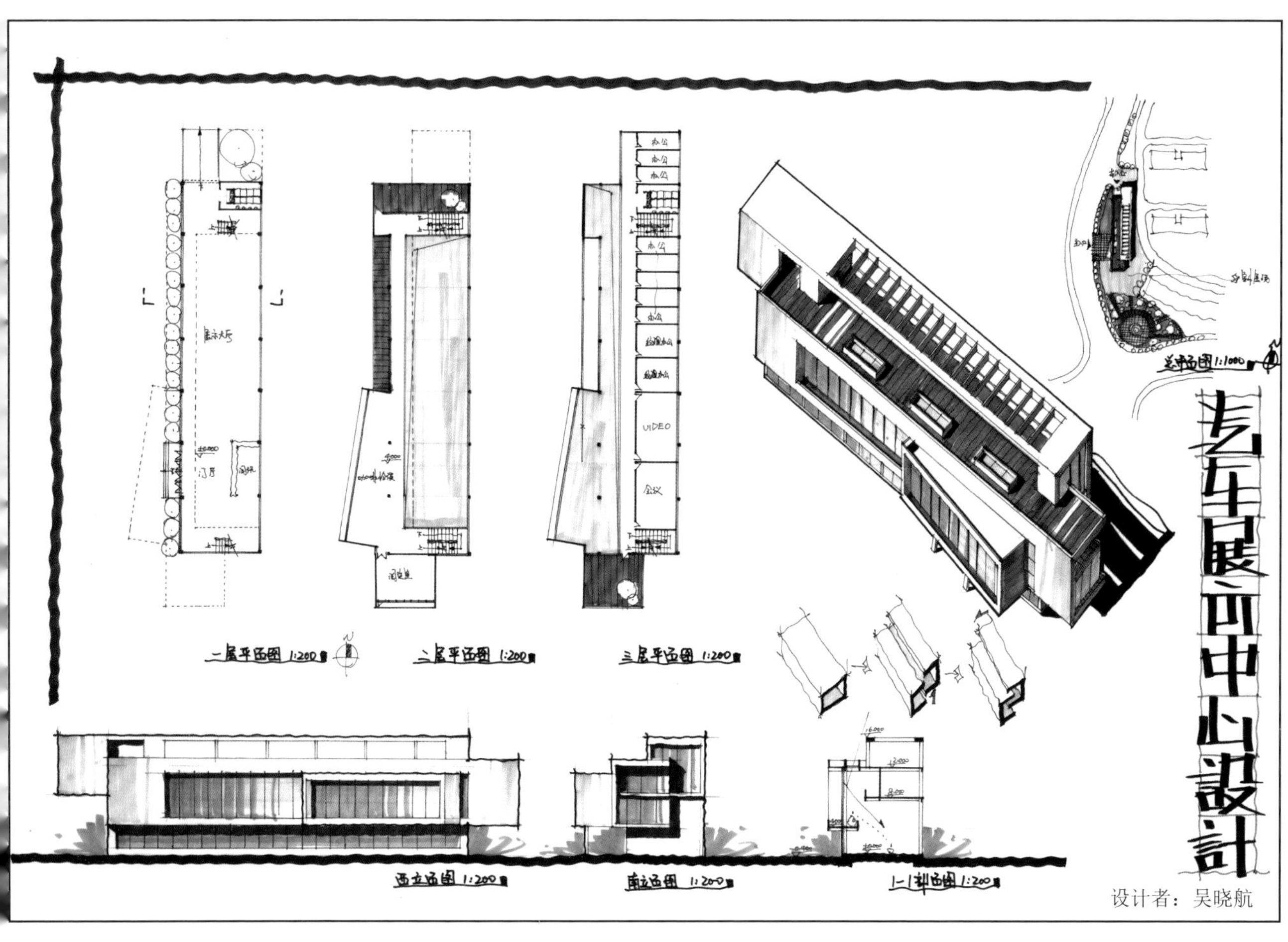

设计者：吴晓航

设计者：吴丰余

汽车展示中心设计作品解析

汽车展示中心是在城市环境中的展览空间，不同的只是展品比较特殊，是尺寸比较大的汽车。但是具体的空间设计手法还是应该与一般的展览建筑无异。需要注意处理好场地与城市关系，建筑功能、形态与空间结构逻辑等方面的内容。

上图顺应场地的走向，用两个长向体量的错动解决了不同的功能布置。其中，突出的咖啡洽谈区既使建筑体量产生了丰富的变化，又在入口门厅处营造出了灰空间，还契合了不规则场地红线，做得比较巧妙。分析图很清楚地表达了设计思路，两个C形咬合出了展览和办公空间，立面设计比较简洁。不足的是街心公共花园与汽车展示的入口应有一定的联系，该方案在这一点上没有体现。

下图以简洁的形体交错形成丰富的空间体验。悬挑的形体、不同形式的开窗使得整个建筑很丰富。从总平面上看，建筑呈现由北向南逐渐降低的趋势，这一点对于北向的辅助空间采光来说有一点影响。设计者把场地整个打开，主入口、临展区入口都与建筑有密切的联系。屋顶的变化应该再加些分析图予以说明，只是剖面上的采光有些不够。图面看起来不是很饱满，建议加些颜色予以区分。

参考案例

魏莱拉学校 / CNLL
（资料来源：http://archgo.com/index.php）

厄勒布鲁大学校园：Nova 大楼 / Juul Frost Architects
（资料来源：http://archgo.com/index.php）

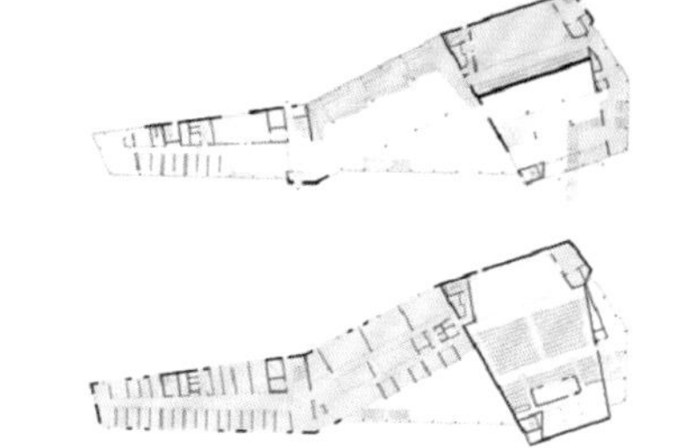

设计任务五 艺术中心设计（3 小时）

一、项目概况

项目基地位于某风景名胜区艺术村，人文和自然景观良好，是画家写生聚集地，拟在该地块内建设一艺术中心建筑，以交流、展陈为主，辅助教学和服务。

项目用地呈不规则形，用地面积 8338m²。西南两面为茂盛林地，与基地存在 20m 高差，基地内部平坦。基地北侧为村中心道路，东侧为支路，机动车入口可开在东、北两侧，不多于 3 个，且距离东北角丁字路口距离不小于 50m。场地具体细节见地形图。

二、设计内容

该活动中心总建筑面积控制在 4000m² 左右（误差不得超过 ±5%），具体的功能组成和面积分配如下：

1. 内部办公区，270m²；
   办公室，30m²x4；
   临时库房（直通辅助入口），150m²。
2. 教学与活动区，750m²；
   开放式画室（教学用），50m²x3；
   学术沙龙，100m²；
   报告厅，300m²；
   多功能厅，200m²。
3. 展览与报告厅区，1200m²；
   展厅，400m²x3。
4. 公共服务区，490m²；
   大厅，150m²；
   咖啡厅 ，200m²；
   商店，50m²；
   售票咨询（临近入口大厅），30m²；
   接待室（临近入口大厅），30m²x2。
5. 其他必要功能及面积由查找自定，如楼梯、卫生间等。

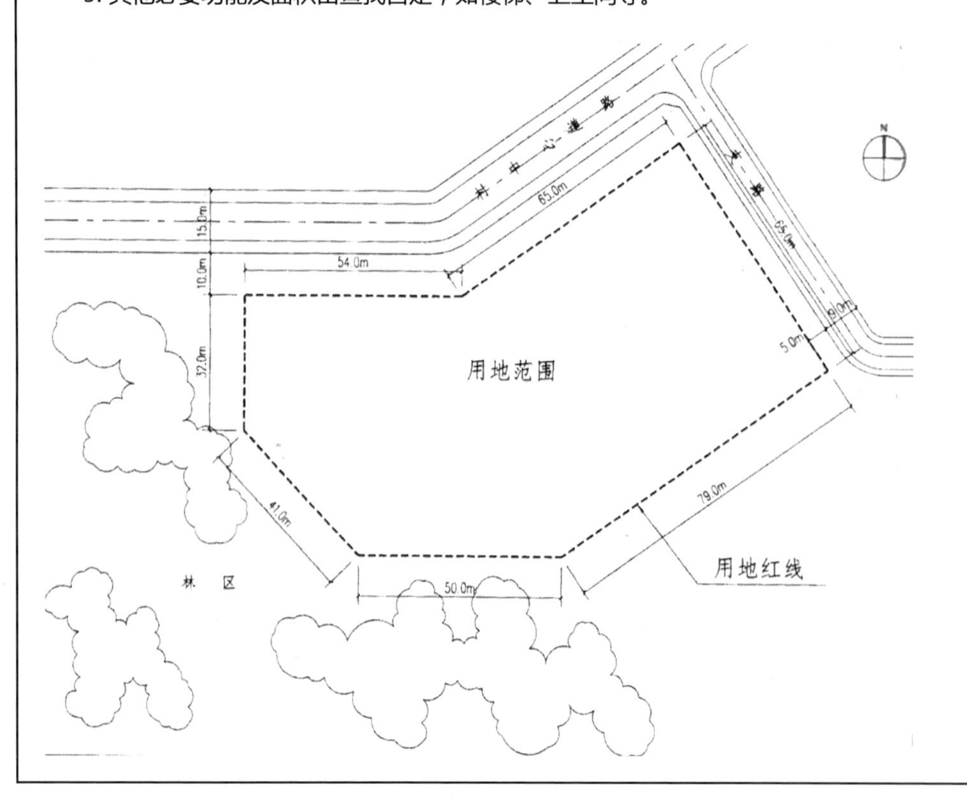

三、设计要求

1. 方案要求功能分区合理，交通流线清晰，符合有关设计规范和标准。
2. 建筑形式要契合地形，与周边道路以及周边景观状况相协调。
3. 建筑层数不超过 3 层，结构形式不限。
4. 设置不少于 15 个机动车停车位。

四、图纸要求

1. 总平面图，1：500；
   各层平面图，1：300，首层平面应包括一定区域的室外环境；
   立面图 1 个，1：300；
   剖面图 1 个，1：300。
2. 建筑轴测或透视图。
3. 在平面图中直接注明房间名称，剖面图中应注明室内外地坪、楼层及屋顶标高。
4. 徒手或尺规表现均可。
5. 图纸上不得署名或做任何标记，违者按作废处理。

独立解题后扫码观看解析视频 QH12

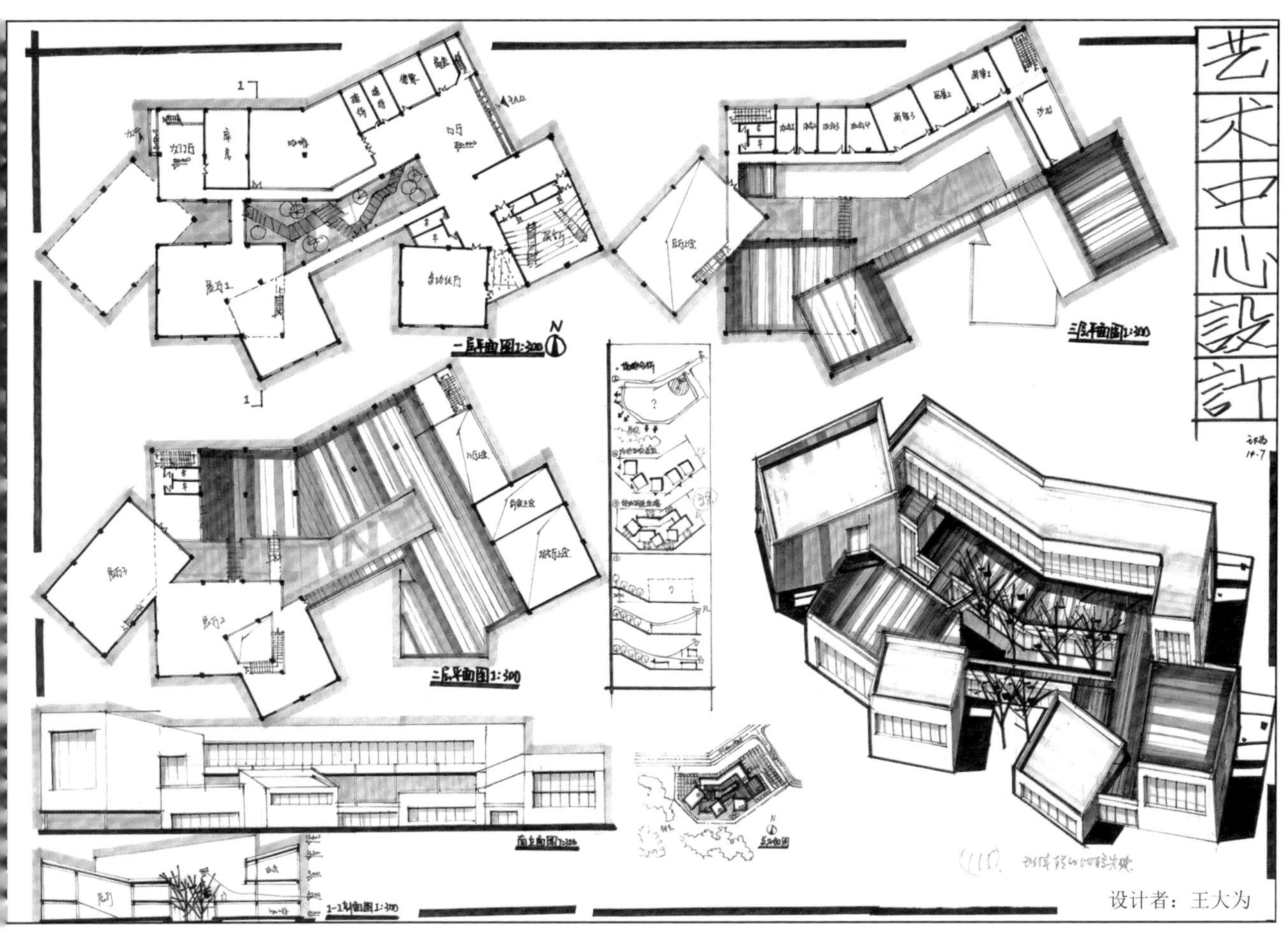

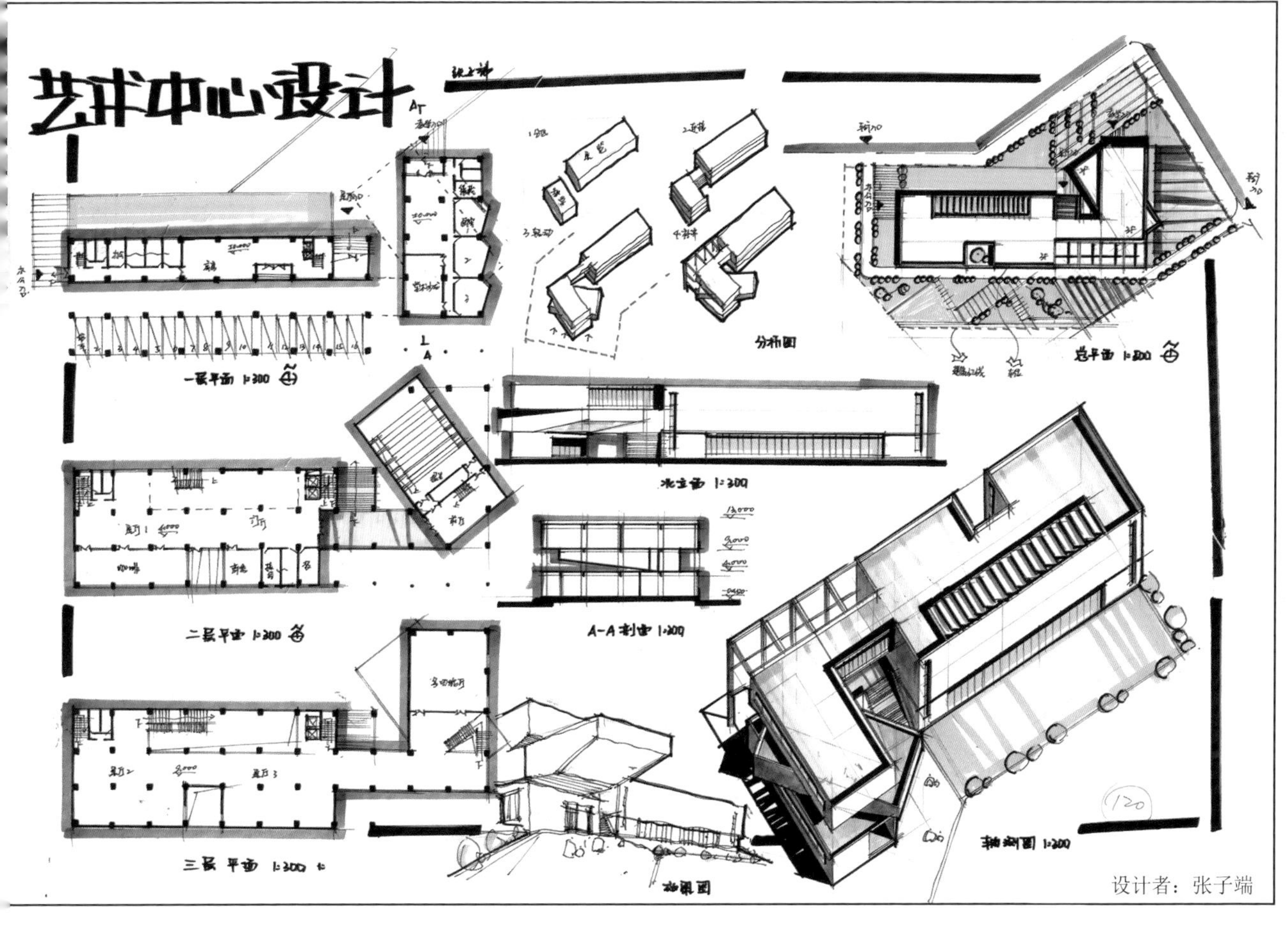

艺术中心设计作品解析

艺术中心是功能比较复合的建筑。该题中场地景观良好，是画家写生聚集地，因此在解题时应该充分考虑建筑本身与环境的对话，创造出偏外向的建筑。主要的功能布置可以按照大的功能块去区分，以便在处理平面时更简单明了。

上图方案考虑到了地势的变化，场地北面是道路，其余三面是林区。设计者通过生态通风的因素将地形和建筑本身结合起来。这一点在分析图上表示得很清楚。体块的散落和大面积平台是为了与周围环境产生对话，但是这样的体块扭转不是特别有道理，在总平上看，体块的形式与场地红线没有太大关系，同时总平的布置有些随意，应该与周围林区再多一些对话交流。

下图方案用L形体量将大块的功能做了明确的切分。报告厅的扭转适应基地的边界线，同时在形体上形成了一个有趣的亮点，这是该方案最大的特色。从轴测图来看，建筑的主要入口面布置了一片水池，对建筑本身有映像的作用。总平上的设计也很细致，建筑与周围环境的关系比较和谐。建议简单的体块中再增加一些互动平台以加强与景观的呼应，尤其是南向大片的林区，最好与建筑展览空间有些对话，比如室外休息平台，或者立面开窗的视线关系等。

参考案例

东莞松山湖科技产业园图书馆 / 周恺
（资料来源：http://www.ikuku.cn/）

设计任务六 社区服务中心设计（3 小时）

一、设计内容

项目基地位于北方某城市。拟在该基地建一社区服务中心。

要求建筑面积 600m²（±5%）。地形为三角形，两条边尺寸为 128m 和 218m。三角形的斜边方向与指北针方向重合。基地北侧为大学路 40m 宽，西南侧为阳光路约 16m 宽，东侧为学府路约 20m 宽，设计要求设置 1~2 个机动车出入口。

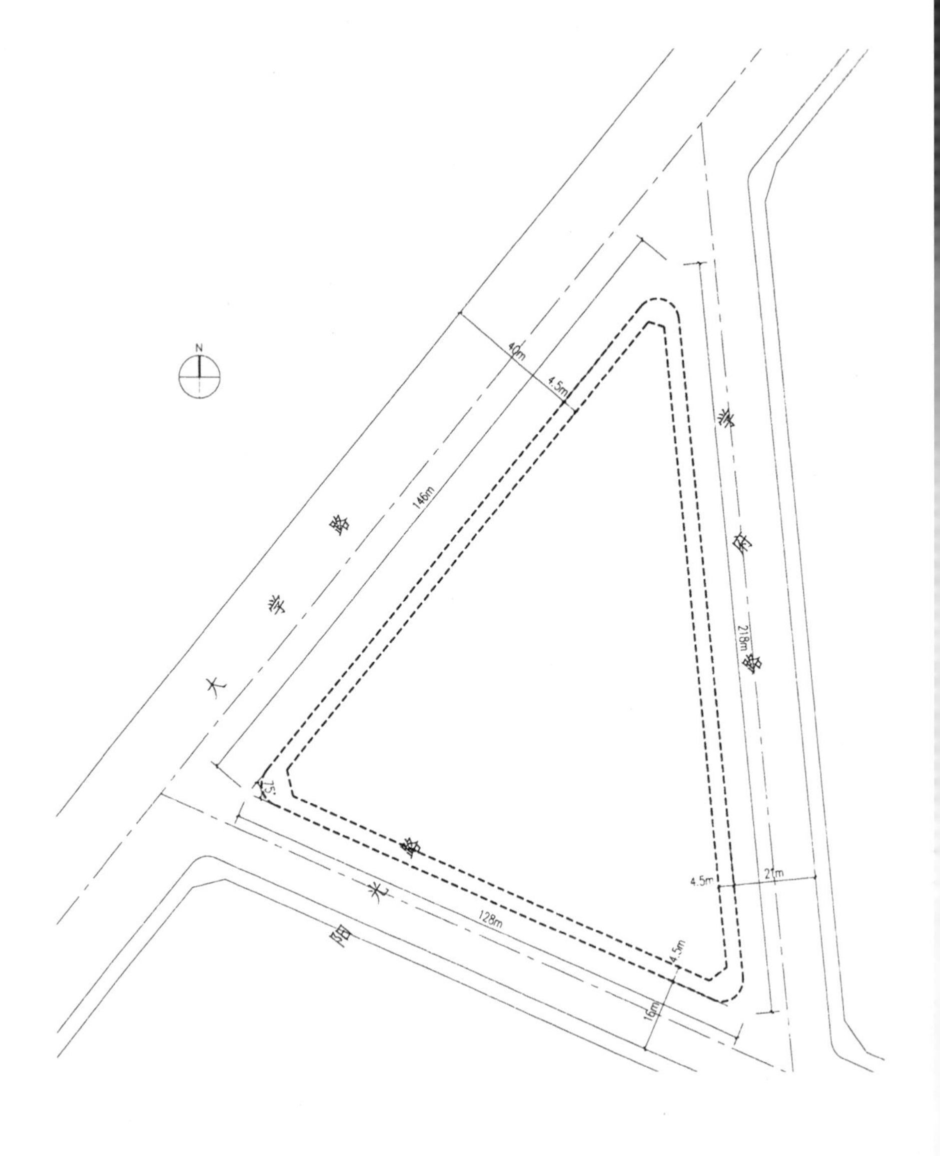

二、面积指标

1. 报告厅，200m²；
2. 展览或展廊，200m²；
3. 图书阅览室，200m²；
4. 健身房，100m²；
5. 台球室，100m²；
6. 冷热饮室，50m²；
7. 社区办公室，1200m²；
8. 物业办公室，1200m²；
9. 空调间，100m²；
10. 配电室，100m²。

三、图纸要求

1. 总平面图，1：500；
2. 各层平面图，1：200；
3. 立面图 2 个，1：200；
4. 剖面图 1 个，1：200；
5. 各项经济技术指标（总平面图、绿化率、容积率等）。

独立解题后扫码观看解析视频 QH14

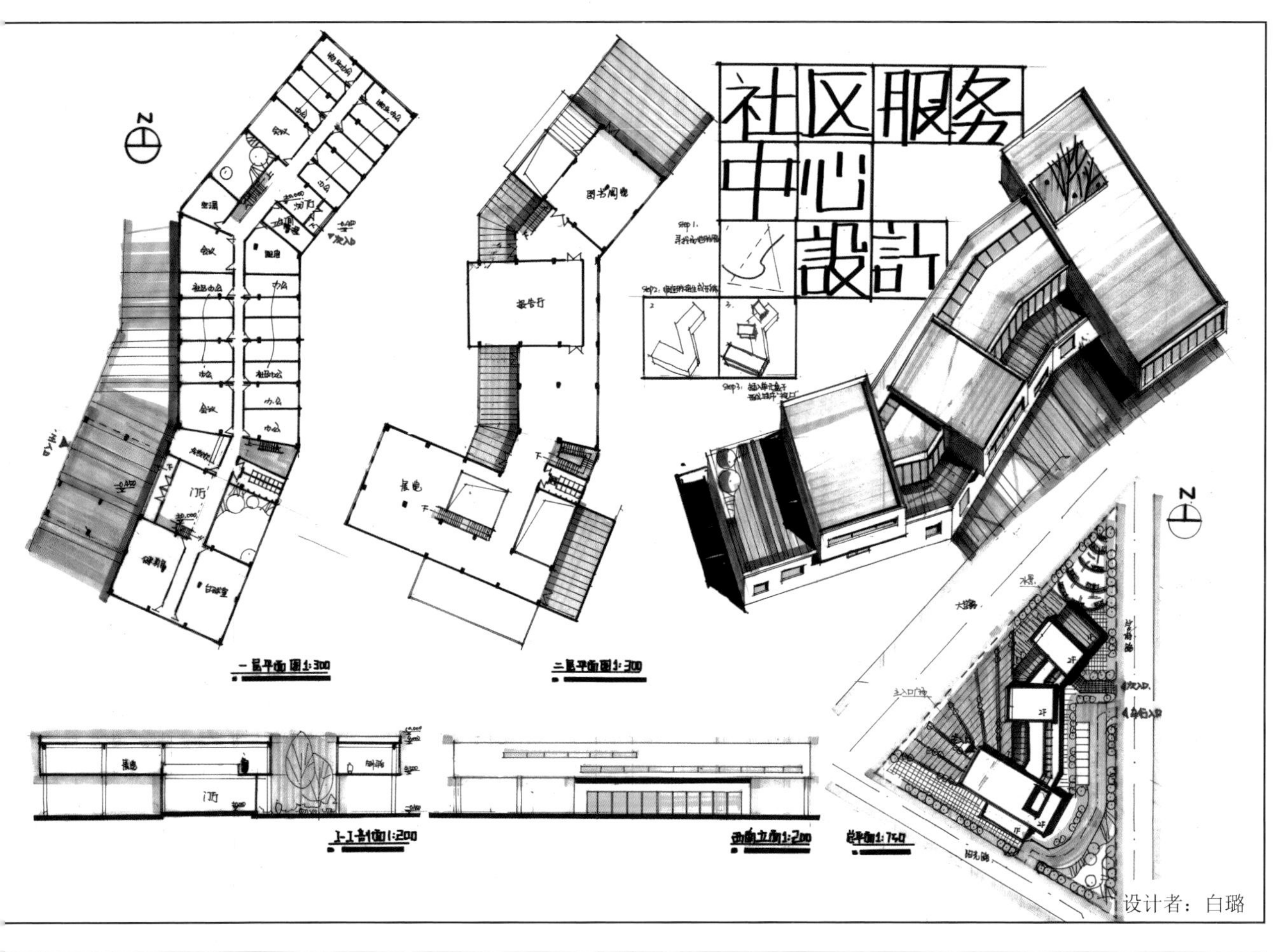

设计者：白璐

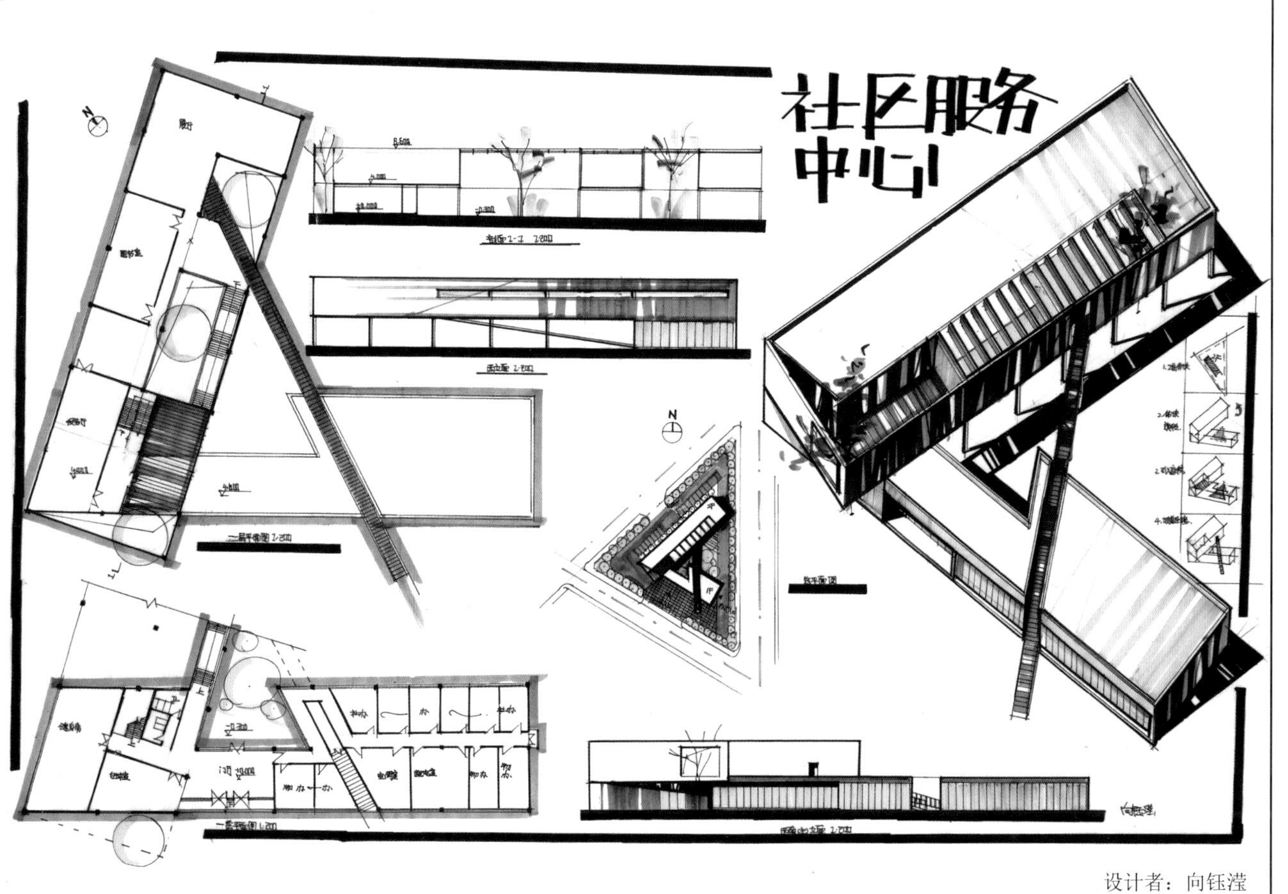

设计者：向钰滢

社区服务中心设计作品解析

社区服务中心的地形是一块不规则的三角形基地。三角形的斜边方向与指北针方向重合，三边都是城市道路围绕。建筑本身功能比较复合。

上图方案形体呼应三角地形做得比较有意思。通过一个扭曲变化的长方体块回应场地边界。功能分区非常清楚，一层辅助空间与动区，二层是静区。总平面设计做得很丰富，充分考虑到周围城市道路的关系，将场地的尖角处理得也很有特色，层次分明，一目了然。建筑本身由于二层房间之间的平台处理，整个建筑的外向交流性也比较好，符合社区服务中心的性质。不足的是一层的走廊加房间太过狭长，应该在其中加些变化，使得空间更加丰富。

下图方案两个长方体加二层一条长平台联系，契合场地红线，功能分区也非常清楚明了。一层作为辅助空间，把场地也完全架空，增加人们与场地的互动。二层是主要使用空间，穿插的庭院和平台使得建筑形态丰富，与环境的对话交流比较多。由嵌入建筑内部的一道直跑楼梯直通二层是本设计的亮点之处，连接了两组体量，一、二层连接平台尺度有些过小，可以再适当放宽，同时作为观景平台处理。建议注意下图面的排版问题，一般左上角为一层平面，轴测图中周边环境也应交代一些。

参考案例

丹麦 mariehøj 文化中心 / Sophus Søbye+WE

（资料来源：http://archgo.com/index.php）

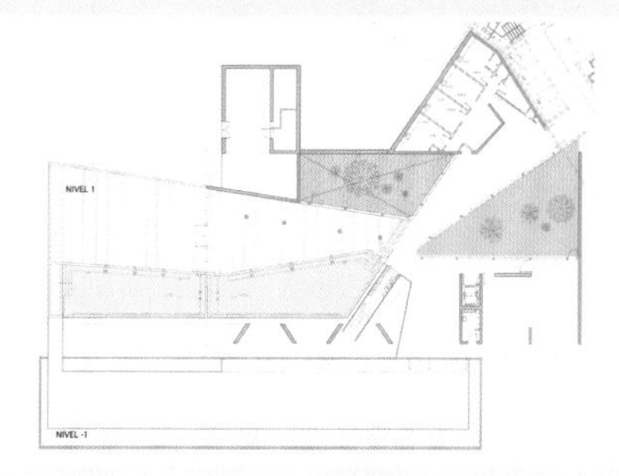

专题 5

从场地设计入手的解题策略

5.1 基础知识点

城市设计的具体定义在建筑界通常是指以城市作为研究对象的设计工作。在快速设计中，对于场地及城市设计是非常重要的一个考查方面。

首先，明确各种红线的概念。用地红线是围起地块的坐标点连成的线，红线内土地面积就是取得使用权的用地范围。建筑红线（也称建筑控制线）指在规定的范围内建筑物的主体不得超越的控制线。道路红线：即道路用地和两侧建筑用地的分界。一般情况下，道路红线就是建筑红线。其次，明确有关建筑布置的规定 。建筑布局和间距应综合考虑防火、日照、防噪、卫生等方面的问题，并应符合下列要求：

(1) 建筑物间的距离，应满足防火要求；

(2) 有日照要求的建筑，应符合日照间距；

(3) 建筑布局应有利于在夏季获得良好的自然通风，并防止冬季寒冷地区和多沙暴地区风害的侵袭；

(4) 根据噪声源的位置、方向和程度 ,应在建筑物功能分区、道路布置、建筑朝向、绿化和建筑物的屏障作用等方面，采取综合措施，以防止和减少环境噪声。

5.2 解题策略

从场地设计入手与强调基地内外环境要素的题目密切相关，大部分题目会给出完善的地形图。读题后进行的最基本工作是要分析场地出入口、建筑主次入口、停车位置、建筑的布局及朝向等。在此基础上，最重要的步骤是构思建筑应对特定环境的设计策略，使建筑与环境协调融合，给使用者的视觉、行为、心理以美的感受。如果场地中有需要可以保留、保护、利用、改造的内容(如树木、厂房、历史遗迹等），要考虑新建建筑与原有要素相适应，将保留内容有机整合到新设计的一部分。

设计者需要将场地看成是整体城市环境的一个组成部分，把场地内的问题放到城市的背景环境中来看待。通过场地设计，不仅要优化场地内的环境，而且应促进整体城市环境的改善。因此，场地与它周围城市环境的衔接与融合就十分重要了。

5.2.1 区位分析

区域位置决定建筑在这个片区乃至一个城市中的地位，也决定了使用人群。

比如同济大学 2016 年 3 小时快速设计题目学生活动中心设计，整个基地周围都是比较高的教学楼，作为学生活动中心，不仅要从人视点吸引人群，更要从每栋教学楼里面看出去也是一个较为丰富的建筑形态。那么建筑外部空间需要进行深入的设计，建筑屋顶也可以做些特殊的处理。

5.2.2 基地界限

注意对基地里各类红线的退距。比如用地红线，不光是用地范围，也应注意用地红线外与城市道路的连接情况。

5.2.3 基地地形

同济大学快速设计考试多为平地，山地少，如果遇到复杂的地形尽可能地利用。

5.2.4 场地分区

场地分区就是将基地划分成若干区域。场地分区的依据是功能性质的差别与关联，诸如闹与静、洁与污、公共与私密、景观要求的高与低等。

5.2.5 交通分析

交通分析决定建筑主次入口和基地的车行入口。

5.2.6 日照、朝向分析

住宅对日照要求高，公共建筑对景观朝向要求高。

5.3 补充要点

5.3.1 用地红线内场地设计

快速设计给出的地形图中，常常包括用地红线和建筑红线，道路往往贴着用地红线设计，与建筑之间留出足够的距离进行广场、绿化、停车设计。

许多设计者在场地设计中，只对建筑红线内的场地进行设计，而用地红线与建筑红线之间的部分，也是需要深入设计的，可以结合车道、景观、绿地等来进行设计。

5.3.2 人行入口与车行入口的设计

人行入口一般在城市主干道上 ,如重要城市道路、公共交通站点、城市公园广场、人行横道线周边等人流密集的地方。

车行入口一般开在城市次干道上，并且与城市主干道交叉口的距离自道路红线交叉点量起不应小于 70m。

场地内最多 3 个出入口 ,1 个人行入口、2 个车行入口即可 ,切记出入口多或不够。

5.3.3 环道与非环道

场地道路设计主要是为了连接城市道路，进入基地，到达主次入口及方便停车，至于需要设计环道与否，主要有以下几个情况：

（1）建筑占地面积大于 3000m²，宜设环道；

（2）建筑出入口比较多，需要考虑送货、运输等问题，也需要设置环道。

（3）其他情况不需设置环道，道路设计只需满足可以便捷的连接主次入口及停车，但要注意末端回车问题。

5.3.4 道路设计尺度

单车道道路宽度不应小于 4m，双车道道路宽度不应小于 7m。

一般建筑场地中，道路画 6~8m 即可，切忌将道路设计得过宽或过窄。

基地出入口连接城市道路的位置应符合下列规定：距大中城市主干道交叉口的距离 ,自道路红线交点量起不应小于 70m；距非道路交叉口的过街人行道(包括引道、引桥和地铁出入口）最边缘不应小于 5m；距公共交通站台边缘不应小于 10m；距公园、学校、儿童及残疾人等建筑物的出入口不应小于 20m。

5.3.5 转弯半径及回车场

常规道路转弯半径为 6m，普通消防车的转弯半径为 9m，登高车的转弯半径为 12m，一些特种车辆的转弯半径为 16~20m，故一般按照登高车的转弯半径 12m 来设计即可。

尽头时消防车道应设有回车道或回车场，回车场不应小于 15mx15m，大型消防车的回车场不宜小于 18mx18m。

设计任务一 AB 地块设计（6 小时）

一、项目背景

本项目为长三角地区某城市地块的商业及商业办公综合体设计，地块面积约为 15360m²。基地东南侧（跨河）为一大型商业中心。具体如下：

1. 基地分为东西两个地块，中间有一条河流穿过，A 地块面积约为 10000m²，B 地块面积约为 5360m²，退界尺寸见下图。
2. 地块北部和西部各有一条地铁线及若干地铁线出入口。
3. 地块内建筑高度按照多层控制（在 24m 以下，允许采用部分不大于 30°的坡屋顶）。

二、设计要求

本设计分为规划设计和建筑设计两个部分。

规划设计

1. A 地块功能要求为商业用地，建筑密度不大于 50%，地上建筑面积要求 12500m²；B 地块功能要求为商办用地，建筑密度不大于 35%，地上建筑面积要求为 7000m²，其中商业 3000m²，办公 4000m²。
2. A、B 地块做规划设计，A、B 地块商业空间可考虑跨河连廊连接，要求注重公共商业广场、绿化及环境与步行空间的立体化整合处理。
3. 地下部分：地下一层结合地铁出入口布置为商业功能（A 地块中的 13 号线 2 号出入口和 17 号线的 2 号出入口及 B 地块 13 号线 1 号出入口位置待定，可结合商业布局重新布置）。地下二层考虑布置为整体地库，不要求设计者进行设计，但需要在总图上对车库出入口进行表示。东西两侧两个地库各需要两个出入口。
4. 地块北部地下有一条地铁穿过，新规划地下室范围不得超过地铁控制线范围，地面以上的空间可以根据设计构思和技术处理合理跨越地铁控制线。
5. A、B 地块分别考虑 15 辆和 10 辆地面停车。

建筑设计

1. 在完成规划设计的基础上，要求查找对 B 地块的商业办公综合体进行单体建筑设计。
2. 商业办公综合体考虑为商铺、餐饮、办公空间及相应的公共空间和辅助空间，办公需要独立的门厅和出入口。
3. 需要考虑自动扶梯、客用电梯与货用电梯的布置。

三、图纸要求

规划设计

1. 总平面图，1：1000；
2. 可以表达设计概念的分析图纸若干。

建筑设计 B 地块商业办公综合体

1. 地下一层平面图，1：200；
   底层平面图，1：200；
   某一办公层平面图，1：200；
2. 立面图 2 个，剖面图 1 个，1：200；
3. 轴测图；
4. 表达设计概念的分析图纸若干。

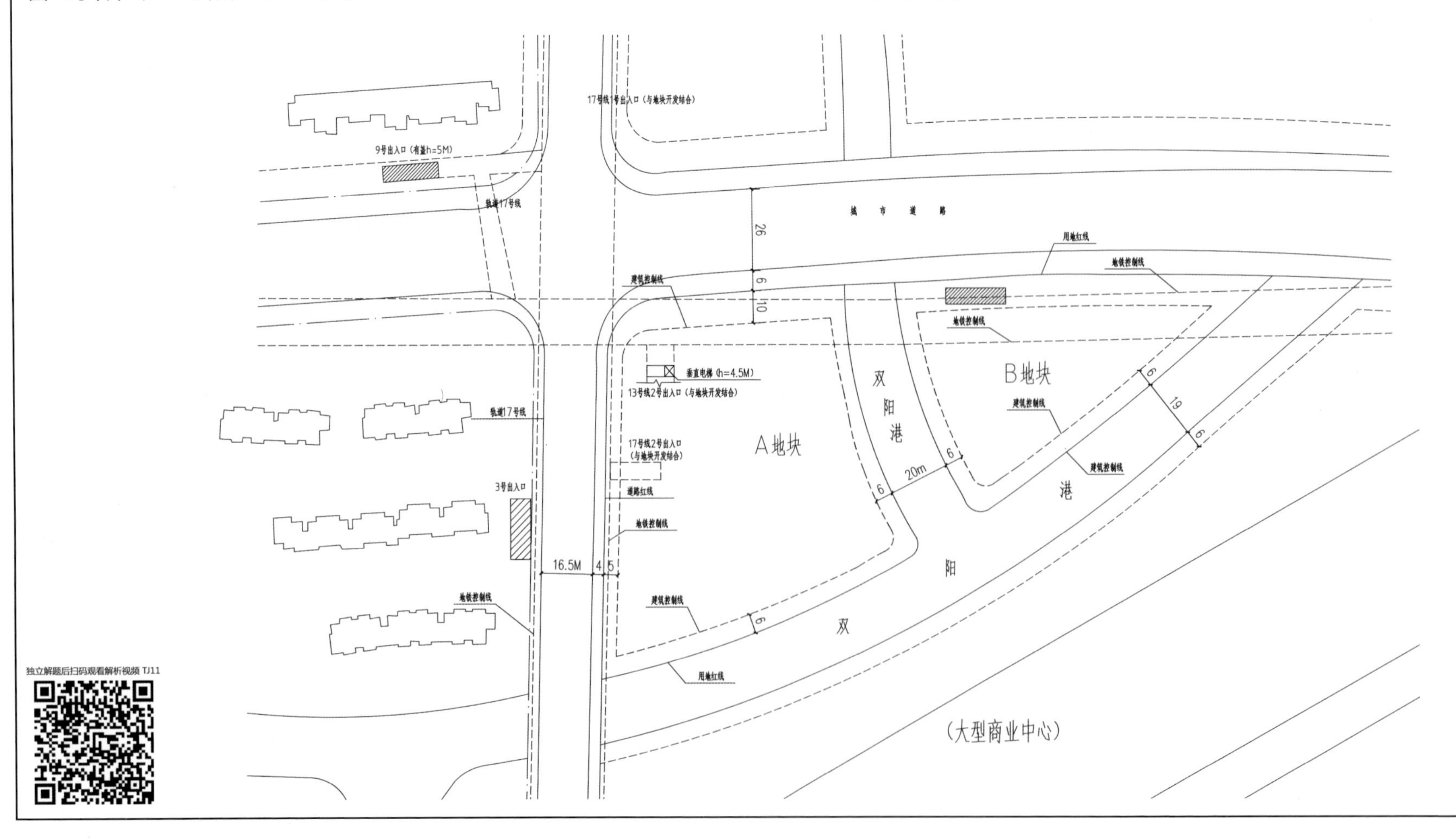

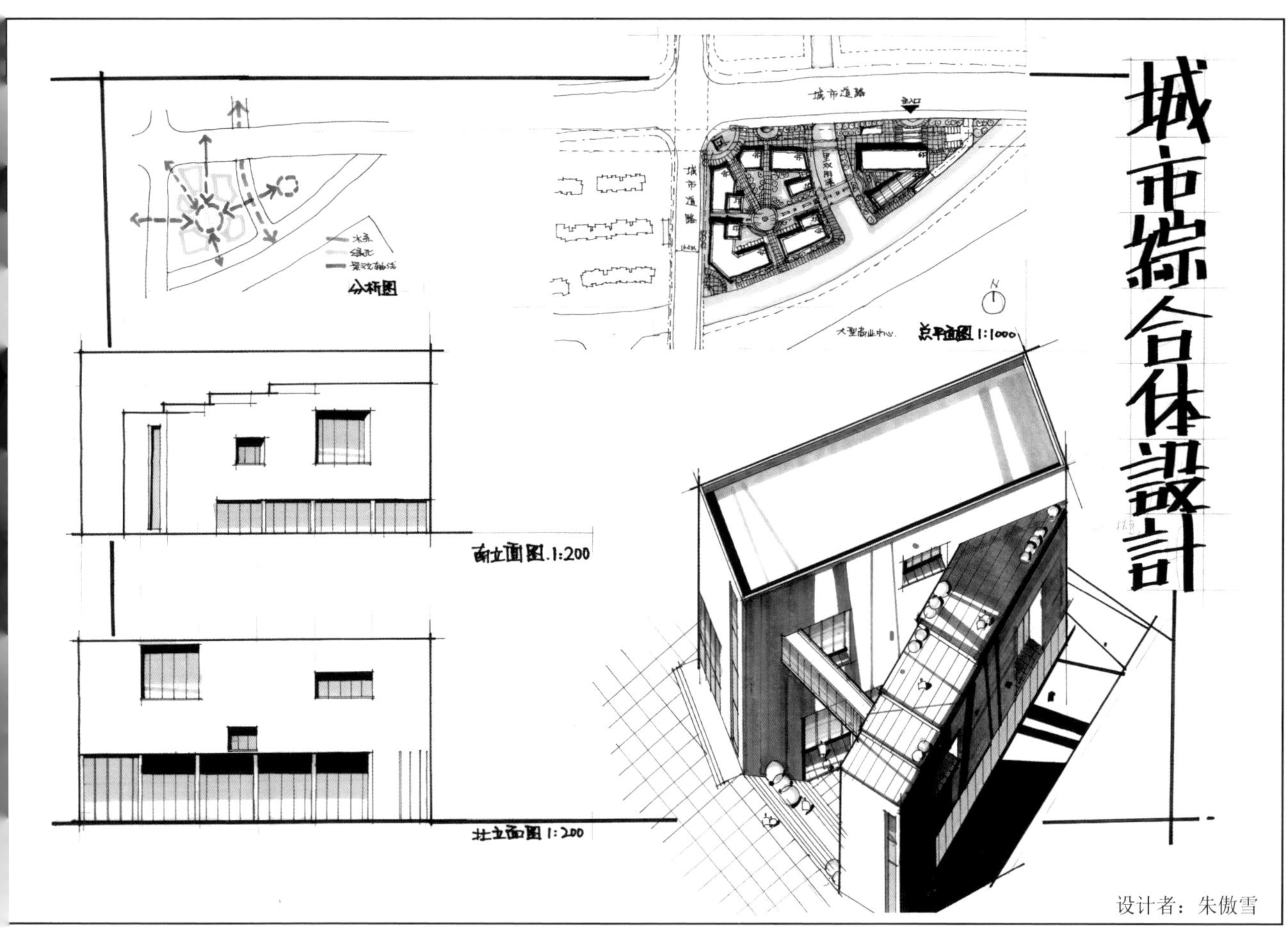

设计者：朱傲雪

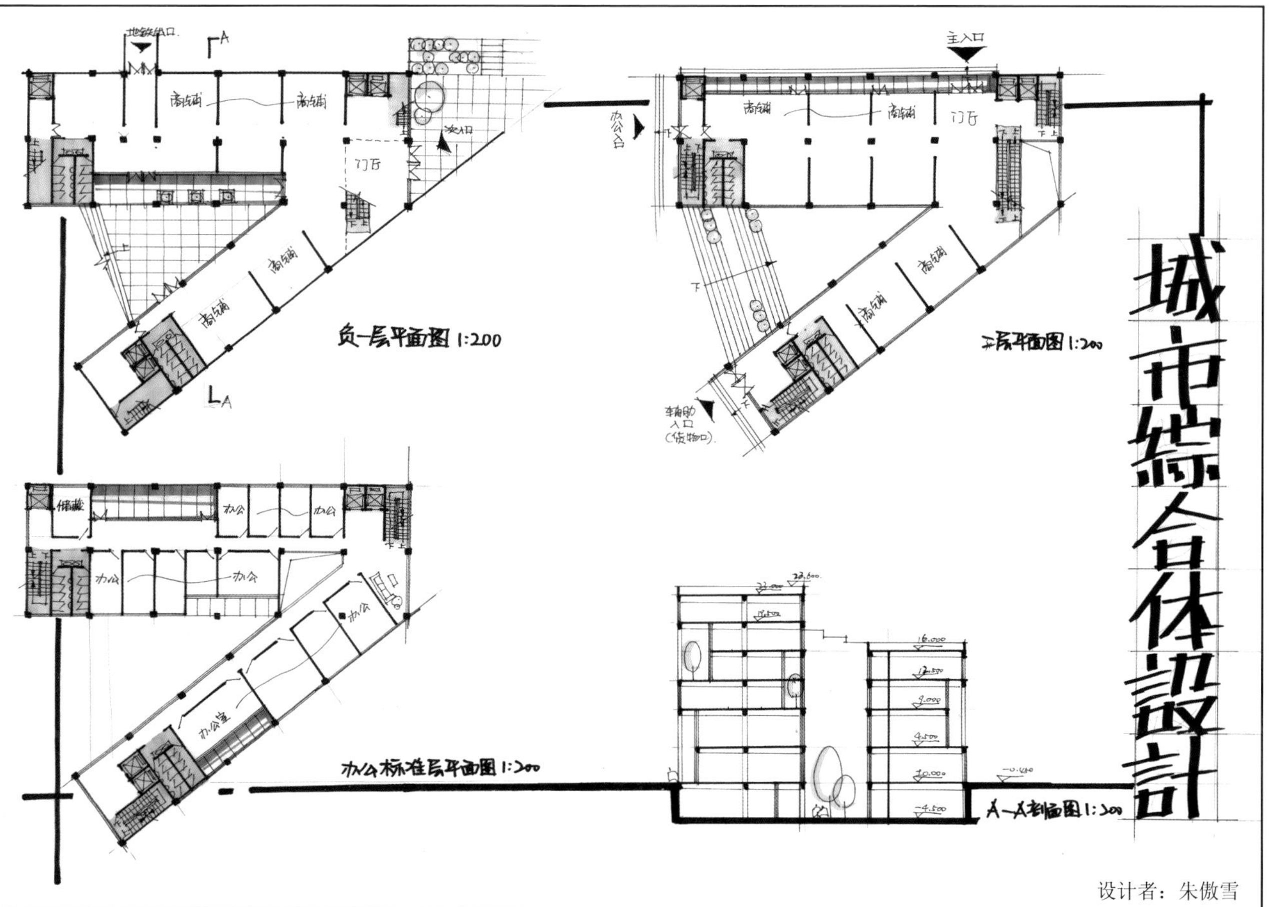

设计者：朱傲雪

AB 地块设计作品解析

AB 地块的场地要素很多，考点、难点也非常多，对于刚刚接触城市设计的人来说，能够把建筑边界、停车问题、商业布置等问题处理清楚就很难得了。两块用地都是商业用地，所以对于商业建筑的设计规范，基本要求等都要有一定的理解思考。

该方案的平面功能、结构系统一目了然，C 字形平面贴合场地红线处理。负一层、一层为商业空间，二层以上为办公空间，交通核分布在三点，满足消防疏散。基本上商业空间和办公空间的格局是类似的，整个体块操作也非常清晰。台阶迎合广场达到良好效果，办公层平面流线顺畅。不过形体上的小退台稍显琐碎，不够大气，应更多考虑南向办公布置，商业形成环线。立面设计有些欠缺，最好增加些材质的对比变化，丰富沿街立面效果。

从总图上看，方案的布置符合商业特质，AB 地块的建筑组团处理以及两块场地的联系也很紧密。场地红线、地铁红线也都予以避让。入口的选择比较正确，场地转角处理也有一定的思考。A 地块的停车流线在总图上不是很清楚，没有 B 地块处理得完整。对场地的分析也不是很到位，应该从多角度入手，多方面诠释设计思路。

参考案例

都柏林图书馆 / Carr Cotter & Naessens
（资料来源：http://archgo.com/index.php）

AB 地块设计作品解析

商办楼主要是商业空间和办公空间的结合，此类建筑的规范比较多，主要应该从商业性质出发，然后通过交通联系处理好办公和商业的关系即可。

该方案将商业与办公分别放在两个对比明显的体量中，圆形的商业空间和长方体的办公空间，二者在负一层加以贯通和联系。一层的商业布置面积不足，场地的利用率不是很高。从总平面上看，两个体块与场地红线的关系不是特别清楚。办公空间的处理比较中规中矩，符合办公建筑的特质，立面处理也比较清晰简单，边角的展览空间与门厅设计是方案的亮点，同时小透视很好地反映了设计意图，立面简洁，灰空间处理得当。圆形体量与长方体块的连接部分不是特别好，体块的交接有些突兀。

从总平上看，A 地块的建筑组团与 B 地块的商办楼联系比较紧密，场地的滨水平台处理得很完整。硬质铺地与绿化的比例比较恰当。不足的是 A 地块的商业部分应该更多采用硬质铺地，场地的转角处也应进行更多处理。分析图可以针对方案进行更细致的绘制，可以从轴线关系、建筑组团、滨水空间、场地联系等多方面挖掘设计思路，以便更好表达方案。

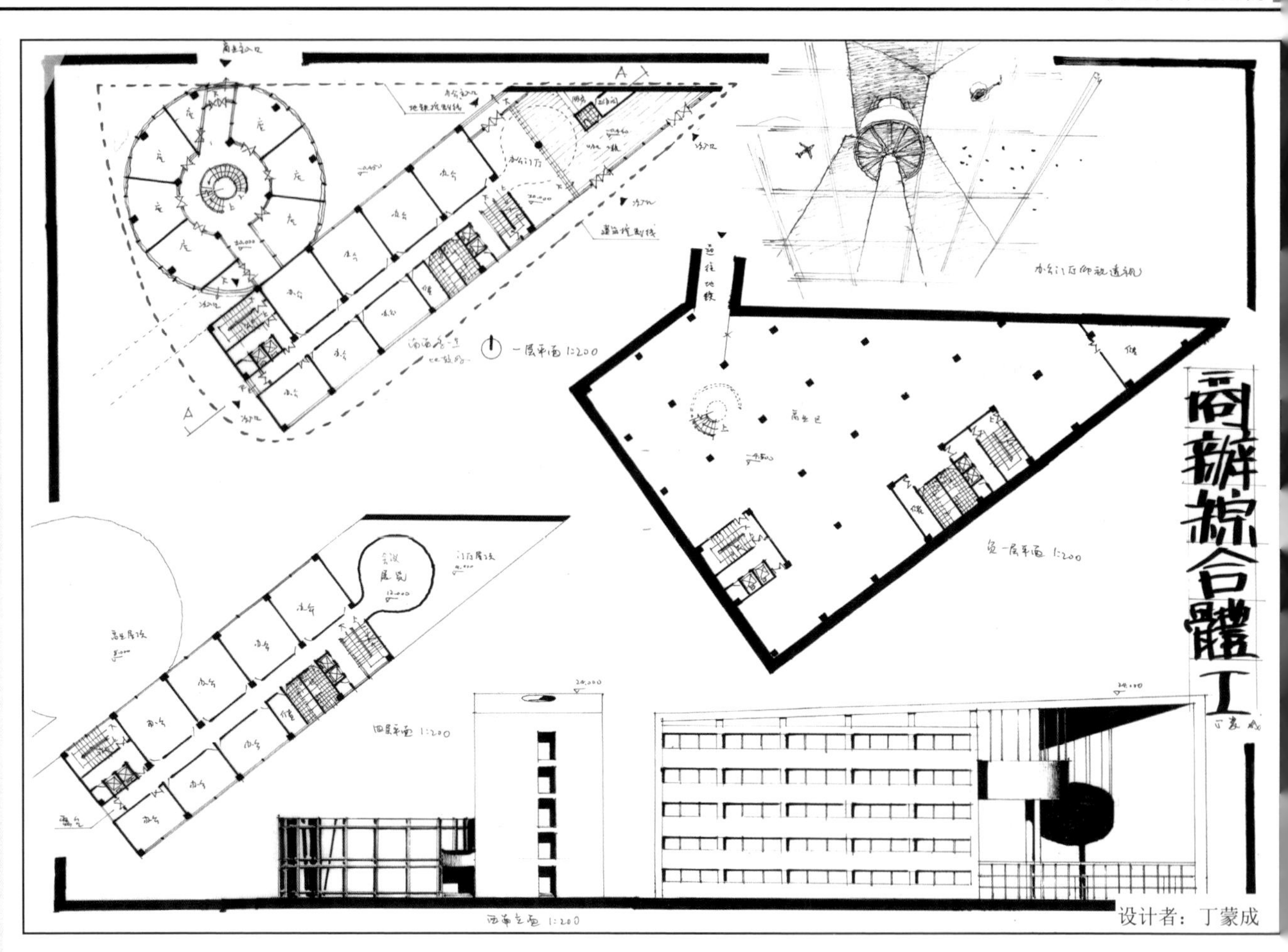

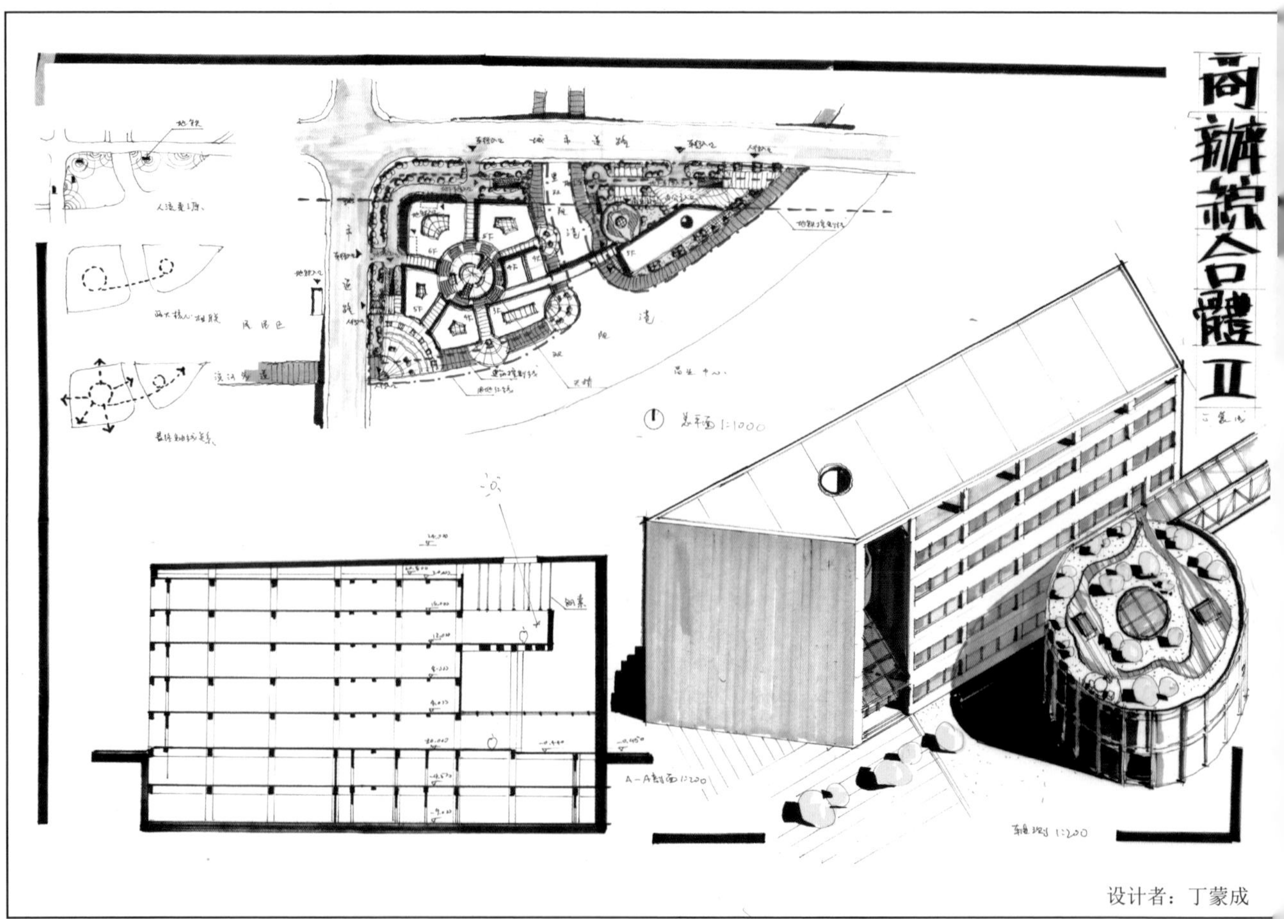

参考案例

同济大学德文楼 / 庄慎
（资料来源：http://www.ikuku.cn/）

厄尔麦卡多餐厅 / Oz Arq
（资料来源：http://archgo.com/index.php）

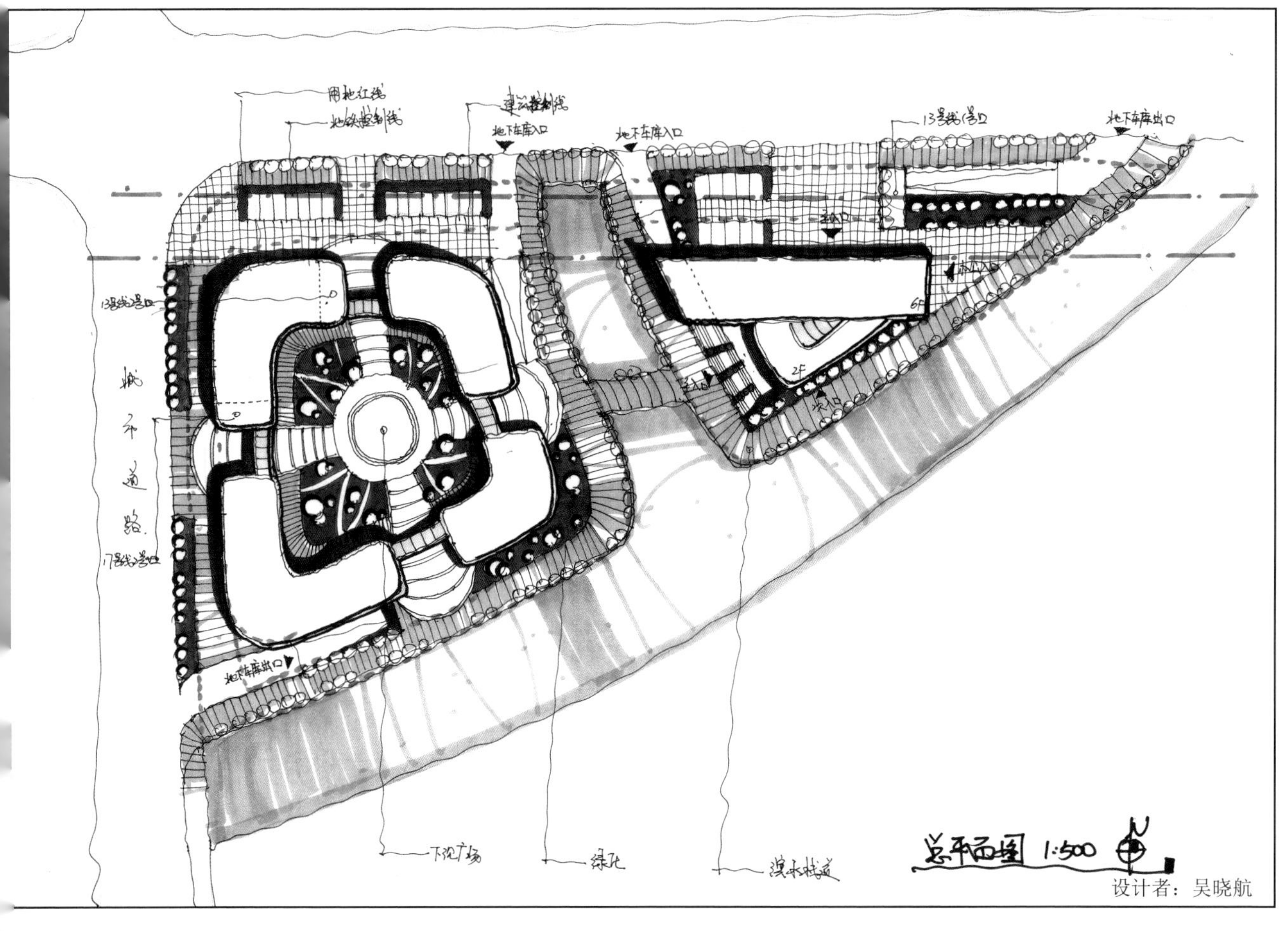

设计者：吴晓航

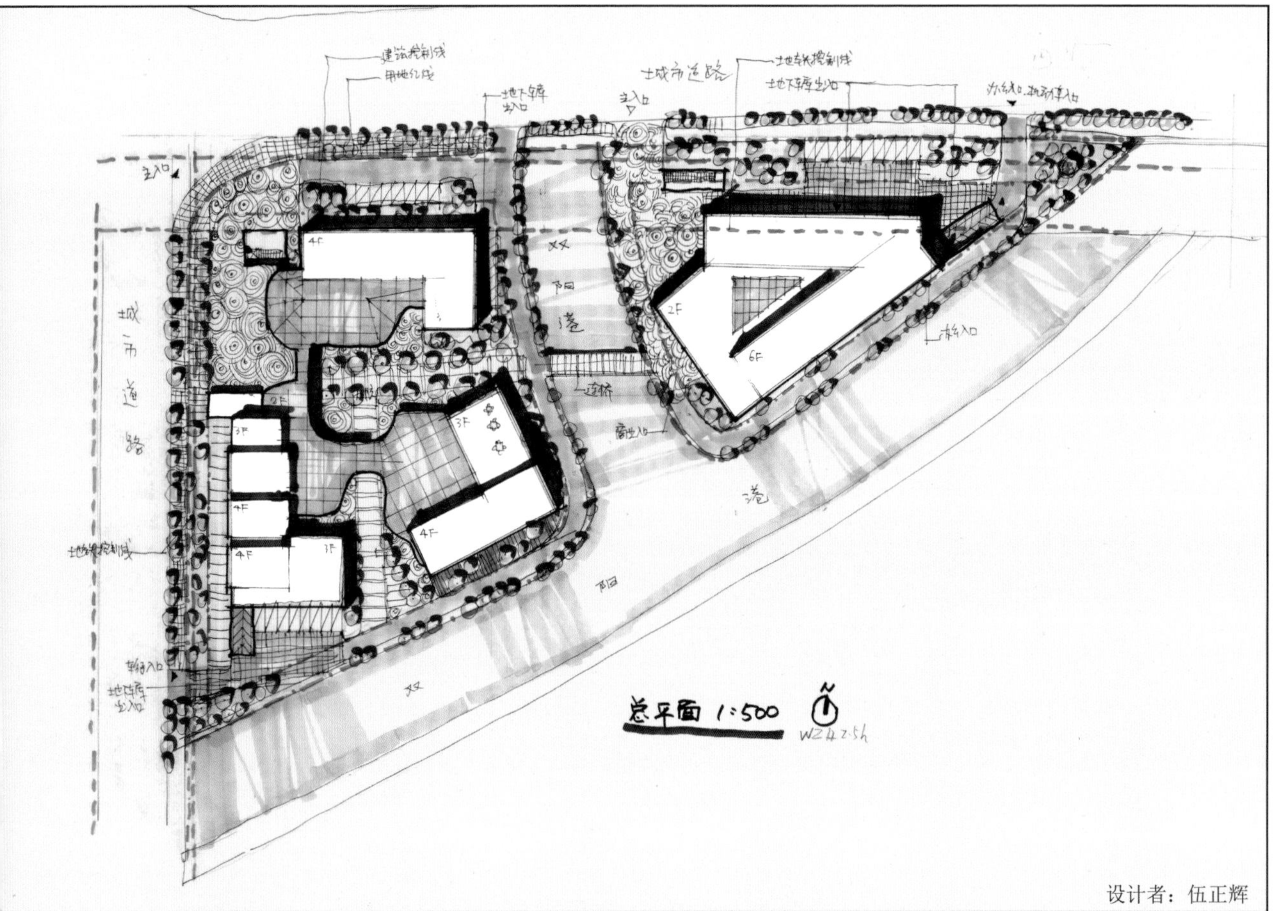

设计者：伍正辉

AB 地块设计作品解析

上图的总平面细节交代得很清楚，具体场地中的控制线、地铁出入口位置等都很明确。两边的建筑设计都对地铁线进行了退让，场地以硬质铺地为主，符合商业建筑的性质。停车位和车库出入口流线清楚，不过 AB 地块的地下车库入口有些过于接近。B 地块的停车也与人流入口混行了。两个地块通过滨水平台加以联系，平台的尺度有些太大，可以进行收放对比的设计，不用全部沿河铺满。B 地块的商办楼也可以将边界处理成弧形，这样与 A 地块的建筑有更好的呼应关系。场地的转角部分应该多加思考，设计出入口广场等。

下图场地红线、道路控制线、地铁线等都标注得很清楚。文字标注很清晰，但是图面层次并不是很清楚。A 地块的建筑体块太散落，没有统一的语言，建筑的形态过多，也没有呼应场地形状。相较之下，B 地块的建筑大体轮廓是与场地形状贴合的，但是建筑边界也有许多不明晰的边角变化。基本的人、车入口选择是对的，但是商业场地的沿街面可以适当多一些硬质铺地，满足基本的商业要求。场地中的水景是很重要的一个景观元素，该方案没有对此多加思考，应该适当增加滨水空间或亲水平台。

参考案例

厄尔麦卡多餐厅 / Oz Arq
（资料来源：http://archgo.com/index.php）

沙漠酒店 / Estudio Larrain
（资料来源：http://archgo.com/index.php）

AB 地块设计作品解析

上图的总平面层次清晰，图面清爽。建筑组团与红线关系恰当，场地内的铺地画法很富有变化。基本的商业建筑性质、办公建筑性质是对的，两个地块有桥梁的联系，景观节点做得很出色。不足的是两个地块内的停车都有些问题。A 地块的地库出入口在同一个方向，而且太靠场地内侧，没有明显的车行流线供汽车穿行。B 地块的停车流线也过长，应该在场地边界处直接解决，现在的车行流线影响了滨水空间和景观节点。两块场地中的转角空间处理不是很到位，主入口广场应该放在转角处，沿街部分直接处理成硬质铺地即可。A 地块的建筑体块之间最好有玻璃体联系起来，否则看起来会是分散的建筑群。

下图对于场地控制线的避让，建筑、场地红线的把握都比较到位。两块场地的人行、车行入口开的位置基本是对的，但是车行流线过长，影响了滨水空间，应该在场地内尽快解决停车问题。尤其是 B 地块中的车库入口位置太过靠内，可以在建筑周边直接解决。A 地块的建筑形态边角太多，形态分散，没有用一个统一的元素组织起来，因此建筑的语言就比较多，有些杂乱。转角部分的入口广场处理得比较好，符合商业建筑的性质。可以再适当增加一些滨水空间设计和亲水平台，增强场地活力。

参考案例

欧洲远东美术馆 / Ingarden&Ewý Architekci
（资料来源：http://archgo.com/index.php）

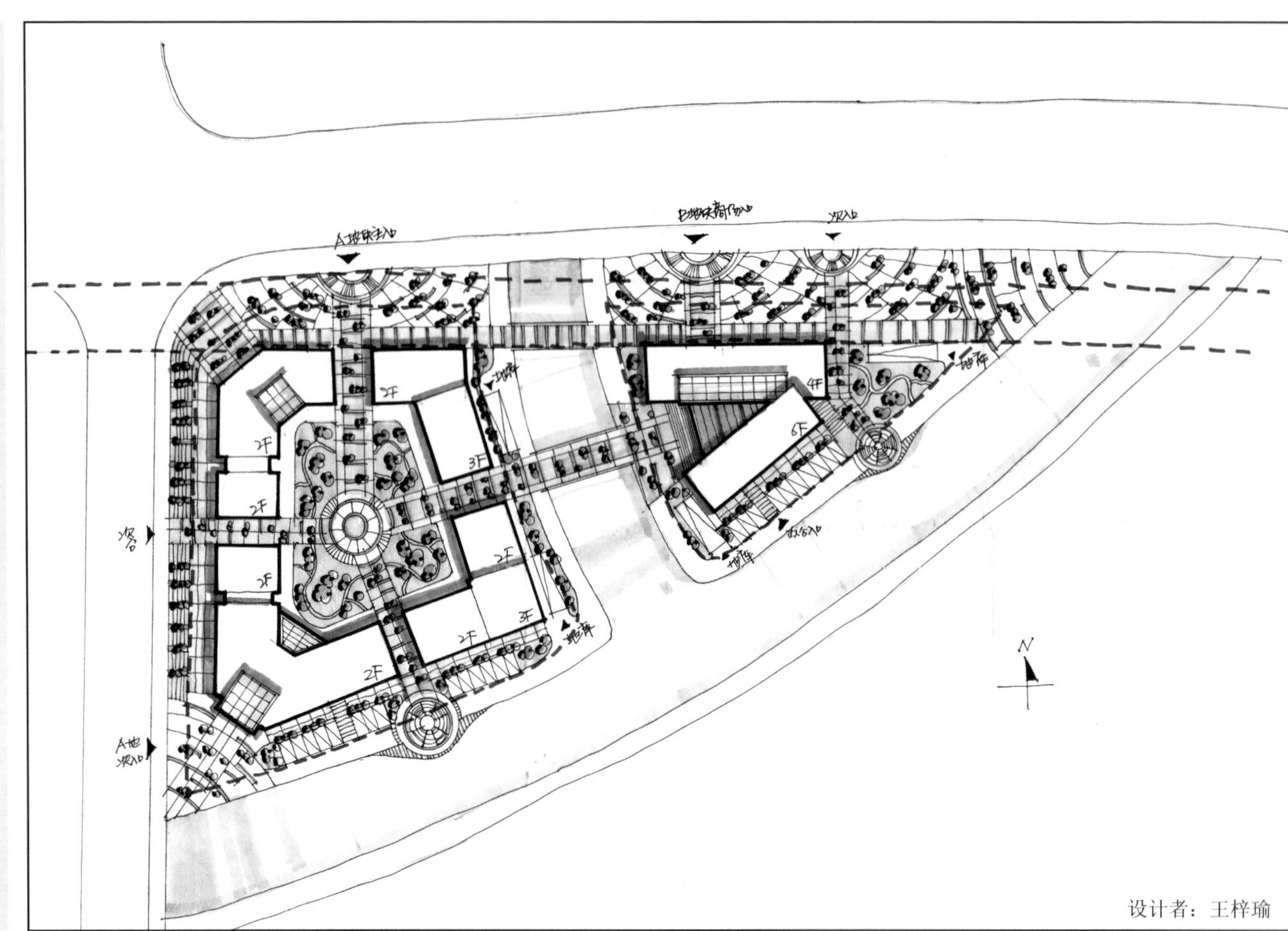

设计者：王梓瑜

设计者：朱傲雪

设计任务二 城市规划展示馆设计 6 小时

一、基本概况

1. 项目名称：江南某城市城市规划展示馆项目设计。

2. 基本情况：项目建设地点位于市体育中心东北角，东至珠江路，南至中心横河，北至朝霞东路，总用地面积约 26 亩。

3. 城市规划展示馆紧邻体育公园。

二、设计要求

1. 设计应尊重城市原有肌理，合理利用现状，处理好本馆与周边体育公园、体育设施及中心横河景观等的尺度关系和空间关系。

2. 主体建筑占地控制在 2500m² 左右。

3. 布置不少于 40 个机动车停车位，另设 2 个大型旅游客车停车位。

4. 城市规划展示馆，建筑面积 7000m² 左右，其中：

（1）展示功能区：建筑面积 6000m²，主要设置：序厅、规划展示区、临时展示区、城市概况、历史文化等专题展示区、入口序厅不小于 150m²。规划展示区建议面积 200m² 左右，城市概况展示区、历史文化展示区不小于 600m²。临时展览区面积 500m²，同时设计面积不小于 200m² 的咖啡吧，纪念品专卖及休息区、其他为辅助功能用房。

城市规划建设成就展示区（包括总体规划、专项规划、详细规划等专题展示）和独立的城市总体规划模型展示区，城市规划建设成就展示区面积不小于 400m²，城市总体规划模型展示区约 500m²。

模型区设 20m×20m 无柱空间，容纳城市总体规划模型，考虑模型下沉布置，模型下设 1.5m 高维修更新操作空间。

大厅高度考虑与空间协调，另应考虑在模型周边设置廊道、坡道以寻求更好的参观角度。

城市重大建设项目展示区、城镇规划展示区以及一个容纳不小于 40 人的 4D 影院。

其中城市重大建设项目展示区不小于 200m²，城镇规划展示区面积不小于 500m²。

（2）后勤服务区：建筑面积约 1000m²。

包括 1 个中型会议室，可举办 150 人左右会议，建议面积不小于 300m²；

1 个贵宾接待厅，建议面积不小于 100m²；

1 个大型方案评审室，建议面积 150m² 左右；其余为技术办公用房：包括小会议室若干，馆长办公室、解说员办公室和设备用房。

5. 体育公园（室外运动场地），以满足广大居民早晚锻炼健身的需求。包括：

（1）2 个篮球广场；

（2）2 个网球场；

（3）户外健身设施若干；

（4）健身步道（与绿化或水景结合）。

三、图纸要求

1. 设计策略的简要说明。

2. 提供体育公园及规划展示馆总体布局图 1：1000。

3. 规划展示馆的各层平面图，1：200；

立面图 2 个，1：200；

剖面图 1 个 1：200。

4. 透视或轴测图。

5. 其他分析图。

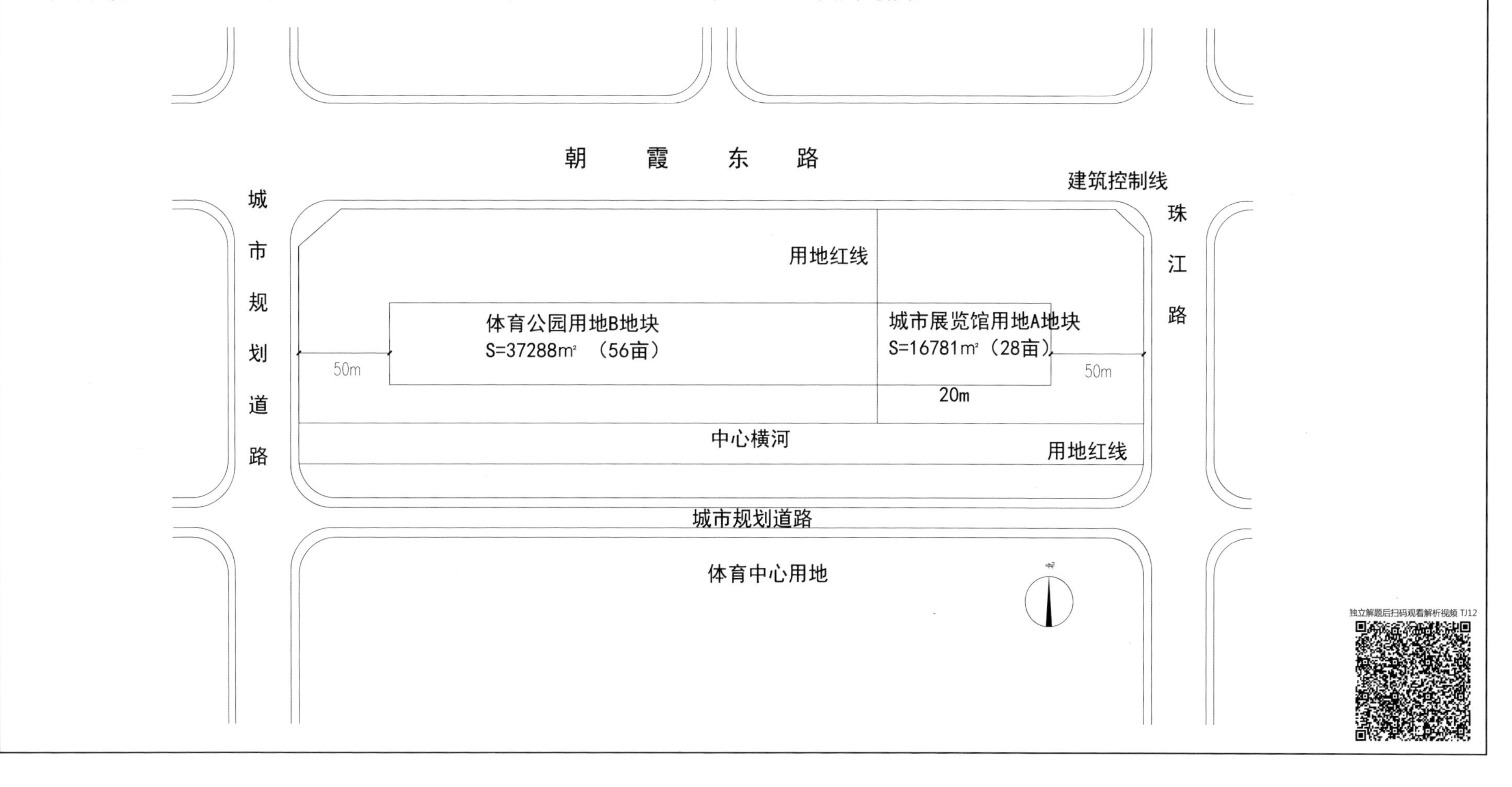

城市规划展示馆设计作品解析

城市规划展示馆是展览类建筑，在解题时应该注重解决好展厅位置、功能分区、参展流线等基本问题。由于基地设置在体育公园内，需要将展览馆与体育公园规划放在一起考虑。总平面的设计十分重要。

该方案建筑形体特别，在公园中比较夺人眼球。这样的建筑形式也比较符合展览馆的定位。建筑的主入口在场地东侧，二层由大台阶引导至室外平台，由二层可以直接进入临时展厅及报告厅等空间。整个平面是按照模型展厅和各个分散展厅来排布，基本逻辑是风车状排列。但是模型区的观赏效果不是特别好，有待进一步思考。建筑东边的开放性较好，由庭院和平台共同组织，但是西侧面对整个体育公园却没有开放性空间，这一点应该在异形的庭院中增加一些户外交流空间，以便于跟场地环境的互动。

从总平面上看来，体育公园的基本轴线、运动设施、停车位等设计没有太大的问题。整个场地的景观设计和节点引导也都非常丰富。在南向城市河道处可以增设一些亲水平台，设计出滨水空间。通往展览馆的道路也应该有放大的节点，比如入口广场等，这样建筑本身的出入口更加明显，与场地的设计逻辑更加符合，否则建筑在场地中的重要程度仅凭广场轴线关系也无法完全体现。

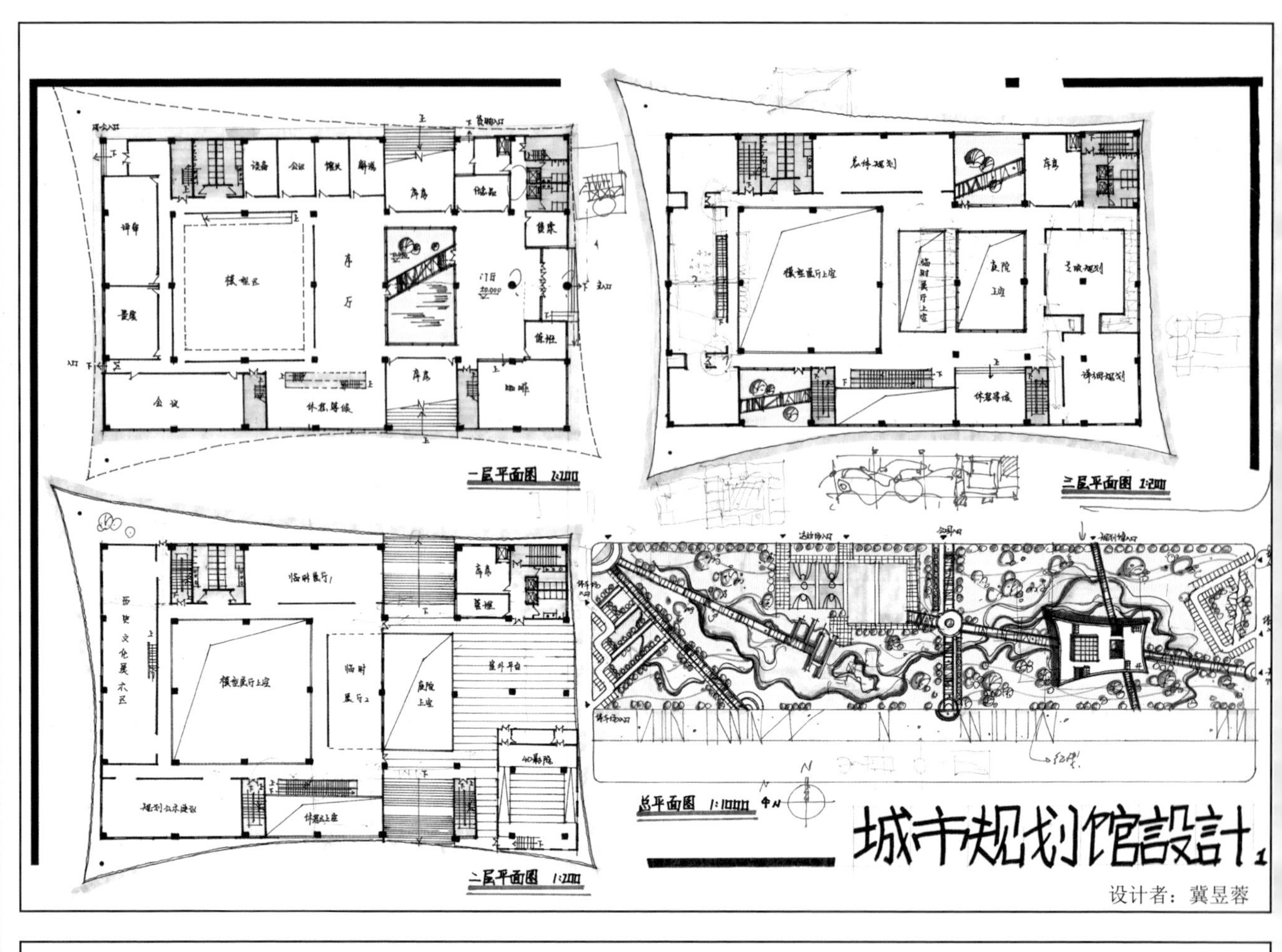

设计者：冀昱蓉

参考案例

宜昌规划展览馆 / 孙晓恒
（资料来源：http://www.ikuku.cn/）

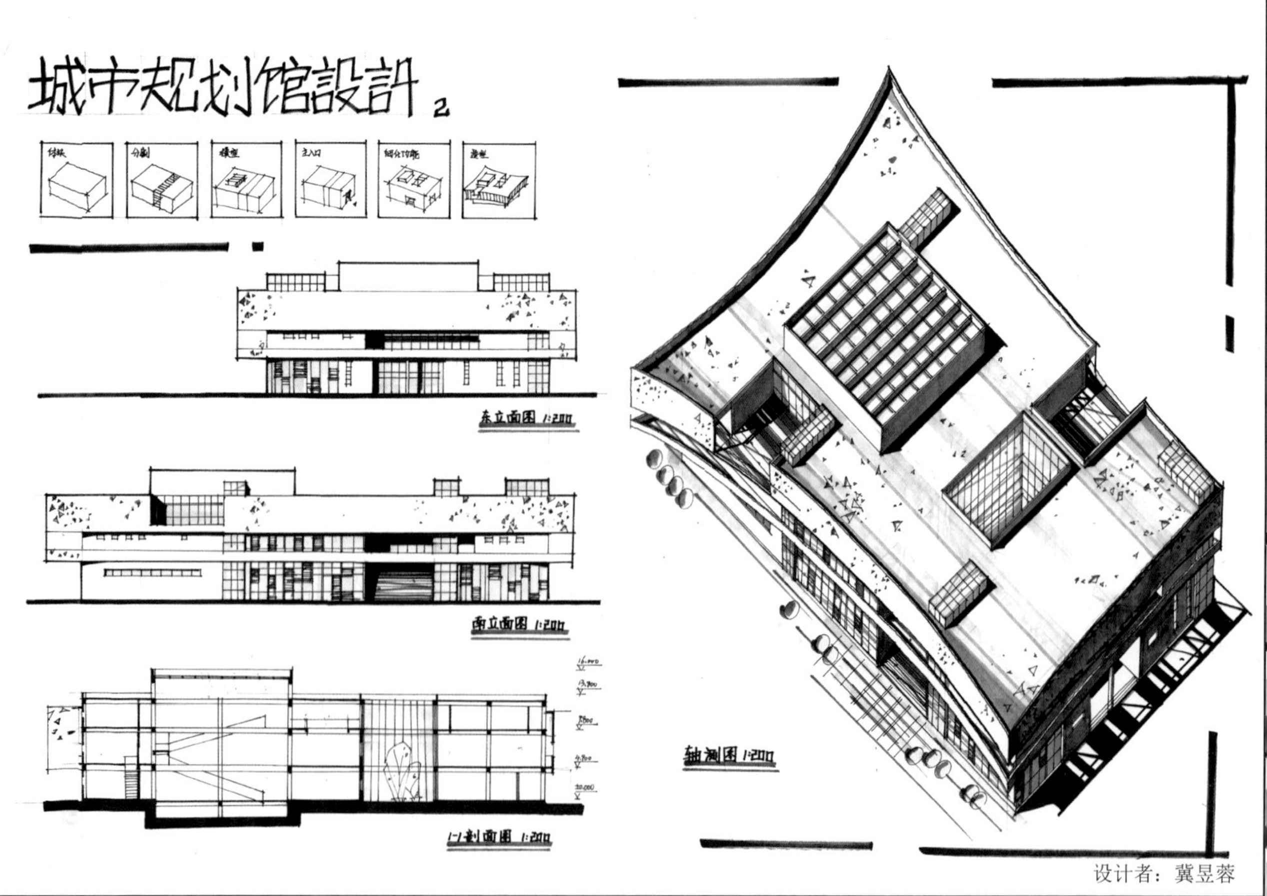

设计者：冀昱蓉

阿尔比大剧院 / Dominique Perrault
（资料来源：http://www.ikuku.cn/）

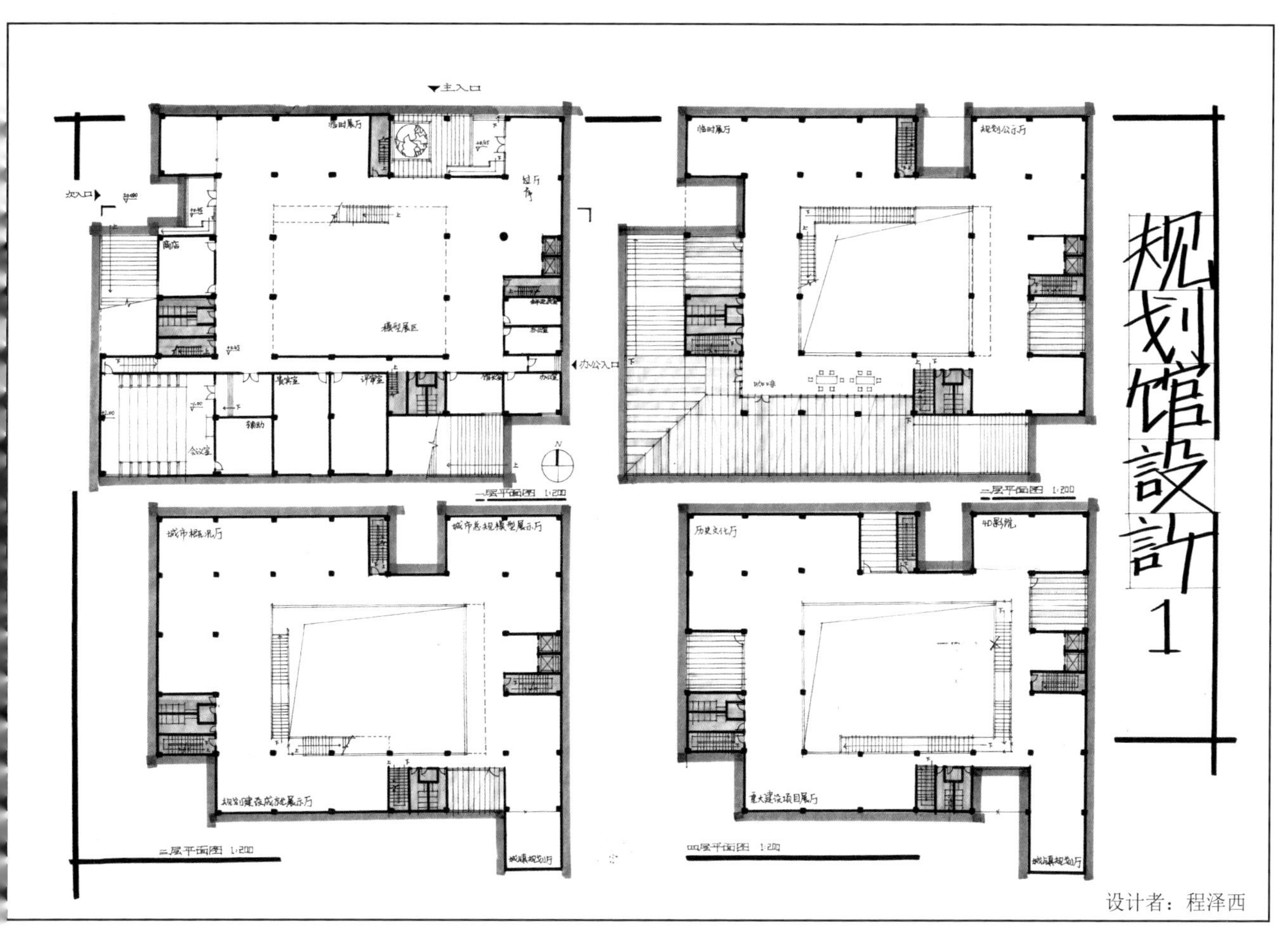

设计者：程泽西

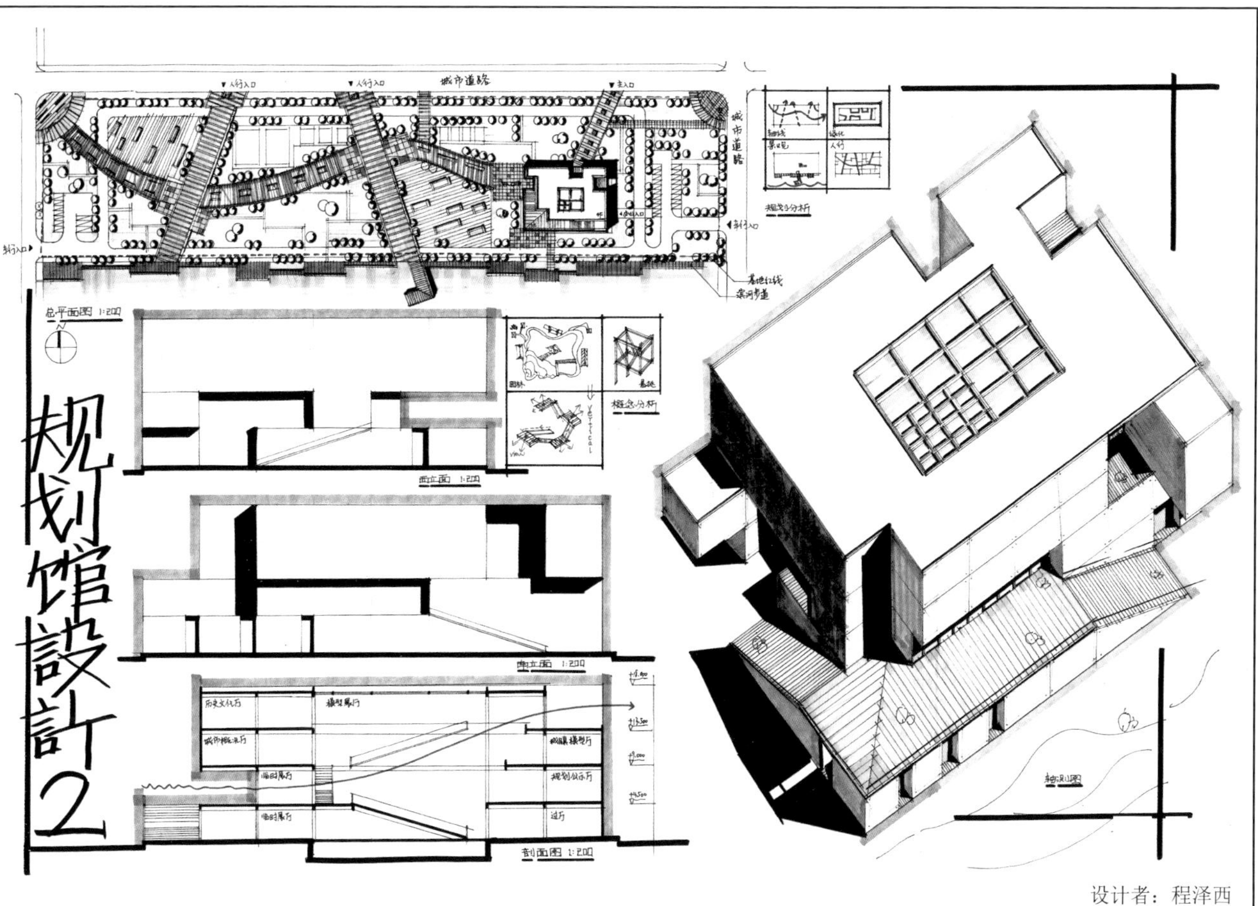

设计者：程泽西

城市规划展示馆设计作品解析

方案围绕模型区展开平面布局，通过单跑楼梯实现空间变化，营造出了良好的中庭空间主入口。平面逻辑合理清晰，各个展厅空间分布在模型区周围。大台阶引导人流到达二层展厅，同时可以下到场地环境中去。每层休息平台的设置增加了建筑与公园的交流，也使得整个建筑形体有变化。从整个轴测图上看，平台的处理应该再多些思考，现在的建筑形态有些细碎，需要整合一下。立面的前后关系很突出，建议可以增加些细节，比如混凝土用分割线进行表达，有材质的对比变化会更好。

总平面上看设计效果良好，整个公园的轴线、节点空间、转角广场等都一目了然。总平面画得层次清晰，绿化与铺地统一色系，图面看起来完整有秩序。设计者对于铺地的画法掌握比较多，用不同的铺砖把公园里特色步道表达了出来。整条轴线与建筑的关系也很好，基本上两个主入口都有放大的节点空间，有合适的引流广场。停车位和运动设施的位置也很适宜。滨水空间和亲水平台的设置到位。设计者的分析图简洁，基本上把整个场地的划分、设计思路都通过简单的线条进行了表达，这一点在画总平分析图时需要注意，尽量用清晰简洁的图像语言表达复杂的设计思路，是非常丰富的总平面设计。

参考案例

MAS 博物馆 /NeutelingsRiedijk 事务所
（资料来源：http://www.ikuku.cn/）

天津美术馆 / KSP 尤根·恩格尔建筑师事务所
（资料来源：http://www.ikuku.cn/）

城市规划展示馆设计作品解析

上图的总图设计中景观绿化及铺地的细节把握到位，图面层次清晰。公园中的景观节点、入口广场和铺地设计比较丰富，建议运动设施与中心节点交接处可以再处理一下，突出公园的中心轴线。建筑形体活泼多变，设计者选择了可上屋顶的手法，增加建筑与场地环境的对话交流。整体图面看起来清爽干净，剖面的空间效果很好，模型区的斜坡屋顶形式与一楼入口的大台阶呼应，使得剖面富有变化。立面的大片玻璃材质有点单一，不太符合展馆建筑的建筑性质，建议更改一下立面设计。

下图最大的特色是其展览馆的屋顶天窗设计，天窗下的空间是高敞的模型区。整个体块完整，立面设计比较有气势，符合城市规划展览馆的特质。剖面的画法很精准，尤其突出了构造特别的天窗设计，并且设计者设计了下沉广场，在剖面上的空间效果非常出色，展现了设计者对空间的把握。从总平面图上看，公园景观设计良好，大的景观节点和道路分布比较清晰。公园的入口、停车位、水岸线等都有所处理。材质和颜色可以再斟酌一下，现在整个图面的层次不是特别清楚。

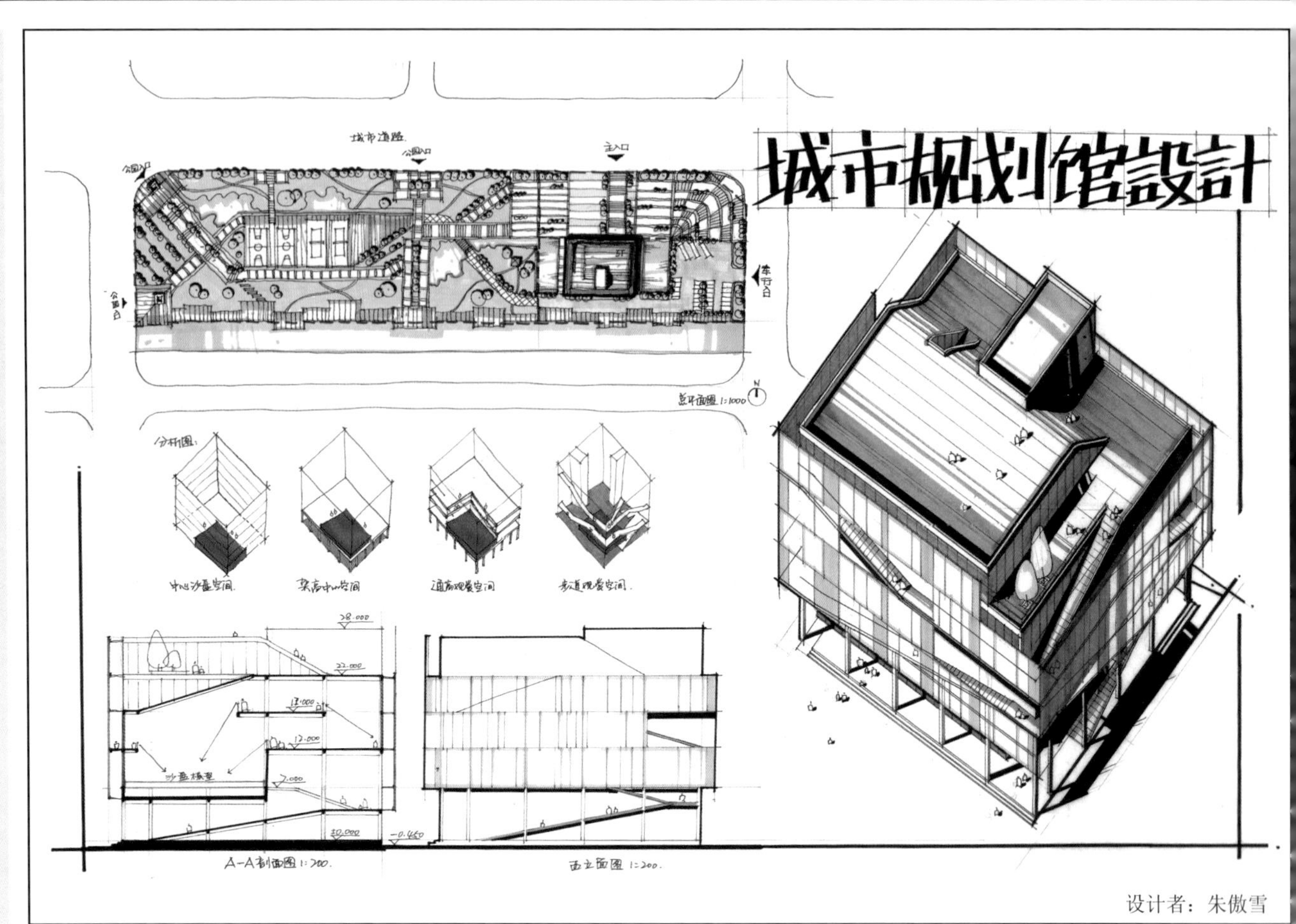

设计者：朱傲雪

参考案例

郑东新区城市规划展览馆 / 张雷
（资料来源：http://www.ikuku.cn/）

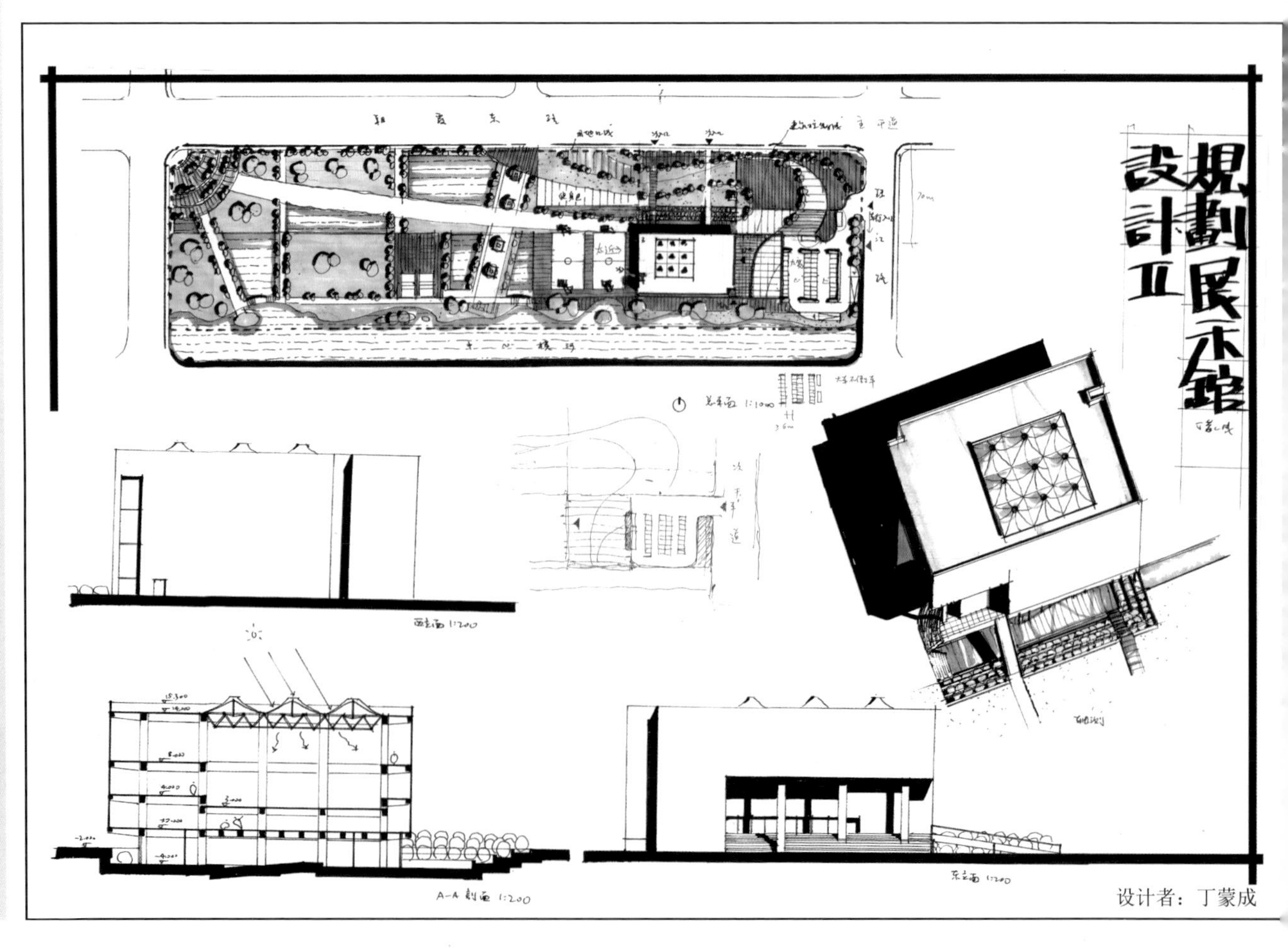

设计者：丁蒙成

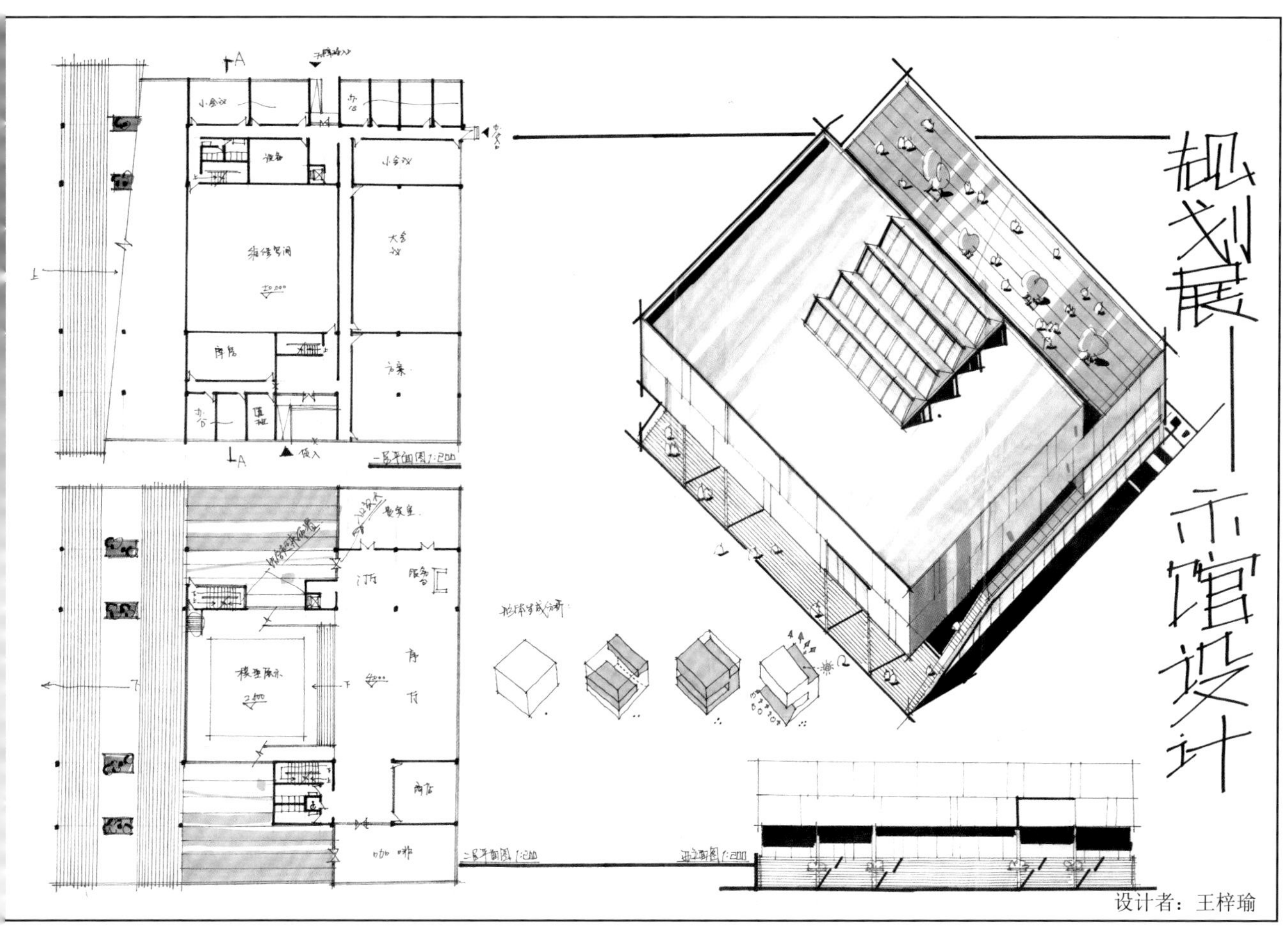

设计者：王梓瑜

规划展示馆设计

设计者：王梓瑜

城市规划展示馆设计作品解析

方案思路非常清晰，反映到体块操作上也手法完整，最终呈现的建筑体量效果很好。平面分区很清楚，通过西侧大台阶上到二层，这里的入口门厅有些小气，与模型区展厅关系不是太好。推出的两块体量形成观景平台，面对场地的景观开放，做法非常完整。形体生成分析基本上体现出设计者的设计思路，把展馆的内部设计用简洁的手法予以完成。不足的是建筑内模型展区的观展体验不好，空间有些局促放不开，模型区与其他展厅的联系也不是很强。

总平面上看出设计者对公园内景观节点有很强的把握，基本上是按照逐渐增强的轴线关系进行设计，最终到达公园内最重要的景点——展览馆。场地内运动设施位置、停车场、入口广场等地块选取都比较合理。但是大型车车位也应与小汽车停车位放置在一起，不要在城市干道上随意开车行入口，同时也节省车行流线的交通面积。公园内步道的尺度有些失衡，具体铺地和路径的画法需要再深入思考。同时公园内的景观布置，比如场地绿化、等高线、树木种植等偏景观设计的方面做得不是很到位，现在体块内的景观比较杂乱，影响整个图面的清晰度。

参考案例

竞园 22 号楼改造
（资料来源：http://www.ikuku.cn/）

天津美术馆 / KSP 尤根·恩格尔建筑师事务所
（资料来源：http://www.ikuku.cn/）

设计任务三 滨水企业家会所设计（6 小时）

一、设计任务书及建设用地

某地拟在滨水区域建设创意产业园区，要求建设 5 幢创意产业办公楼，每幢 8000m²（不超过 8 层）；一座企业家会所，建筑面积 4000m²。场地内地面停车位不少于 12 个，地下车库车位 150 个。

基地内有 3 个工业时代废弃的混凝土结构圆塔，直径为 12m，高 24m（见基地图）。要求保留现存的 3 个圆塔，并改扩建为园区企业家会所。圆塔内部为完整空间，无其他结构。改扩建时可对圆塔进行结构改造，开洞率不得超过 40%，内部空间可加设楼板，层数不限。基地东侧桥面与滨水步道有高差（见基地总平面图标高），城市规划要求利用此建筑物连接桥面人行道与滨水步道，步行桥及阶梯可建在红线以外，但无障碍电梯须设在建筑物内并供外部空间使用，要求建筑物在二层设置观景平台作为城市公共空间与步行桥及滨水步道联系，面积不小于 300m²。

二、企业家会所建筑功能要求如下

报告厅，200m²；
展厅，250m²×4；
活动室，50m²×5；
企业家沙龙，150m²；
水景茶室，200m²；
餐厅，100m²；
小餐厅（包房，带卫生间），30m²×5；
厨房，100m²；
内部管理办公室，30m²×5；
会议室，60m²；
其他如咖啡厅、休息区、卫生间、小卖部等可根据需要设置；
建筑需考虑无障碍设计。

三、图纸要求

1. 总体设计

总平面图，1：1000（要求对园区进行总体布置，合理组织各类流线，合理组织建筑物及环境景观）。

2. 会所单体建筑设计

各层平面图，1：200；
立面图至少 2 个，1：200；
剖面图， 1：200；
轴测图或透视图（比例不限，图幅不小于 200mm×300mm）。

基地总平面

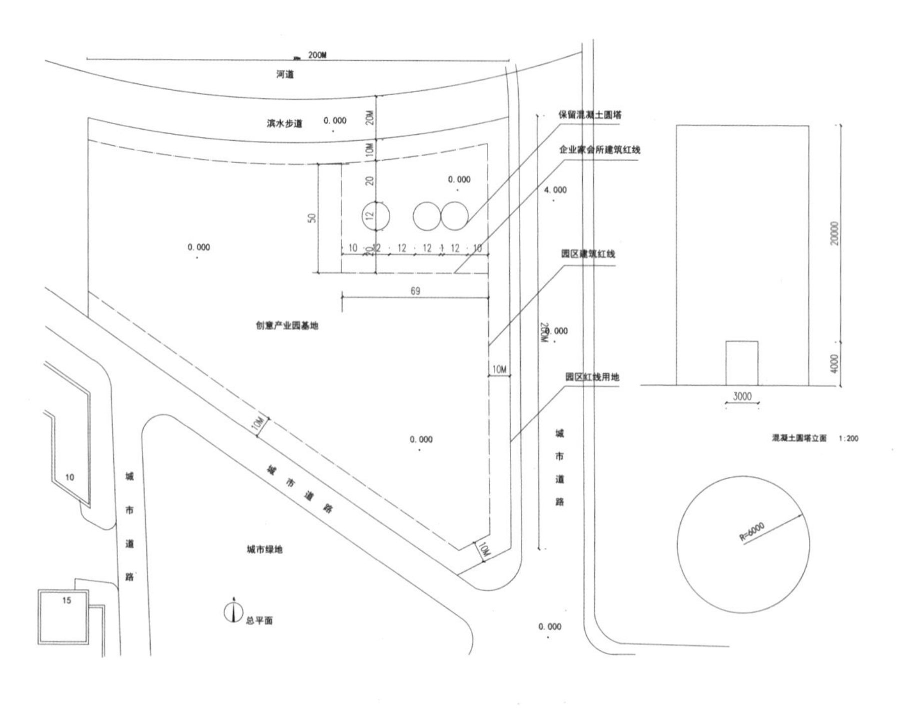

独立解题后扫码观看解析视频 TJ13

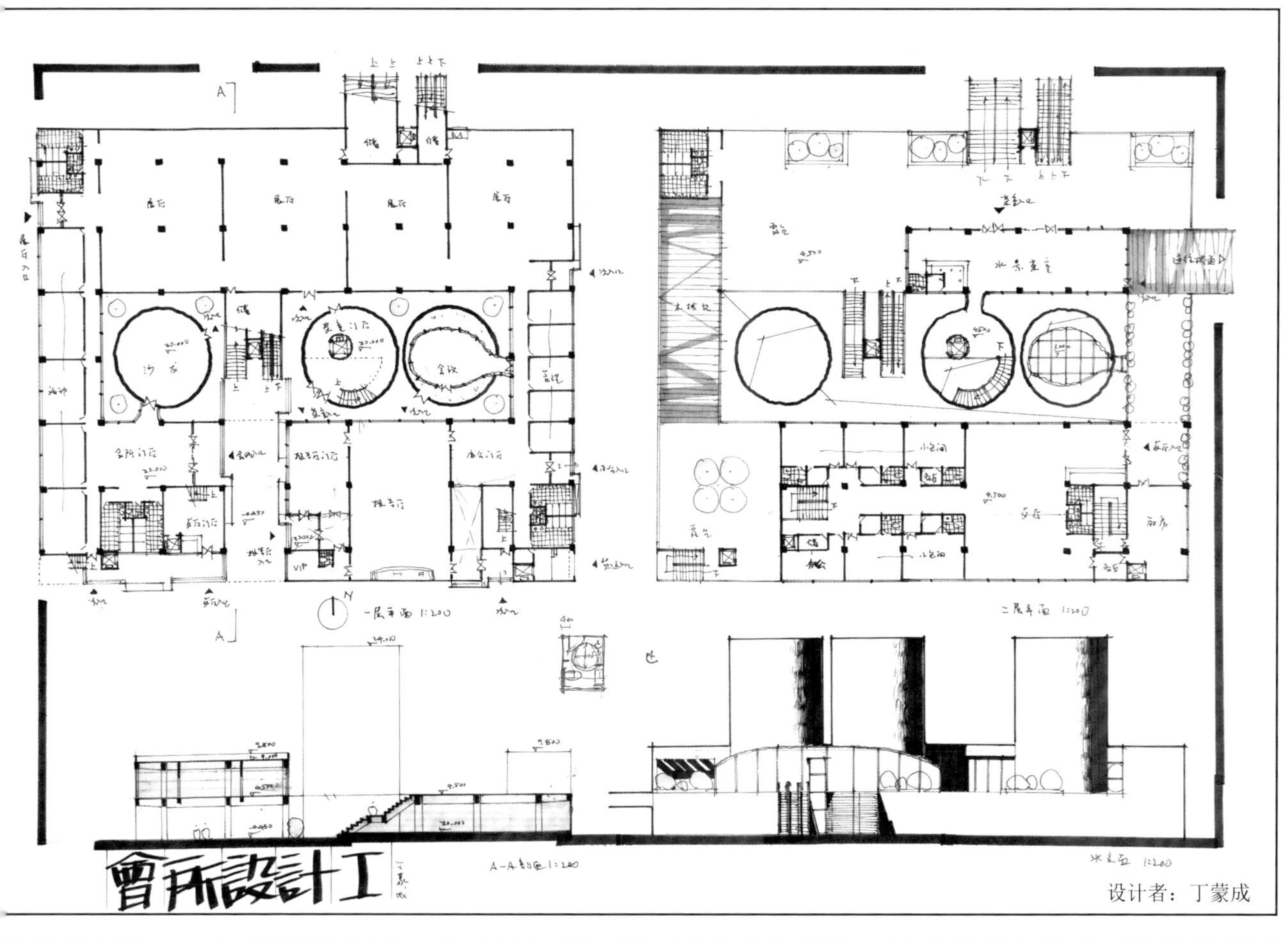

设计者：丁蒙成

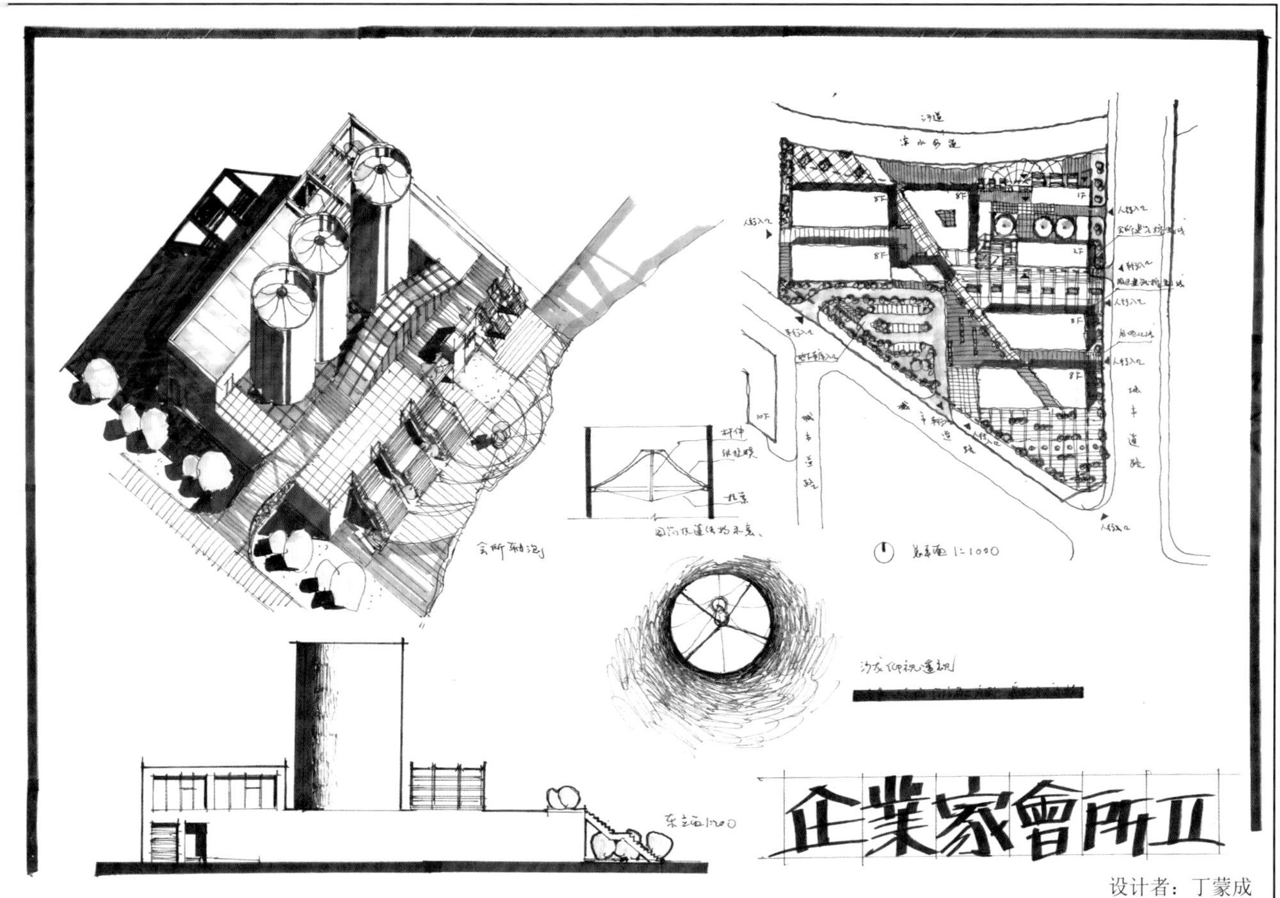

设计者：丁蒙成

滨水企业家会所设计作品解析

滨水企业家会所涉及厂区总平设计、建筑组团设计、建筑单体设计等。会所建筑功能复合，面积适中。主要的难点在于对场地的理解和把握，以及需要具备一定的规划设计能力。本题还涉及场地内原有构筑物的保留，所以还要有新老建筑加建的相关知识。

该方案运用特殊的结构形式，使整个建筑设计看起来比较新颖，循环的体量取得良好的效果。功能分区合理，所有房间集中在两层建筑中解决掉了。一层的入口空间有些逼仄，门厅的位置不清晰，建议在绘制一层平面时将主要的入口处加重表达。原保留的构筑物作为企业家沙龙、门厅、会议处理。平面房间的细节过多，使得图面不够清楚。最大的特色在于将构筑物加上了特殊结构的屋顶，并且有仰视透视说明，这一点对于方案的阐释可以更深入。

从总平上看来，园区的建筑组团与景观设置不是很协调，场地的不规则地形没有充分利用。基地的轴线比较清楚，由转角的入口广场可以直通滨水步道。会所本身建筑体量有些分散，在总平面上看起来不太像一个整体。其余建筑组团的景观节点做得不是很好，没有明确的引流广场或者便捷的车行流线。场地内的环形车道位置不清晰，这一点对于较大的场地来说存在一定的问题，需要引起注意。

参考案例

泉美术馆 / 第一实践建筑
（资料来源：http://www.ikuku.cn/）

宋庄美术馆 / DnA
（资料来源：http://www.ikuku.cn/）

滨水企业家会所设计作品解析

会所位置在园区内部，对着滨水景观，同时起到天桥和滨水步道联系的作用。从这一点出发，整个建筑应该注重外向性，注重其在园区内的连接功能。

该方案整体性强，对三个筒体的改造很到位，同时二层空间的全部打开，使得建筑与水面、建筑与天桥、建筑与原有构筑物的关系非常灵活多变。通过大平台的设计，人们可以驻足在此，欣赏自然风景，观赏构筑物，将自然与人文联系在一起，这一点清楚地反映了设计者对待景观和原有元素的价值取向。同时设计者在分析图中完整阐释了将原有筒体打开，与场地结合的思想。小的透视图也为方案增色许多。形体操作简洁有力，体块的穿插咬合非常丰富。

总平面看起来层次清晰有秩序，手绘功底深厚。基本的场地轴线、景观节点、滨水空间的设计都很合理。建筑组团的形式契合地形，不同的建筑间联系也比较紧密，整体和会所的形态既有区别又有相似之处。设计者对场地的分析比较细致，从建筑间屋脊线、不同视线角度、原有筒体的伫立背景等进行简洁分析，将设计思路完整清晰地表达出来。建议在场地设计中增加更多的绿地设计，目前硬质铺地有些偏多，可以增加不同形式的景观设计。

参考案例

MAS 博物馆 /NeutelingsRiedijk 事务所
（资料来源：http://archgo.com/index.php）

摄南大学枚方校区 / Ishimoto Architectural
（资料来源：http://www.ikuku.cn/)

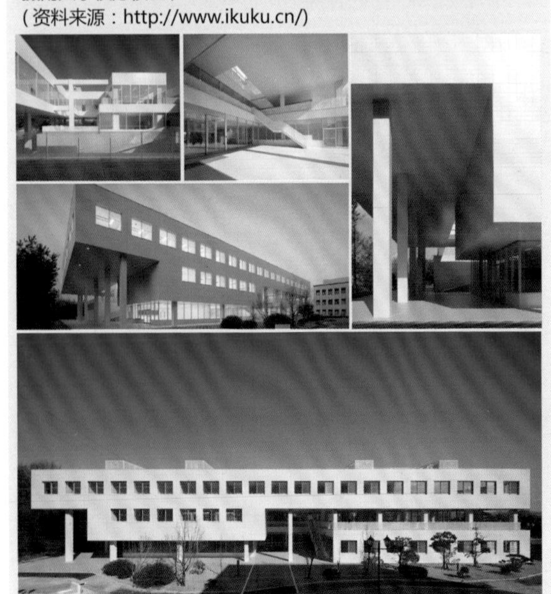

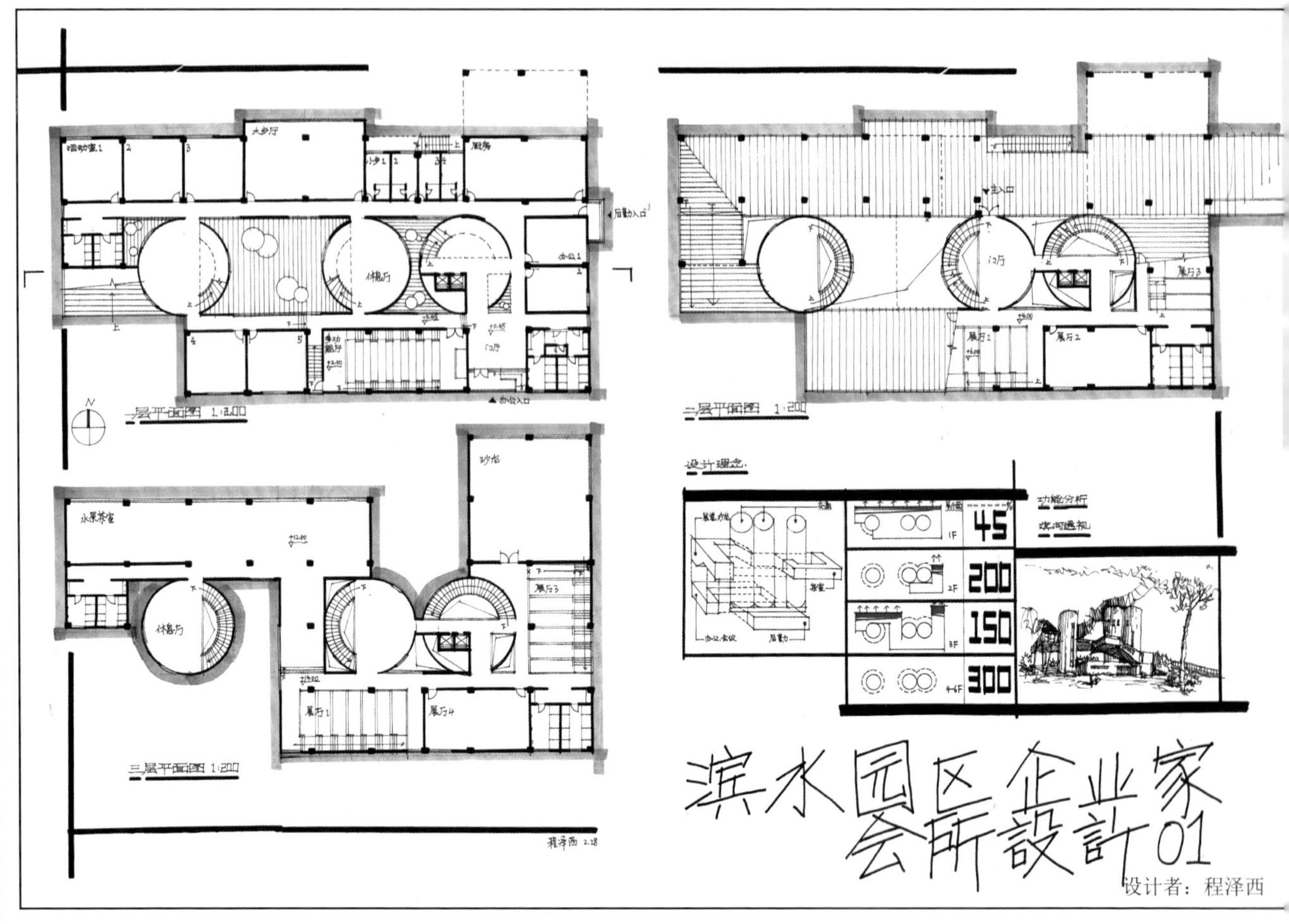

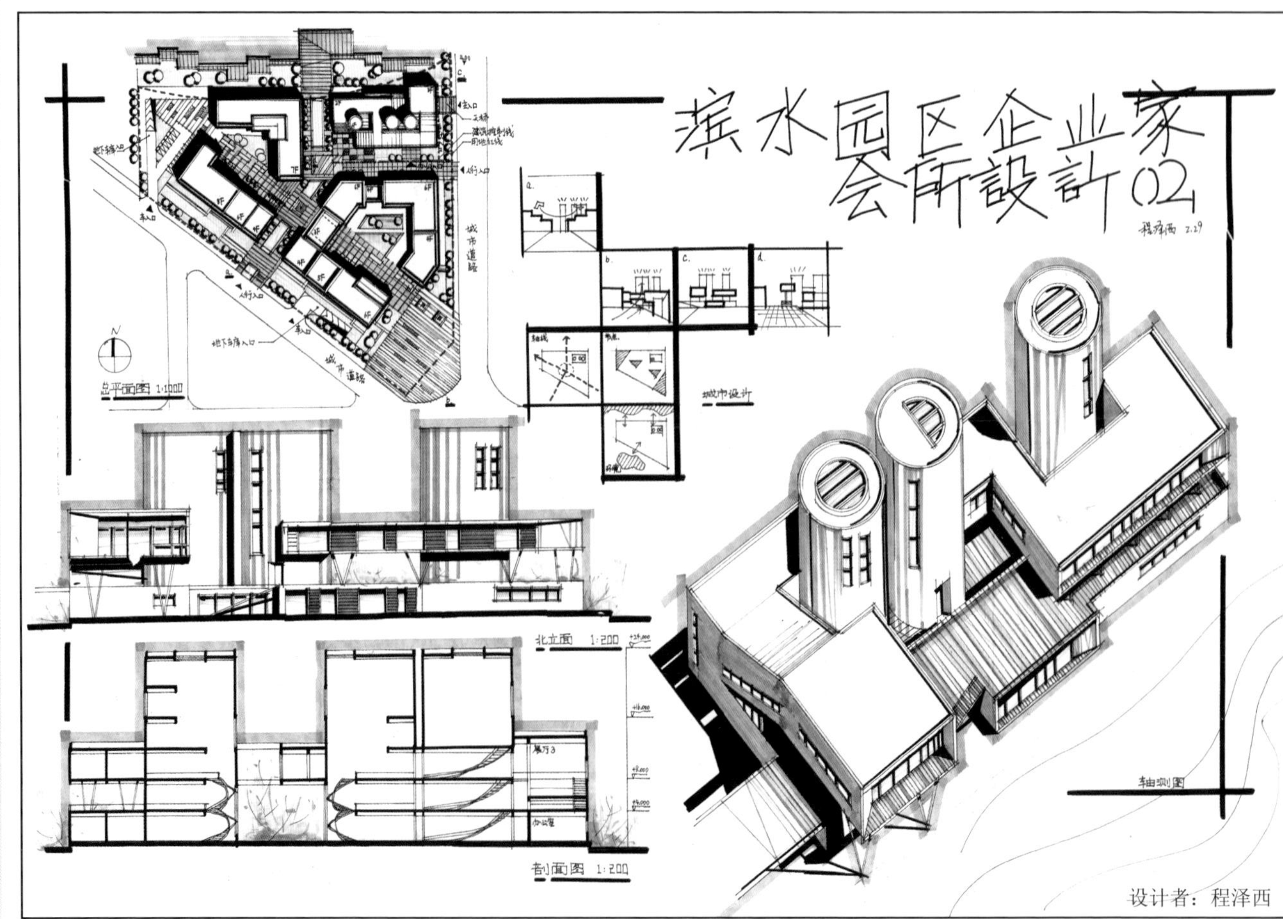

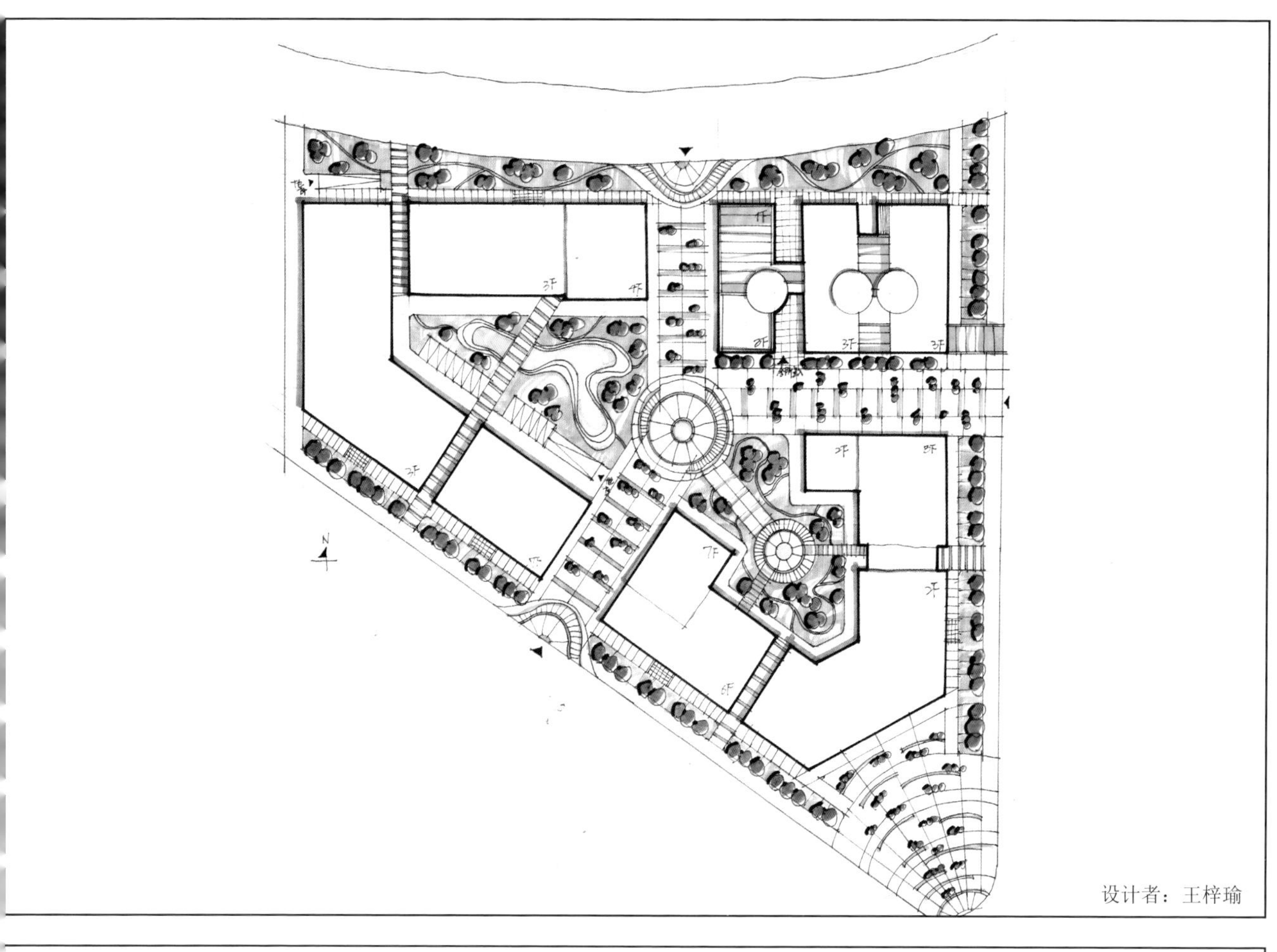

设计者：王梓瑜

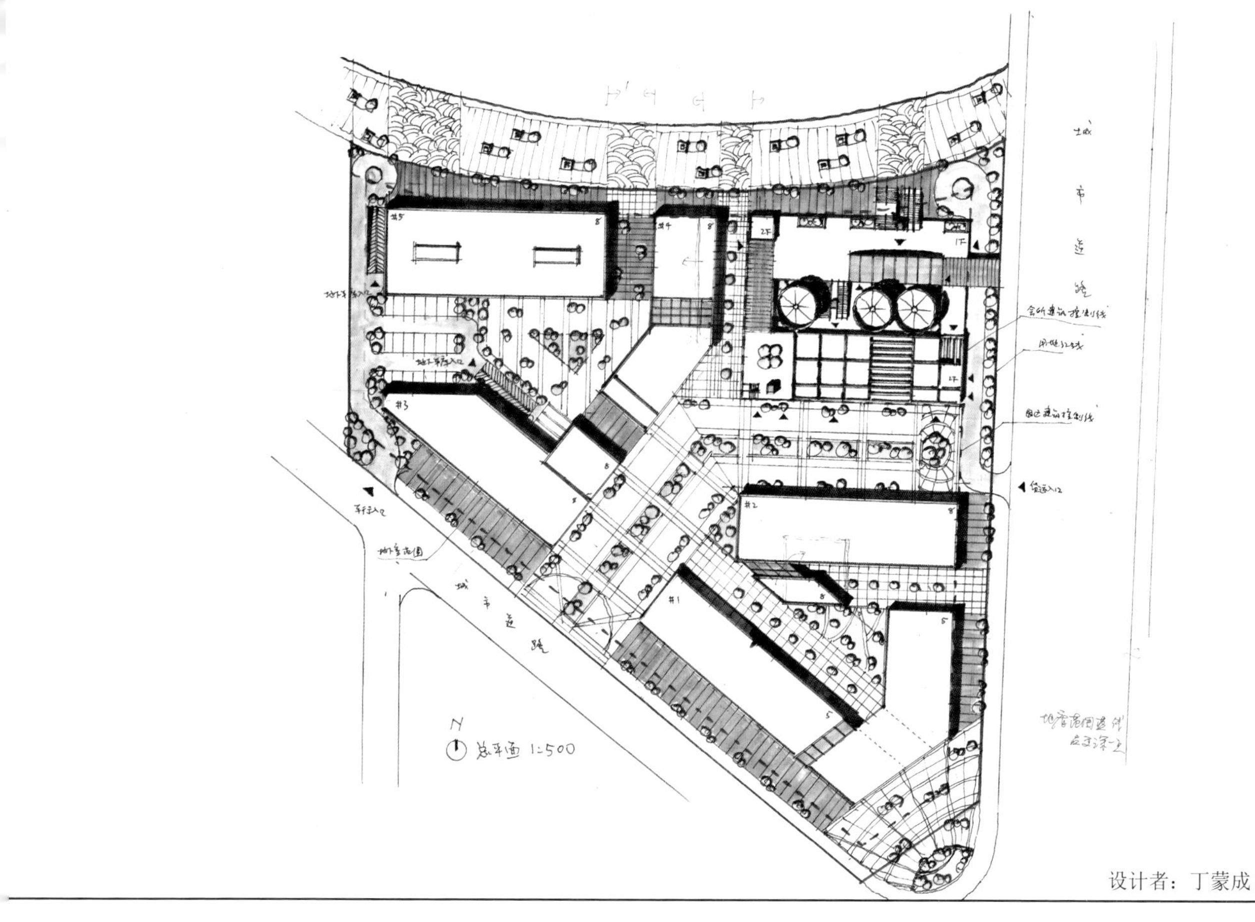

设计者：丁蒙成

滨水企业家会所设计作品解析

上图的总平面层次清晰，图面清爽。场地内的轴线、节点关系比较合理。同时景观设计比较丰富，绿植、等高线、水体等使得分割的小块场地内变化丰富。建筑组团关系恰当，与场地的地形很契合。会所和其余建筑的设计语言比较接近，不足的是建筑体量没有画出女儿墙，其余建筑的连接部位也不太清楚，不如采取跟会所同样的平台元素进行连接，这样会使得建筑元素更加统一。整体方案思路清晰，绘制出色，配色上可以再增加一些底色，将道路层级更清晰地表达出来，多种铺地的画法值得借鉴。

下图中，主入口位置清晰，滨水空间设计比较繁复。建筑体量不是很清楚，建筑组团的关系不甚明了。建议用相同的建筑语言和设计手法统一建筑单体，比如同样的结构跨度、体量关系、玻璃体连接或者庭院、平台等元素。这样可以使园区内的建筑更一致，也与会所发生关系。总平面设计整体看起来层次不是很分明，道路层级有些混杂，硬质铺地过多，景观设计也比较单一。在设计过程中要避免追求过多的东西，把握住最基本最首要的问题，层层深入去做设计。尤其遇到问题复杂的场地规划，更要用清晰的思路去一一应对。

参考案例

新桥镇展示馆 / 荣朝晖
（资料来源：http://www.ikuku.cn/）

宜昌规划展览馆 / 孙晓恒
（资料来源：http://www.ikuku.cn/）

专题 6

从形体处理入手的解题策略

6.1 基础知识点

形体入手是一种比较高级的设计切入点，要求具备娴熟的形体组织能力，这里的形体主要探讨的是建筑体块的组织关系，而不是具体形式。快速设计中常用的做法有：对体块进行减法、折叠等操作；对体块进行加法、穿插等操作，使体块产生虚实、连续、韵律等效果。

6.1.1 操作原则

以任务书为准，在解题和满足题目要求的基础上，操作数量和种类不宜过多，操作手法不宜过多。 快速设计还是应该在时间的限制下做方案，形体的复杂程度和表达效果并不成正比，反而较为复杂的形体操作会带来功能组织上的复杂，影响方案的设计，并不是短时间设计的明智之举。

6.1.2 操作手法

1. 单形体操作（ “减法” ）

对形体的局部进行“切割” ，会形成良好的立面效果，多与入口、露台结合。

从建筑的总体形态所做的“切割”处理，在快速设计中可灵活使用柱网进行形体操作。

”切割“后的形体可以对“切割”的部分做完形处理。通过完形操作后可以形成灰空间，可以设计成入口、露台、室外咖啡等空间。

旋转出灰空间、室外露台等在丰富形体的同时也可应对景观等环境要素。

2. 多形体操作（ “加法” ）

竖向叠加手法包括滑动、旋转、咬合等。

水平并置：随着简单几何体多次重复，就出现了某种特别的氛围，而在重复的形体间又产生独特的空间。手法包括错动、组合等。

多形体的组合：注意建筑整体性及连续性的处理，手法有折板等。

3. 立面及屋顶操作

立面的设计需要注重比例和阴影关系，屋顶的设计要注重结构合理性，在快速设计中新老关系类题目对于屋顶的设计具有一定要求，需要设计者根据场地环境与周围建筑肌理进行综合考虑。这方面需要设计者进行大量练习，注重平时案例的积累。

6.2 解题策略

6.2.1 用形体回应景观等环境要素

对于周围环境要素较为丰富的题目类型来说，用形体组织的方式回应是较好的方式。形体的组合可以产生丰富的室内外空间，从而应对场地内的各个环境要素。比如同济大学 2017 年 6 小时快速设计题目城镇文化中心设计，题目里面的关键因素是太湖石，从 L 形的形体操作入手好处在于，一方面能够很好地利用不规则场地中较为完成的部分，另一方面，场地东南侧能够完全向公园开敞，建筑与公园相互呼应，共同形成对太湖石的围合。

比如同济大学 2016 年 3 小时快速设计题目学生活动中心设计，需要从建筑整体的形体关系入手，要求建筑着重塑造南立面和西立面。对于这两个公共人流较多的立面，具体可以通过架空悬挑、室外楼梯、室外平台等手法塑造丰富的建筑造型。

案例：华鑫中心 / 山水秀

建筑主体抬高至二层，在保留六株大树的同时，在建筑与树之间建立亲密的互动关系。由波纹扭拉铝条构成的半透“粉墙”，以若隐若现的方式呈现了桁架的结构，并成为一系列室内外空间的容器和间隔。四个单体围合成通高的室内中庭，透过四周悬挂的全透明玻璃以及顶部的天窗，引入外部的风景和自然光，使空间内外交融。

6.2.2 用形体回应不规则地形、山地地形及其他场地问题

利用体块活动适应地形高差，形成室外露台和庭院等多种空间形式。例如采用条形形态上的转折、扭曲和叠加，产生对基地的呼应，同时塑造出丰富的形态。灵活呼应不规则地形的同时，可以形成丰富的面向景观的露台空间和退台效果。

6.2.3 用形体产生丰富的室内外空间并服务于主要功能空间

丰富的建筑形体可以形成丰富的室内外空间，同时在功能空间的组织上要着重考虑主要功能空间的使用，才能应对题目的主要考查难点。例如采用 L 形、U 形体量的叠加与滑动，可以产生丰富的平台空间和灰空间以及屋顶花园。

6.2.4 用形体建立新老建筑间的和谐关系

充分考虑周边的历史环境，例如分散建筑体量回应周边街区的肌理，或者在旧建筑一侧加建时边界齐平，维护城市界面的连续，或者通过旧建筑元素的提取与原有建筑风貌保持一致。

新老建筑之间的连接可以通过玻璃、天桥、灰空间等过渡。同时也要注意在肌理上的融合和体量上的相似。

6.3 补充要点

在了解各种形体的基本操作手法及操作原则（操作数量和种类不宜过多，操作手法不宜过多）的基础上，明确形体操作的目的（用形体回应景观等环境要素、用形体回应不规则地形与山地地形等场地问题、用形体产生丰富的室内外空间并服务于主要功能空间、用形体建立新老建筑间的和谐关系），然后付诸快速设计实践，达到掌握各种建筑类型的设计方法。

从形体处理入手的解题策略需要设计者拥有较好的平面组合和空间设计能力，同时从形体入手解题的结果也应该是平面、剖面及形体完整统一的结果，不能割裂形体与平面和空间的对应，而只是一个徒有虚表的外形，这样的话就丧失了快速设计训练的目的。

设计任务一 折纸陈列馆设计（3 小时）

一、概念：建筑体形系数（S）

指建筑物接触室外大气的外表面积（不包括地面）与其所包围的体积的比值。其他条件相同的情况下，建筑物能耗随体形系数的增长而增长。

二、任务描述

拟建一小型陈列馆展示上海各类会馆发展的历史，基地不限。建筑一律在地面以上解决，不得出现任何地下室或下沉设计。陈列馆体积限定为 7200m³（设计中体积误差须控制在正负 5%）。建筑为 2 层，设 1 部垂直电梯。楼梯的设置需满足公共建筑楼梯宽度要求及防火疏散的要求。建筑包括以下功能：

1. 门厅、公共走廊、男女卫生间；
2. 展品周转仓库；
3. 贵宾接待室；
4. 多功能厅（兼作小型报告厅）；
5. 展厅（不小于 800m²）；
6. 可停放 2 辆小轿车的室内停车库；
7. 2 间办公室。

三、操作要求

1. 给定 54m×54m 的建筑外表面积。在满足功能和体积要求的前提下进行空间和形态操作，建筑体形系数须小于 0.4（建议将 A4 纸进行裁切，弯折，作为模型操作研究手段）。
2. 外表面上开窗形式自定，但总的窗墙比（包括建筑顶面）须小于 0.4。

四、成果要求（要求所有图纸以白描手法绘制，只能使用单色细线笔）

1. 各层平面图，立面图至少 2 个，剖面图至少 1 个，轴测图 1 个，上述所有图纸 1：100。
2. 利用轴测图分布表现利用 54m×54m 外表面积生成空间与形态的逻辑过程（至少 3 个步骤，比例控制在 1：200）。
3. 给上述形态图上各个面编号后回到 54m×54m 的方框中，以检验建筑的表面积之和。
4. 列出如下经济技术指标

（1）总建筑面积（ ）m²；

其中：一层建筑面积（ ）m²，二层建筑面积（ ）m²，展厅建筑面积（ ）m²。

（2）建筑物外表面积之和（ ）。

（3）建筑体积（ ）。

（4）建筑体形系数（ ）。

五、评判：

建筑体形系数、建筑空间组织、建筑造型同时作为评判标准。

独立解题后扫码观看解析视频 TJ09

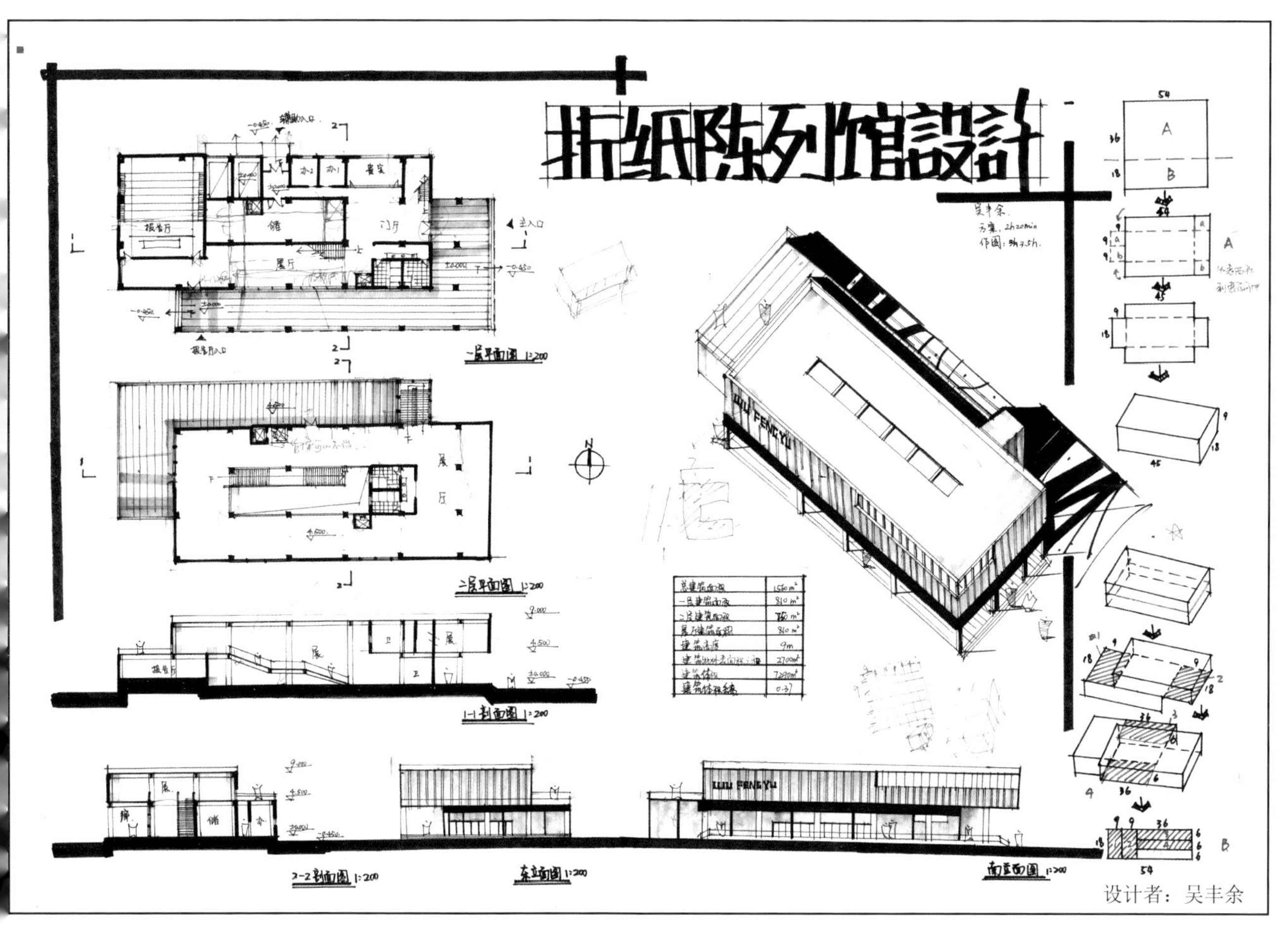

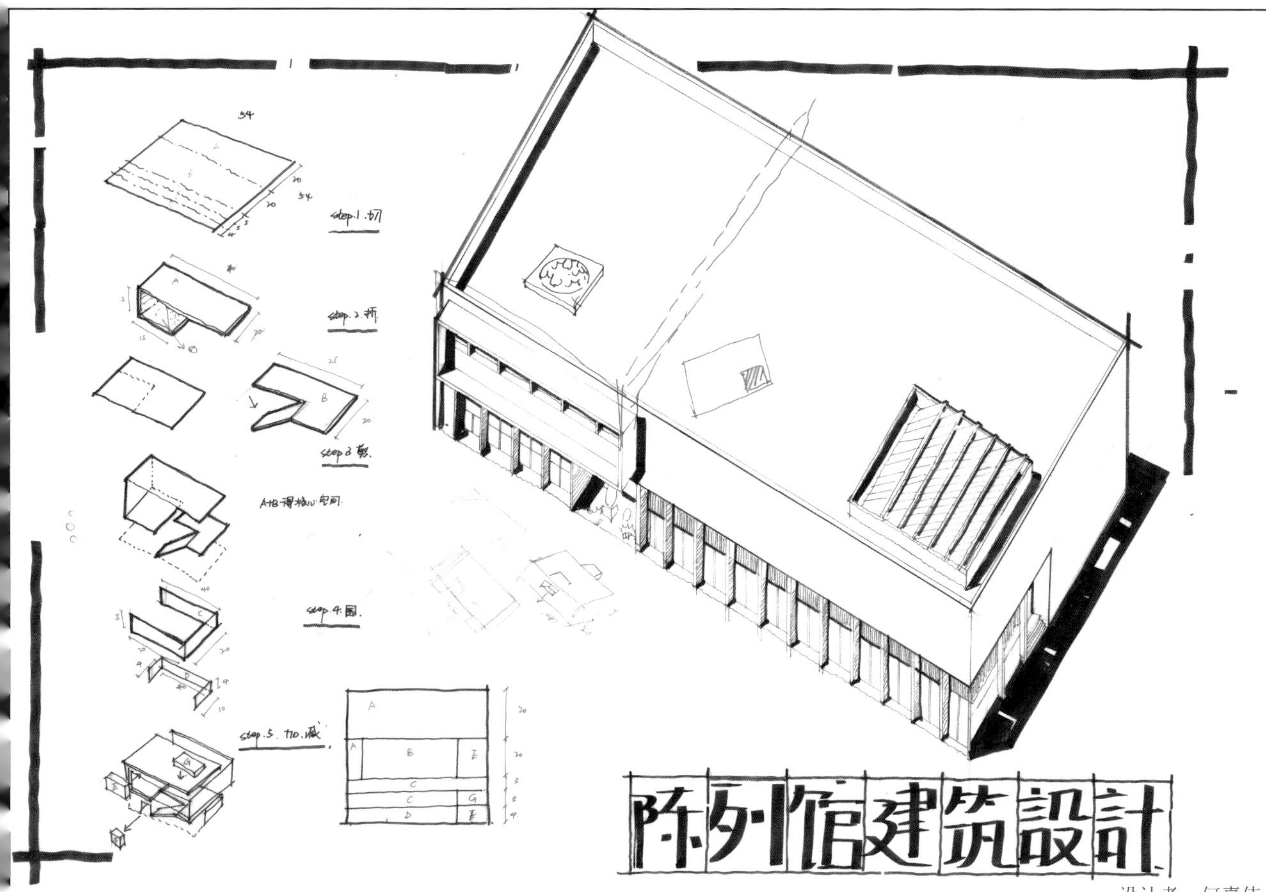

折纸陈列馆设计作品解析

表达上，上图分析图步骤明了、迎合题意，向阅卷者展示出了得分点，是形式处理类题目的范例，一般形体操作类分析图以3~4个步骤，每一步之间有明显区别又有易懂联系为佳。同时轴测、平立剖均清晰表现，遵循了墨线放松快速、马克笔仔细填色的原则。唯一需要指出是投影的画法，几何关系，虽然不求精准，但最好大致符合。墙柱粗细恰当，表达总体较好。而下图仅论轴测，内容表现不足。虽然在墨线上花了不少工夫，但是由于缺乏明暗大关系，以及屋顶缺少设计，使得这种暴露大面积屋面的方案在大比例轴测图下比较吃亏。建议上色（表达亮暗投影面大关系）、设计屋顶（增加天窗或建筑形体改动），或改画表现立面为主的透视图。

设计方案上，上图基本功能分区合理，服务空间和被服务空间按层分布，唯有细部流线和空间有待优化，如储藏室电梯多余、另一部电梯对位错误。展厅通高处显得零碎，一层流线被楼、电梯切割，同时空间不规整，没有足够停留空间。形体则分层错动、材质区分都很好，底层架空，符合快速设计考试审美。

下图建筑内部图纸缺失，形体来讲只见细部门窗雕琢，这不是坏事，但不见大体块分割推拉、大面积材质区分，这也是导致后面表现上吃力的主要原因。

参考案例

天津美术馆 / KSP 建筑师事务所
（资料来源：http://www.ikuku.cn/）

Clyfford Still 博物馆 / Allied Works Architecture
（资料来源：http://www.ikuku.cn/）

设计任务二 大学生活动中心设计（3 小时）

在某大学校园内露天停车场的基地上，加建一个总建筑面积不超过 2200m² 的学生活动中心（面积包含覆盖的停车场部分）。

一、基地情况

基地位于江南地区，地势平坦，无明显高差变化，基地在有围墙围合的封闭校园内，基地周围环境及具体尺寸详见地形图。

二、设计要求

1. 多功能活动室 150m²，作为学生社团会议、活动、研讨用，房间内最好不设柱子。
2. 社团活动室 6 间，共 300m²，每间 50m²。
3. 展览空间 200m²，设计成开敞或者封闭空间均可。
4. 咖啡厅 200m²，要求便于对外服务，在校内有一定的展示面，设计时需要对室内平面进行简单布置。
5. 文具店兼书店 150m²，希望最好布置在低处，设计时需要对室内平面简单布置。
6. 卫生间及其他功能设计者自行决定。
7. 停车场原有 22 个车位，新建建筑建成后不少于 18 个。
8. 总建筑面积控制在 2200m² 以内（包括底层被覆盖的停车场面积）。

三、规划要求

建筑限高 15m，建筑不得超过建筑控制线，考虑到校园道路的规划要求，停车场出入口以及车位布局不应有太大变动，设计者可以对建筑控制线外的绿化进行调整，适应人行进入建筑的要求。

四、图纸要求

总平面图比例及范围自定；

各层平面图，1:100，底层平面需要布置并表达停车位；

立面图 1~2 个，1:100；

剖面图 1~2 个，1:100；

轴测图比例自定，1 个；

其他适合表达的设计图纸（内容不限，如：分析图、透视图、室内空间透视、细部详图等）。

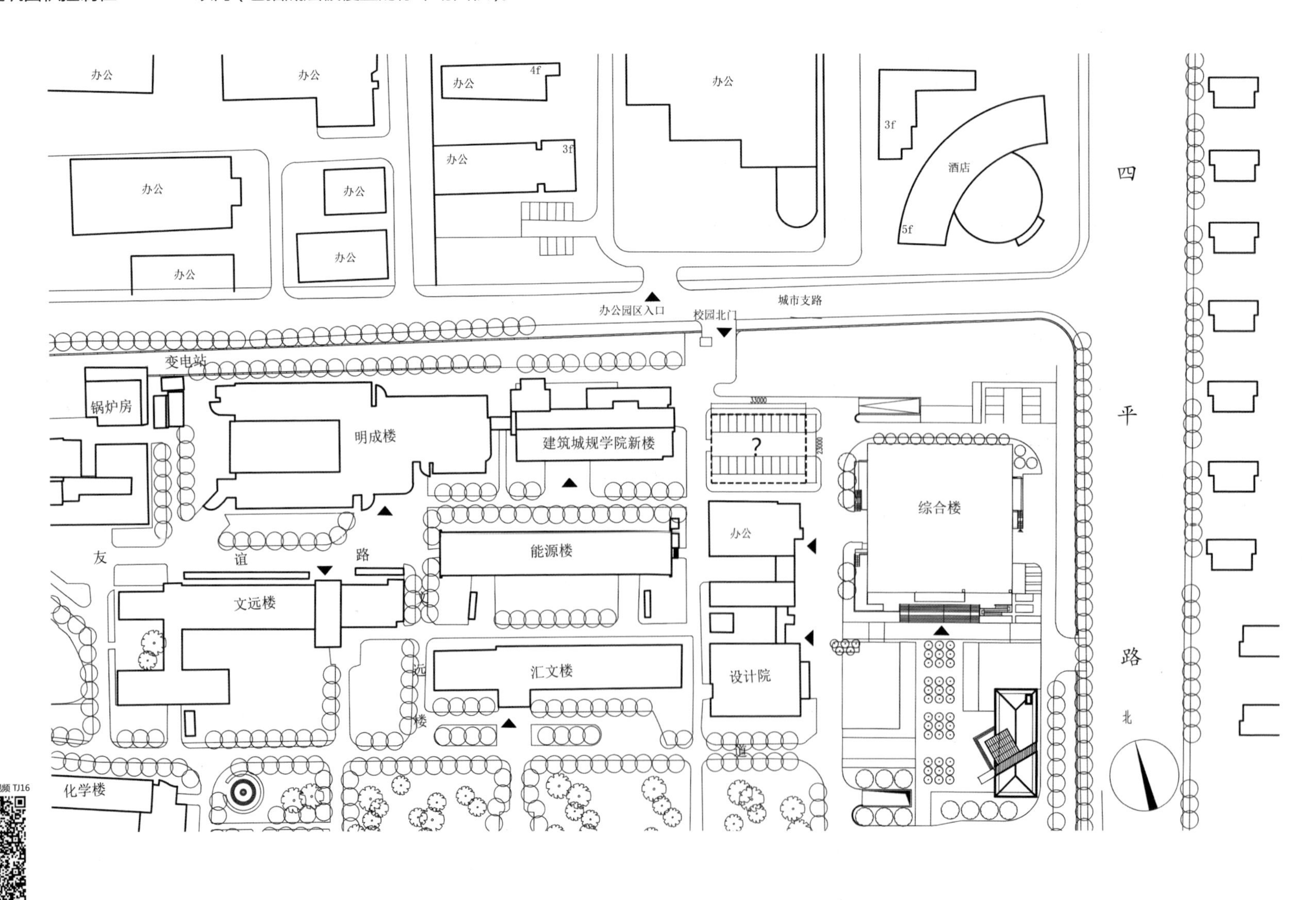

独立解题后扫码观看解析视频 TJ16

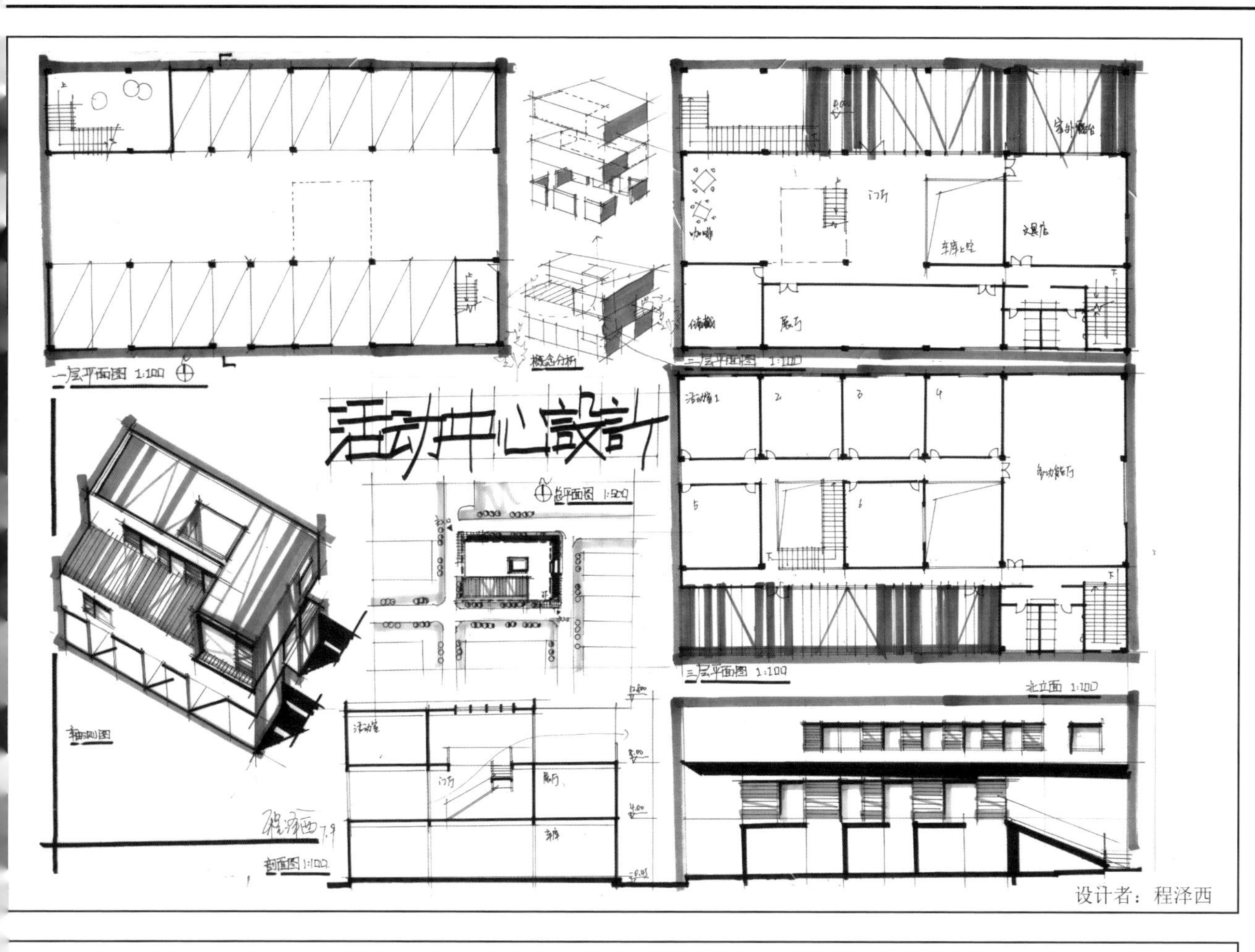

设计者：程泽西

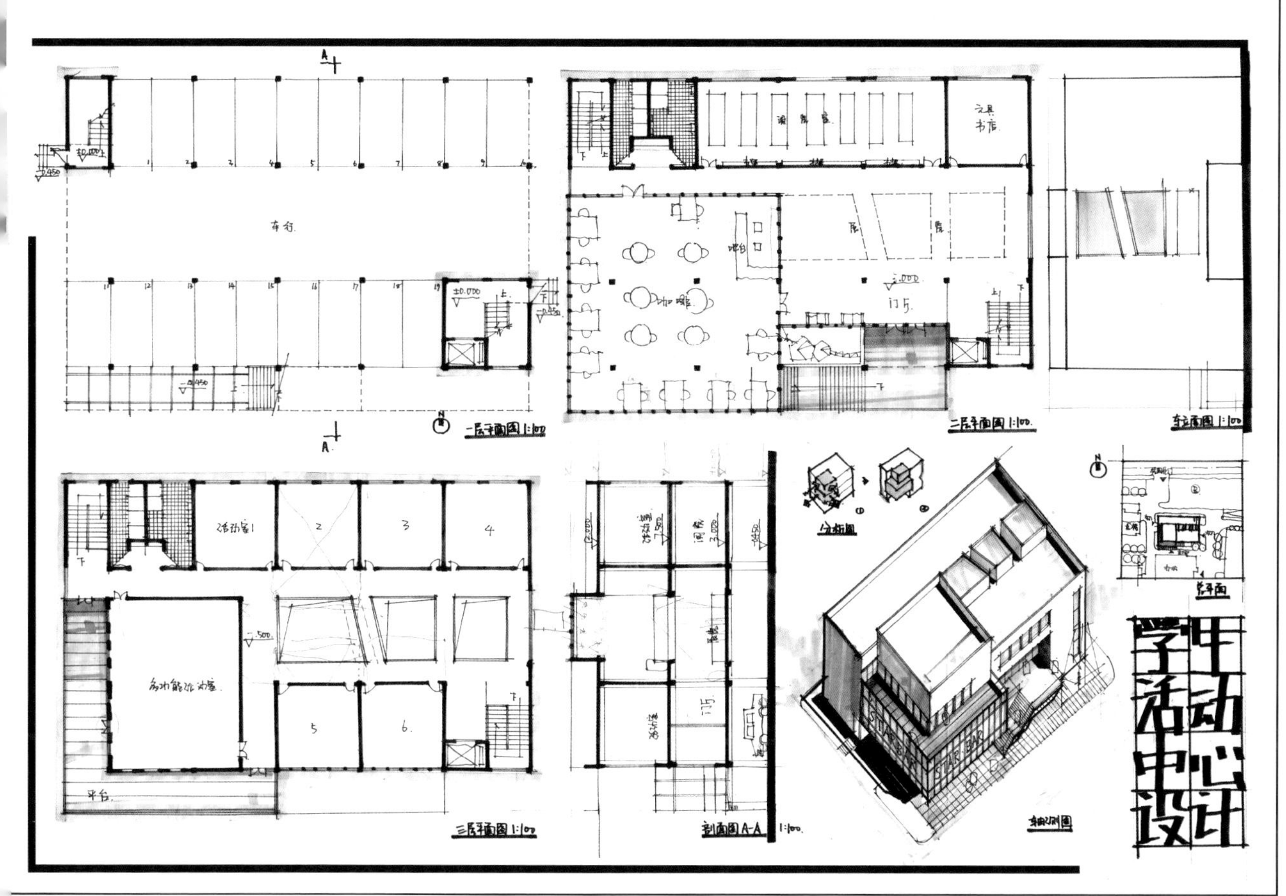

大学生活动中心设计作品解析

表达上，上下图均比较清楚，两图还用灰色马克勾了建筑外轮廓，在图面过满的情况下是个好策略。轴测黑白灰分明，用以突出体块关系，颜色偏向冷灰暖灰则为个人风格，可根据图面效果随意调整。轴测和平立剖均以留白为主，仅在木地板、绿植、玻璃等处施点缀色，这些均为常规表现方法。

上图的形体划分以功能大区划分为基础，二层和三层两个室外大露台决定了轴测中简洁的体块叠压关系，下图的形体操作多为细节处理，如一些小阳台、室外楼梯、天窗的凹凸，在不影响简单平面的基础上也制造了丰富形体外观。以上是形体处理的不同常用策略，前者适合有特色的形体主导设计，后者适合已有平面，对形体作小修改与调整。平面布置上下两图都符合题意，底层架空，入口位置也符合人流来向。值得学习的是拥有同样功能的6个活动室，两个方案都将它们按均匀面积、朝向进行布置，做到了形式和功能的对应。上图方案建议把展厅改为开放式，可解决审图中一眼就发现面积不足的问题，也可避免过于狭长的房间出现。一般展厅、咖啡厅、门厅均可视需要设为开放式。下图方案建议将不同走道宽度调整统一，以及三层倾斜的“桥”稍作移动，使之能够覆盖柱跨间拉直的梁。

参考案例

摄南大学枚方校区 / Ishimoto Architectural
（资料来源：http://www.ikuku.cn/）

湖西大学图书馆 / Bang Keun YOU
（资料来源：http://www.ikuku.cn/）

大学生活动中心设计作品解析

黄色拷贝纸也适宜暖色系表达，建议早期练习可进行多种尝试，方便后期择优确定作图方式。下图的轴测从深到浅的梯次不太连续，建议为屋顶面增加浅灰色。小透视画的形比较准，效果也较好。分析图分点说明了设计亮点，还起到填充图面左边空白的巧妙作用。在平面中表达过多玻璃竖挺不必要，且实际和立面情况不符，有点浪费笔墨。

方案设计基本合理，符合题意。一层大面宽楼梯的起点对面，在原题场地中不远就是建筑，恐怕实际会失去引导性特点，进门之后电梯两部过多，且下方空间为车位，与电梯设备冲突，电梯布置实际不可行。前往咖啡厅的流线尽量不要穿套于文具店之后，不同房间流线应互相并联而非串联，均从门厅发散。也可以选择开放式店铺，留出一条走道，同时化解面积紧张与流线阻断的问题。上层展厅与活动室布置合理，细节处理成熟，屋顶的景观设计有待优化。轴测中屋顶最好画出女儿墙，南立面图二层楼板应有厚度，梁底不会和楼面齐平。家具布置基本比例正确分区合理，但还有提升空间，建议加强积累练习。

参考案例

AN Kindergarten /HIBINOSEKKEI + Youji no Shiro
（资料来源：http://archgo.com/index.php）

四川德阳孝泉镇民族小学 / 华黎
（资料来源：http://www.ikuku.cn/)

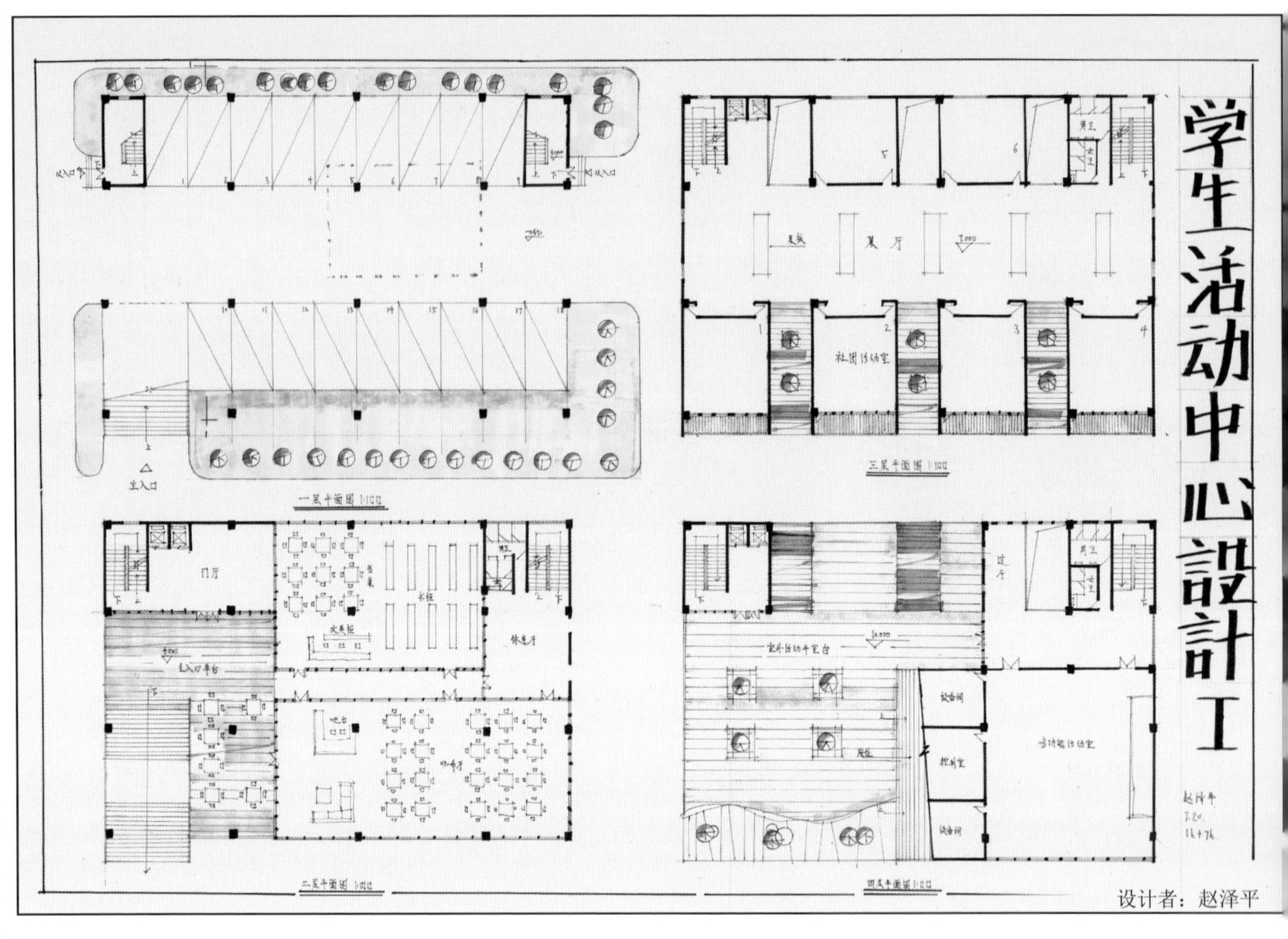

设计者：赵泽平

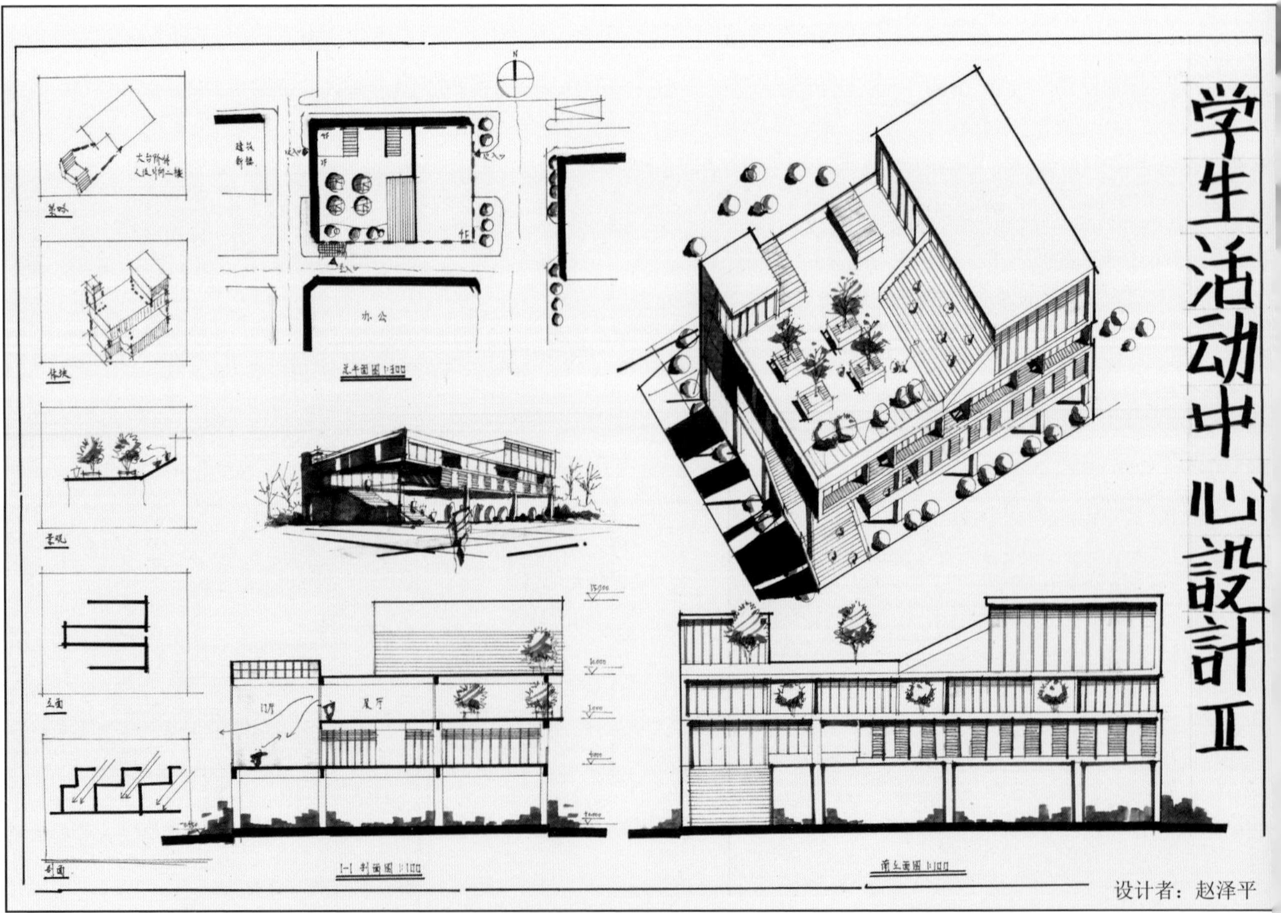

设计者：赵泽平

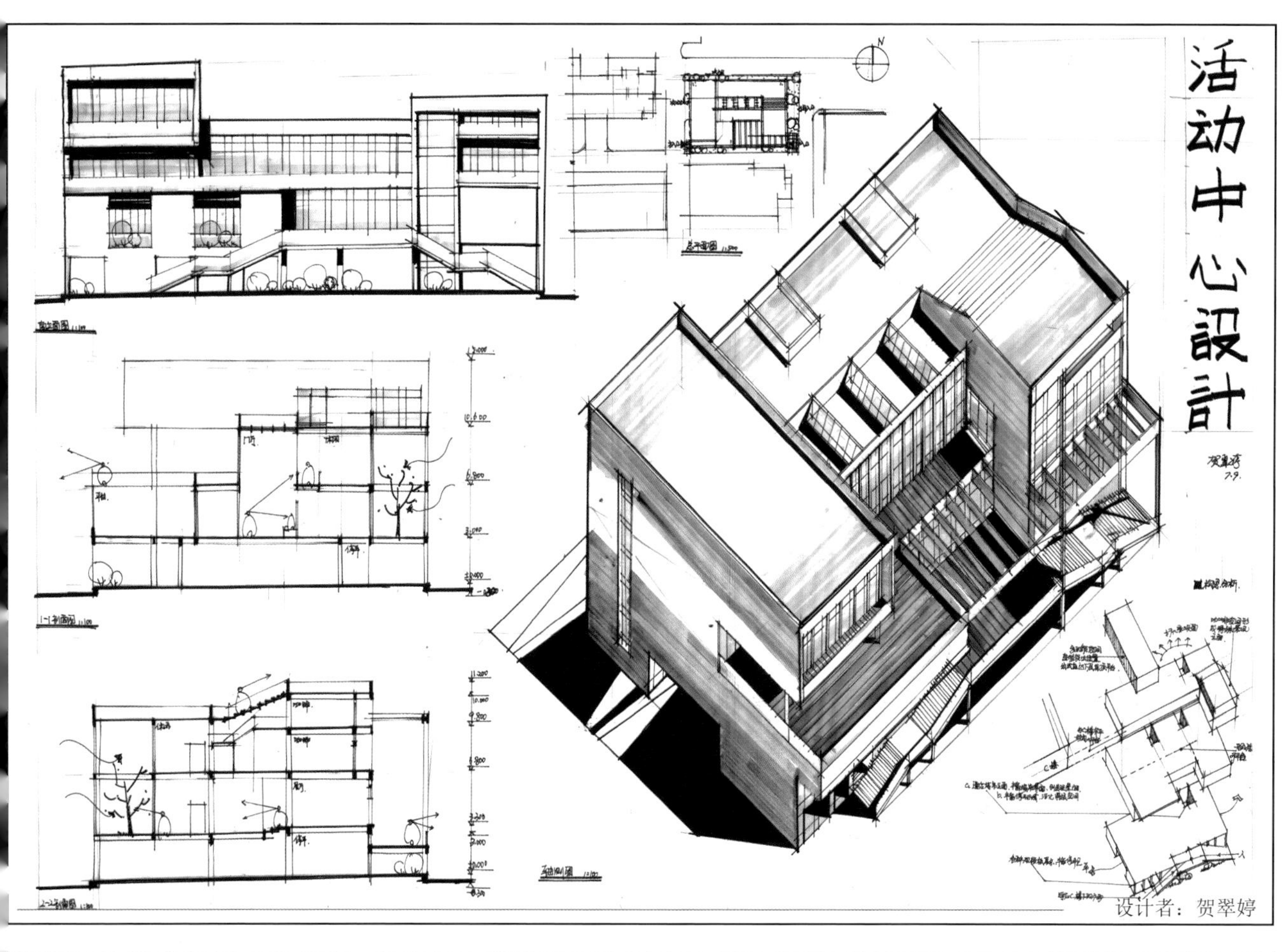

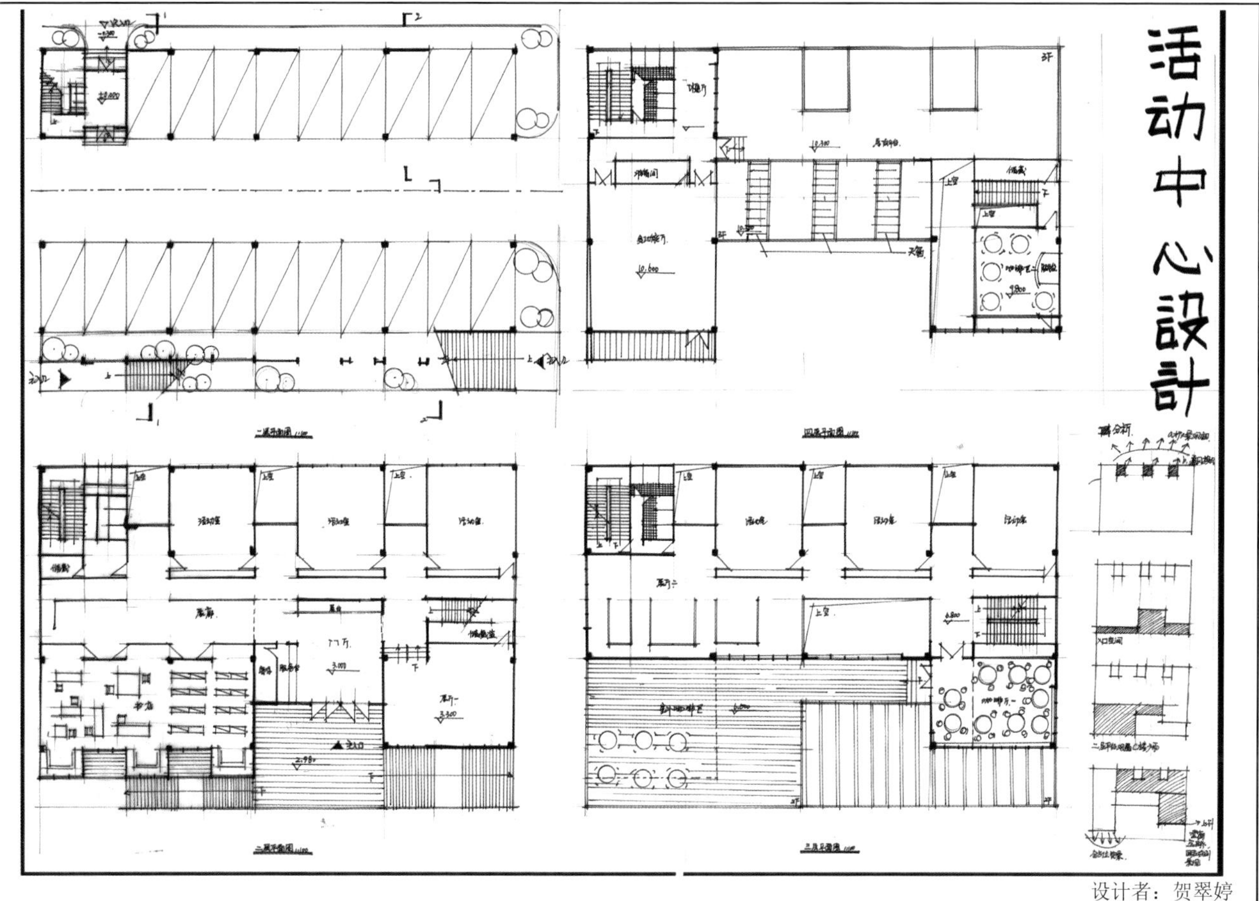

大学生活动中心设计作品解析

占据大幅面的轴测图首先映入眼帘，效果不错，尚有改进建议是略微拉开立面上的背光面与屋顶面的色差，不同朝向的建筑表面，尽量在颜色上表示区别。平面和剖面则建议改善比例尺与墙体厚度关系，尤其是墙的粗实线不应与表达看线、标注的细墨线混淆，使人误解。线条交叉处不宜出头过多，否则易产生潦草感。如果时间充裕，可对平立剖中的绿植、室外木平台，乃至厕所楼梯核心筒、通高空间酌情上色，强调功能分区，减轻审图者负担。分析图建议减少文字，以多步骤的操作手法表达呼应景观、活化空间等设计思路。

方案设计基本合理，符合题意，还较为创新地利用了车位南侧空间，为二层主入口配备引导性直跑梯，而且两梯有主有次。平面中的小细节如把握不大，建议放弃留白，也能使图面更清楚。如三层咖啡厅家具布置、展厅隔墙布置等，此类细节一旦要画，应该画得准确美观，这在平时应加强积累。卫生间最好对男卫小便器、洗手池进行表达，一层西北角的出入口台阶不应面向中间车道，造成人车合流。建筑形体丰富，灵活运用了天窗、虚构架、幕墙和多种开窗结合等手法，值得学习。

参考案例

剧场公园 / Franc Novak
（资料来源：http://archgo.com/index.php）

四川德阳孝泉镇民族小学 / 华黎
（资料来源：http://www.ikuku.cn/）

大学生活动中心设计作品解析

两图第一眼看色彩鲜艳，能在众多色彩单一的快速设计图纸中凸显个性。细看轴测，能在黑白灰明暗关系上，区分冷暖两套系统表现不同材质，可见表现手法较成熟。但是轴测往往屋顶面暴露较多，建议尝试将立面作为受光面而非顶面留白的画法。分析图体现了色彩丰富的优点。平面和剖面图中墙体线条过细，一些门洞也过小，不符合比例尺下实际情况。建议多加积累，培养尺寸感觉。对房间和车位的编号标注很适合这一类题目，能让审图者一目了然，获得分值。总平面过于简单，不应漏掉必要的标注。

一层的两个入口不应面向车道，二层的主入口室外平台建议放大，增加人流聚集和缓冲空间。三层不建议有过于随意的斜向元素，尤其是倾角非常大的。多功能室的两扇门建议开在同一面墙上，使得内部空间完整，不会被出入流线切割。多功能室西侧外部漏掉了柱子，实际加上去后会在轴测图上表达出梁柱虚构架，而多功能厅正中的柱子在三层被移除，最好在剖面上对结构的加强有所表达。屋顶的玻璃面需要有分割，应在轴测中体现出来。

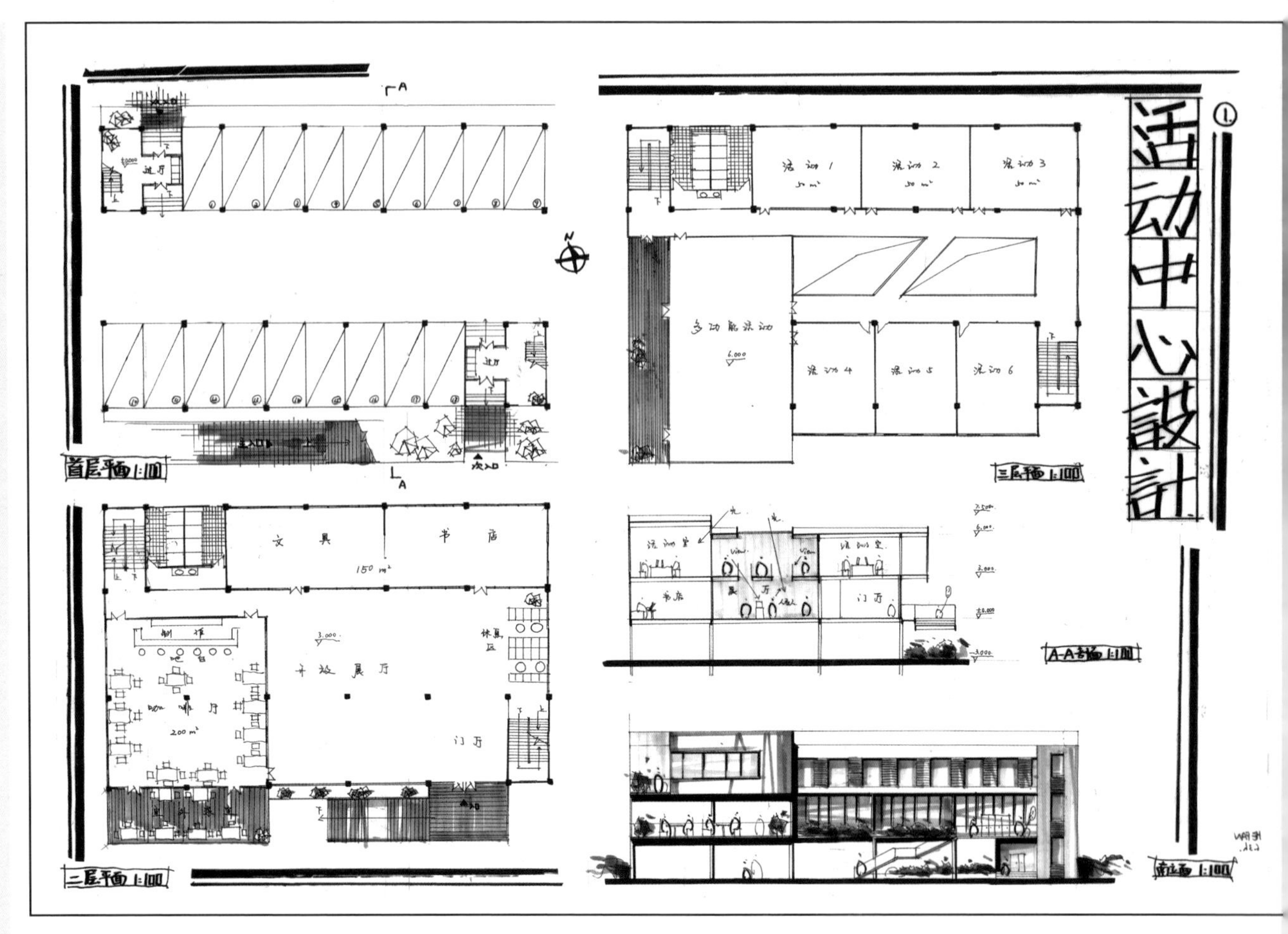

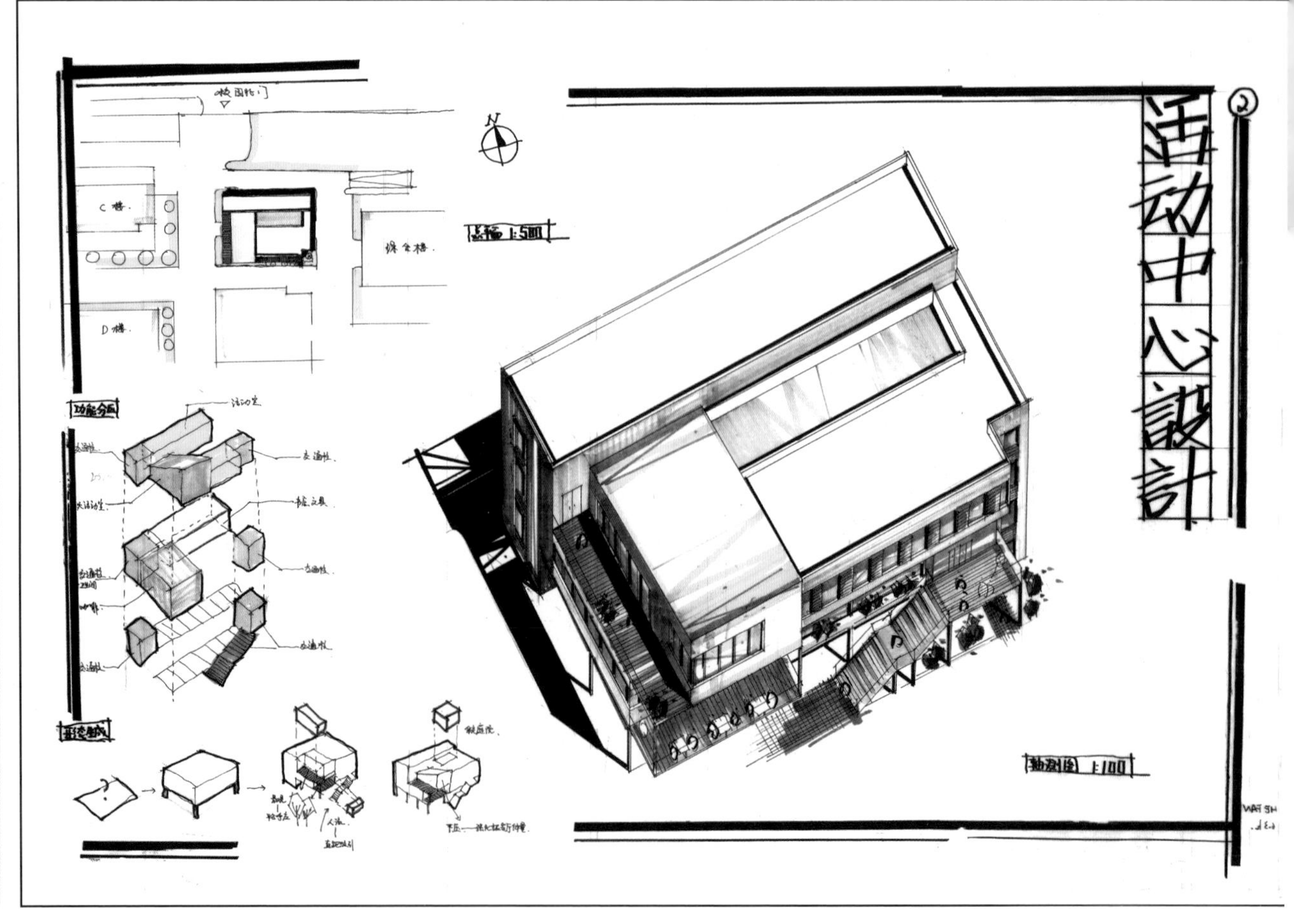

参考案例

皇家温泉酒店 / GCP 事务所
（资料来源：http://www.ikuku.cn/）

同济大学校史馆
（资料来源：http://www.ikuku.cn/）

设计任务三 艺术家工作室设计（3 小时）

一、项目概况

项目基地位于北方某美术学院附近。拟在该地块建一艺术家画廊，供艺术家进行聚会及艺术创作交流之用，兼做艺术作品展览及售卖。

项目基地地块狭长，略呈梯形，南北进深 87m，东西宽 36.8~52.8m，地势平坦规整，总用地面积 3800m²，建设范围如图中用地红线所示，不作退线要求，图中各部尺寸均已标出。

二、设计内容

该画廊由展览售卖、聚会休闲、工作室和管理办公等四部分内容组成，总建筑面积 2000m²（地下停车库面积不计算在其中），误差不得超过士 5%。具体的功能组成和面积分配如下（以下面积数均为建筑面积）：

1. 展览售卖部分

展厅，200m²x2，用于定期展出艺术家的书画作品。

展卖厅，180m²x1，供艺术品展卖，其中含洽谈室 20m²x2。

展品储藏，50m²x2，作为展厅与展卖厅的附属空间，供艺术品备展、整理、储藏。

2. 聚会休闲部分

多功能厅，200m²×1，供艺术家进行聚会交流，并承担小型学术报告厅的功用。

茶室，150m²×1，主要对外经营，但须留出内部通道供贵宾从内部进出。

3. 工作室部分

工作室，75m²×3，供几位专职艺术家工作研究使用，注意房间的采光方向。

休息室，20m²×3，供艺术家工作间歇休息使用。

餐厅厨房，50m²×1，提供艺术家工作室成员约 15 人的午餐及晚餐。

4. 管理办公部分

管理办公，15m²×3。

其他如门厅、楼梯、走廊、卫生间等各部分的面积分配及位置安排由设计者按方案构思进行处理。

三、设计要求

1. 方案要求功能分区合理，交通流线清晰，并符合国家有关设计规范和标准。
2. 总体布局中应严格控制建筑密度不大于 50%。
3. 茶室部分必须设置不小于 300m² 的内部庭院（室外），作为顾客室外喝茶的场所，并具有良好的室外环境。
4. 本项目要求设置地下停车库，停车位不少于 15 个，不设地面停车位。注意车行坡道的坡度与转弯半径应符合设计规范。
5. 建筑层数 2 ~ 3 层，结构形式不限。

四、图纸要求

1. 总平面图，1：500；各层平面图，1：200，首层平面图中应包含一定区域的室外环境； 立面图 1 个，1：200； 剖面图 1 个，1：200。
2. 画出内部庭院（与茶室紧邻）的平面布置详图 1：100，及该庭院的内部透视图或轴测图。
3. 外观透视图不少于 1 个， 透视图应能够充分表达设计意图。
4. 设计者须根据设计构思，画出能够表达设计概念的分析图。
5. 在平面图中直接注明房间名称，有使用人数要求的房间应画出布置方式或座位区域。首层平面必须注明两个方向的两道尺寸线，剖面图应注明室内外地坪、楼层及屋顶标高。
6. 图纸均采用白纸黑绘，徒手或尺规表现均可，图纸规格采用 A2 草图纸（草图纸图幅尺寸 545mmx395mm）。
7. 图纸一律不得署名或作任何标记，违者按作弊处理。

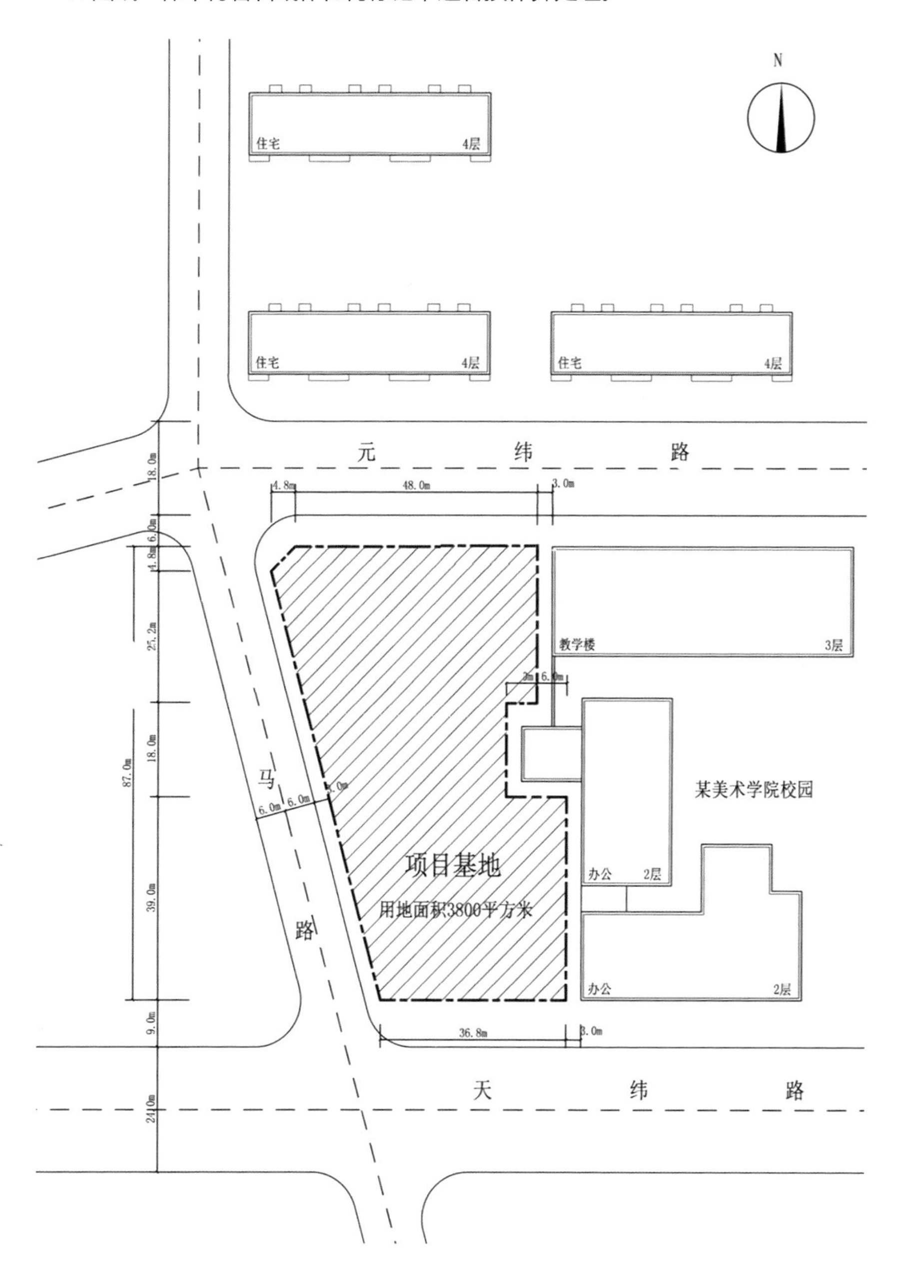

独立解题后扫码观看解析视频 TD12

艺术家工作室设计作品解析

上图的配色浓重丰富，但轴测立体感、平面清晰度把握很好。下图是白描风格，但平面图通过铺地、家具等肌理，分区清晰，轴测不加阴影却将轮廓、转折分成不同等级粗细的线条，照样形体明了，还在具有展示性的角度做了透视表现。两图均处于表达技巧的较高水准。

上图在一层街角人流密集处大胆设置超过一层的架空，形成一个大气的主入口，其余功能基本线性展开，左下与右上角压住两处垂直交通核，整个建筑形体在空间上形成上下两个L形叠加的状态，总图中则依然表现为街区围合、沿街首齐的视感。

下图的主要思路是富有禅意的内院，整个内院结合室外家具与植物，总体上形成由一层主入口附近通往二层展览流线一端的大退台。平面与剖面呼应，也以犬牙交错的形状构成阶梯的感觉，同时反映在功能上，为二层展厅带来采光，为艺术家工作室带来分区，为一层茶室带来韵律节奏。一层右侧辅助用房则干净利落，使方案收放自如。若论不足，两图均可在场地设计这方面结合人车流线、景观设计予以加强。

参考案例

泰州（中国）科学发展观展示中心 / 何镜堂
（资料来源：http://www.ikuku.cn/）

韩美林艺术馆 / 崔恺
（资料来源：http://www.ikuku.cn/）

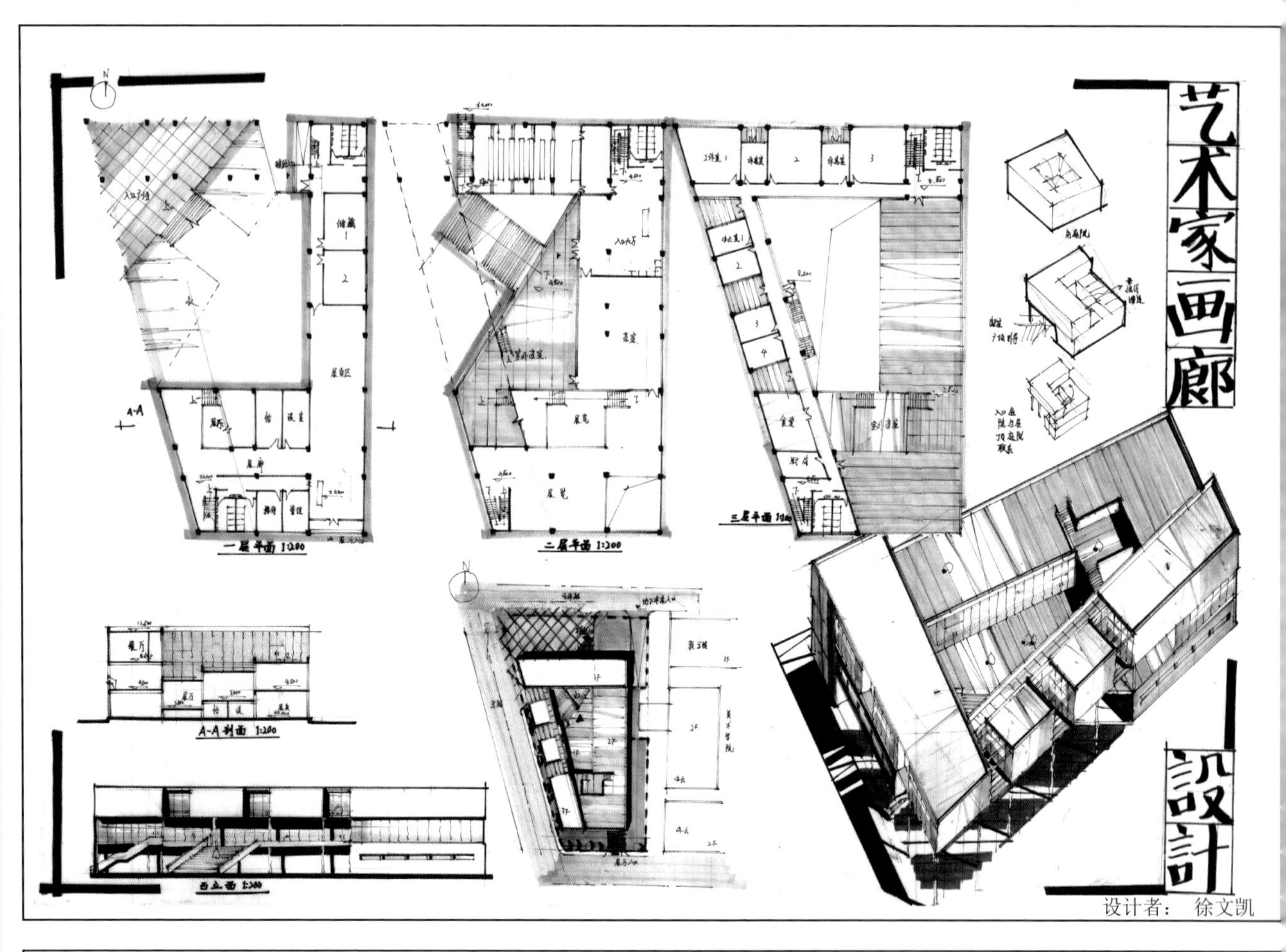

设计者：徐文凯

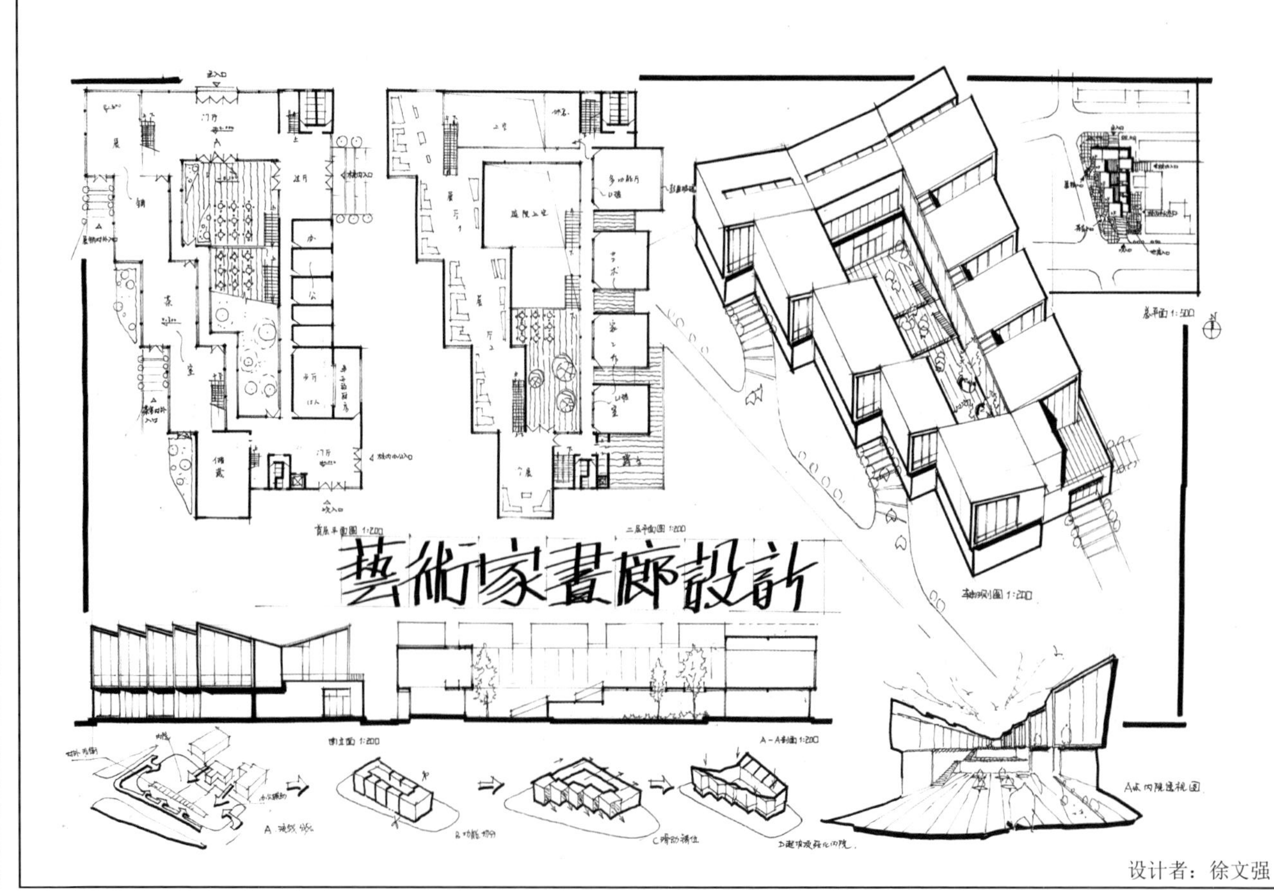

设计者：徐文强

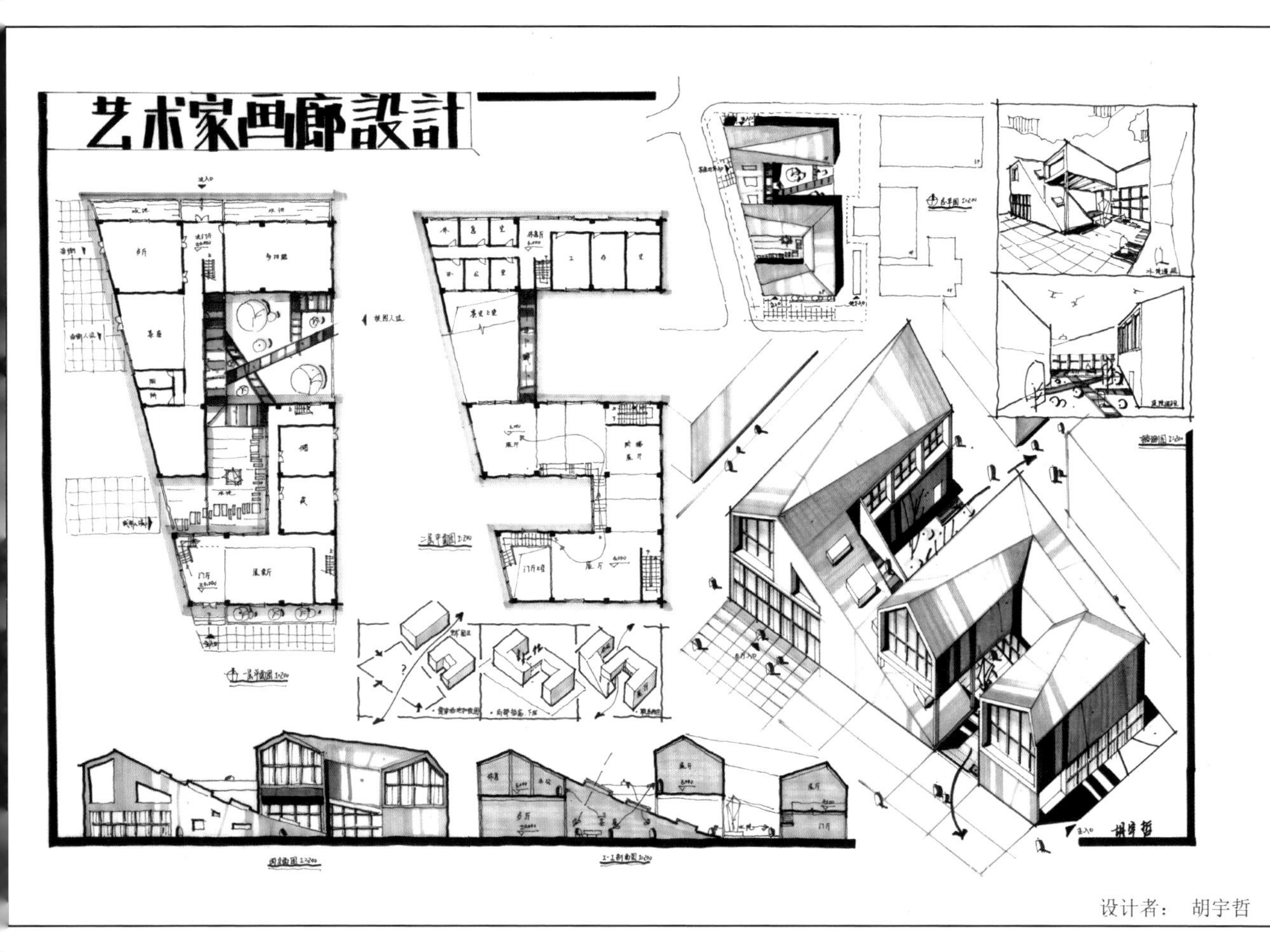

设计者：胡宇哲

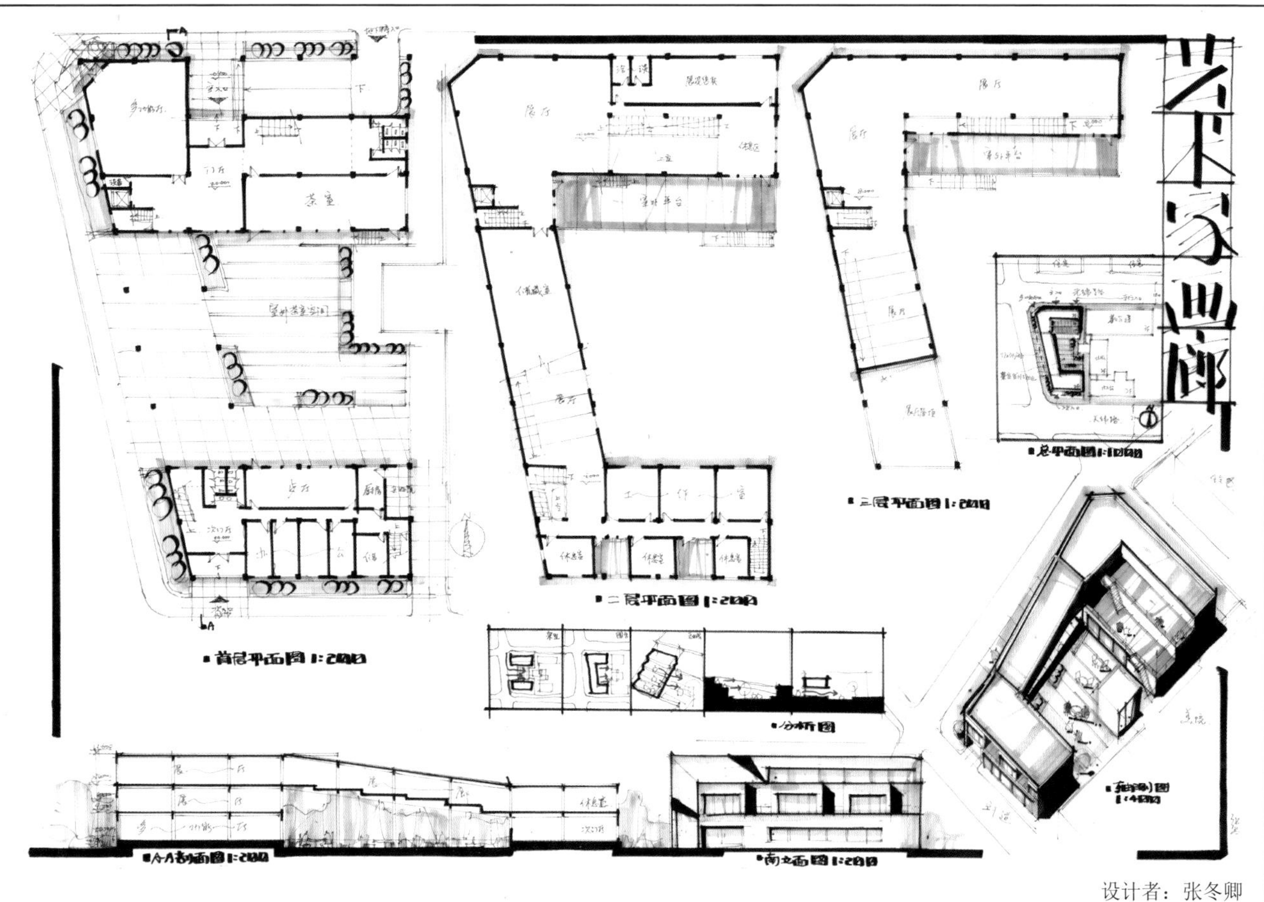

设计者：张冬卿

艺术家工作室设计作品解析

配色上上下两图均有自己的成熟风格，且不落俗套，可作为初学者尝试学习的对象，尤其应体会其色彩以外的明度深浅关系。上图手绘图纸抖线在整体上笔直，与下图尺规都是较好范例。两图的墙体表现均较厚，符合实际比例关系。灰色马克除了轴测，在平面勾边、剖面中室内部分强调建筑边界（上图），室外部分衬托室内（下图）、立面图上表现墙体肌理之中，均得到恰当发挥。

从总平面中看出，两图基本都遵循首齐街道界面的策略，在此基础上上图更加灵活，通过一个大S形造型制造两个小院，内部功能随着S形形体展开，一层茶室、二层展厅这类较为开放自由的空间处还增加了地面标高或净高的上下起伏，建筑顶面也随之配合，将功能特点映射在了外形特色上，化解了单纯S形建筑可能出现的单调。下图方案的建筑形体完全围合，但是在一层处沿街开放，制造一个半围合的大院落。下图没有使用坡屋顶，但通过退台的形体产生两个露台，整个建筑犹如看台一般，在功能上与庭院互相诠释。细部的走道与房间划分、辅助用房、景观设计，两图都不错。上图的地下车库入口虽然没有暴露减分问题，但也缺少结合场地的设计，下图的车库入口长度与转弯半径满足规范要求。

参考案例

同济中法中心 / 张斌
（资料来源：http://www.ikuku.cn/）

Kurve 7 / Stu/D/O Architects
（资料来源：http://archgo.com/index.php）

艺术家工作室设计作品解析

上图配色在不同明度的主体外用以玻璃、木栈道、绿植的固有色，保持了总体绿灰的基调，下图更为素气，用一个串联各个视图的木色（分为深浅两支笔）撑起画面风格的主旋律，两图都有自己的用色特色。作图用线粗细比例恰当，布图合理。下图的分析图尤为步骤清晰、以图说话。

上图的总体策略可视为在S形基础上予以破解，同一个“S”形的不同部分拥有不同宽度和材质，对应不同进深、空间体验需求的房间，北部内院则在二层用大平台封住，以大楼梯连接一层南部内院的人流，大平台下部正好置放无大量采光需求的多功能厅，工作室与观展流线有分有合，处理得当。但展览入口缺乏足够的空间汇聚人流，在总图中的位置来看，城市人流到达也不是很方便。下图形体策略同样为围合街区的突破，但不是S而是一个开口8字，其中一半是一个从地面层上升到一层屋顶，进而走上二层屋顶，最终连接工作室区域的大型木平台游步道。在一层屋顶往二层上升过程中，下方建筑形体随之行走，被用作了形式较为自由的展厅，在下方的室外负空间则露出了一个斜向开口，被用作8字形围合庭院与外界的沟通之处。但是这个木平台过于巨大，实际流线很长，实用性可能不佳，建议用建筑或景观手法增加空间节点，以缓解单调。

参考案例

嘉宝梦之湾 / 宋照青
（资料来源：http://archgo.com/index.php）

四方美术馆 / 霍尔
（资料来源：http://archgo.com/index.php）

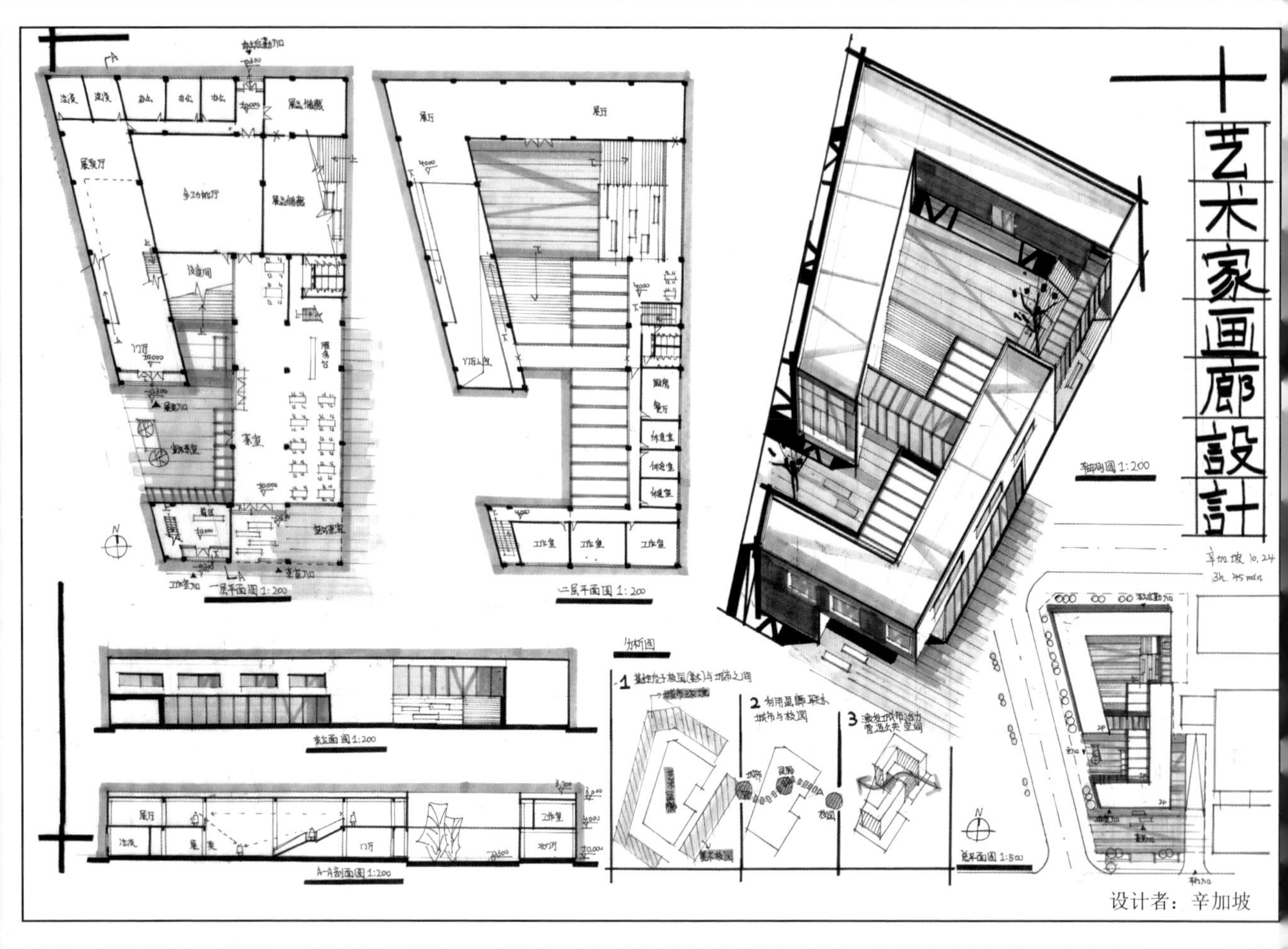

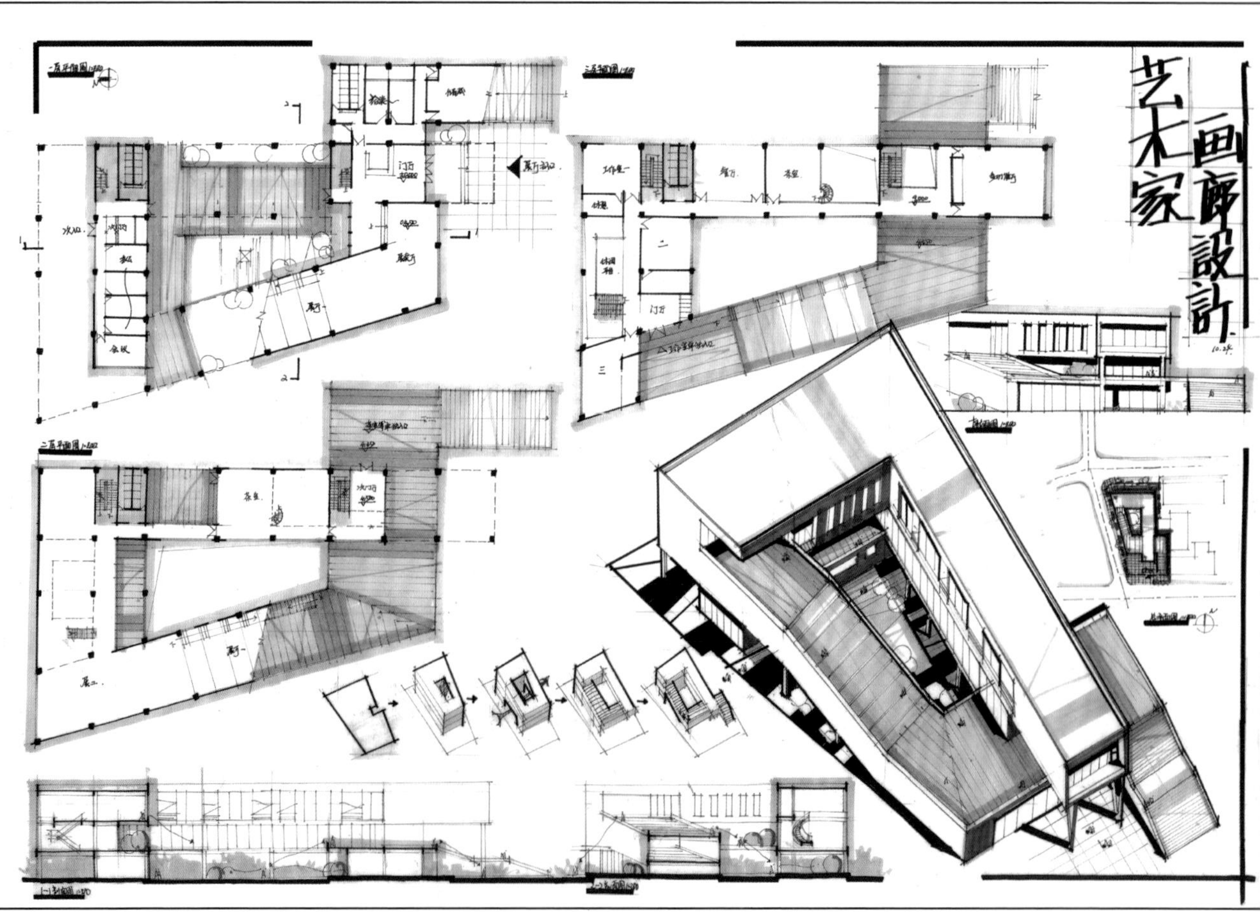

设计任务四 图书馆设计（3 小时）

一、项目概况

项目基地位于北方某城市的社区中，拟在该地块建一个社区图书馆，在宣传读书学习理念的同时，开展群众文化活动。并为市民提供阅读学习的公共空间，同时成为社区标志性建筑。

项目建设范围略呈梯形，建设用地面积为 2246m²，地势平坦。东西边长 32~48m，南北边长为 52~60m，建设用地北侧为城市绿地，不作退线要求。建设用地的西侧和南侧均为居民区，其建筑退线各退出用地红线 3m；基地东侧是城市道路，其建筑退线退出用地红线 4.5m。图中各部分尺寸均已标出。

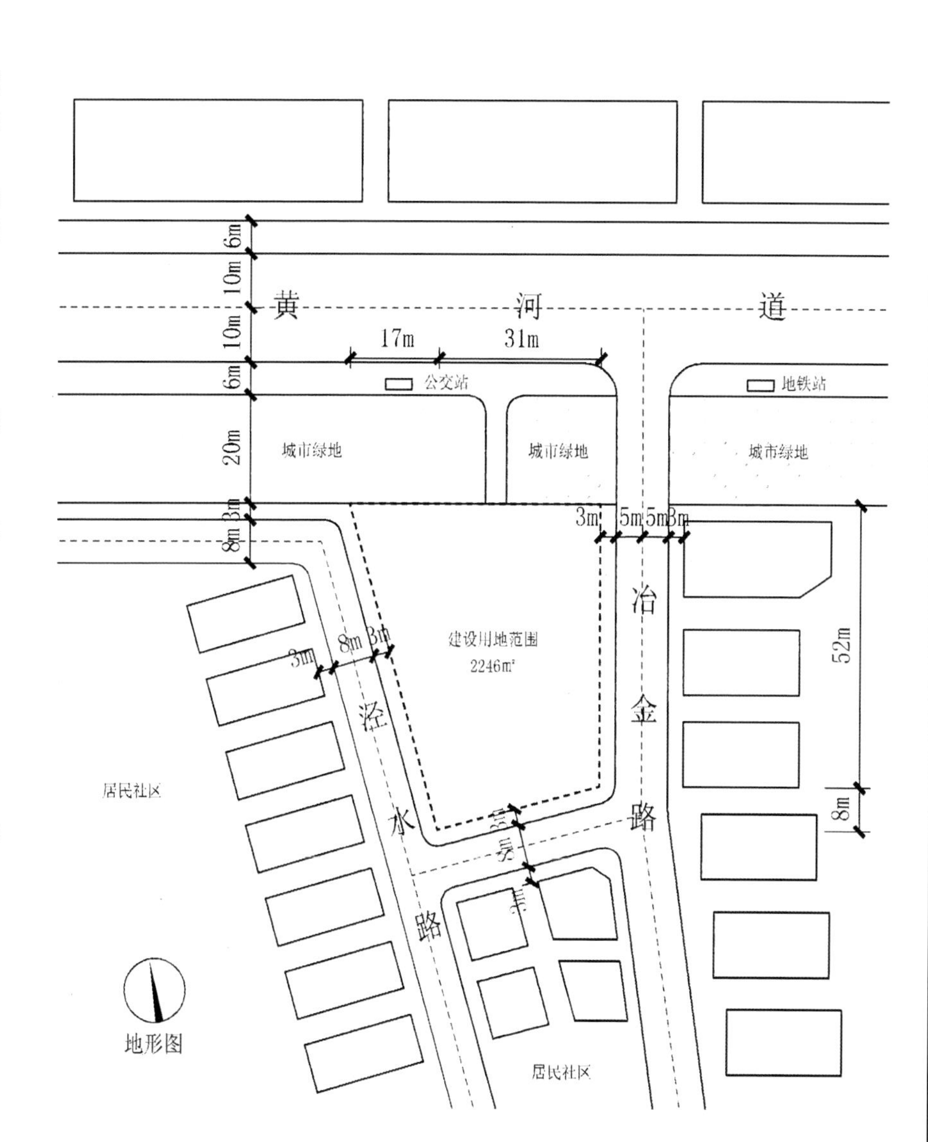

二、设计内容

该图书馆的总建筑面积控制在 3000m² 左右（误差不得超过 ±5%）。具体的功能组成和面积的分配如下（以下面积均为建筑面积）；

1. 阅览区域：约 1110m²

普通阅览区： 740m²，功能应包括文学艺术阅览、期刊阅览、多媒体阅览、本地资料阅览等；

儿童阅览区：370m²，功能应包括婴儿阅览、儿童阅览、多元资料阅览、故事角等。

2. 社区活动：约 440m²

多功能厅： 200m²，功能应包括演讲和展览的功能；

社区服务： 240m²，功能应包括多用途教室、文化教室、研讨室和学习室等，各部分功能的面积和数量自行确定。

3. 内部办公：约 120m²

房间功能应包括：更衣室、义工室、会议室、办公室、管理室等，各部分房间功能的面积和数量自行确定。

4. 贮藏修复：约 250m²

贮藏室：100m²；

修复室：150m²。

5. 公共空间：约 1080m²

包括楼梯、卫生间、门厅、服务、存包、归还图书、信息查询、复印等公共空间及交通空间，各部分的面积分配及位置安排由设计者按方案的构思进行处理。

三、设计要求

1. 方案要求功能分区合理， 交通流线清晰，并符合有关国家的设计规范和标准；
2. 建设用地北侧的现状为绿地，注意原有居民对该地块的适应；
3. 建筑形式要和周边道路以及周围建筑相协调，以现代风格为主；
4. 建筑总层数不超过 4 层，其中地下不超过 1 层，结构形式不限；
5. 本项目不考虑设置读者停车位，但要考虑停车卸货的空间。

四、图纸要求

1. 须根据设计构思，画出能够表达设计概念的分析图。
2. 总平面图，1：500；

各层平面图，1：200，首层平面图中应包含一定区域的室外环境；

立面图 1 个，1：200；剖面图 1 个，1：200。

3. 建筑的轴测图 1 个，1：200。不作外观透视图。
4. 在平面图中直接注明房间名称。阅览部分应标注桌椅和书架的位置。首层平面图必须两个方向的两道尺寸线。剖面图应注明室内外地坪、楼层及屋顶标高。

独立解题后扫码观看解析视频 TD12

图书馆设计作品解析

上图基本用一个直通二层的大楼梯，将人流引向主要被服务功能所在的二层，底层则为办公、修复、储藏等服务区域。但大楼梯尽头的空间有待放大，不仅作为入口过渡区域，而且面向城市绿地，整个楼梯可作西班牙大台阶式的公共空间使用。轴测角度选取可以改为另一个方向，因为空间上错动的退台通常比大面积表现屋顶和立面的角度更容易表现出彩，表达出体块关系。如果觉得建筑西北角也是个不容错过的亮点，可以参照案例，用小透视图额外补充。平面表达基本清楚，但其中的家具尺寸、电梯画法等细节建议通过加强积累练习。

下图的下沉式内院思路很好，符合图书馆建筑安静、内向的性格特征，但是整个方案四面均等，庭院的两个入口也基本呈现了复制镜像的关系，建议可思考下与场地外部城市的关系。同时有一些细节问题，如上图的楼板开洞穿越了轴线，打断了柱间梁，下图入口缺乏主次，入口也需要能串联人流至主要的功能区——阅览室的引导性、装饰性垂直交通。下图的表现基本无问题，平面手绘效果可以，轴测比较复杂的形体能够把控住，可见功底不错，另外分析图用视觉语言表达的设计思维也很形象。

参考案例

加拿大 mont-Laurier 多功能剧场
（资料来源：http://archgo.com/index.php)

东莞松山湖科技产业园图书馆 / 周恺
（资料来源：http://archgo.com/index.php ）

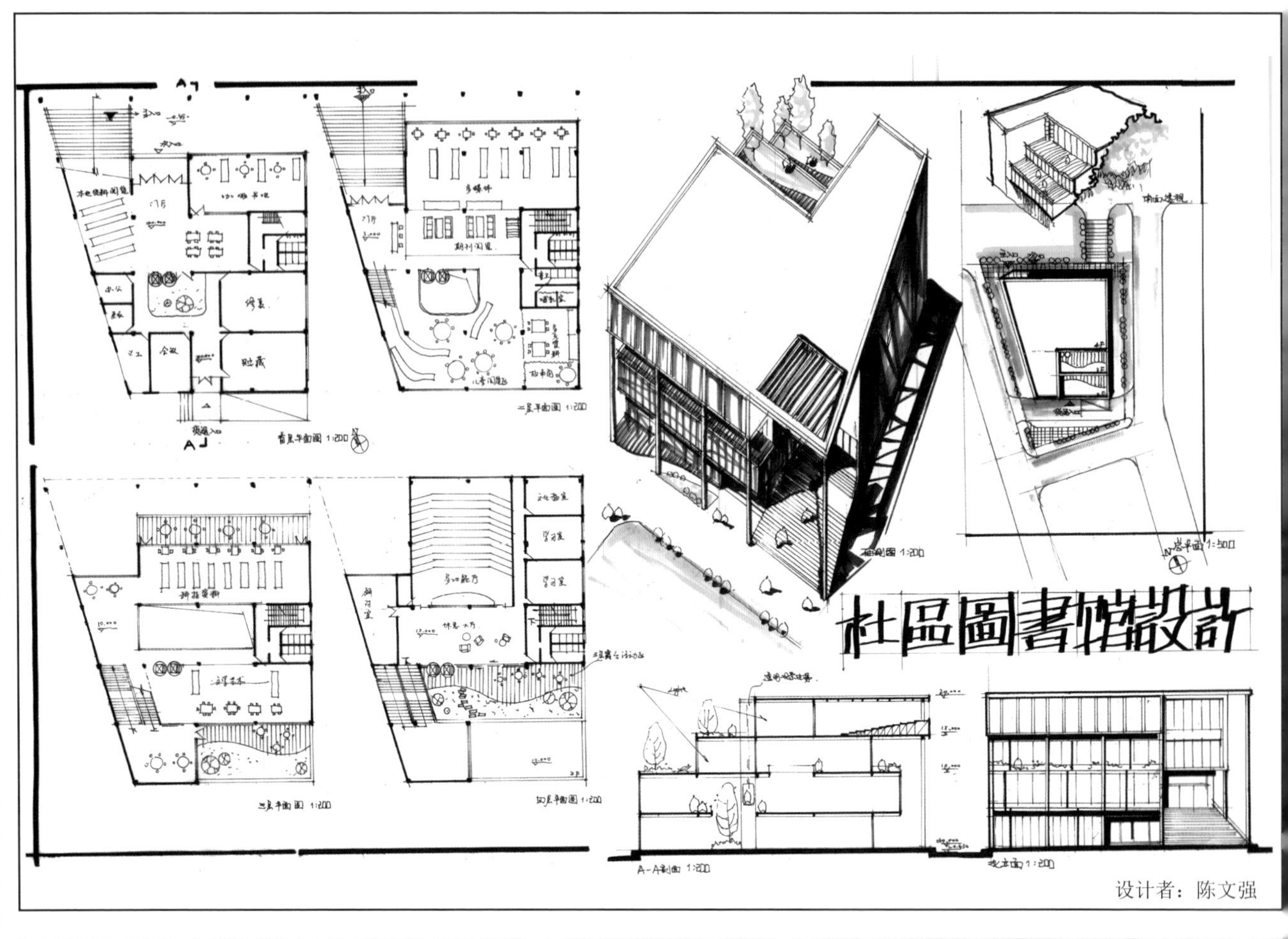

设计者：陈文强

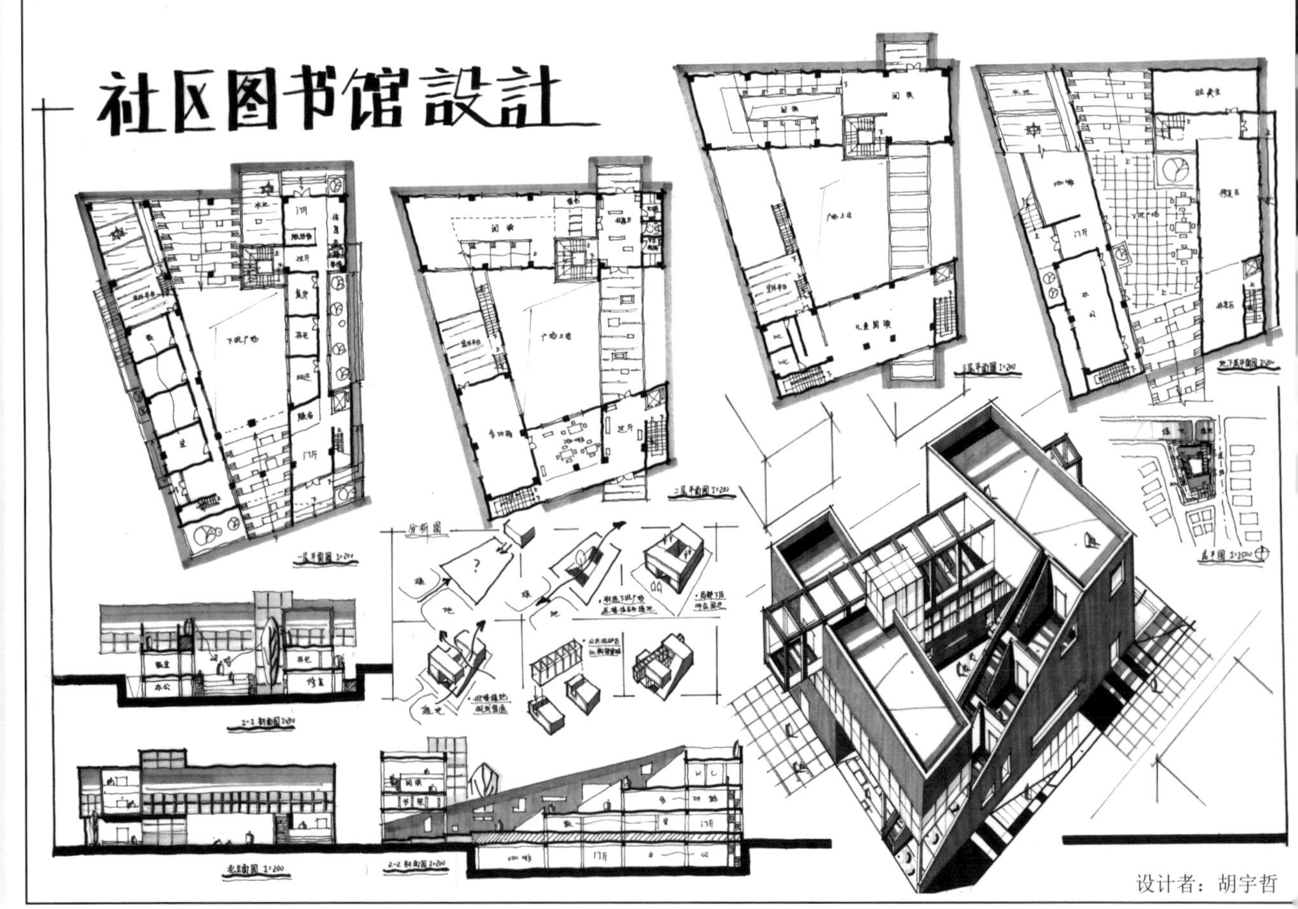

设计者：胡宇哲

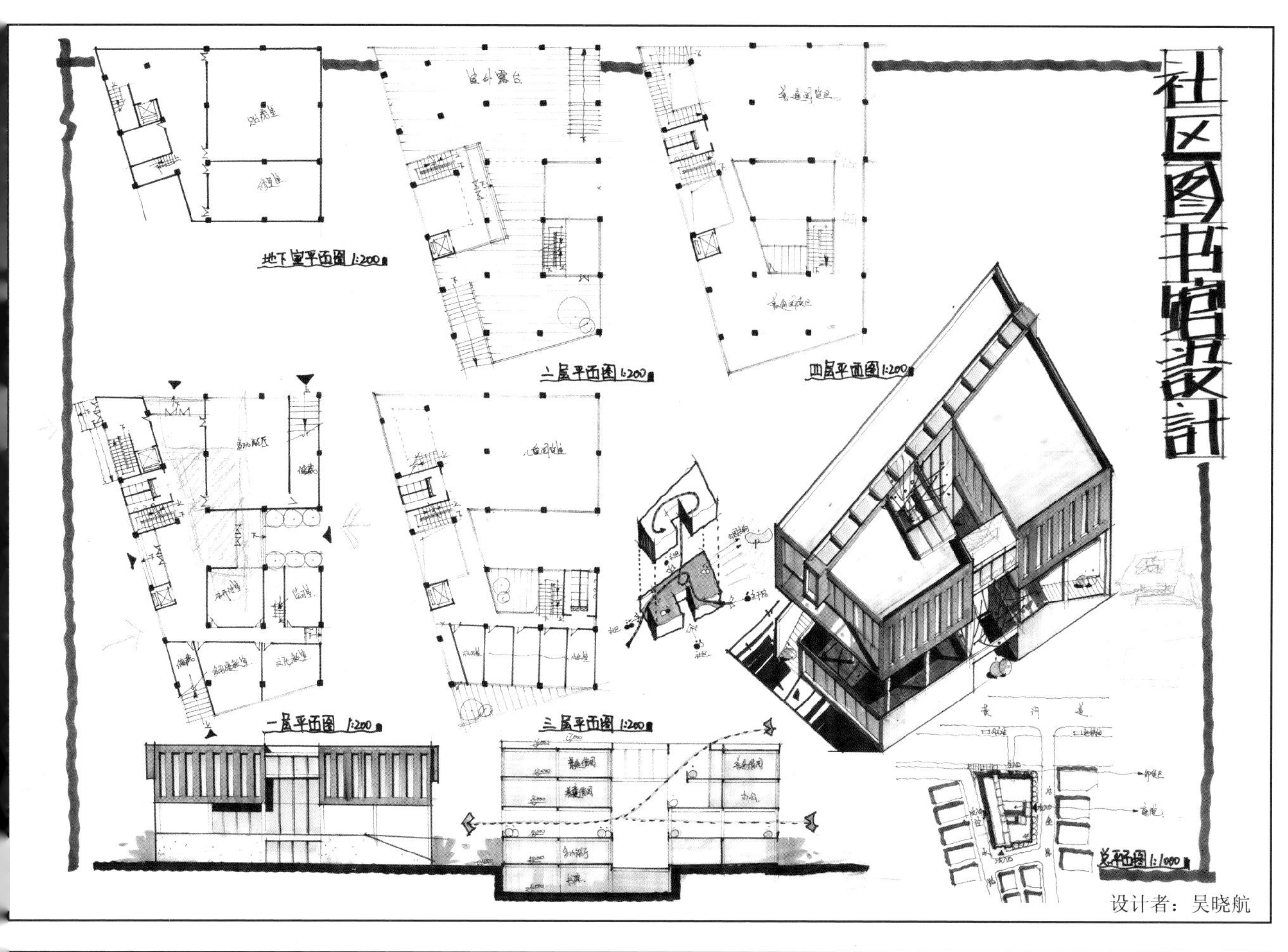

设计者：吴晓航

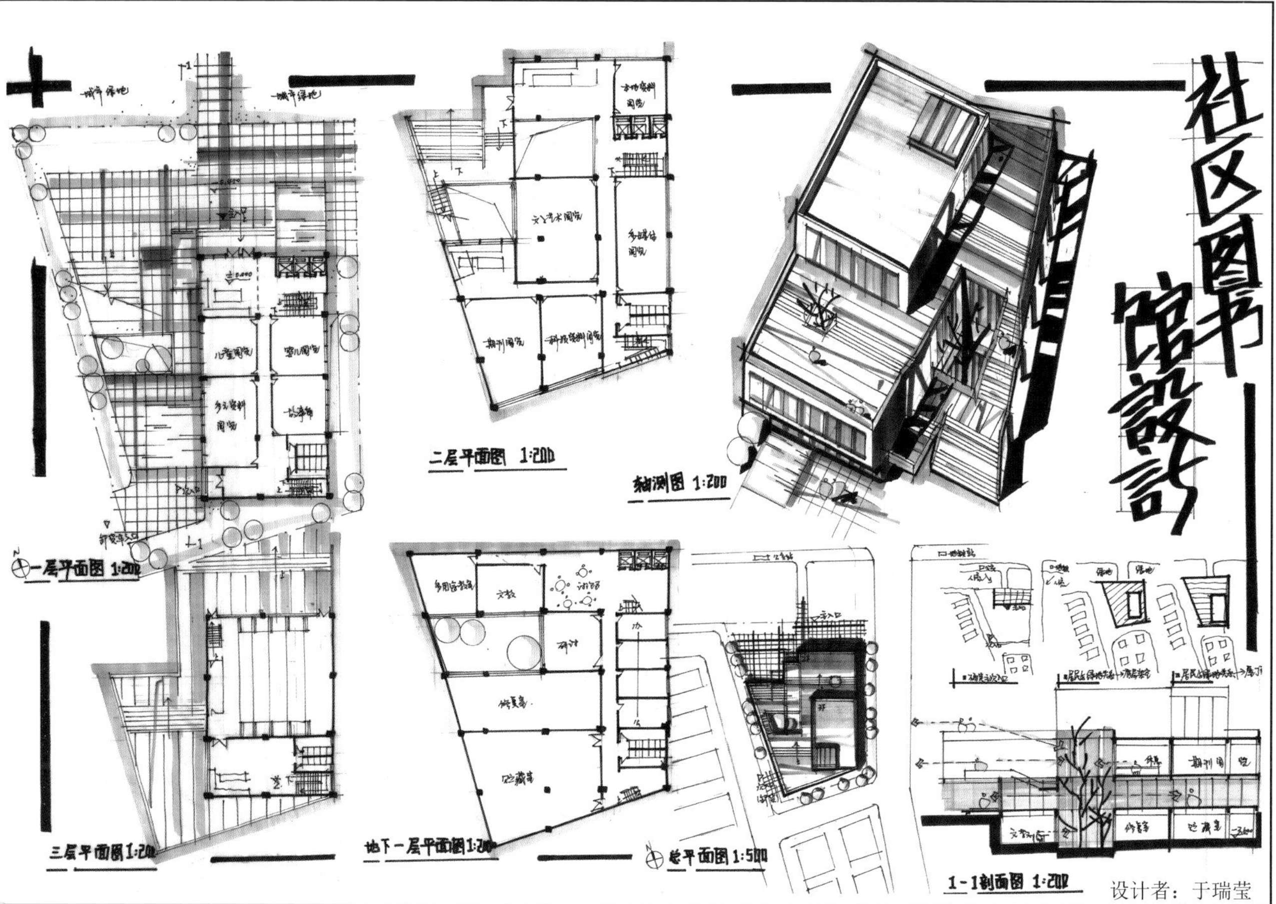

设计者：于瑞莹

图书馆设计作品解析

上下两图均选取了适合自己发挥材质表现的轴测角度，上图为大量的立面，用鲜亮但不过火的橘红色可表达砖、陶土板，或锈蚀钢板的肌理。

上图方案基本是一个中间层架空的策略，这也在形体上做成了身材匀称的三段式。对应功能则将主要被服务功能空间（接近入口、需要小空间）放在一层，办公空间（流线末端即可）和阅读室（需要开放大空间）放在三、四层。二层的大平台可以上人，结合场地外的城市和绿地，符合“建筑开放空间给城市公众”的设计理念。

下图方案本质为中间走廊两边挂房间的演化，由于公共建筑的特殊性，有些房间比较宽敞，使得形体远离了办公建筑的板状。大面积屋顶的暴露，配合较好的马克表现，也展示出了方案中作为城市阳台的上人屋面的特色。其形体策略没有上图那么清晰干脆，虽然有待改进，但最终效果也不错。结合局部架空的首层，对场地做了较为深入的设计，水景、植物齐全，而且在北部留了较大广场，与城市绿地结合，也为向下突出的地块增加了上部的穿越道路。总之上图更专注优化建筑，而下图的城市设计意义更大。

参考案例

郑东新区城市规划展览馆 / 张雷
（资料来源：http://www.ikuku.cn/）

剧场公园 / Franc Novak
（资料来源：http://archgo.com/index.php）

设计任务五 幼儿园设计（3 小时）

一、设计要求

在北方（寒冷地区）某小区需设计一所全日制幼儿园，具体设计要求如下：

1. 总体要求：功能合理，流线清晰、考虑幼儿的生理、心理特点，与周边环境和谐。
2. 总建筑面积及高度：3000m²，幼儿活动用房不超过 2 层，其他不超过 3 层。
3. 规模：7 个班（大、中、小班各 2 个班，托儿班 1 个班）。
4. 功能空间：

（1）各幼儿班级（活动单元）：

幼儿活动室：幼儿活动、教学空间，每间面积 60m²，必须保证自然采光和充分的日照（南向最佳，东、西次之）和自然通风；

幼儿寝室：幼儿午休空间，每间面积 60m²，应有良好的自然采光与通风；

卫生间：供幼儿使用，每班至少 5 个蹲位（每个尺寸 800mmx700mm），5 个小便器，不用男女分设，尽量考虑自然采光与通风；

储藏间：主要为幼儿衣帽存放，10m²。

（2）音体活动室：共 1 间，面积 120m²。音体活动室的位置宜与幼儿活动用房联系便捷，不应和办公、后勤用房混设。如单独设置，宜用连廊与主体建筑连通。

（3）办公部分：

办公室， 60m²；

院长室， 15m²；

会议室、接待室，60m²；

医疗室， 30m²，包括治疗室、观察室。

（4）后勤部分：

厨房，60m²；

库房，30m²。

（5）门厅：不小于 60m²，其中设晨检。

5. 室外场地

每班应有相对独立的班级室外活动场地，面积不小于 60m²；

集中活动场地，其中设置 30m 跑道（6 道，每道宽度 0.6m）；

种植园地，不小于 150m²，应有较好的日照；

其他：幼儿园主入口应考虑留出家长等待空间，设置次入口供后勤使用。

二、图纸要求

总平面图，1：500~1：1000；

各层平面图，1：200；

立面图至少一个，1：200；

剖面图至少一个，1：200；

表现图（形式不限）；

其他图纸设计者自定。

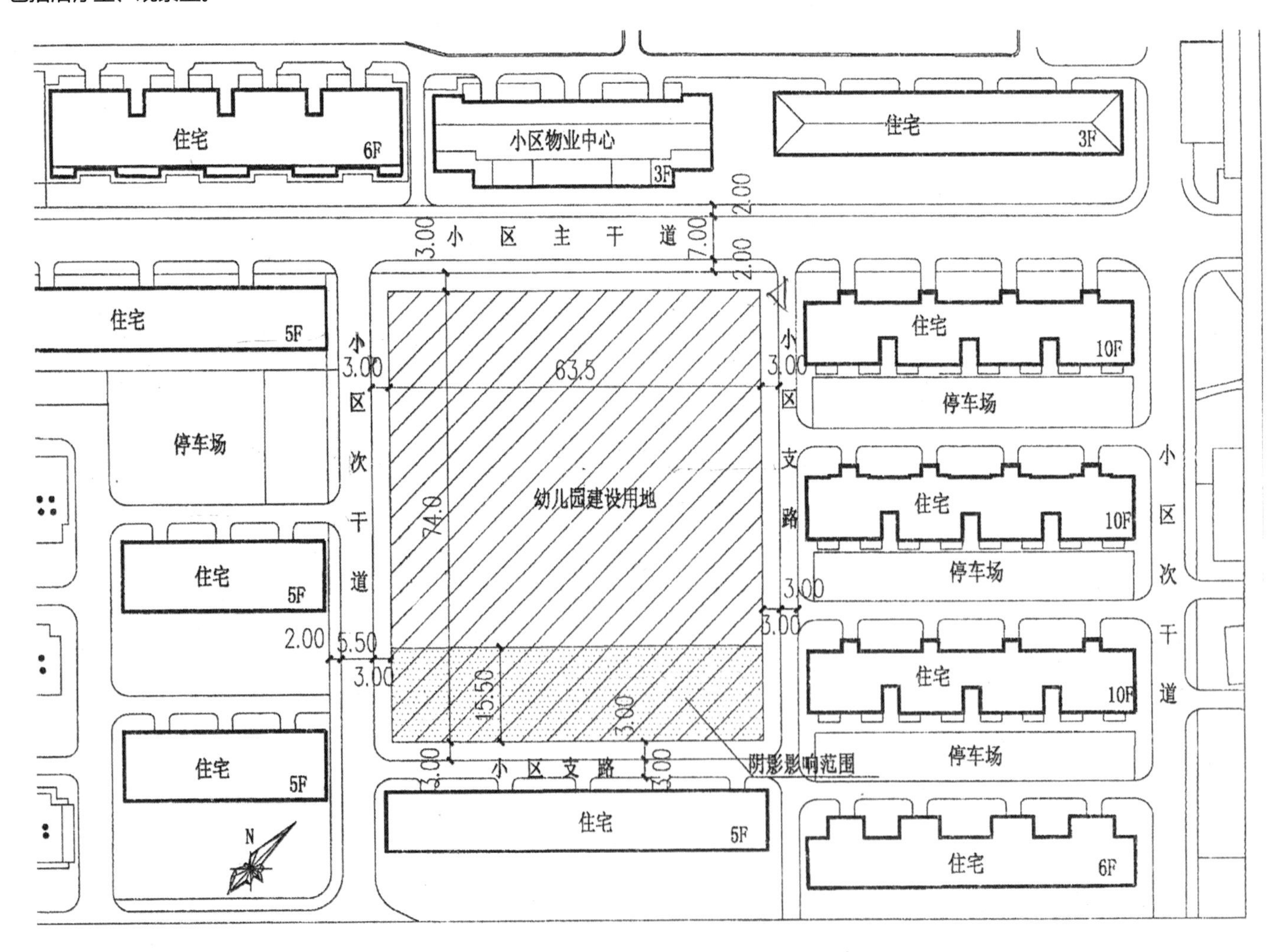

独立解题后扫码观看解析视频 XJ15

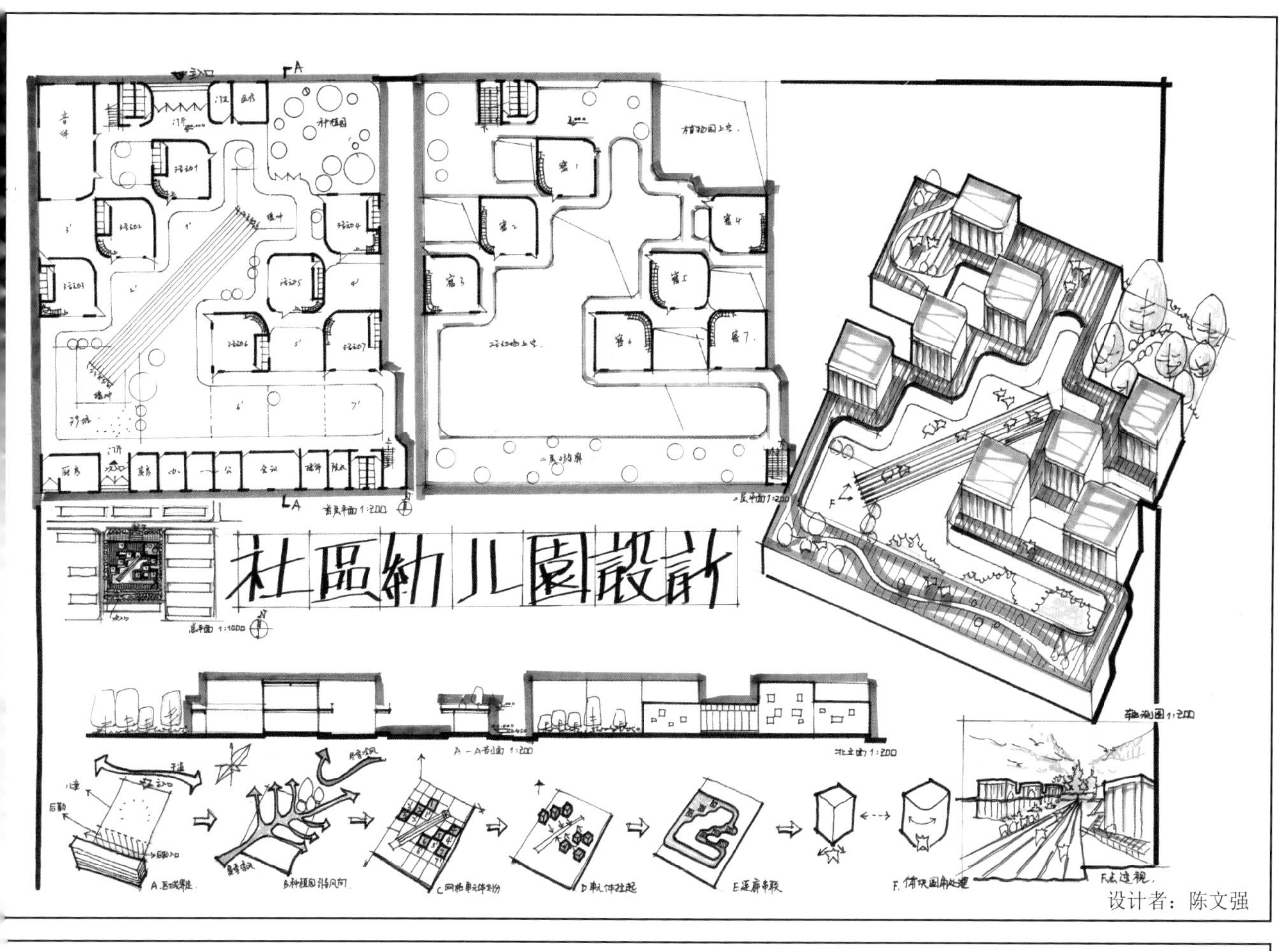

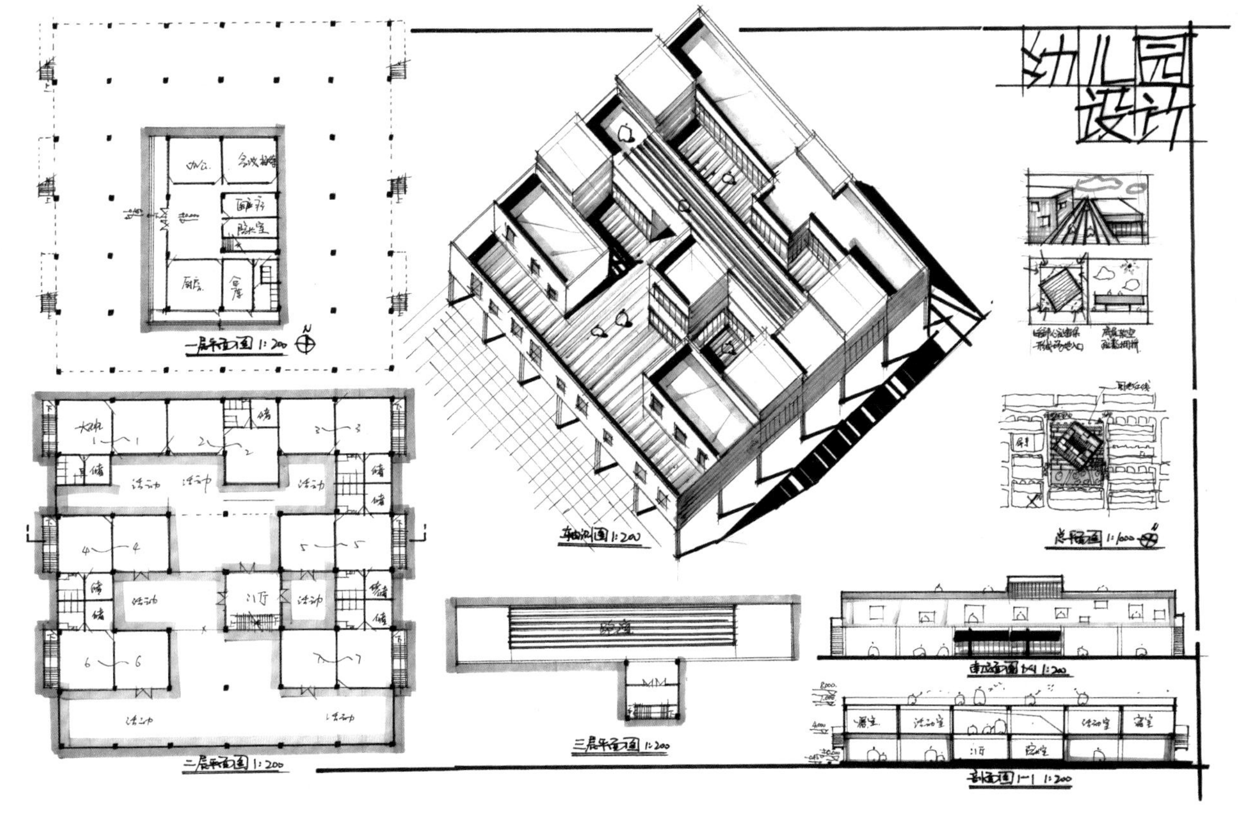

幼儿园设计作品解析

上图的建筑形式比较有趣，艺术化处理的方块作为房间外形符合幼儿园建筑特征，而策略基本是45°斜向阵列布置，在中间贯穿长条活动场地。最南面条状布置办公和辅助用房，而上图都将储藏室和卫生间布置在每个班级自己的艺术化方块中。下图其实也是类似的散点布置，但是班级之间的关系更加自由，每个班级的活动场地也不像上图一样上下对位匀称安排。储藏室和卫生间则独立出来，每两班合并成一个独立的完整体块。总体来说下图形体和功能更加互相穿插而上图更保守，建议上图可以尝试有所突破，班级和辅助用房之间的形式也能互相穿插，而下图建议使形体更规整，或者说为正、负形找出一些能以分析图按步骤解析的操作逻辑。另外两图均存在班级外的空间暴露于户外的问题，小孩需要来往于自己班级和公共空间，因此最好有能处于遮风避雨、可以采暖控制的封闭室内活动空间。

两图表现大体尚可，上图的轴测显得比较单薄，原因可能是缺少细部构件的厚度，如女儿墙、窗框竖挺、植物，同时也需要增加阴影来强化体块。但上图用来表现设计基础思路的分析图比较生动美观，是个亮点，下图的分析图比较潦草，透视图有待优化。

参考案例

上海夏雨幼儿园 / Atelier Deshaus
（资料来源：http://www.ikuku.cn/)

小村庄里的幼儿园 / Dominique Coulon & associés
（资料来源：http://archgo.com/index.php)

幼儿园设计作品解析

上图的方案思路比较明确，最南面放置了互相并列的幼儿园班级，在并列的基础上稍加错动形成丰富的立面，每个班在各自的建筑形体内设置卫生间与储藏室，以及独立的活动场地，又在室外有一条状共享的场地。其余辅助功能放在北面，均比较方便到达，且流线分离。

下图的班级在整个平面均有布置，朝向南侧开阔场地、内院、北侧皆有，有为了形式牺牲功能之嫌。然而形式处理确实不错，建议在微调形式的基础上，对7个班级予以分级（而且这也是题目本身提供了信息的），对同一级别的班级尽量安排接近的采光、朝向、位置即可，如此一来较为分散的布置在功能上可以自圆其说。形体细节上，两图都做到了适合幼儿建筑的趣味化，同时具有建筑学美感，没有流于符号化的简单审美。建筑外部场地设计，两图都比较随意，最好在总图上予以加强刻画。

两图的表现技巧都较好，形体感明确，并且轴测和立面都找了有利于展现特征的角度。下图做了较多分析图，然而大小不够，导致不是很清晰，建议放大，以图为主，多用具象物体的操作思维去反应抽象理念的形成。

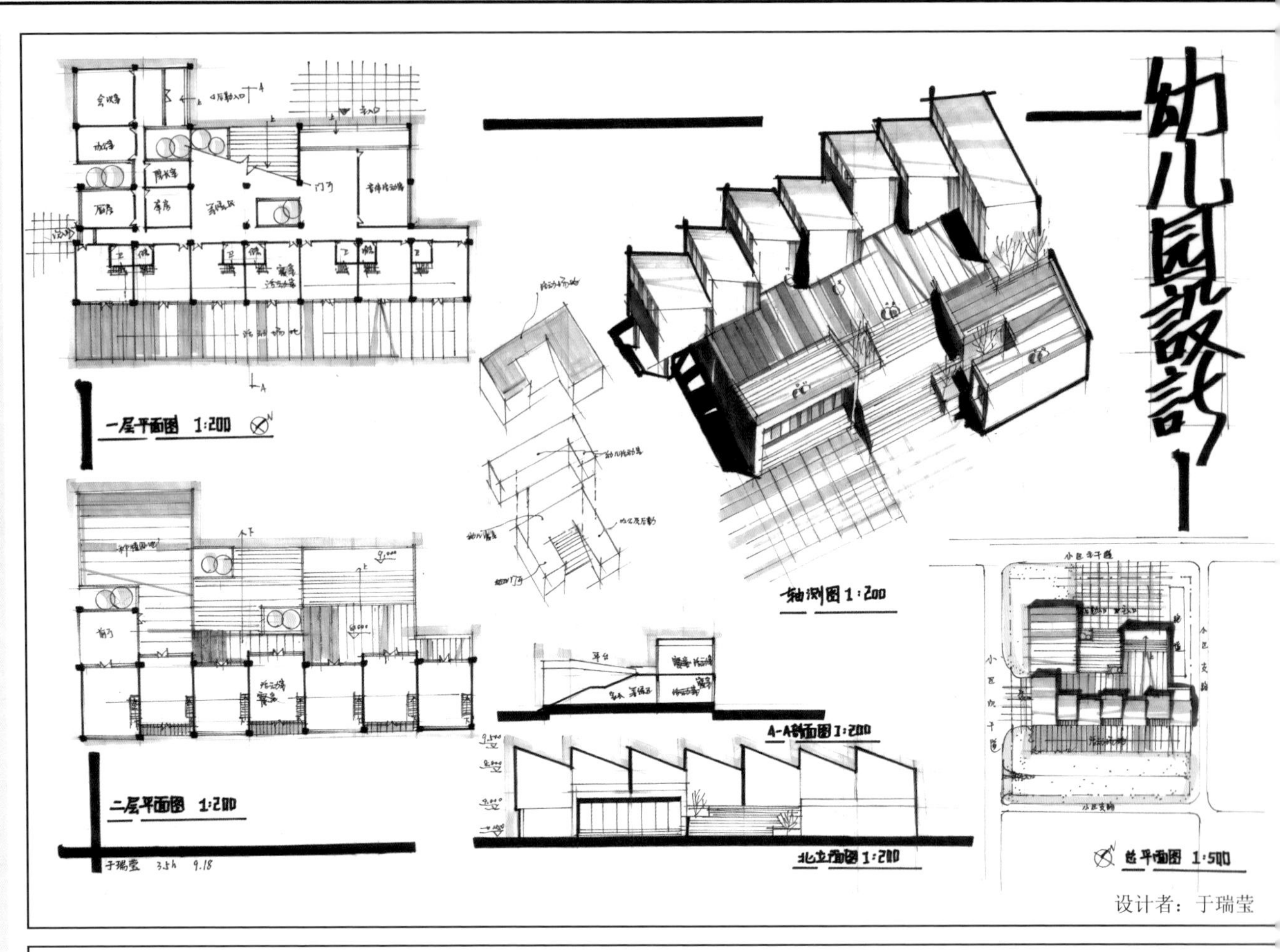

设计者：于瑞莹

参考案例

奥克兰艺术展览馆 / FJmT+Archimedia
（资料来源：http://archgo.com/index.php)

泰州科学发展观展示中心 / 何镜堂
（资料来源：http://www.ikuku.cn/）

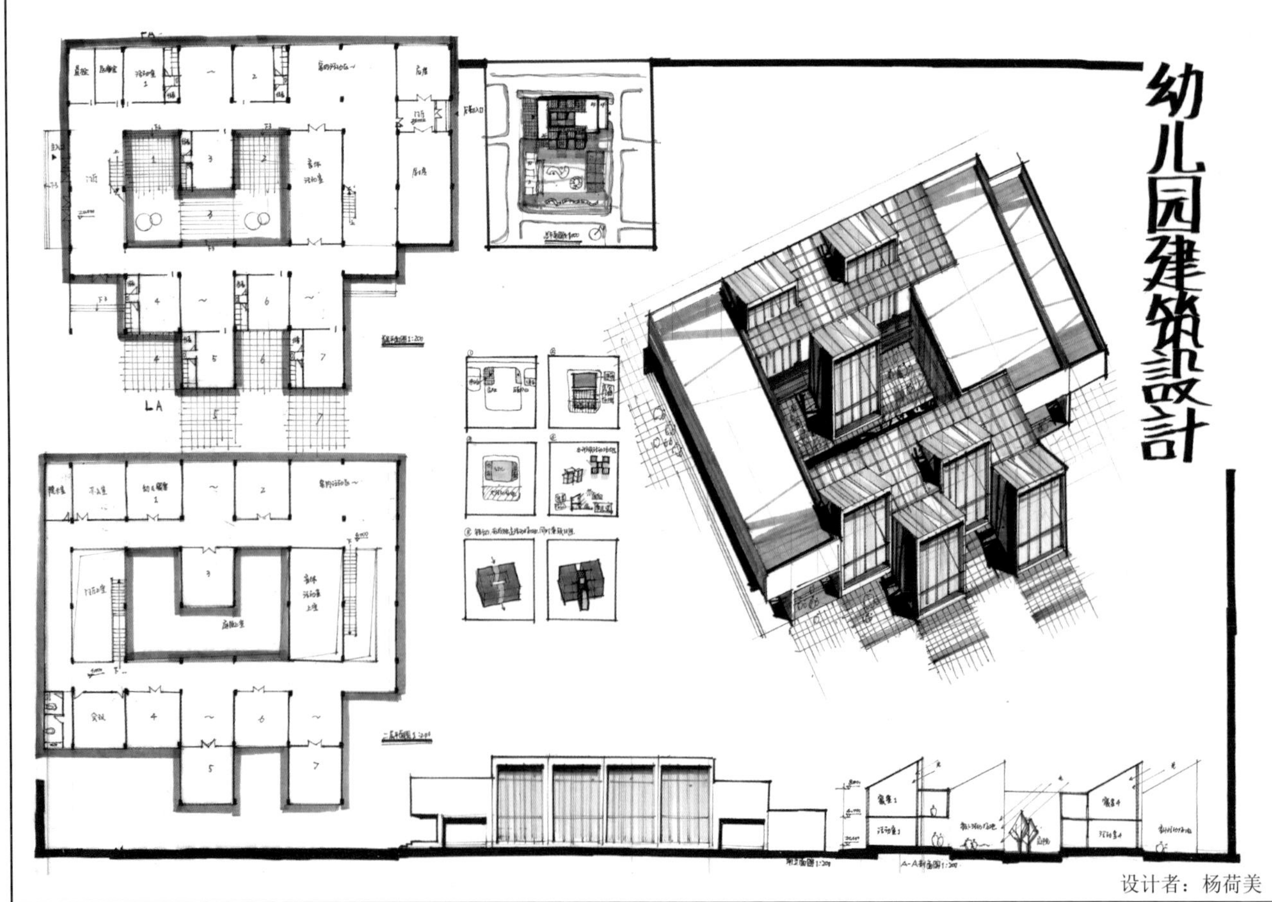

设计者：杨荷美

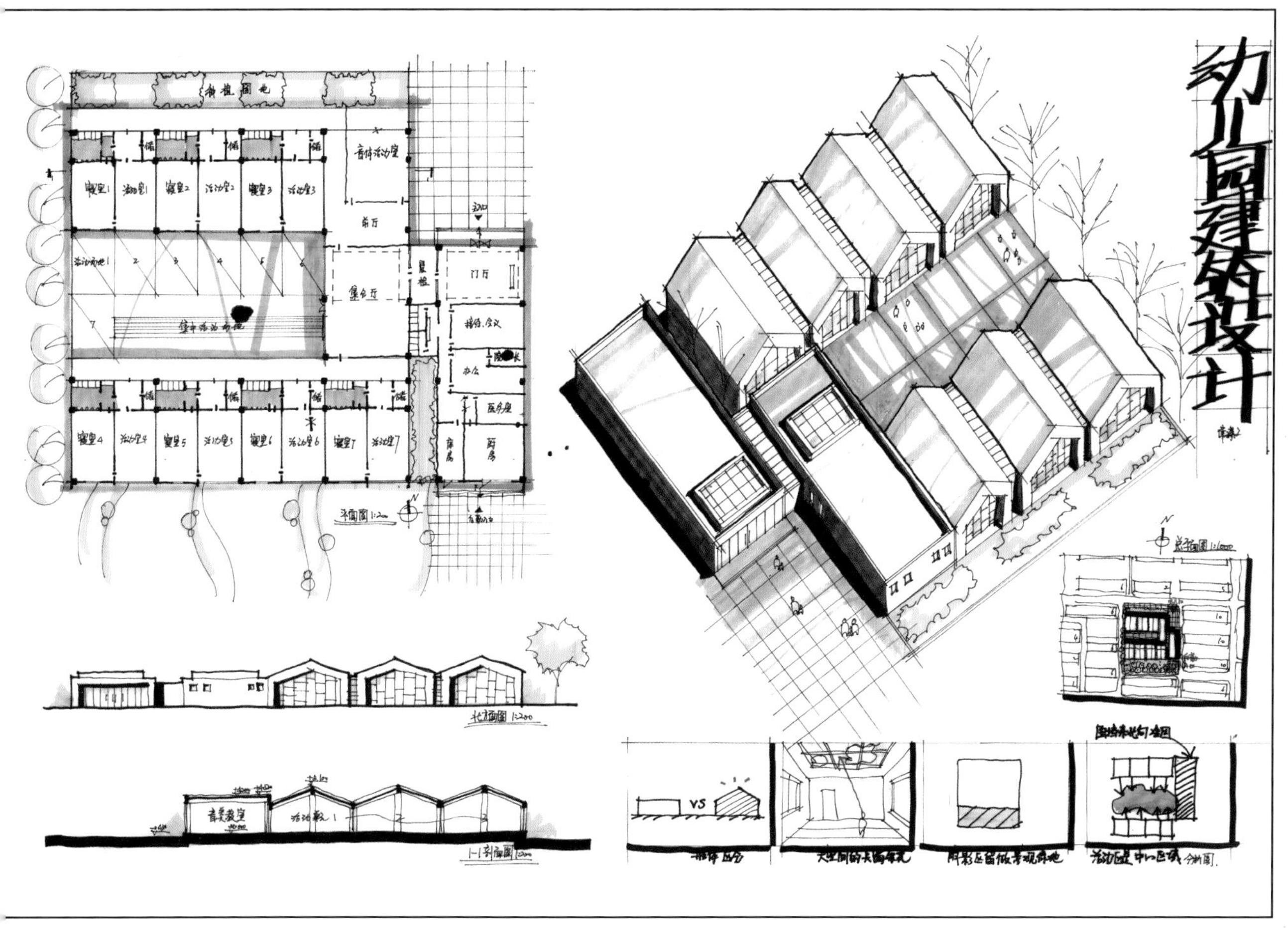

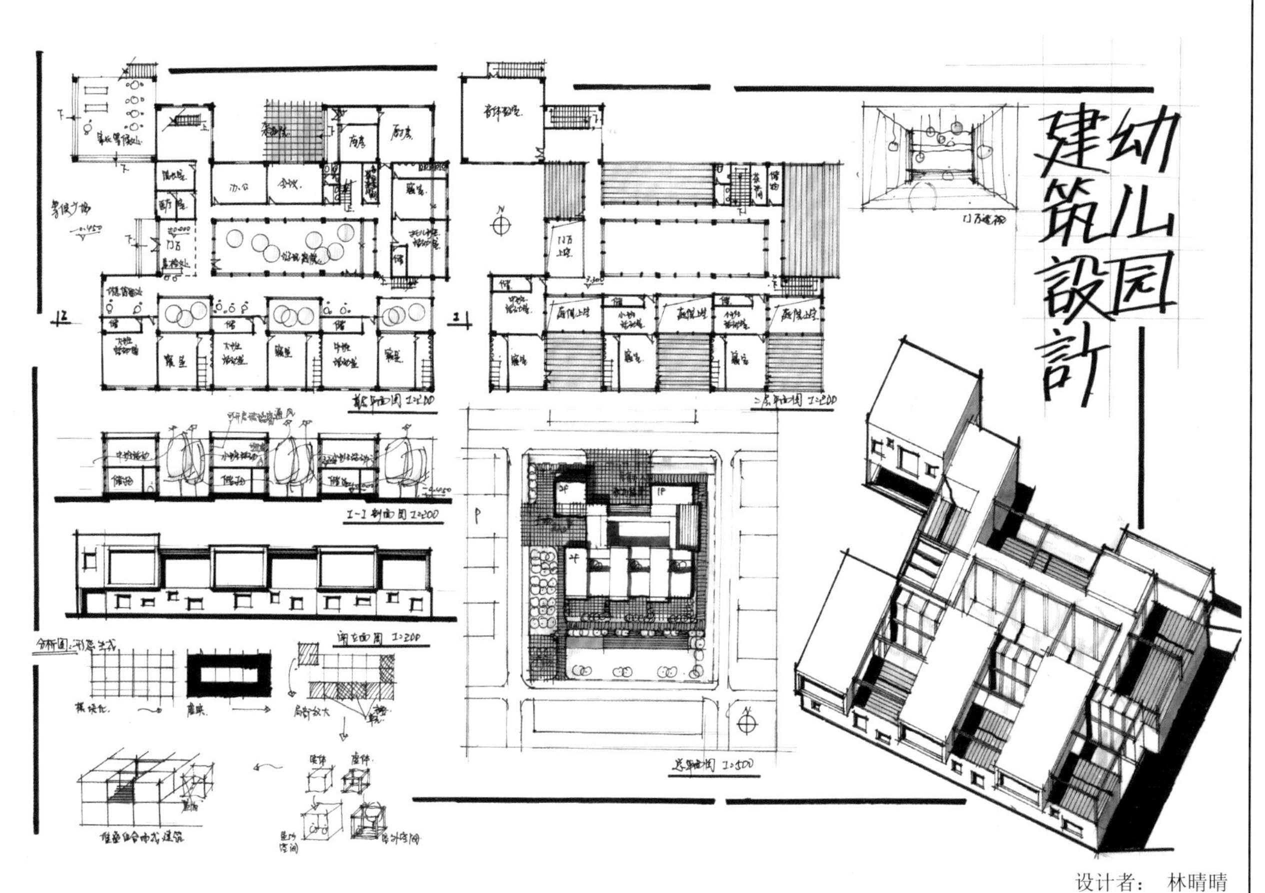

设计者：　林晴晴

幼儿园设计作品解析

上图方案的分区比较直白，围合内院保障孩子的安静与安全，为每个班级提供了集中场地，而互相能够对视、交流。其中集合空间位于内院的一侧，公、私、室外空间较好地结合在一个简单的单层平面中。建筑外围场地因为没布置内容所以设计较少，但也建议适当丰富，充实图量。屋顶形式考虑到了幼儿园建筑一定的趣味性，但建议用建筑学手法再制造一些丰富性。建筑内袋形走道尽端需要开门。

下图策略变化不大，但活动场地置于所有教室的南面，没有遮挡，也是一种解决办法。此时教室多为并列关系，分于 2 层，其余功能房间位于北侧。由于为 2 层，占地不那么紧张，房间之间得以有空隙置入兼顾通风采光的露台和庭院，分配给各个班级独自使用。但形体略显零碎，可以找出一个形体操作的策略去套用。

上图表达基本清晰，立面图部分显图面空荡，除了加强设计，可以为立面增加配景衬托，为图纸增加图框来缓解。下图由于方案设计的原因，加之幼儿园房间众多，造成读图略比上图吃力，可以增加功能分区分析图，或者用浅灰色直接在平面上区分教室、辅助、交通等主要功能。

参考案例

宁波帮博物馆 / 何镜堂
（资料来源：http://www.ikuku.cn/）

宋庄美术馆 / DnA
（资料来源：http://www.ikuku.cn/）

设计任务六 革命纪念馆设计（3 小时）

本项目位于西北地区黄土高原山区内，属于黄土高原沟壑区的东西向川道地形，南北均为山体。本地段原为陕甘宁边区某革命根据地，在革命战争时期，一曲《军民大生产》在这里唱响全中国。为纪念这段革命历史，同时为进行爱国主义教育及红色旅游需要，拟在基地内建设军民大生产纪念馆，功能以展示、陈列、宣传教育为主。基地南侧为战争时期军民大生产演兵场，演兵场南侧现建有纪念碑。基地西侧为战争时期根据地部分用房，东侧为红色旅游景区管理处。周边分布有其他不同的革命历史遗迹。

设计总用地 6687.5m²。

一、主要功能

1. 陈列部分：1500m²，含序言厅。主要以长期陈列展示为主，考虑部分临时主题展览。
2. 展品库房：500m²，依据陈列部分的布置灵活安排。
3. 声像展示：100m²，独立设置并考虑与陈列部分参观流线的统一组织。
4. 多功能厅：200m²，满足举行会议及多功能需求。另外设置必要的辅助配套空间。
5. 办公空间：25m²x8，会议室 50m²x1。
6. 门厅、休息厅、卫生间、库房等必要内容及规模设计者自行安排。
7. 总建筑面积 3200m²。架空部分按投影面积的一半计算建筑面积。
8. 区内车位：大巴车位不少于 3 个，小车位不少于 20 个。

二、设计要求

1. 设计须符合国家相关规范的要求。
2. 建筑高度小于 24m，建筑层数、建筑结构形式和建筑材料设计者自定。
3. 必须对基地入口空间及外环境进行必要的安排，凸显建筑主体与纪念氛围。

三、图纸要求

1. 总平面图，1:500；
2. 各层平面图，1:200；
3. 主要立面图 2 个，1:200；
4. 体现设计意图的剖面，1:200；
5. 透视图、分析图等；
6. 简要设计说明及技术指标；
7. 2 号图纸表达，张数自定，徒手或工具草图单色表达，铅笔钢笔均可。

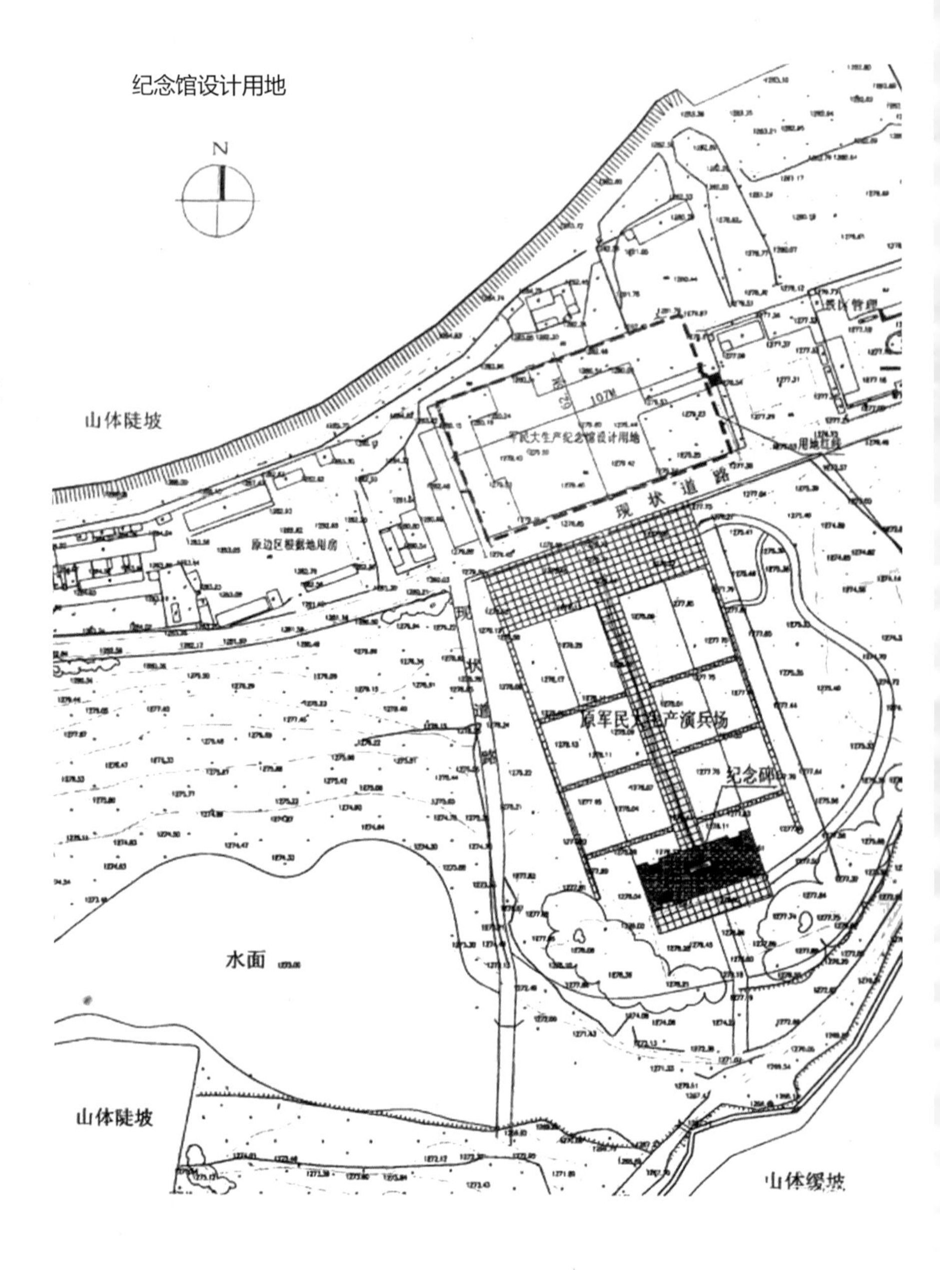

独立解题后扫码观看解析视频 XJ16

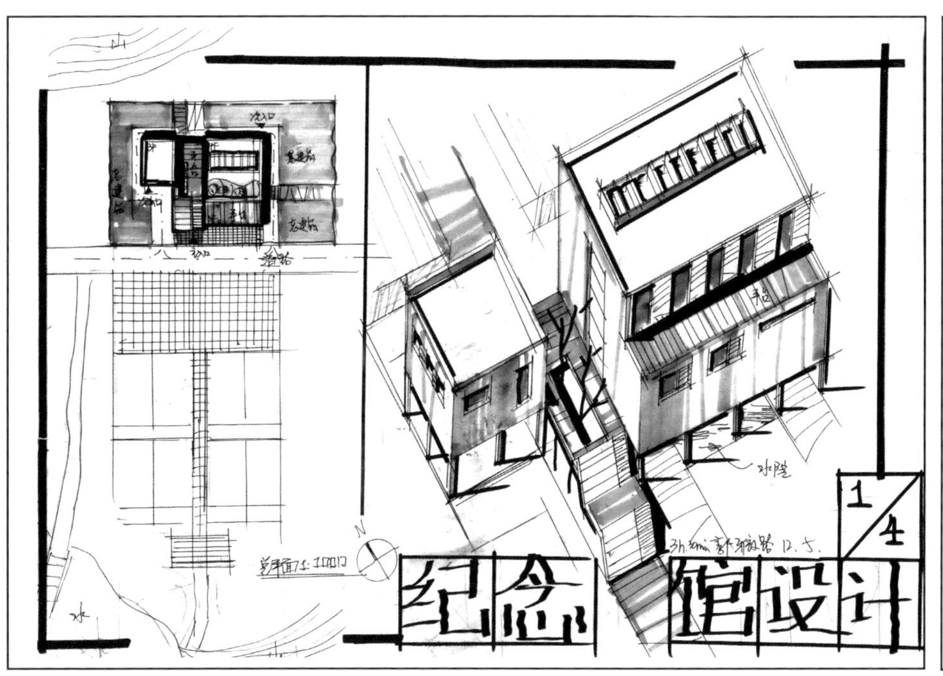

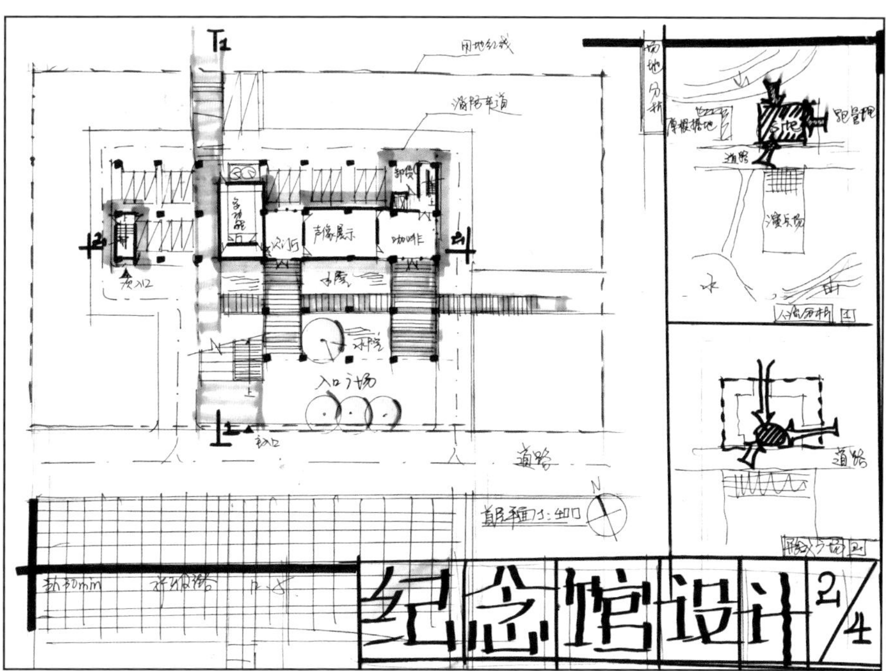

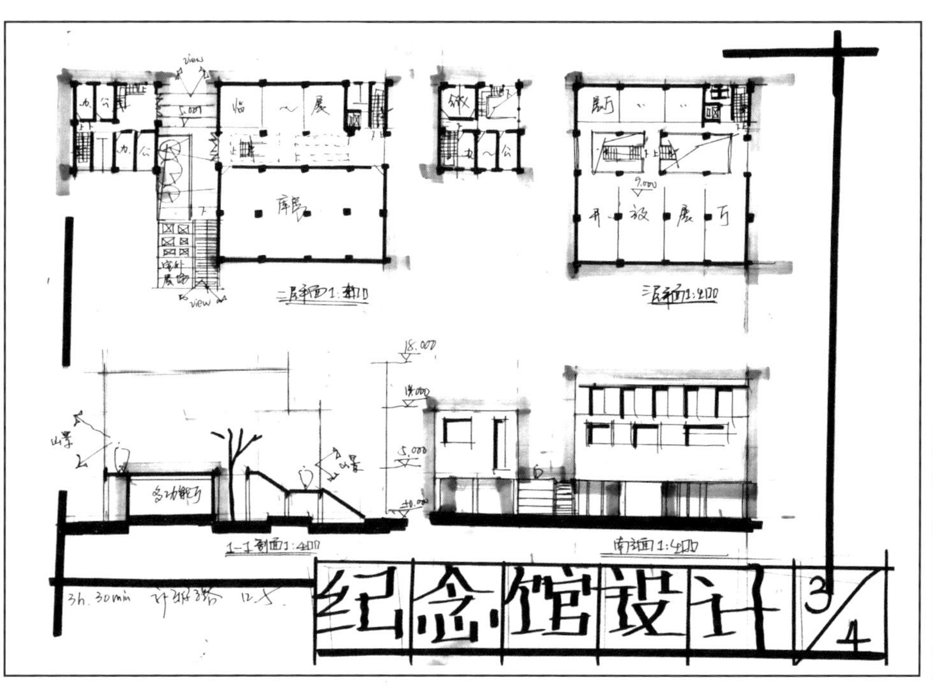

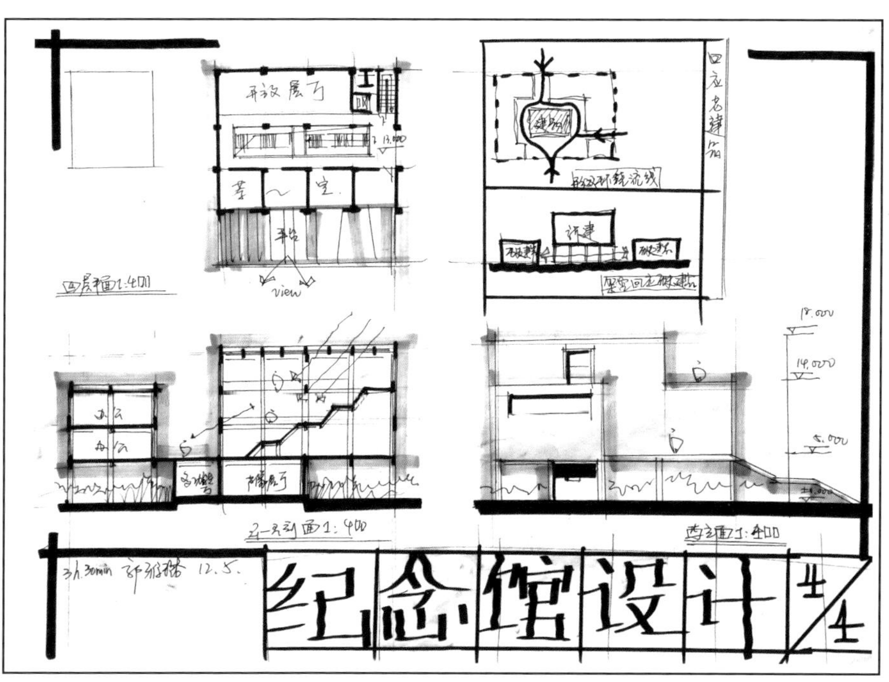

设计者：郭雅璐

革命纪念馆设计作品解析

图纸表达较好，对于复杂形体并不拘泥于一笔一划画出投影，而是仅在靠近建筑部分做了表达，其余虚化了。用色简单但笔触的不同疏密程度区分出了灰面和暗面，此法可以在考场节约少量时间，如果有难度，亦可用同系列不同深度的马克笔。平面中大胆地用较粗线条表现墙体，尺度上也无不妥，而且视觉效果更加清晰有力。

从总图可以看出，总体策略是设置一条对齐纪念碑中心的轴线，达到与基地周边关系的得分点，然后由于轴线处于基地的非正中央，将建筑功能按照是否需要大空间，也就是服务空间与被服务空间在左右两边分列。通过轴线上的大台阶上到二层平台后，往左往右可分别进入两区的入口，然后依次观展或抵达办公地点。被服务区内部的分层流线主要用一个直跑梯串联，对应到屋顶产生一条天窗，与纵向轴线形成交叉，增加形体的仪式感。一层则大量面积架空用作停车，再辅助布置一些被服务区的多功能厅、咖啡厅等非主要功能，缺憾是与展览部分并无室内相连，对于西北地区，空气不佳或寒冬之时有所不便。办公服务区与整个被服务区也是这个问题，因为目前的轴线是通过实体挤压出来的负形构成的，建议增加不破坏这个负形的玻璃体来解决区域间室内相连的功能问题。

参考案例 临港新城展览馆 / 荣朝晖（资料来源：http://www.ikuku.cn/）

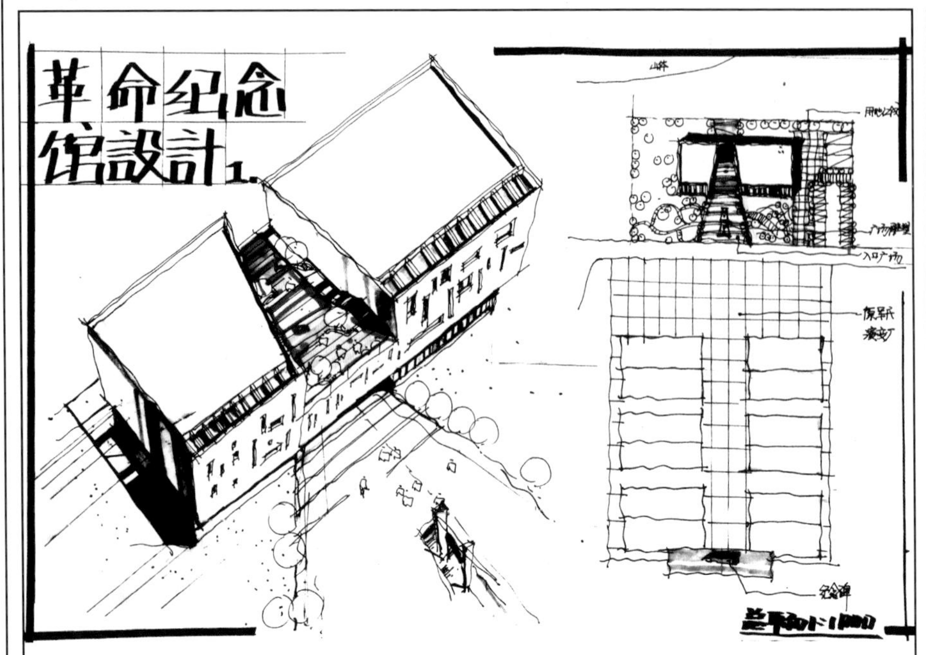

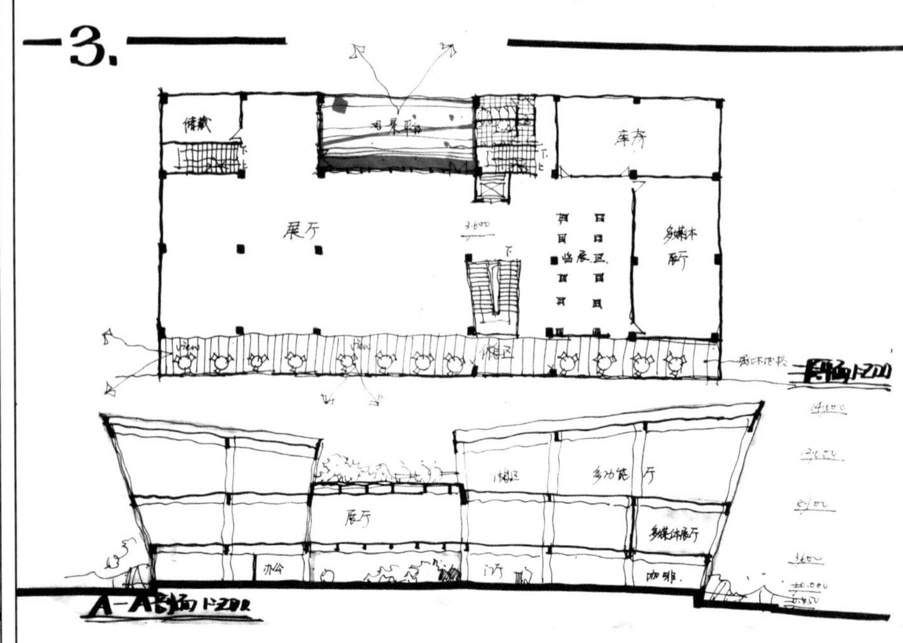

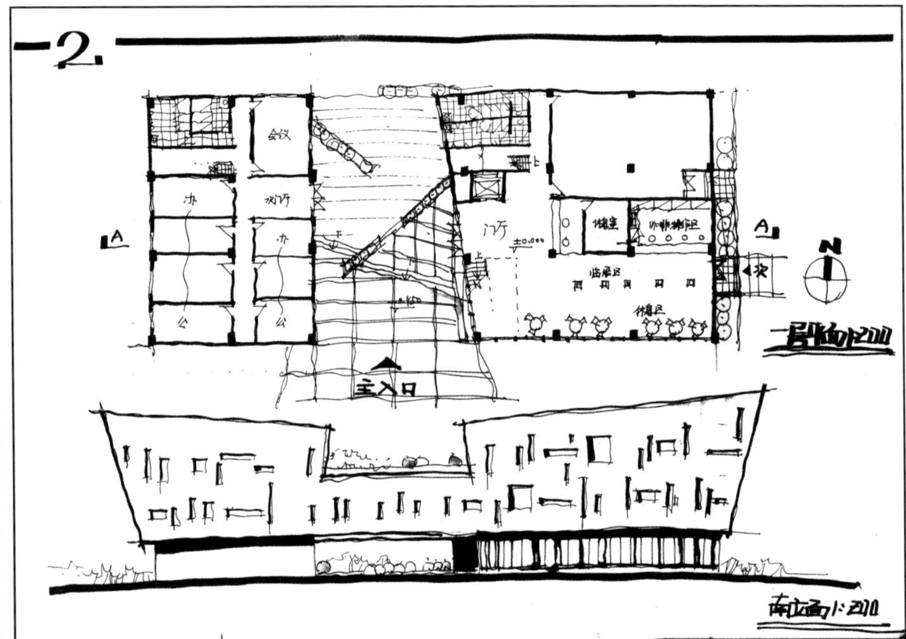

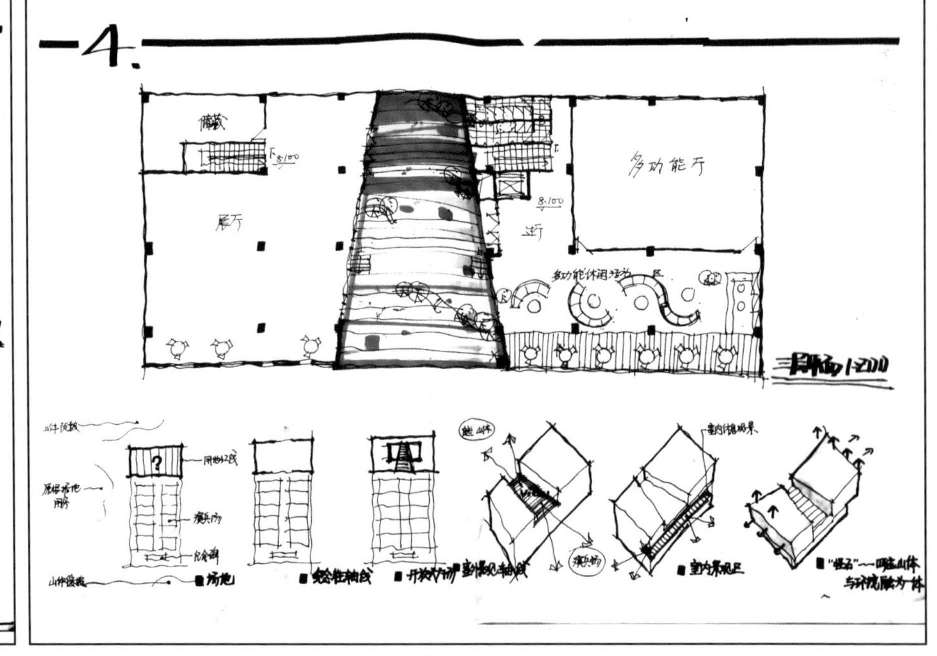

设计者：胡宇哲

革命纪念馆设计作品解析

图纸用了手绘的表现方法，总平面、平面局部较不清晰，建议减少一些填充肌理的表达，至少应当在其余图量完成之后，如果画面仍然过于空荡再补充。采用小碎窗的立面形式有越画越丑的风险，此图设计者控制较好，如欲模仿应当在平时提前练习。

建筑形体恢宏大气，符合纪念馆的主题性格。上实下虚，上部厚重，但又不至于呆板，在黄金分割处切割体量，同时对位了场地外的纪念碑轴线。体量一大一小两部分并非完全隔离，一层的中部连接处为门厅，二层两体块完全相连，三层中间以室外平台形式联系。本来最高楼层处流线断开，对展览功能不利，然而三层相分离的体量中设置的是相对独立的多功能厅模块。方案中尚可推敲之处是形体虽有特色，但是与场地联系还是不强，主要主观性的放大轴线，而无理性推导分析。这样的方案容易流于平庸，往超高分前进会遇到阻碍，建议在当前的特色基础上，将一层形体结合同样欠缺的场地设计做出调整。形体上屋顶设计较为单薄，南立面的碎窗昙花一现，最好能在其他地方呼应开来，一般而言同一种构图元素尽量出现两次以上。

参考案例　宁波博物馆 / 王澍 (资料来源：http://www.ikuku.cn/)

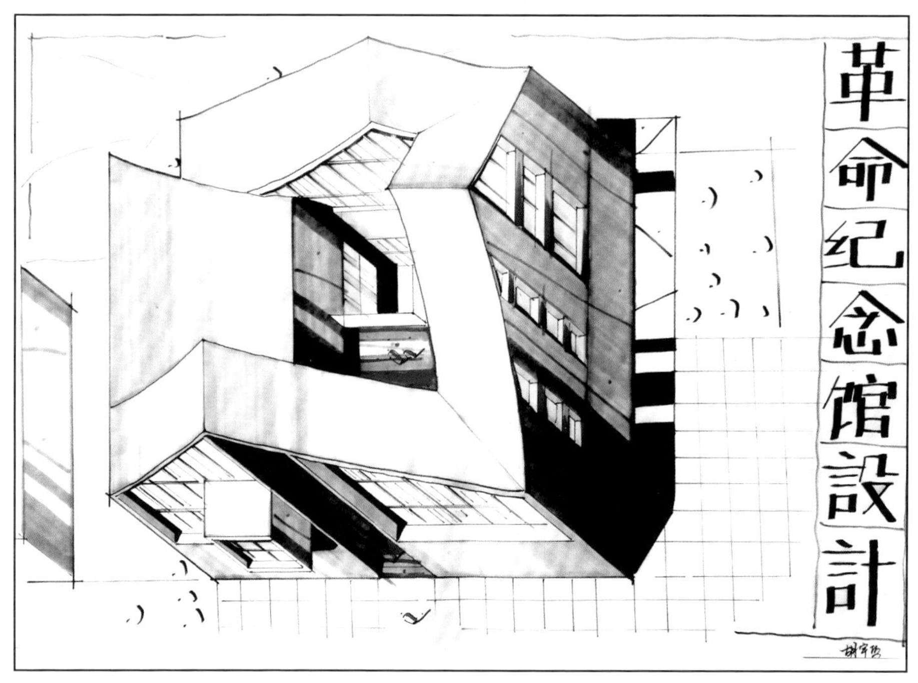

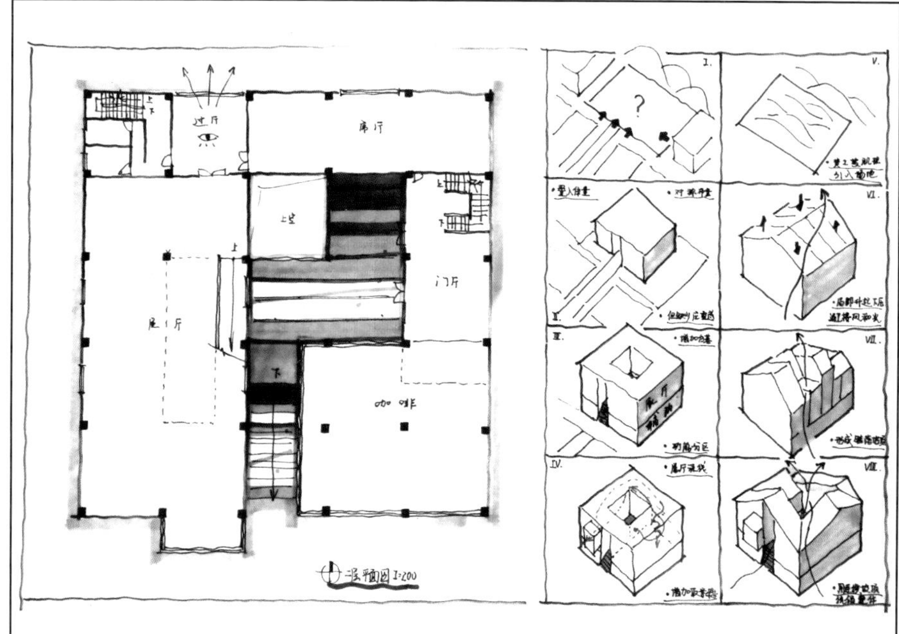

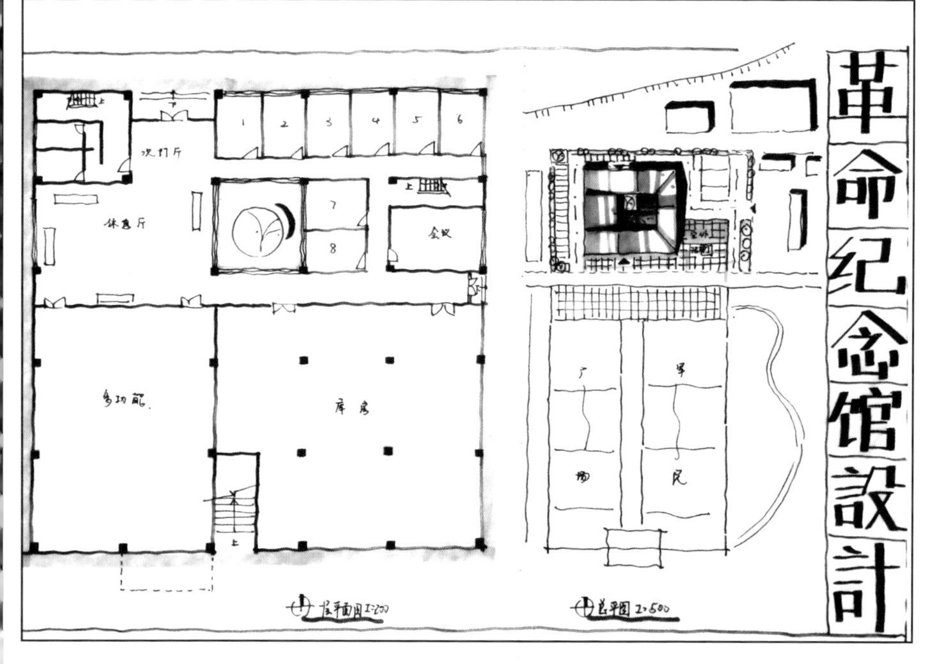

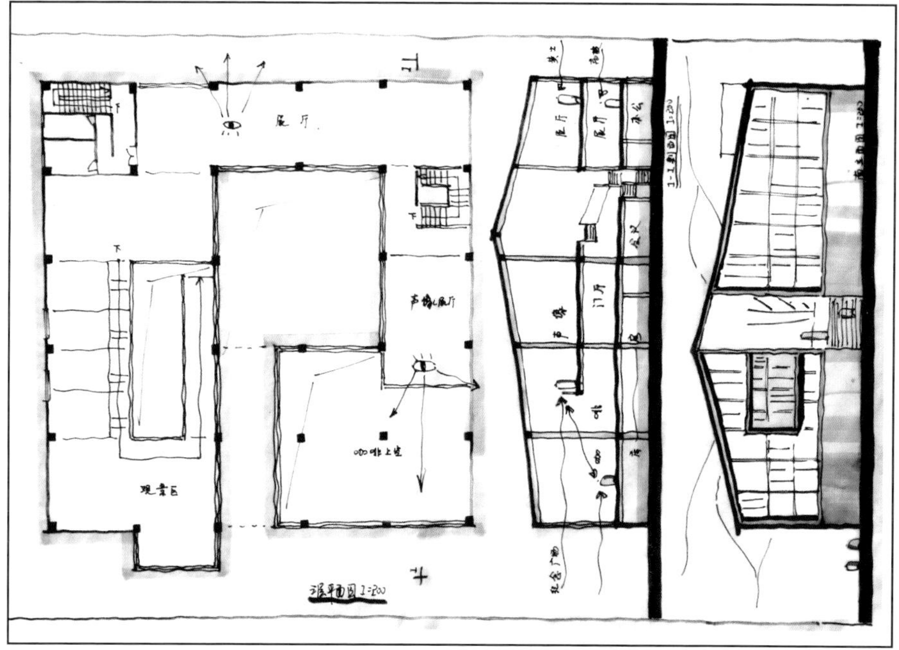

设计者：胡宇哲

革命纪念馆设计作品解析

此方案类似南通范曾艺术馆，拥有清晰操作逻辑后生成的形体，因此分析图尤为重要。在此图中设计者予以了明确的按步表达。而且除了纯几何出发，也对环境的理解做了解释关联。曲线坡屋顶需要渐变的上色效果，也用浅灰马克表现出来了。当需要此类设计时，除了表现功底还要配套练习较好的空间想象能力，才能在初步设计想法出来后将形体落实，并正确而美观地展现。

方案的一层是一个铺满的平面，除了辅助功能以外放置了需要整体大面积的多功能厅和库房，这些大面积房间的屋顶成了二层室外平台的地面，以上开始以 C 字形半围合来设计建筑体量。交通核位于这个 C 字的两肩，下垂的两臂并不均等，较粗一条放置了需要一定面宽的主要展厅空间，另外一条用门厅和声像特殊展厅填充，在其端头放大，形成一个咖啡馆，这都是形式与功能互相协调、互相帮助的优秀范例。美中不足是如此的建筑形式和场地缺少呼应，方形建筑虽然与纪念碑的线对齐了，但总图上还是看不出亮点。这时候建议用场地内的景观设计、室外平台绿化这些平面上的因素为建筑做弥补。

参考案例　范增艺术馆 / 原作工作室（资料来源：http://www.ikuku.cn/）

专题 7

从新老建筑关系入手的解题策略

7.1 基础知识点

7.1.1 旧建筑内改造

考查内容包括内部空间、功能放置、结构问题、增加层数、采光通风、交通疏散等。

7.1.2 旧建筑改造 + 新建筑加建（常见）

考查内容包括功能调配、内部连通、连通空间、交通疏散、外部联系、场地关系。

（1）改造旧建筑并加建，比如：同济大学2014年6小时快速设计题目社区文化中心；

（2）连接旧建筑并加建，比如：同济大学 2007 年 6 小时快速设计题目综合楼加建、2010 年 6 小时快速设计题目顶层画廊。

7.1.3 旧建筑元素利用

考查内容包括暴露结构、外观元素、象征性、纪念意义、视觉关系。

（1）内部结构：同济大学 2006 年 3 小时快速设计题目框架展览馆；

（2）外部墙体：同济大学 2007 年 3 小时快速设计题目夯土博物馆；同济大学 2012 年三小时快速设计题目茶室；

（3）特殊结构：同济大学 2013 年 6 小时快速设计题目企业家会所。

7.2 解题策略

新老建筑加建城市更新是比较热门的考点，比较重要的就是新老建筑连接处的处理，一般有三种处理方式：庭院、连廊、灰空间。同时要注意新旧建筑在材料、形体、比例上的协调问题，具体设计方法包括 6 种。

7.2.1 断裂法

新旧分离，形成富有张力的对话空间。通过室外空间的塑造，形成新老建筑之间共同利用的室外空间。

7.2.2 统一法

群体组合统一，运用相似的元素，比如高度、体量、材质、色彩、细节等。

比如大卫•奇普菲尔德设计的柏林詹姆斯西蒙画廊，加建部分开敞的大台阶和柱廊从尺度上呼应老建筑，立面肌理也同样呼应了老建筑连续的柱和窗的肌理。

比如同济大学 2015 年 6 小时快速设计题目建筑艺术中心设计，场地周围两座重要的历史建筑对新建建筑产生直接影响，建筑艺术中心的设计要充分考虑和两个老建筑空间上的协调问题，不仅仅是场地及建筑布局，同时屋顶及立面设计也要考虑老建筑的建筑语言，综合考虑以达到最后的和谐效果。

7.2.3 互衬法

原有建筑物衬托新建筑物，强调的是新建筑；如果新建筑物成为老建筑物的背景，则强调的是老建筑。突出对话关系。

7.2.4 对比法

突出时代主题，新旧界面的趣味性。

7.2.5 抽象法

提取特征符号化；出自历史，用于未来。

7.2.6 视线法

新建筑物远离老建筑物，但利用其为景观，新老建筑遥相呼应。形成良好的景观效应。比如朱家角人文艺术中心，该建筑位于上海保存最完整的水乡古镇之中，整体布局上高度严格控制，体量化整为零，半开放院落空间的引入使抽象简单的建筑与周围充满质感的文脉建立了牢固的视觉关系，也将自身融入了文脉之中。

7.3 补充要点

7.3.1 结构柱网

1. 给定原建筑柱网（框架博物馆、顶层画廊）

严格在原建筑柱网所限定的梁柱体系中进行操作，从而形成建筑内部空间。

2. 给定原建筑范围（夯土博物馆、茶室）

若建筑范围较大，优先尝试自己最熟悉的柱网尺寸，例如 8m 柱网 （可能会增减，例如 7.5~8.4m）；若建筑范围很小，大跨度不适用，在划分小跨度柱网时宜 3 跨，便于设计室内空间；

3. 给定原建筑加建新建筑（综合楼加建、社区活动中心）

延续原有柱网尺寸或在新建部分采用设计者熟悉的柱网。

7.3.2 层高变化

1. 主要注意点：底层平面距室外地面高度；旧建筑层高与功能本身所需层高的矛盾。

2. 策略：利用台阶微高差创造空间；合理利用楼梯平台实现错层。

7.3.3 交通疏散

注意题目要求是否统一考虑疏散问题。

7.3.4 通风采光

（1）剖面入手，如烟囱效应；

（2）结合特色空间，如中庭、架空灰空间；

（3）屋顶处理，如天窗、高侧窗；

（4）连贯的竖向处理。

7.3.5 立面设计

（1）零与整；

（2）开窗形式和比例；

（3）大实大虚或虚实相间；

（4）材质表现（细节突出）。

7.3.6 连接体设计

（1）结构与旧建筑脱开；

（2）在连接体中解决层高变化；

（3）丰富空间和外观；

（4）交通疏散。

设计任务一 夯土展览馆设计（3 小时）

下图所示为一夯土建筑遗迹，遗迹只留下墙体，没有屋顶。

遗迹周围环境为平原旷野，宽边方向朝正南北。

要求对遗迹进行改造，在其内修建一座乡土历史资料陈列馆。

一、设计限制

1. 为适应新建筑的功能要求，夯土建筑遗迹能够被局部拆毁，但墙体被拆毁的长度不得超过总长度的 25%。

2. 对剩余部分的夯土建筑不得进行开挖，不得将其作为新建筑的承重构件，但可将其作为建筑的围护墙体，并允许在其上加设门扇、窗户、玻璃等围护构件。

3. 为保持新旧建筑的结构稳定，新建筑的结构（如柱子、剪力墙等）必须与剩余的夯土建筑遗迹部分相隔 1m 以上的距离。但新建筑楼板允许向老建筑方向出挑，并允许出挑至 紧贴老建筑墙体。

4. 新建筑限高 11.2m。

5. 新建筑必须设计在建筑控制线之内。

6. 不得以任何形式设计低于现状地坪以下的空间（如下沉空间和地下室）。

二、功能要求

1. 陈列馆面积，500m² 以上（层高 4.5m 以上，要求自然采光）；
2. 咖啡馆，约 80m²（平面图要求家具布置）；
3. 管理用房，约 60m²;
4. 贵宾接待间，约 50m²（平面图要求家具布置）；
5. 储藏，200~300m²（层高 4.5m 以上，不需要自然采光）；
6. 其他相应部分：卫生间、楼梯、门厅等公共部分不定具体面积。
7. 入口位置不限制。

三、图纸要求

1. 各层平面图，要求每层平面图都要清楚画出夯土建筑遗迹的部分，不得省略，1:150；
2. 夯土建筑遗迹被拆毁部分的立面图，1:150；
3. 纵剖面、横剖面各一个，剖面剖到遗迹部分的时候，应将遗迹画出，不得省略；
4. 表现建筑新旧部分交接处的完整墙身剖面大样，1:50；
5. 充分反映了设计的轴测或者透视表现图。

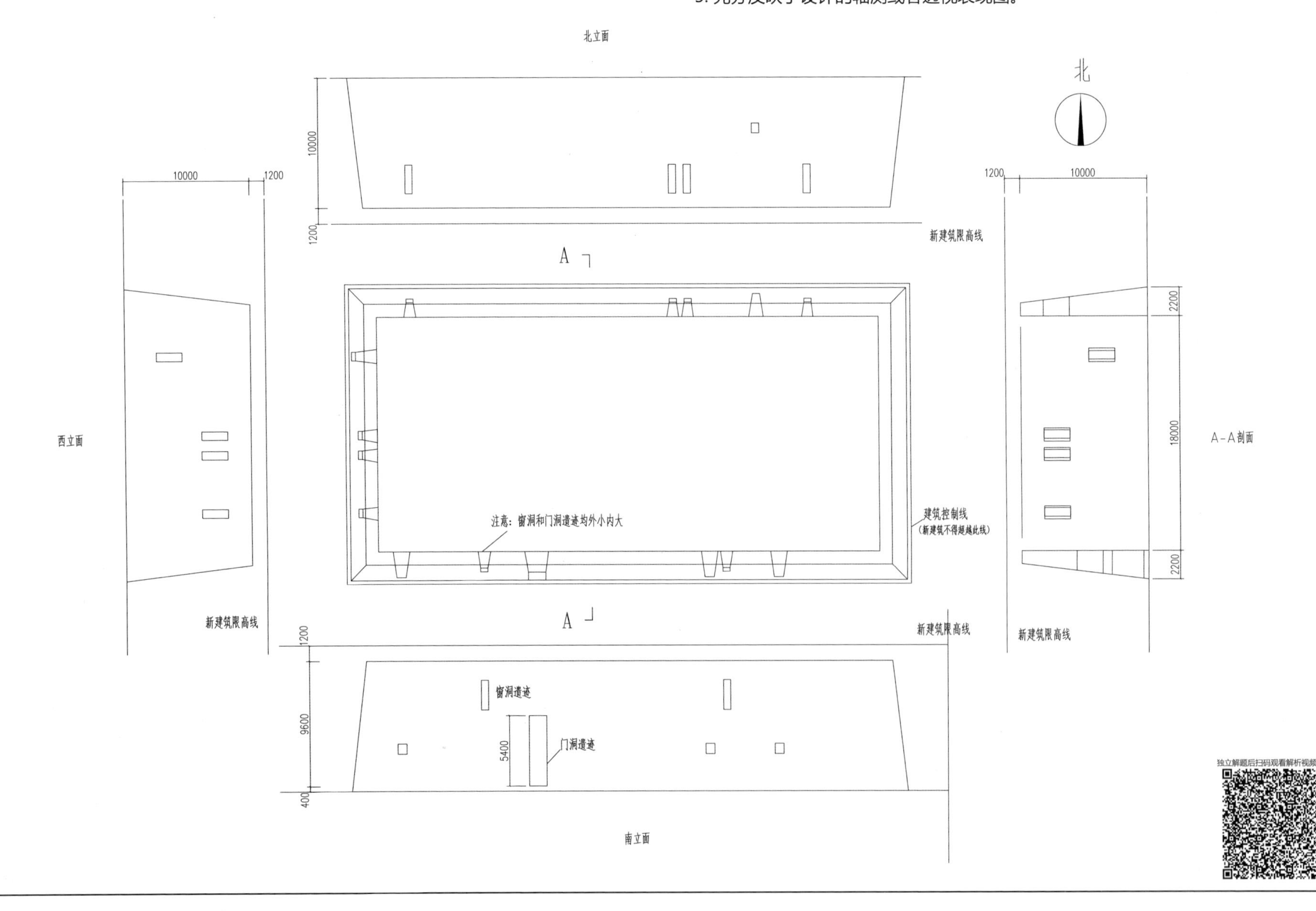

独立解题后扫码观看解析视频 TJ07

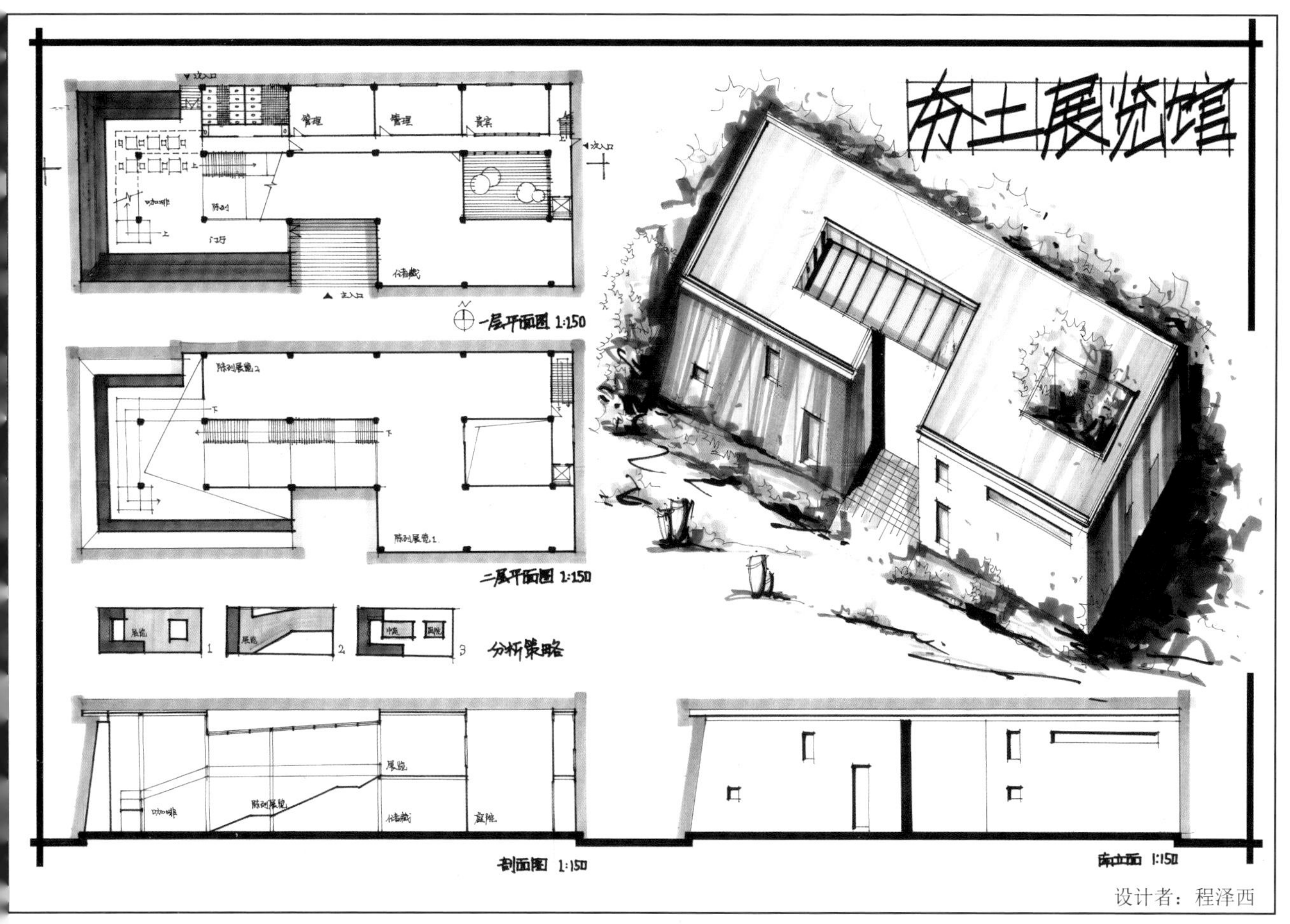

设计者：程泽西

夯土展览馆设计作品解析

上图题目为保留一半夯土墙的改编版，由于夯土墙成为更加稀缺的资源，设计者正确地将它们留给级别最高的功能——咖啡厅以及通往二层展厅的装饰性折跑楼梯。一层辅助功能为主，细部如厕所内部还可优化，贵宾室位置宜在流线中提前，次入口应配套遮雨、踏步、停留空间等。上图表现技法具有个性，足够抢眼，建议在时间能够控制的前提下保持。

下图遵循原题，夯土开口较为保守，设置在入口处基本合理，展厅围绕四周夯土墙展开，能够最大化展示历史遗迹。中部条状布置庭院厕所组合，带来良好的剖面效果和形体丰富性。细节处如厕所布置、部分走道宽度建议注意。但过少的夯土开口造成自主设计部分难以表现，甚至在有的立面图中完全不出现设计的内容，建议斟酌题目用意，考虑适当为管理用房等采光通风技术需求、展厅处空间需求有选择、有方法地增大开口。下图图面，略显体积感不足，建议在平时多尝试不同配色，选用偏灰、稳重的色号，同时轴测中减少不必要的黑色，在暗面如不平涂满铺，也宜从明暗交界线开始由实到虚，而非相反。

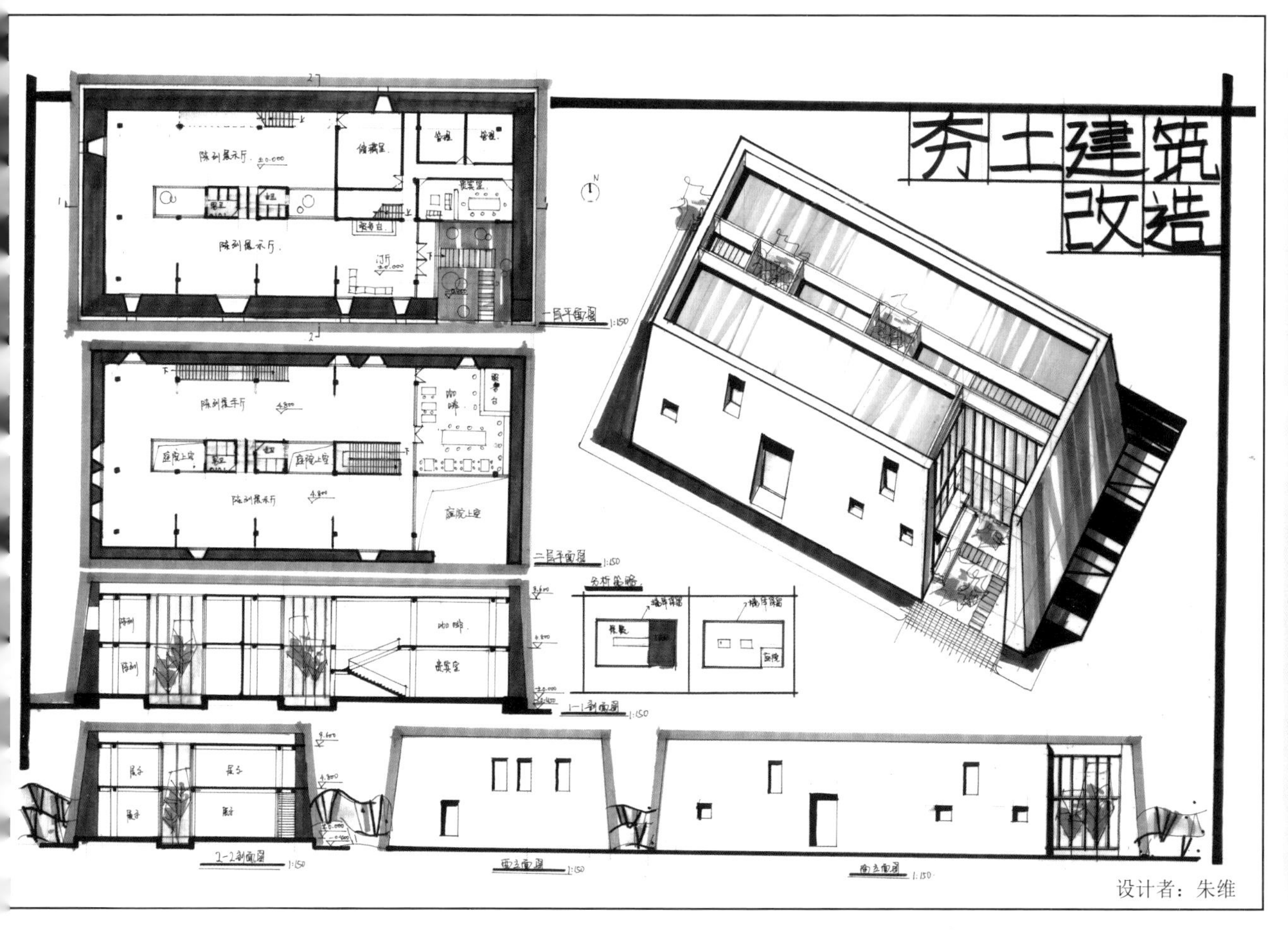

设计者：朱维

参考案例

Knuthamsun 中心 / 霍尔建筑事务所

（资料来源：http://www.ikuku.cn/）

夯土展览馆设计作品解析

上图的功能布局为展览建筑常见思路，上下分层，服务空间与被服务空间关系基本清晰。细节可以优化，诸如避免过于零碎的交通空间，房间最好踩住轴线避免内部柱子，也不要出现不加标注的空白隔间。但空间营造手法不错，入口结合咖啡厅、贵宾室均有较高品质配套景观，展厅上方玻璃与虚构架天光结合，并反映到建筑形式上，符合博物馆特征。而夯土开口位置尚需斟酌，建议考虑以保护和突出夯土遗迹为重，将开口留在采光通风必要之处。

下图从功能分区上就考虑到最大化展示夯土墙，将储藏间、卫生间居中布置，环绕一周均为展厅、咖啡厅，是较出彩的方案。以沿着墙缓缓上升的楼梯连接2层，楼梯虽在室外，但已有1部室内楼梯故问题不大，但最好加以遮雨顶棚。夯土开口合理集中，但入口营造建议在简单的顶棚加二层平台基础上增加丰富性。对于历史遗迹的结构退界技术问题两图都予以了考虑，但题目要求墙身大样，两图均没有体现。

上图轴测有体积感，夯土质感表现尤佳，下图亦尚可，两图均对夯土墙的平面和剖面形式正确理解。但上图改变了原题指北针方向，应注意改正。

参考案例

Boontheshop / Peter marino Architect
（资料来源：http://archgo.com/index.php）

鹿野苑石刻博物馆 / 刘家琨
（资料来源：http://www.ikuku.cn/）

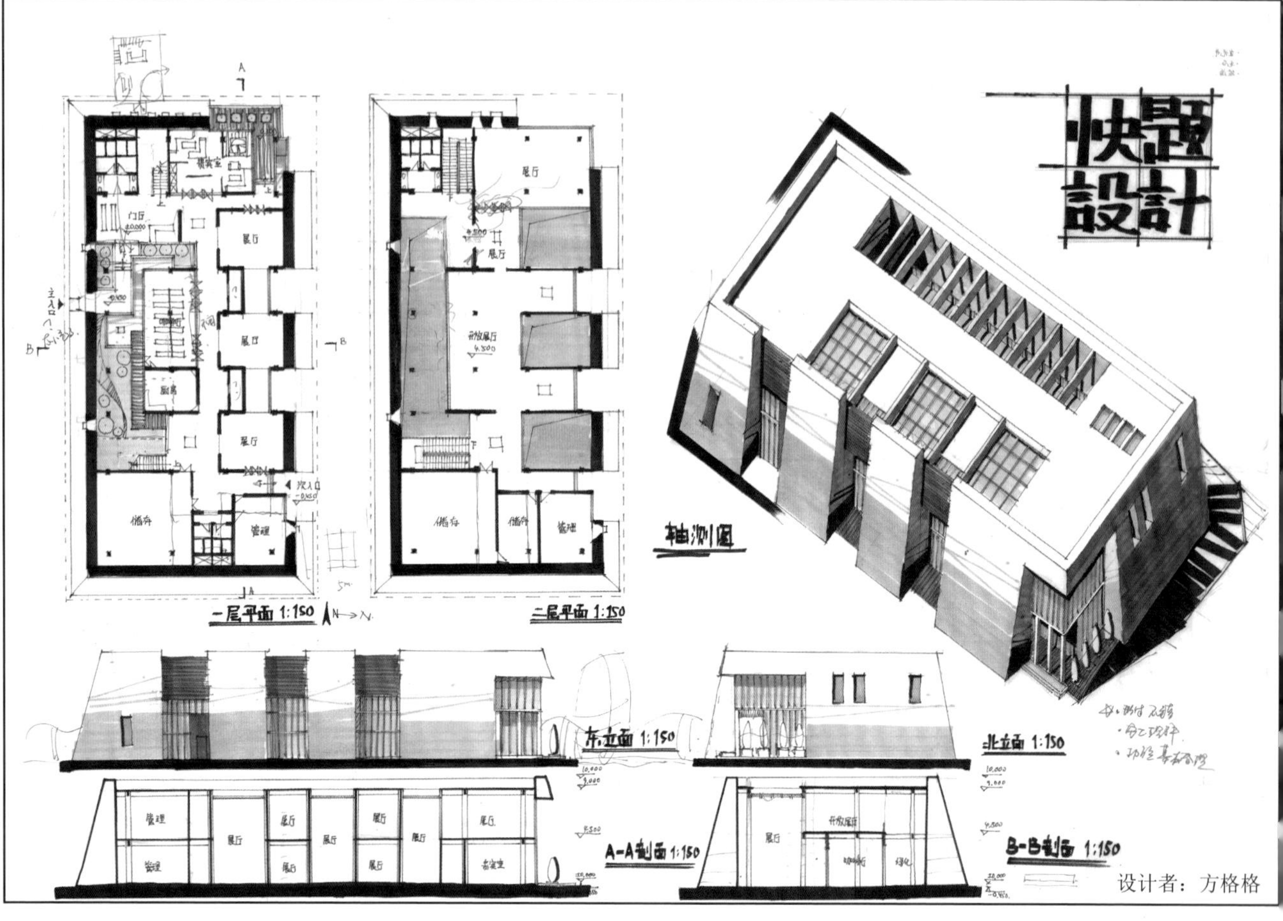

设计者：方格格

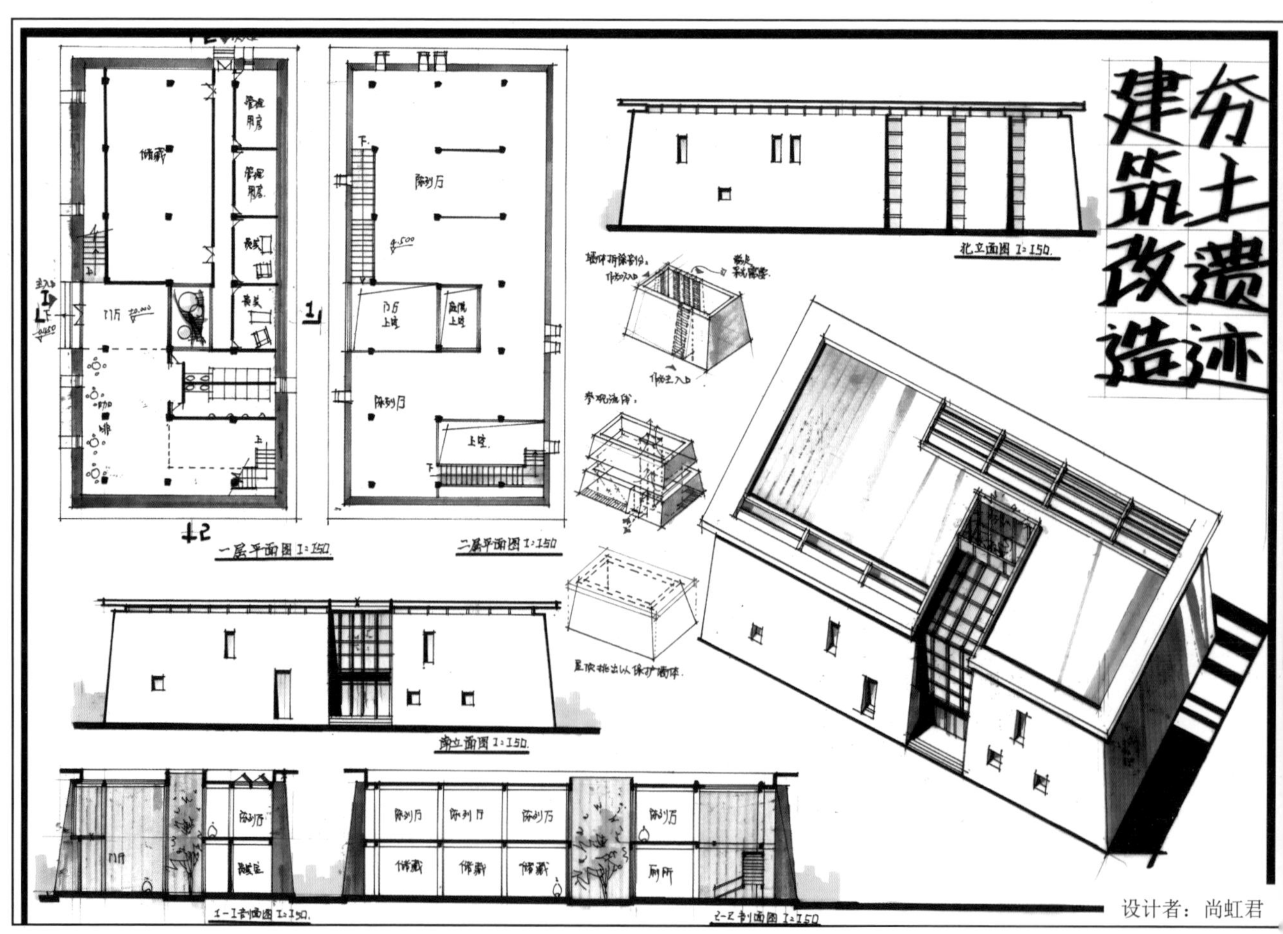

设计者：尚虹君

设计任务二 教学楼加建设计（6 小时）

基地位于上海市陆家浜路，跨龙路口中学校园内，A 幢建筑为上海市历史保护建筑，该基地属于历史风貌保护区方位，拟建 1100m² 的教学综合楼，与 D 幢保留建筑连接形成一幢整体建筑。

一、任务描述

1. D 幢建筑为保留建筑，檐口标高为 10.2m，屋脊高度为 13.7m（室外地坪标高为 -0.30m，底层标高为 ±0.00m）要求新建教学综合楼充分考虑与 D 幢建筑的风貌及比例协调，建筑高度不超过 13.7m。图中标示的古树必须保留。

2. 考虑新建部分各功能用房层高要求及各层与 D 幢保留建筑各层的标高关系，建成后两者合二为一，统一考虑消防疏散等问题。

3. 机动车及非机动停车在校园内统一考虑，本题目不再予以考虑。

4. 建筑布局应考虑与校园内 A、B、C、D 楼、大草坪及保留古树的空间关系。

5. 建筑主要功能面积组织组成（均为使用面积）

（1）图书阅览室 600m²，包括借阅区、服务台、电子阅览区、寄包处等；

（2）190 座阶梯报告厅：300m²；

（3）门厅及楼梯间等（由设计者定）。

二、图纸要求（恰当而充分的设计表达）

总平面图，1:500；

各层平面图，1:100；

西立面图 1 个，1:100，必须反应与 D 幢建筑的形态关系；

北立面图 1 个，1:100；

剖面图 2 个，1:100，纵、横剖面各 1 个，其中 1 个必须表示出与 D 幢建筑的层高关系；

轴测或透视图（表现内容包括 D 幢）1 个。

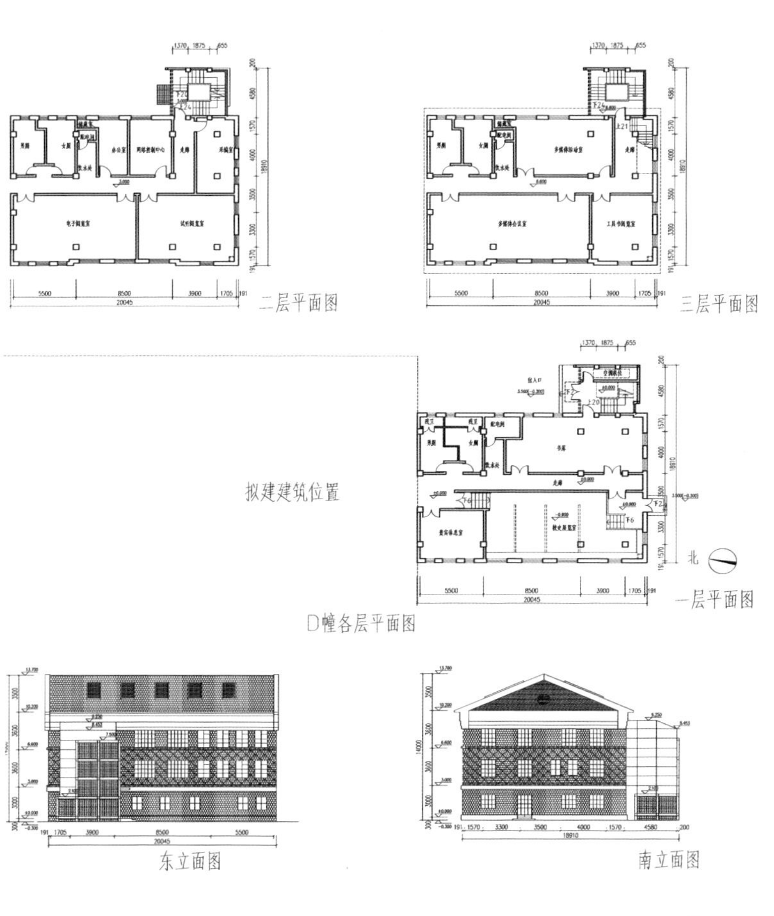

D幢各层平面图

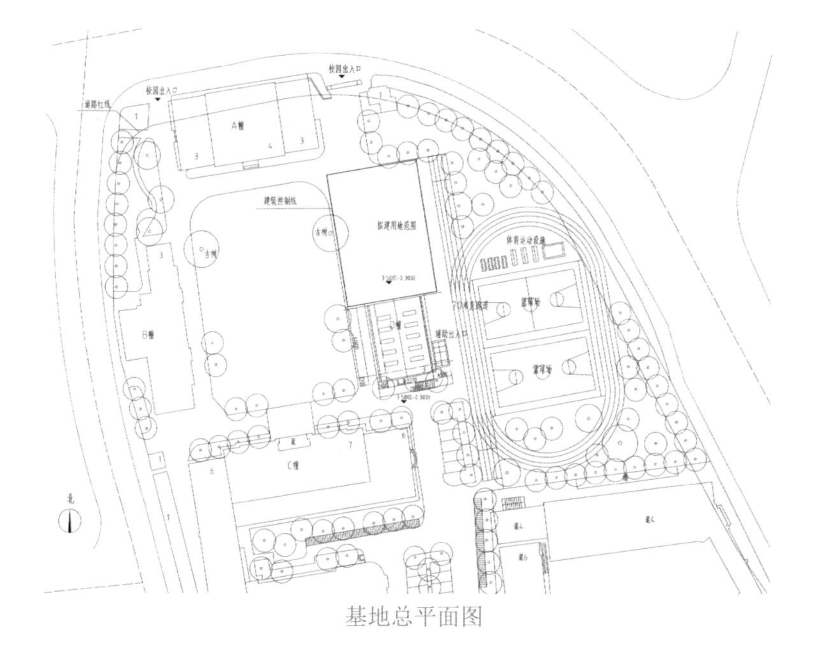

基地总平面图

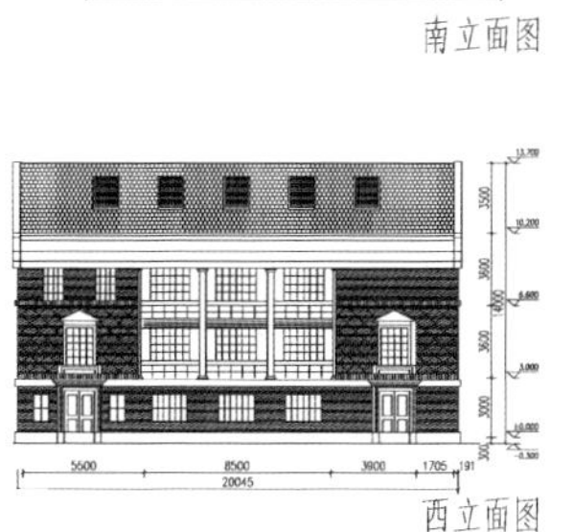

D幢立面图

独立解题后扫码观看解析视频 TJ07

教学楼加建设计作品解析

设计者表现手法成熟，总平面和平面手绘效果较佳。轴测对建筑墙面的不同材质表现，在肌理和颜色上略显零碎，建议尝试更清楚的方法。立面图、剖面图能画出对建筑极为重要的古树，是此类题目中的明智之举。

方案将新旧体量结构脱开，但是在层高、屋脊、檐口线，以及立面划分，材质上表示延续，也在屋顶形式上作出呼应。平面采用常见的做法，在下2层放置阅览区，将无柱大空间置于顶层，功能顺应技术上的需求。平面中房间划分面积基本合理，家具布置合理而有出彩之处，结合建筑体量错动，二层形成面向古树的室外露台，且露台与公共部分空间有所结合，增大了实际的利用效率。报告厅前部宜适当留出前厅空间。如果说总体有待改进之处，是此类解法过于平常，难以在更高的层次提高分数，这就应当在细节处更加往精品化发展，可参考案例资料，积累一些精彩的转角、收边、灰空间、开窗的手法。

参考案例

奥诺文化中心 / Architecture Patrick mauger
（资料来源：http://archgo.com/index.php）

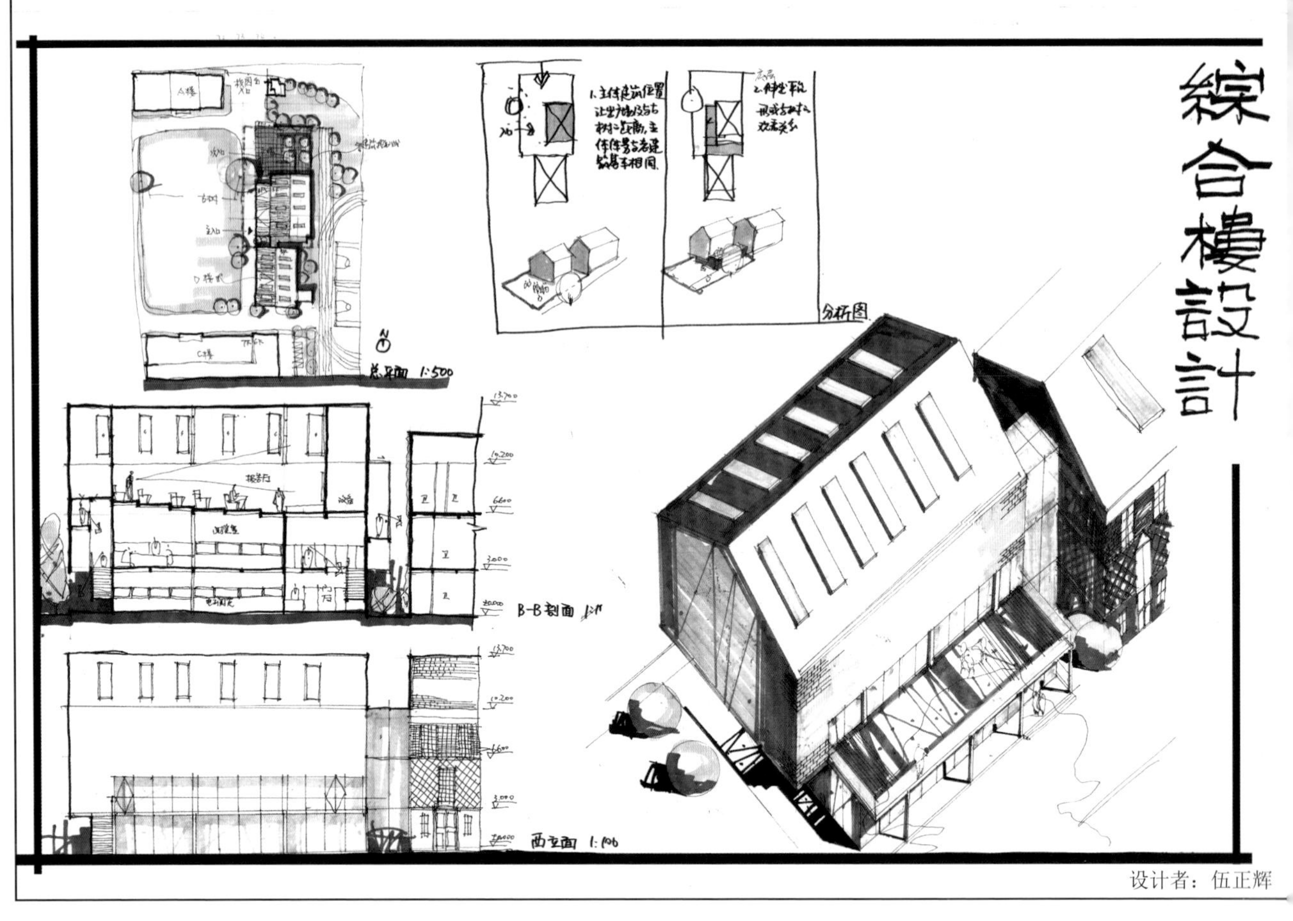

设计者：伍正辉

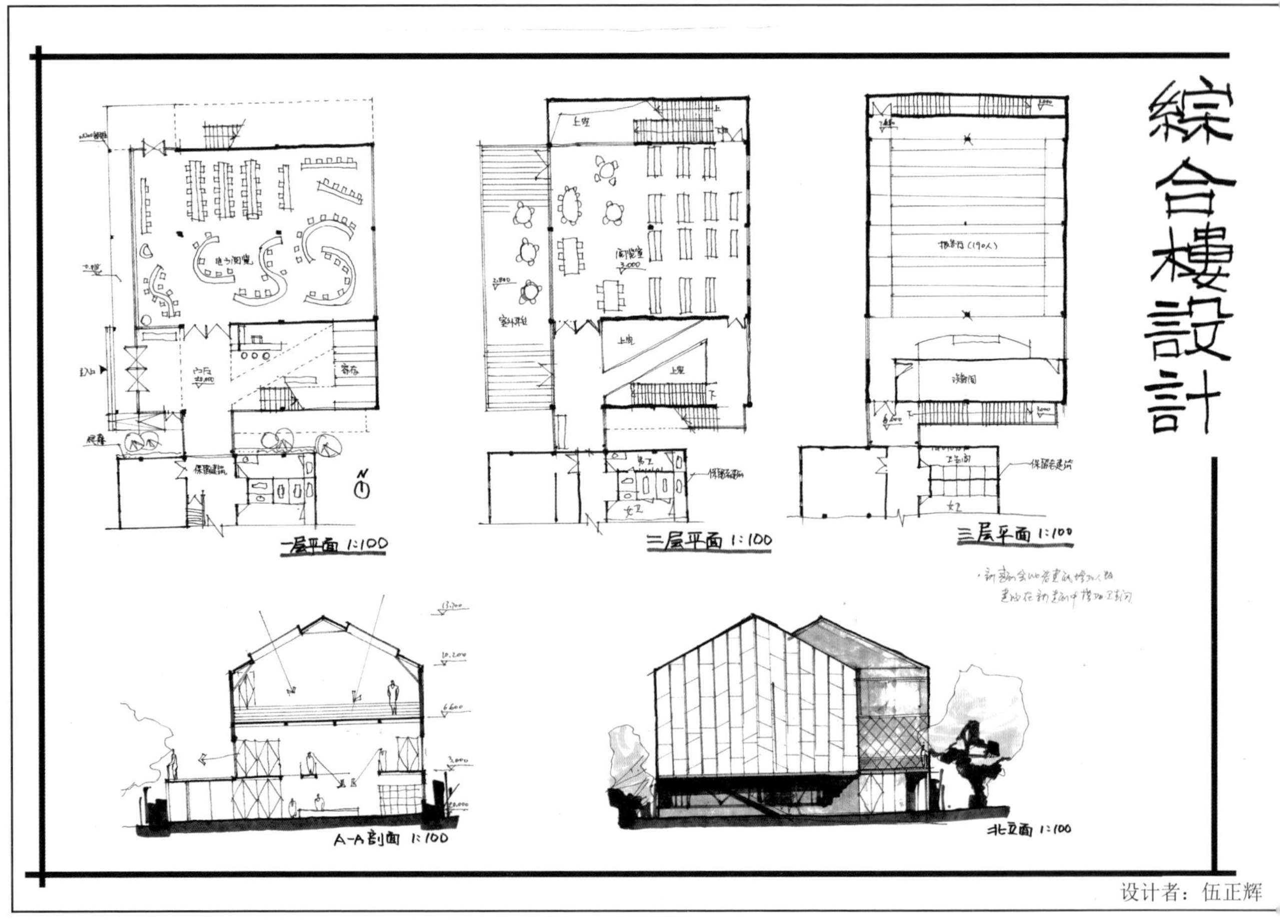

设计者：伍正辉

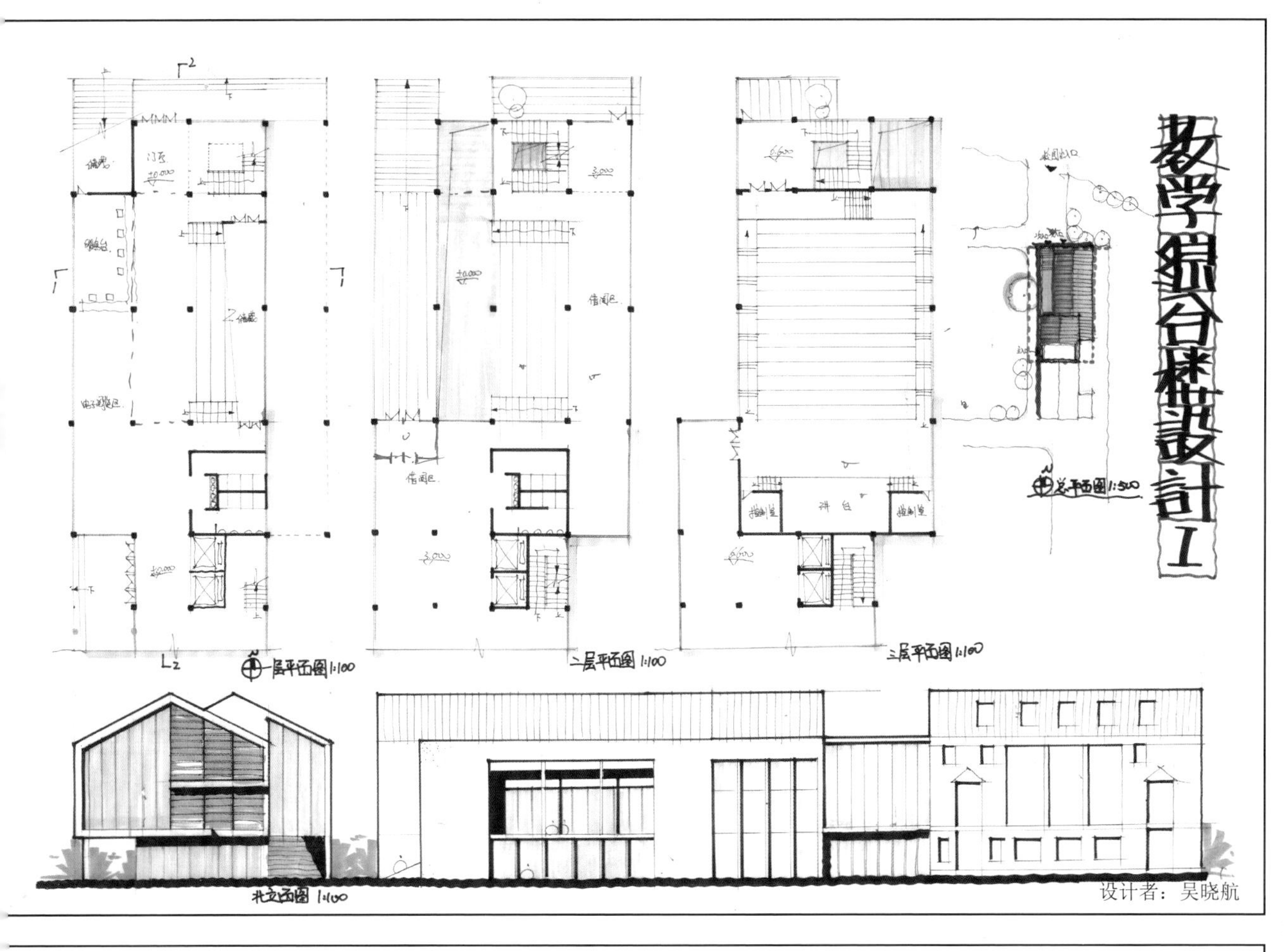

2-2剖面图 1:100

1-1剖面图 1:100

设计者：吴晓航

教学楼加建设计作品解析

该图表现清晰，坡屋顶两面能够区别表达，老建筑用了白描勾勒体量，是新老加建中节约时间的常见手法。遇到有场地与建筑设计相关的题目，可在轴测稍微带出场地内容，以丰富过于空白的第二张图面。平面图中建筑外围护结构略显单薄，不知是实墙或是玻璃面，应当以粗实线予以明确区分。

方案采用在新老连接处加建门厅与交通核，服务两座建筑的常见解法。门厅空间略显拥挤，电梯直接向外也欠妥，建议外移墙面放大空间，减少电梯数量改变朝向。阅读区被设计成看台状的大空间，是方案中一大亮点，是理解题意后呼应古树的巧妙手段。但是二层西面室外有一个占据一跨的平台，实际可能会对看台造成遮挡关系，不过设计者在剖面中结合分析，也算自圆其说。报告厅占据三层，疏散合理，等候空间足够。形体上结合前面的室内“看台”与室外平台，正好做出一个剖面视角下的错动。平面视角下亦做出错动回应，也有利于在新老连接处延续旧建筑的体量，满足历史保护风貌融合的需求，但是连接处门厅的屋顶形式与其他地方显得格格不入，建议从形状或材质选择其一，与新建筑或老建筑继续发生联系。剖面中看出似乎没解决新老相连的结构问题，应当注意。

参考案例

Louise michel and Louis Aragon 高中 / archi5
（资料来源：http://www.ikuku.cn/）

设计任务三 顶层画廊设计（6 小时）

一、项目概况

拟建一小型画廊，进行当代艺术品的收藏与展示。画廊在废弃纺织品仓库的顶层加建而成。仓库原结构为无梁楼盖体系，基础预留了顶部加建的可能性，经结构鉴定，下部通过局部构件加固即可满足顶层画廊的结构要求。

二、项目要求

1. 画廊层数不超过 2 层。
2. 画廊另设专用的垂直电梯与楼梯，原有楼梯可延伸至加层，作为疏散楼梯使用。
3. 画廊加建部分应选用适于本项目的结构体系，应充分考虑与原有结构的衔接关系。
4. 画廊加建体量应充分考虑与仓库建筑体量的关系，在结构适合情况下，加建部分可突破原有仓库的建筑外轮廓线。原仓库部分的外立面保持不变。
5. 画廊加建空间应充分考虑对自然光线的利用。
6. 画廊总建筑面积 1800m²，主要包括以下功能空间：
   开放式展厅 800m²，净高不低于 3.6m；
   两个大型装置艺术品展厅各 200m²x2，净高不低于 5.0m；
   门厅与交通空间；
   洽谈室与办公室；
   纪念品店与咖啡厅；
   库房与卫生设施。

三、图纸要求

1. 各层平面图，1：200；
2. 立面图 2 个，需包括原仓库部分，1：200；
3. 剖面图 2 个，需包括原仓库部分，1：200；
4. 结构选型轴测简图（比例不限）；
5. 透视图或轴测图；
6. 以上图纸表现方式不限。

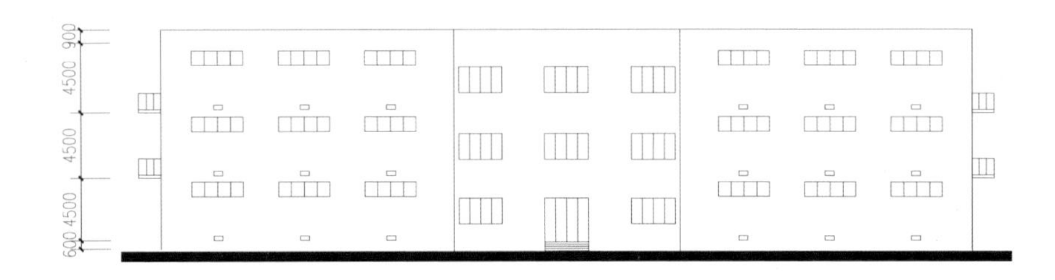

仓库南立面图

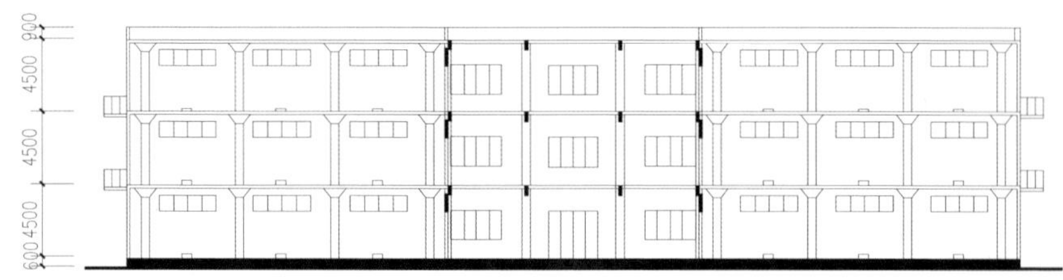

仓库剖面图

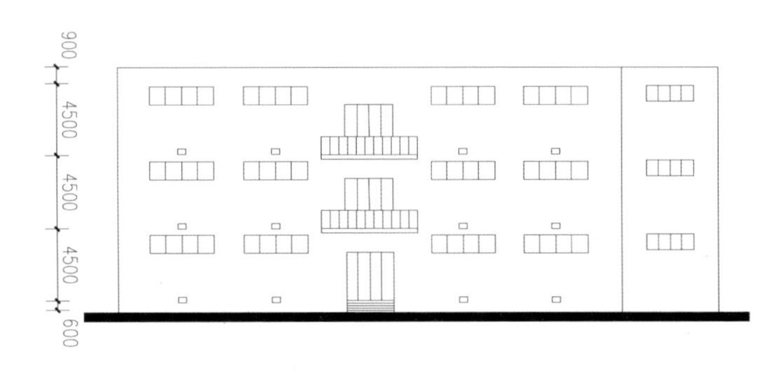

仓库东立面图

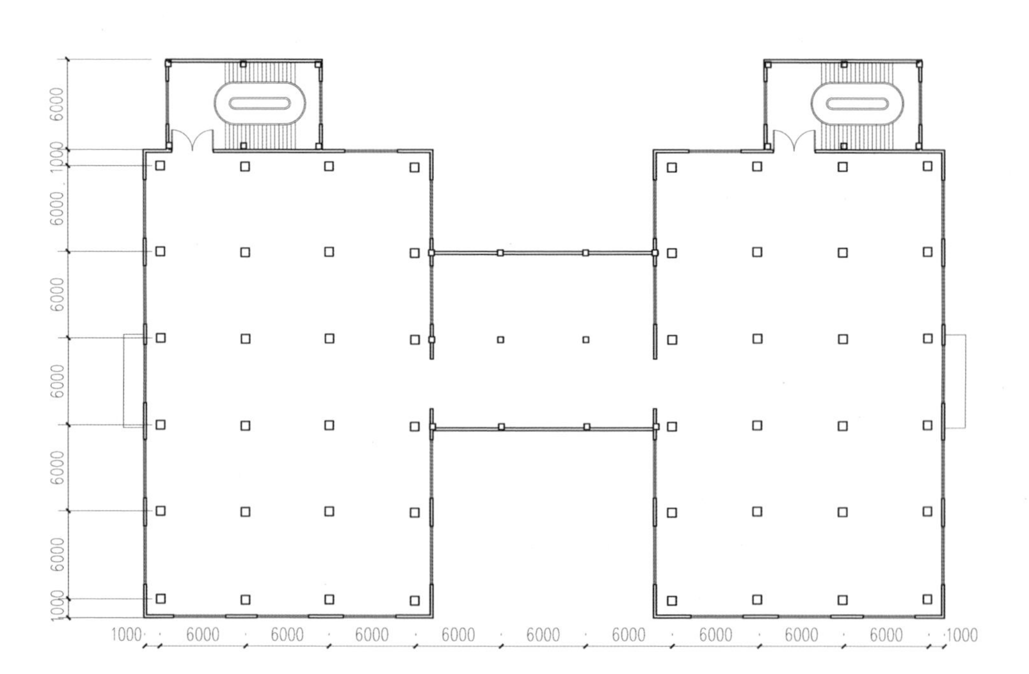

仓库标准层平面图

独立解题后扫码观看解析视频 TJ10

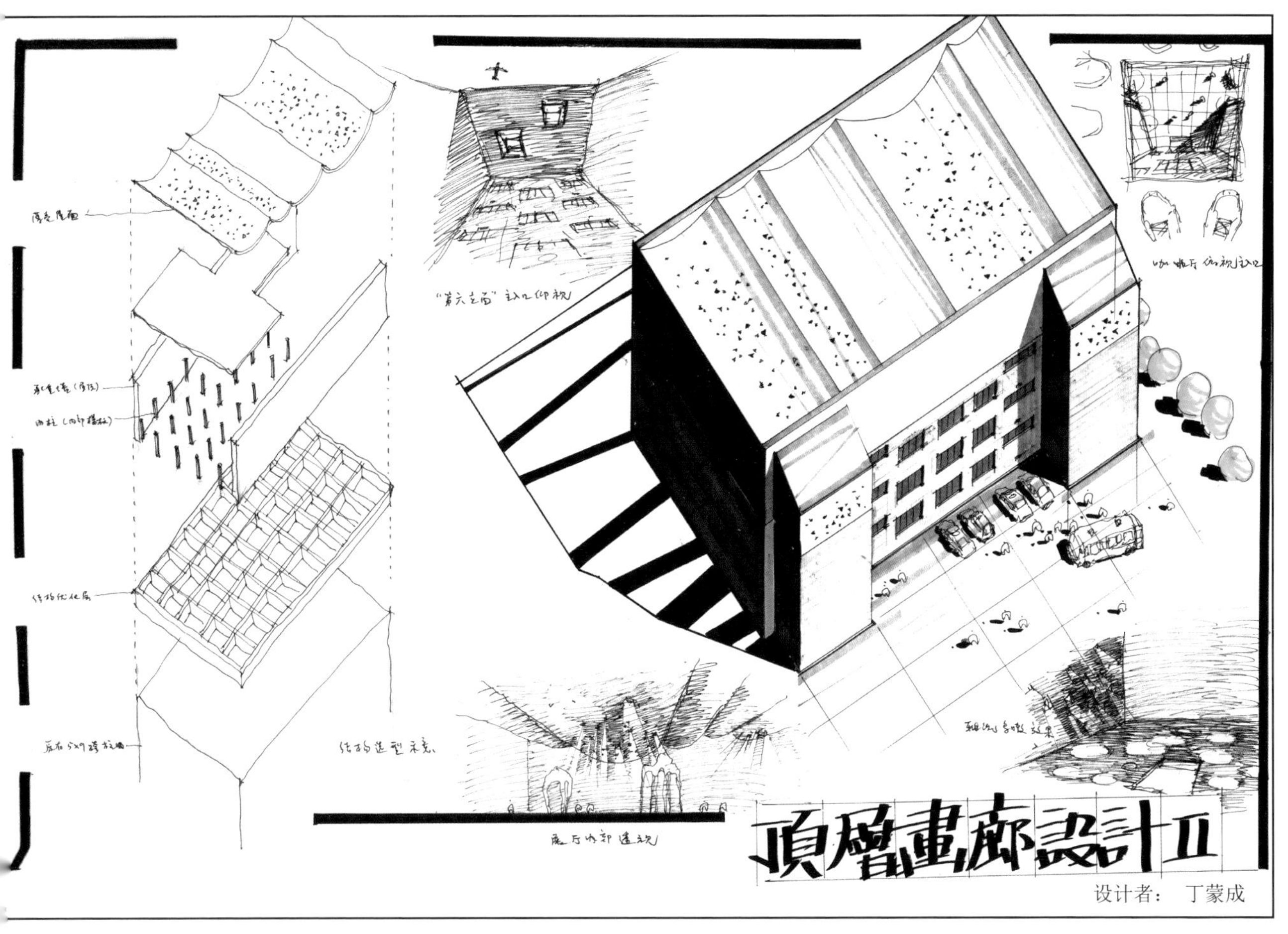

顶层画廊设计作品解析

用占据较大幅面的爆炸式分析图解释了顶层加建的主要思路，同时填充了轴测图旁的空白图面。大屋面和小碎窗的表现在轴测和平面图、立面图、剖面图、分析图中均表现较好，可见有平时积累练习。小透视选取角度不错，但是笔法较为潦草，排布也比较散乱，有待改进。

方案采用大小空间结合的手法，画廊第一层右侧为辅助空间，左侧与画廊第二层为展厅，整个平面比较有秩序，从建筑底层直通画廊的电梯出来，也塑造了一定的门厅空间。商业和咖啡空间被安排在入口附近，体量上占据原有建筑平面内凹部分上空，并富有创意地设计了镂空的玻璃地板。巨大的顶部体量用下垂的弧线屋顶、整体干净的材质、小碎窗来化解笨重感，有几分学习汉堡音乐厅案例的味道。同样的小碎窗元素在屋顶、外墙与室内均有应用，可看出设计者在尝试避免快速设计中的“背图”应试感。顶部开窗做到了与老建筑的呼应但不雷同。该图的结构转换并非套用常见的大空间上叠小空间的做法，而是以优化为主，虽然并不专业，但是理论上思路清晰，自圆其说，配以分析图解说明。

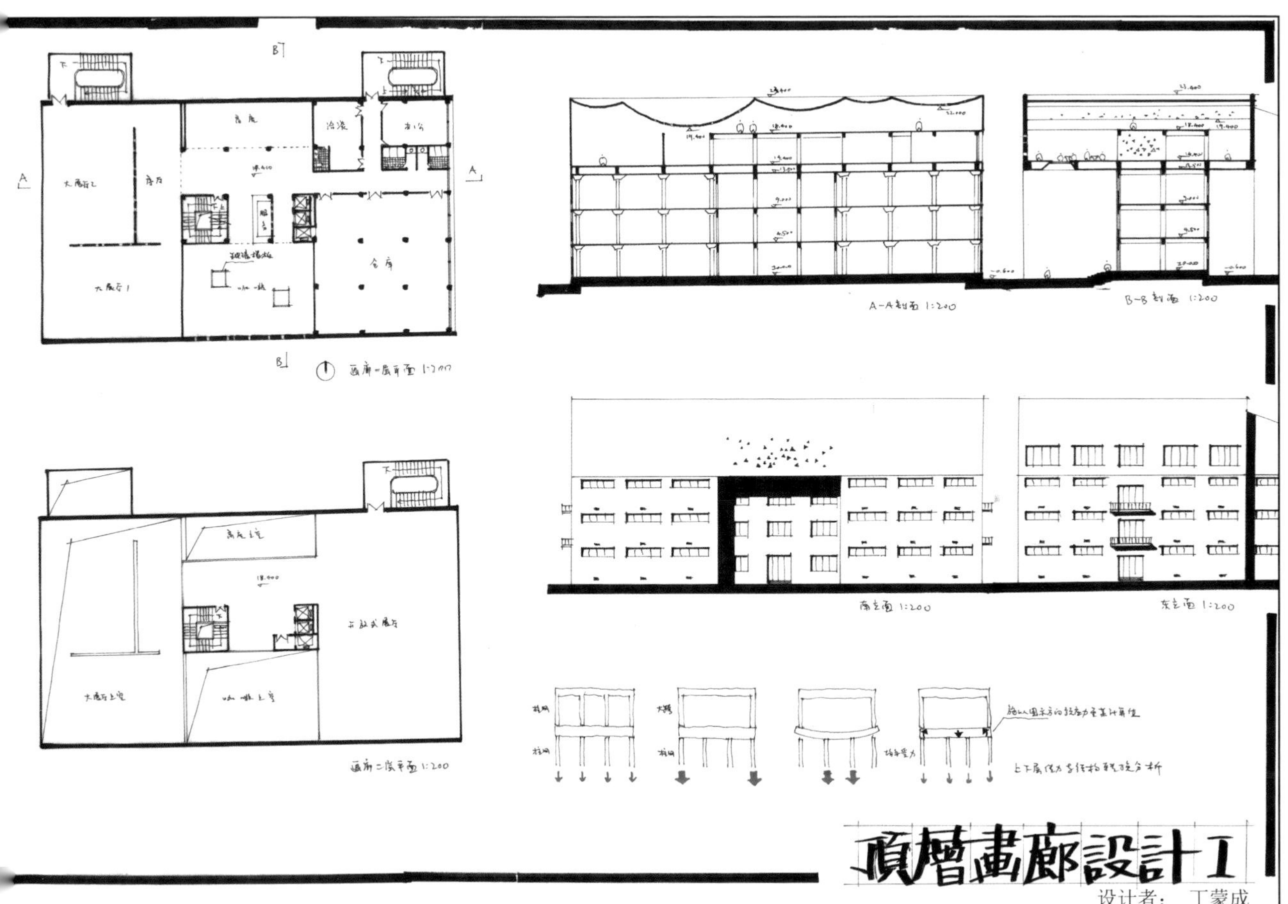

参考案例

易北爱乐厅 / 赫尔佐格和德梅隆
（资料来源：http://www.ikuku.cn/）

拉科鲁尼亚游泳池 / Francisco mangado
（资料来源：http://archgo.com/index.php）

顶层画廊设计作品解析

整个方案基本是展厅的设计，极少部分辅助空间被集中放置在原有疏散梯对应的位置。顶层画廊的主入口应为处于建筑平面内部的垂直电梯旁，但方案中没有形成较为完整和出彩的门厅空间。建议调整“H形”平面的中部连接位置的厕所、隔墙等。屋顶的设计很有意思，结合展厅采光天窗，制造了纪念碑阵列式的丰富空间体验，符合画廊建筑的功能需求与外观特点。可通过屋顶上凹与下凹设计，增大交通空间，从而尝试让屋顶与下部空间产生视线上的联系。该方案的柱网与下部结构一一对应，无需图中所示类型的结构转换，应该仔细阅读题意，灵活运用基础知识。而上下过渡部分在视觉形式上，可以有一个结合转换的高度。外立面的开窗与材质形式，建议考虑一下和下部老建筑的呼应关系，增加解题思路中回应“新老关系”这一主题的采分点。

因为是顶层加建项目，用爆炸分析图展现对结构的理解和功能叠加关系是比较聪明的做法，除此之外，此图表现技法成熟，形体的亮暗灰面和顶面木材质固有色是马克笔学习范例。

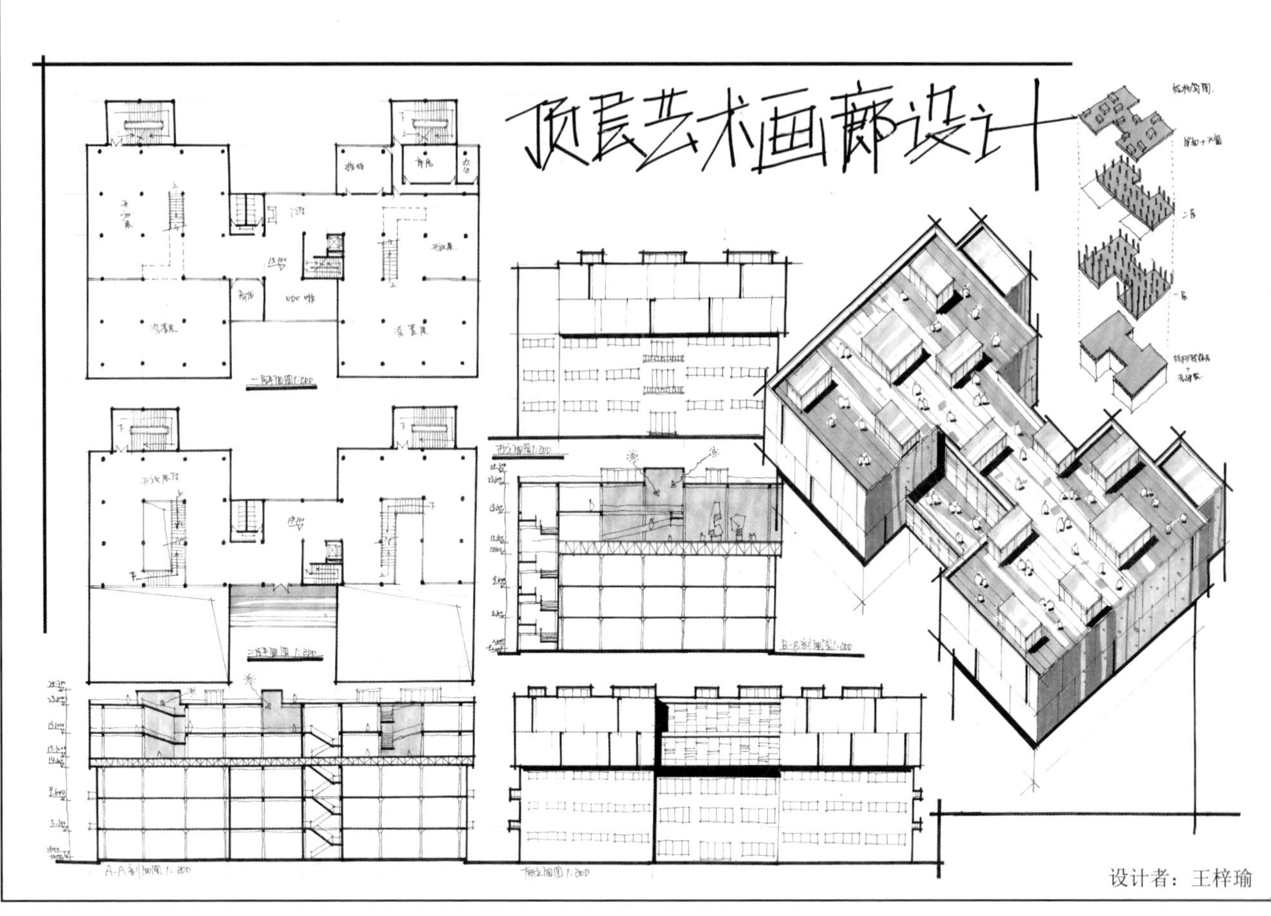

参考案例

Rotermann 木匠工作室 / Koko
（资料来源：http://www.ikuku.cn/）

四方美术馆 / 霍尔
（资料来源：http://www.ikuku.cn/）

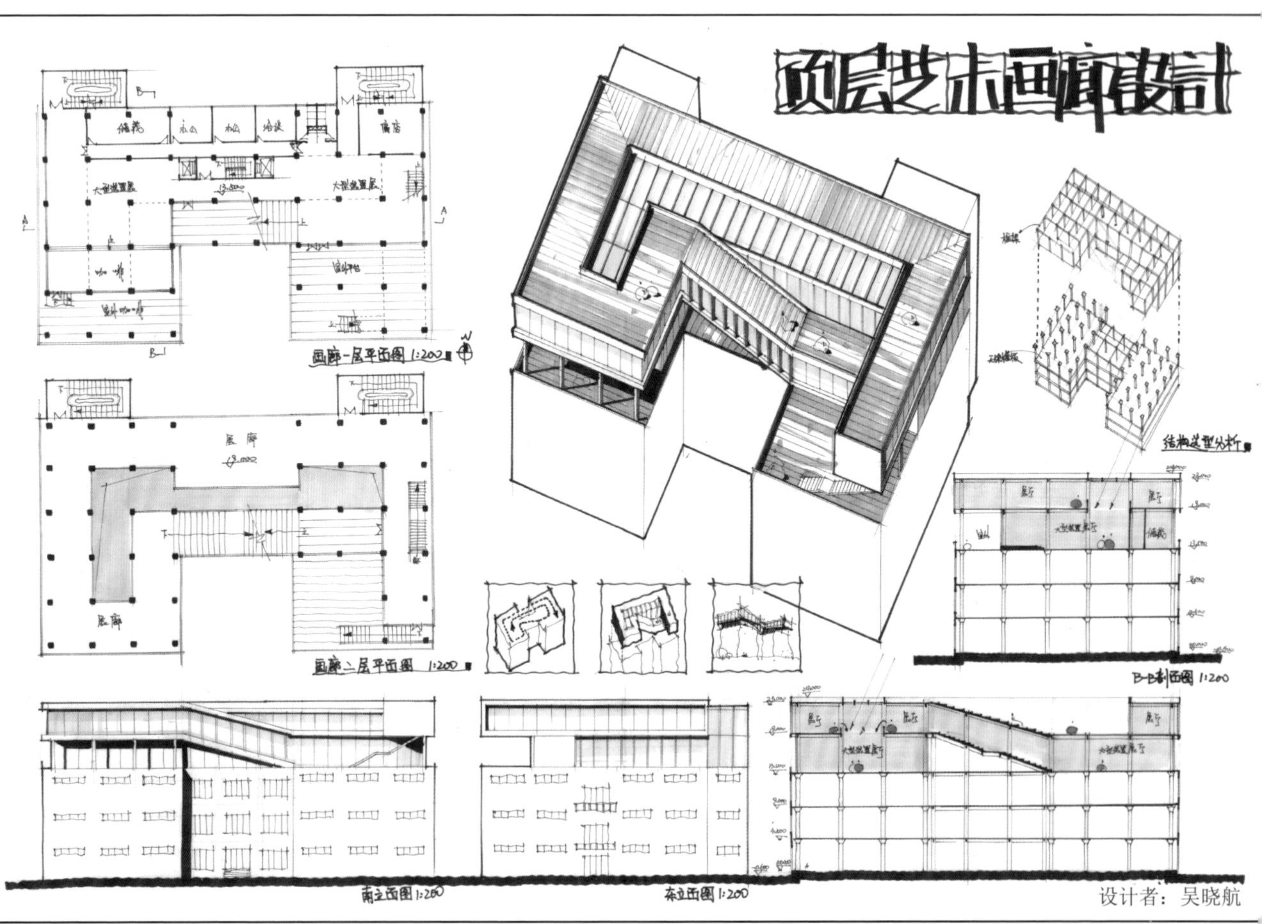

设计任务四 社区文化中心设计（6 小时）

一、项目概况

基地位于上海市城市中心某历史风貌保护区中，周边有保存完好的红砖饰面的花园洋房历史建筑群，人口密度较高，面积约为 2900m²。基地内的南侧有一幢（A 幢）需要利用的花园洋房建筑，其南侧及东、西侧立面及屋面形式必须保留，并已完成内部空间结构的更新（包括新的结构体系及楼梯）。现拟建总建筑面积为 2000m² 的社区文化服务中心，新建筑与更新后的历史建筑一起形成一幢整体建筑。

二、总体设计要求

1. 社区文化中心考虑为本社区及周边居民提供高品质公共活动空间，满足开放性多样化的休闲生活需求。

2. 社区文化中心的功能安排，必须充分利用更新的历史建筑（A 幢），建成后与新建部分合二为一，统一考虑消防疏散问题。

3. 新建部分应充分考虑基地周边及 A 幢历史建筑的风貌及比例协调，新建建筑高度不可超过历史建筑屋脊高度（即小于等于 13.5m）。

4. 社区文化中心一层建筑面积（包含 A 幢历史建筑底层面积）要求小于基地总面积的 30%。（对城市及社区开放的灰空间可以不计入 2000m² 建筑面积中，亦不计入一层建筑面积中）

5. 机动车与非机动车停车已在社区中统一考虑，本题目不再予以考虑。

三、单体设计要求

1.建筑主要功能面积构成（均为使用面积）

休闲茶室（含简餐），350m²； 小商店，100m²；
洗衣店， 60m²； 奶茶铺，40m²；
文化展示室（多功能室），120m²； 电玩游艺室，100m²；
健身房，80m²； 乒乓球室，60m²；
图书室，60m²； 书画室，60m²；
教室，60m²×2 间 =120m²；
办公室，20m²×2 间 =60m²；
根据功能需要设置门厅、楼梯、电梯、卫生间等。

2. 总建筑面积允许有不超过 5% 的上下浮动。

四、成功要求

1. 总平面图，1：500。
要求画出原有历史建筑与道路，进行基地范围内的场地设计；
要求标注建筑主要出入口，写明主要技术指标。
2. 各层平面图，1：200。
要求注明各房间名称；要求标注两道尺寸。
3. 立面图 2 个，1：200。
东立面，北立面。
4. 剖面图 1 个，1：200。
要求包含 A 幢历史建筑；要求标注两道尺寸。
5. 相关分析图。
6. 透视图或轴测图。

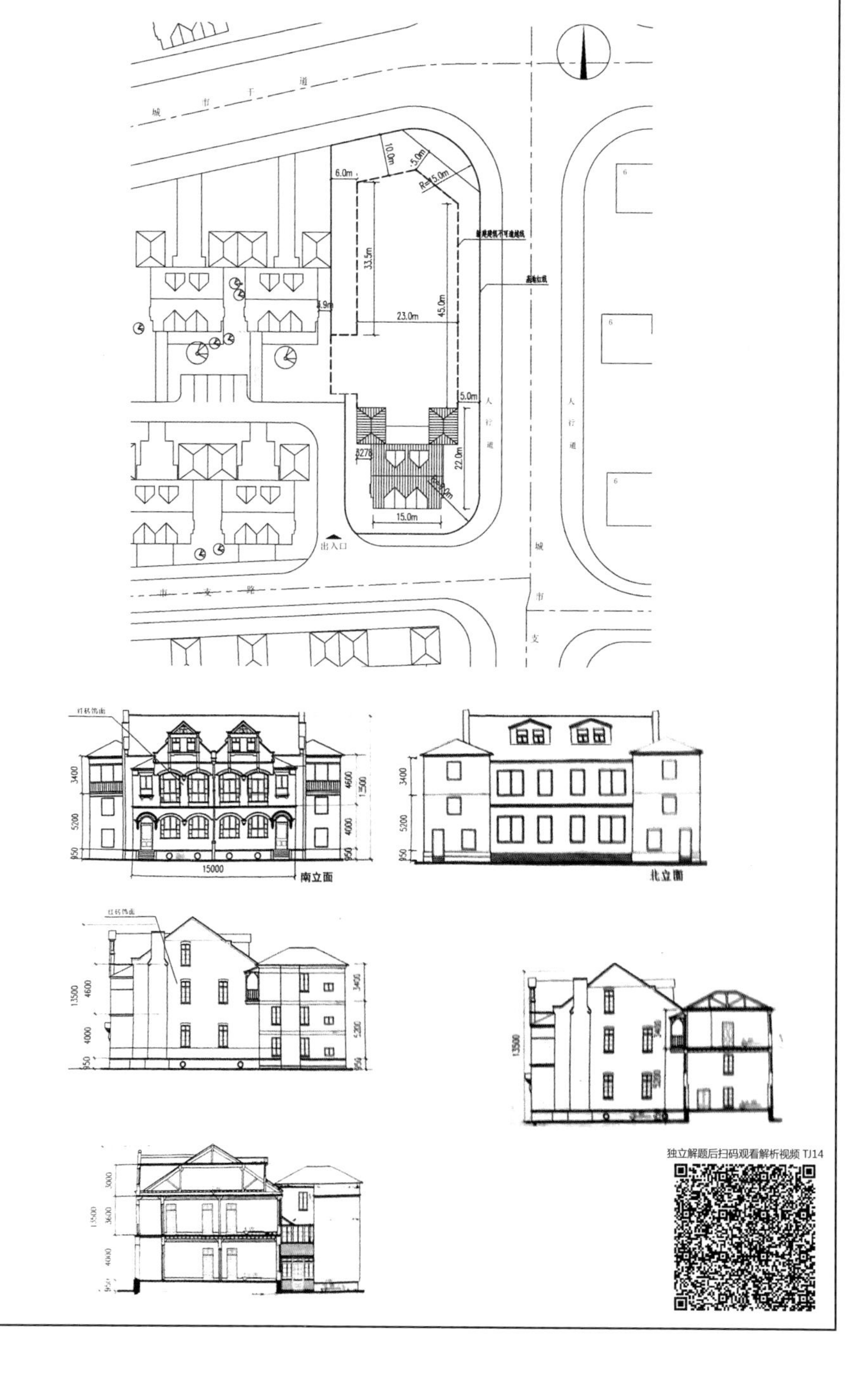

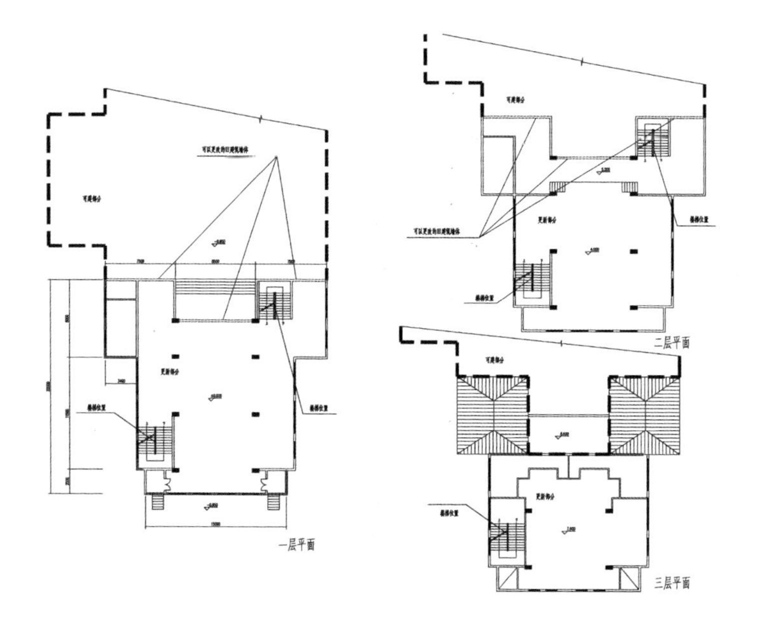

社区文化中心设计作品解析

两图作图均清楚有序，表达完整。体量上都采用坡屋顶，但上图用一个整体的大坡，与古为新地设立新建筑的形式态度，立面材质也从历史街区演绎而来，却不完全相同。下图的坡屋顶同样与旧建筑有所变化，但不是从跨度而是从两边的坡度比例上，更具现代感。下图的北立面疑有做错，两图北部的形体超越了隐性的建筑控制线，值得留意和小心，因为虽然题意中没有点破，但历史街区题当中的贴线问题应当是一个主动考虑的要点。

两图方案均采取了新老连接的中部设置广场与主入口的思路，新建筑的形状也都是“回”字形，因此东西走向的坡屋顶与南侧房间划分的对应关系应当留意。对于一些教室类型的房间，如能改为南北朝向则更加稳妥。上图用大屋顶直接盖过来，形式无缺点，但能让两座建筑室内相连更好，这样新建筑的厕所、电梯设施才能充分利用。上图的奶茶店应直接沿街开窗，洗衣房形状不利于利用面积。

新老交接部分的外表皮塑造也是注意点，下图的桁架玻璃廊有点脱离整体风格特征，较为生硬，可以在材质上和旧的元素加以呼应，下图的二层门厅过小，报告厅的门斗与环通走道设置与尺度等级不符，这些都是可以借机逐步积累的设计基础技能。

参考案例

魏莱拉学校 / CNLL
（资料来源：http://www.ikuku.cn/）

Louise michel and Louis Aragon 高中 / archi5
（资料来源：http://www.ikuku.cn/）

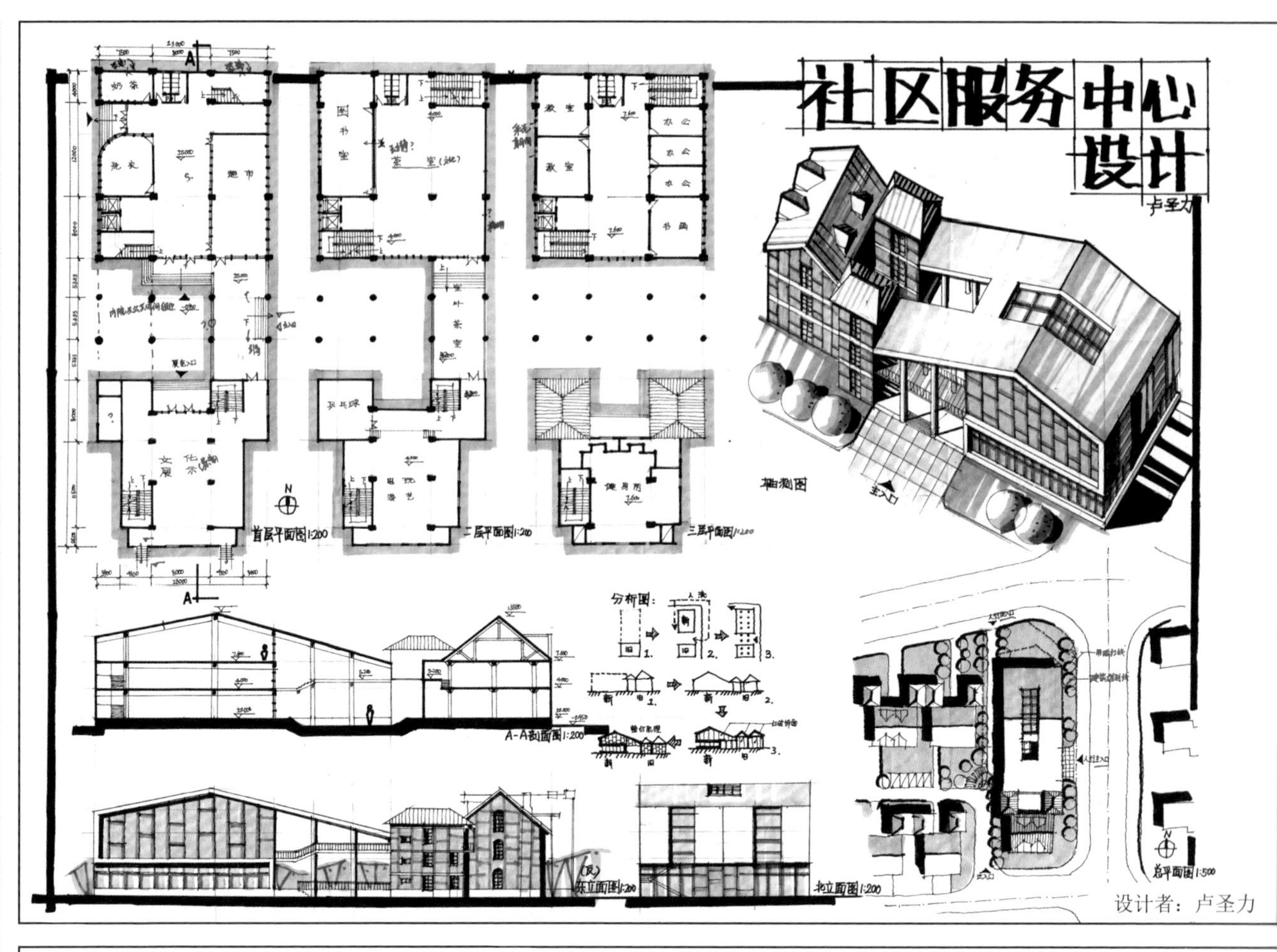

设计者：卢圣力

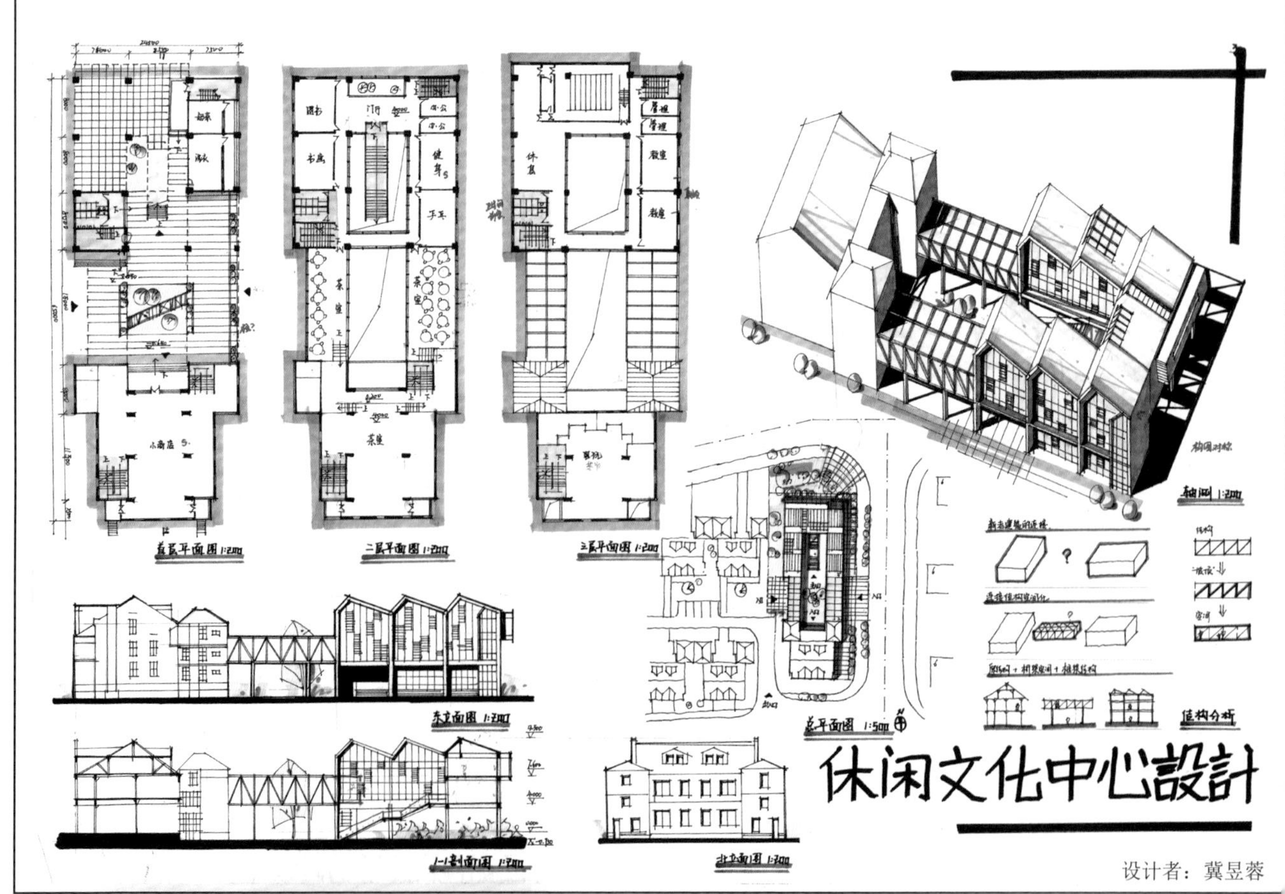

设计者：冀昱蓉

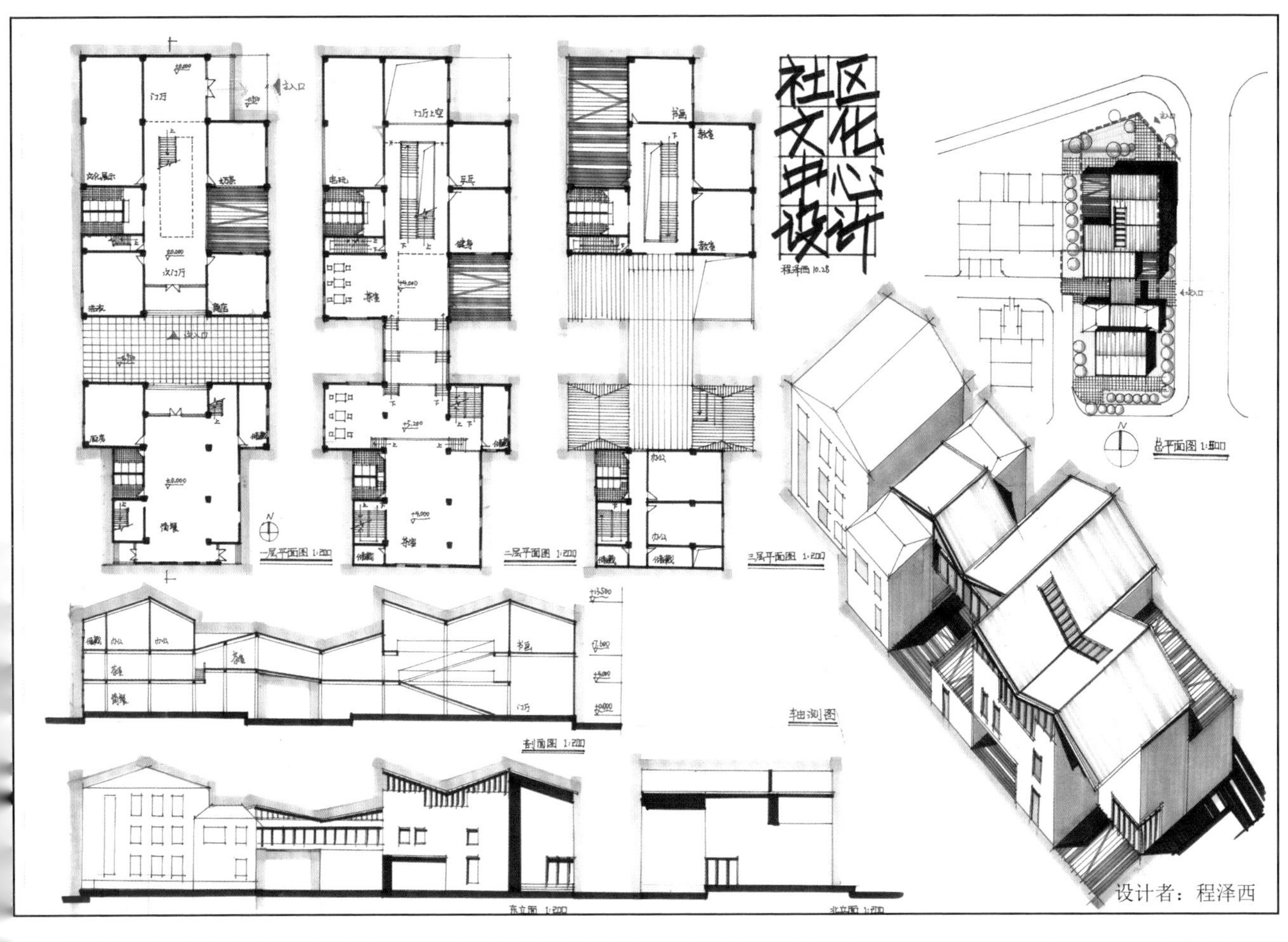

设计者：程泽西

设计者：伍正辉

社区文化中心设计作品解析

上图的尺规作图与下图的手绘均表达清楚。形体上都采用了坡屋顶手法，但具体策略有所不同。上图的坡屋顶尺度和旧建筑相仿，在方向上有延续感，从总图来看，新建建筑的城市肌理也完全融合进了原有街区，是比较保守的解法中的优秀范例。立面还可以梳理得更加清晰，上部的玻璃部分与下部实体衔接得不是很顺畅。下图的坡屋顶则是重新定义，对历史元素有吸收有改进，以小尺度坡屋顶丰富了社区的天际线，但没有产生不协调的感觉。

功能划分上，两图都采用在底层的新老连接处打开广场的策略，上部建筑则相连，将需要重复并置的教室放在新体量中，空间要求较高又形状自由的高等级茶室、展示室等保留在旧体量。新旧加建题的常见思路如此，因为旧建筑往往结构脆弱、平面不方正，但充满情调；新建筑则可以重新设计，轻易满足技术需求，但面积不稀缺，相对乏味普通。作为东西朝向的场地，尽可能以“王”字形、“日”字形等平面将主要房间设置为南北朝向更为稳妥。

参考案例

Chonnabot 社区学校食堂
（资料来源：http://archgo.com/index.php）

Pajol 体育中心 / Brisac Gonzalez
（资料来源：http://www.ikuku.cn/）

社区文化中心设计作品解析

从总图上看本方案形体贴合城市肌理，横向走势坡屋顶是正常解法。深入方案来看设计有创新之处，有一个从一层通向二层的木质平台对公众开放，同时以一座弧形楼梯将这部分面积向三层延伸。头尾都能与建筑内部连通的平台充满活力，同时给建筑和周边社区带来裨益。但是形式上的圆形、水面斜线布道，属于与周边空间逻辑无关的符号化几何形状，都与建筑学关系不大，应在考试中尽量回避。建议保留空间格局，但在形式上更加慎重考虑。

建筑内部功能分区合理，根据品质与面积的不同需求布置房间，将连接房间的空间分成新旧两部分，房间放置到各自适合的位置上去。细部有待优化，如小面积办公室旁有面积浪费、健身房宜配备更衣及淋浴间、商店奶茶店应当一层沿街布置。新老建筑交界处结构上应该分离。剖面图表现时可以画出老建筑木结构的斜撑、木龙骨等构造，显得图面更加专业，也让新老关系一目了然。

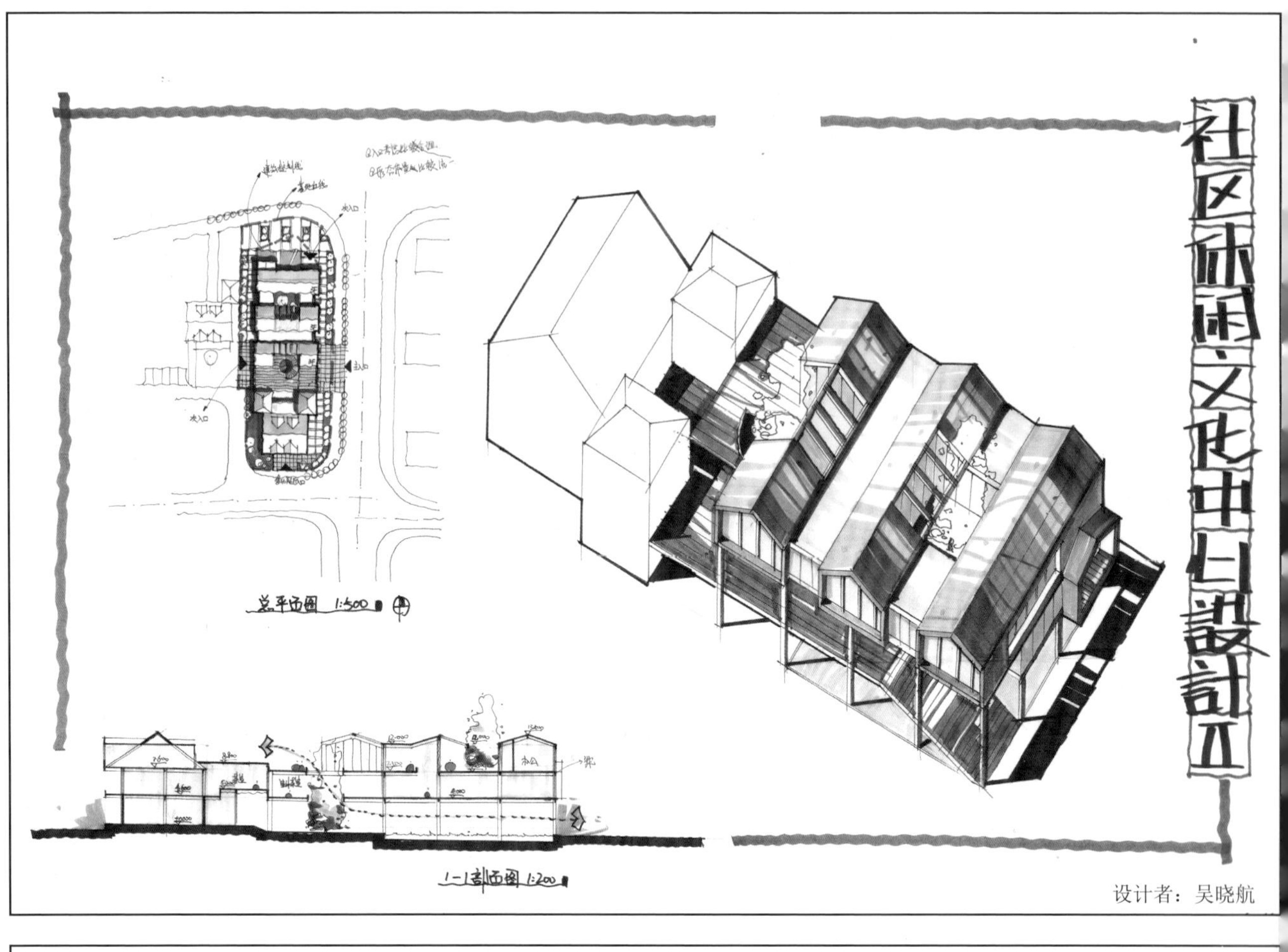

设计者：吴晓航

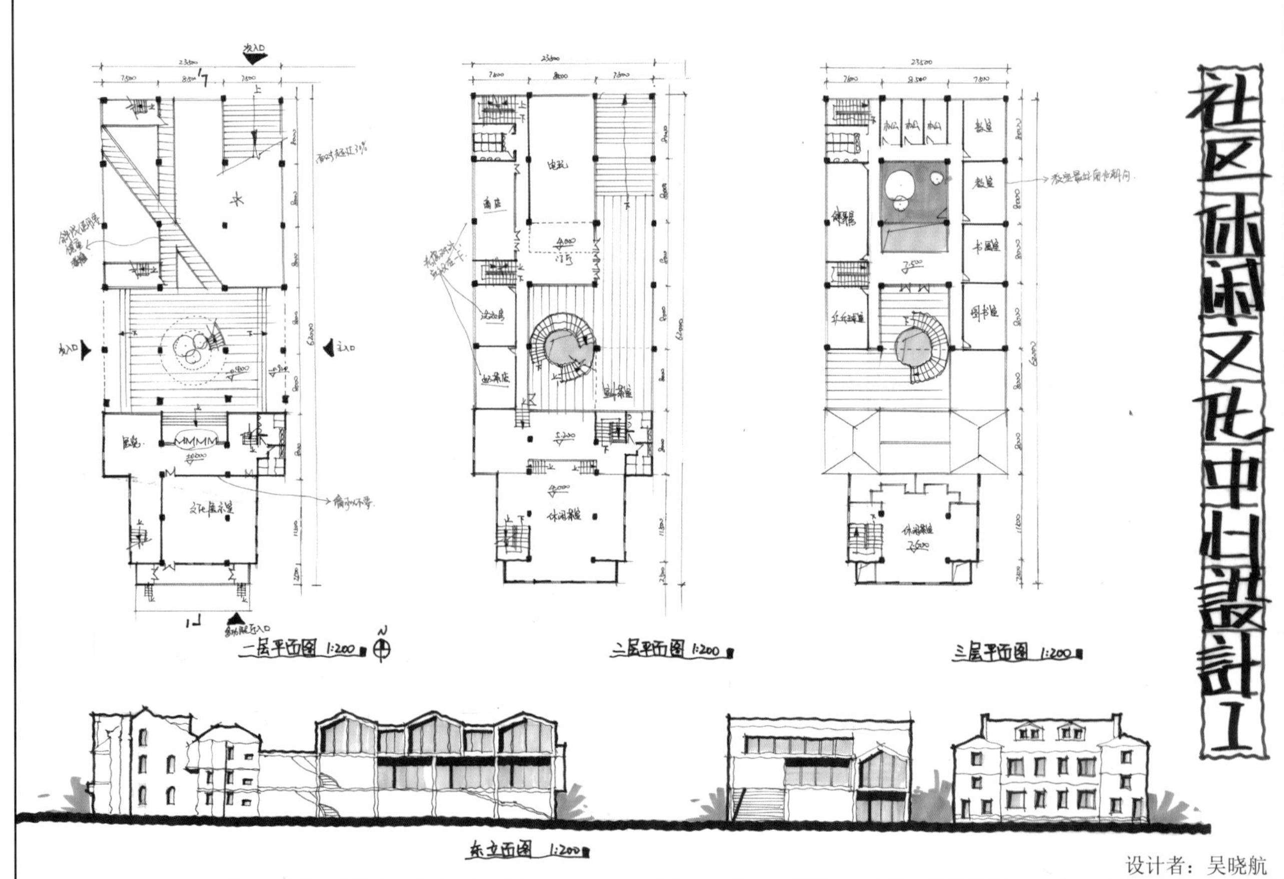

设计者：吴晓航

参考案例

泰州（中国）科学发展观展示中心／何镜堂
（资料来源：http://www.ikuku.cn/）

设计任务五 建筑艺术中心设计（6 小时）

一、项目概况

本设计主要表达对新建筑介入环境及其内外空间品质的理解。项目位于华东夏热冬冷地区某市中心内。基地北侧和西侧均有城市道路，周边为老城区坡屋顶建筑群（住宅、办公等），北侧邻接步行街，其中 A，B 两栋建筑为特色老建筑，分别为文艺沙龙和餐厅。C 栋为规划新建餐饮建筑，其他与基地相邻建筑均为公共建筑，在基地内拟建一处建筑艺术交流中心。

二、项目要求

基地面积约为 2650m²，要求设计的建筑艺术交流中心，总建筑面积为 2000m²，建筑密度不大于 70%，绿化率不小于 5%，建筑总高度不大于 15m，不设地下室。

1. 环境要求

基地（总图红线范围）位于老城内环境敏感区域，应充分考虑与周边建筑尺度和城市空间关系，特别是与北侧步行街及 A，B 两栋老建筑的相邻关系，周边坡屋顶建筑主要为红色砖墙红瓦屋顶，A，B 两栋楼为米色水刷石墙面和红色瓦屋面（相关立面见下图），建筑退界（粗虚线表示的可建范围）要求见基地总平面图，并满足相应规范间距要求。

2. 交通组织

仅可在西侧城市道路开设不大于 7m 宽的机动车出入口，且与城市道路交叉口转弯起始点距离不小于 30m，在基地内部设置 5.5m 宽的双向车道（环通道路可设不小于 4m 的单行车道）。用于少量的展示交流区和事务所办公区的车流出入，并设 4 个临时小型车停车位，基地内无需考虑其他停车需求。

3. 功能设置

建筑艺术交流中心项目可分为 a 和 b 两个各自独立的区域，两者之间除应设置便于管理的通道联系外，可以建立空间上的视觉联系，且互不干扰。

（1）展示交流区，800~1000m²。

展厅不小于 500m²，可以选择模型、图纸、影像三种方式展示；

服务／礼品／书店：60m²；

小型报告厅：约 60m²，可容纳 40 人；

办公室：15m²x4。

设置独立的门厅、洗手间、临时库房（60m²）和楼梯（根据需要）。

（2）建筑设计事务所共 1000~1200m²，其中：

合伙人办公室：40m²x3，其他办公室 15m²x6。

大开间办公空间：总计不小于 600m²，容纳不少于 40 个设计师，可分为若干个小组隔间和讨论区。

会议室：40m²，2~3 间；

图书资料室：80m²；

设置独立的门厅、洗手间、咖啡休息区和楼梯（根据需要）。

上述所有空间的层高没有限制，也不存在通高空间双倍计算面积问题，面积指标计算可有 10% 的增减，建筑不超过 3 层，电梯配置自定。

三、图纸要求（图纸表现形式不限）

总平面图，1：750，要求表现出车道、绿化、硬质铺砖场地及新老建筑；

各层平面图，1：200，要求标明个房间名称以及主要家具；

北立面，1：100，要求表达立面形材料和细部；

其他立面 1~2 个，1：200；

剖面图，1：200，要求表现内部空间特点，至少 1 个；

立面图局部墙身断面，1：50，从基础到女儿墙或坡屋顶，注意建筑构造与立面形式等相吻合；

透视图（由北向南视角）或轴测图一张，其他透视图，分析图不限。

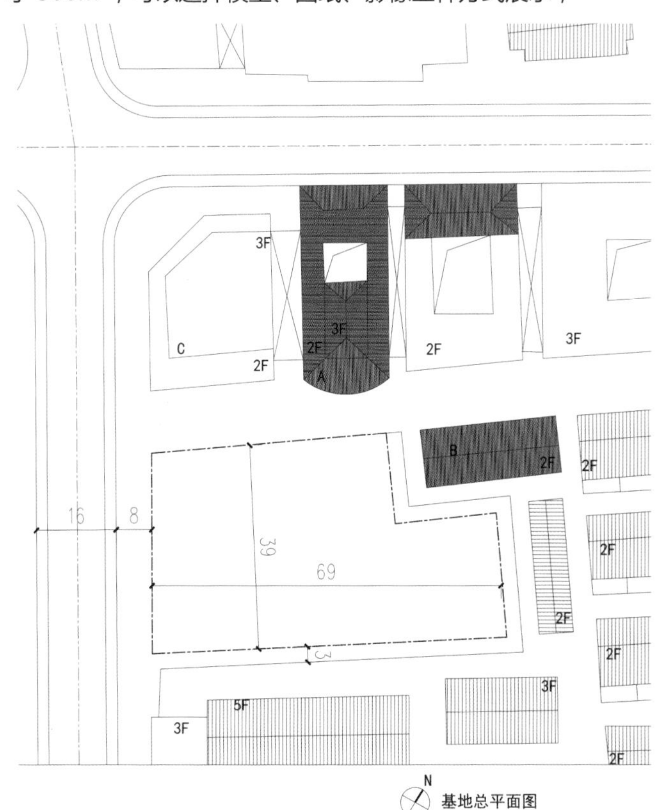

基地总平面图

独立解题后扫码观看解析视频 TJ15

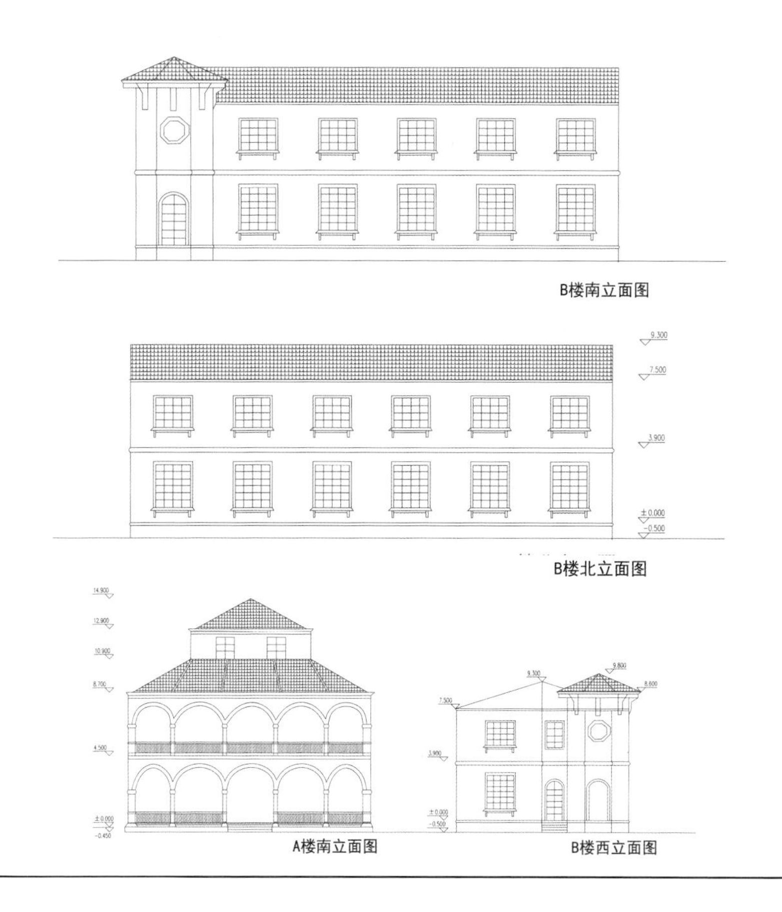
B楼南立面图

B楼北立面图

A楼南立面图

B楼西立面图

建筑艺术中心设计作品解析

上图的形体美感很好，巧用了一些构筑物元素和建筑实体结合，也为使用人群营造良好的空间体验。从细节可见设计者平日案例学习积累。上图对积累案例的运用除了有一些与街区风貌不符以外，屋面的形式与建筑结构做到了对应。在数个小分区之后置入大分区，引出更大体量的分区，进而安排展览和办公区域的功能安排。

下图将展厅结合主入口放在场地西北角街道交叉口不无道理，然而考虑到北部是一条步行街，建议将主入口前的二层平台同样通往北面与东北，同地面接壤。办公区域直接面对步行街显得有些浪费资源，可以退后给展览部分更多展示空间。

下图的场地与上图的场地除去精彩的水景部分，都比较简单，鉴于总平面图比例较小，在时间充裕前提下可以结合一层平面进行更精致的场地设计。立面重复过多，建议衍生一些变化，或让立面虚实结合。下图的墙身大样比上图会更容易抓住得分点，尽管没有面面俱到，但出现了个性化的干挂幕墙连接方式，与设计相结合。上图以构造书常规详图画法为主，也没有标注材质，只能说基本合格但有待进步。

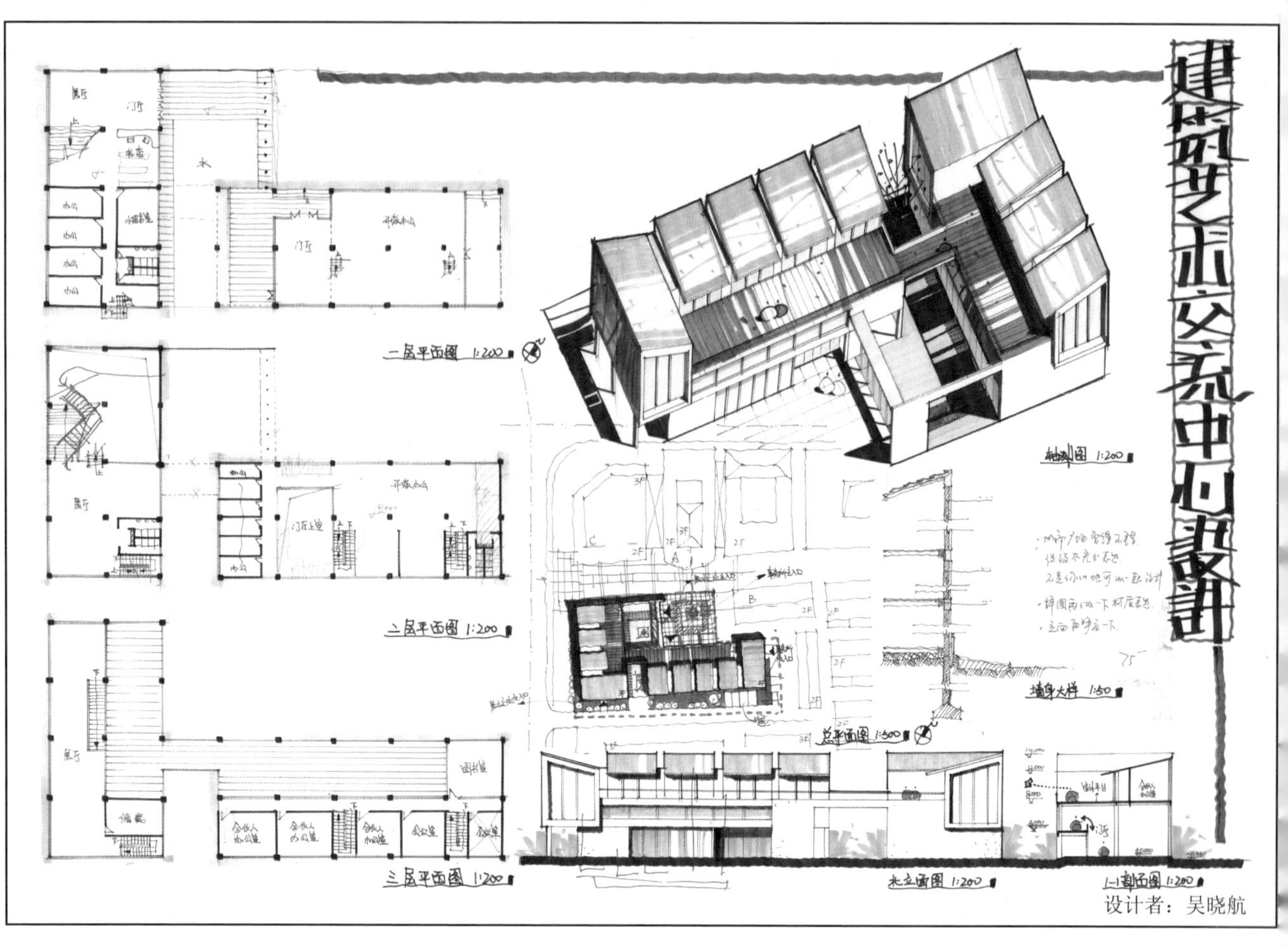

设计者：吴晓航

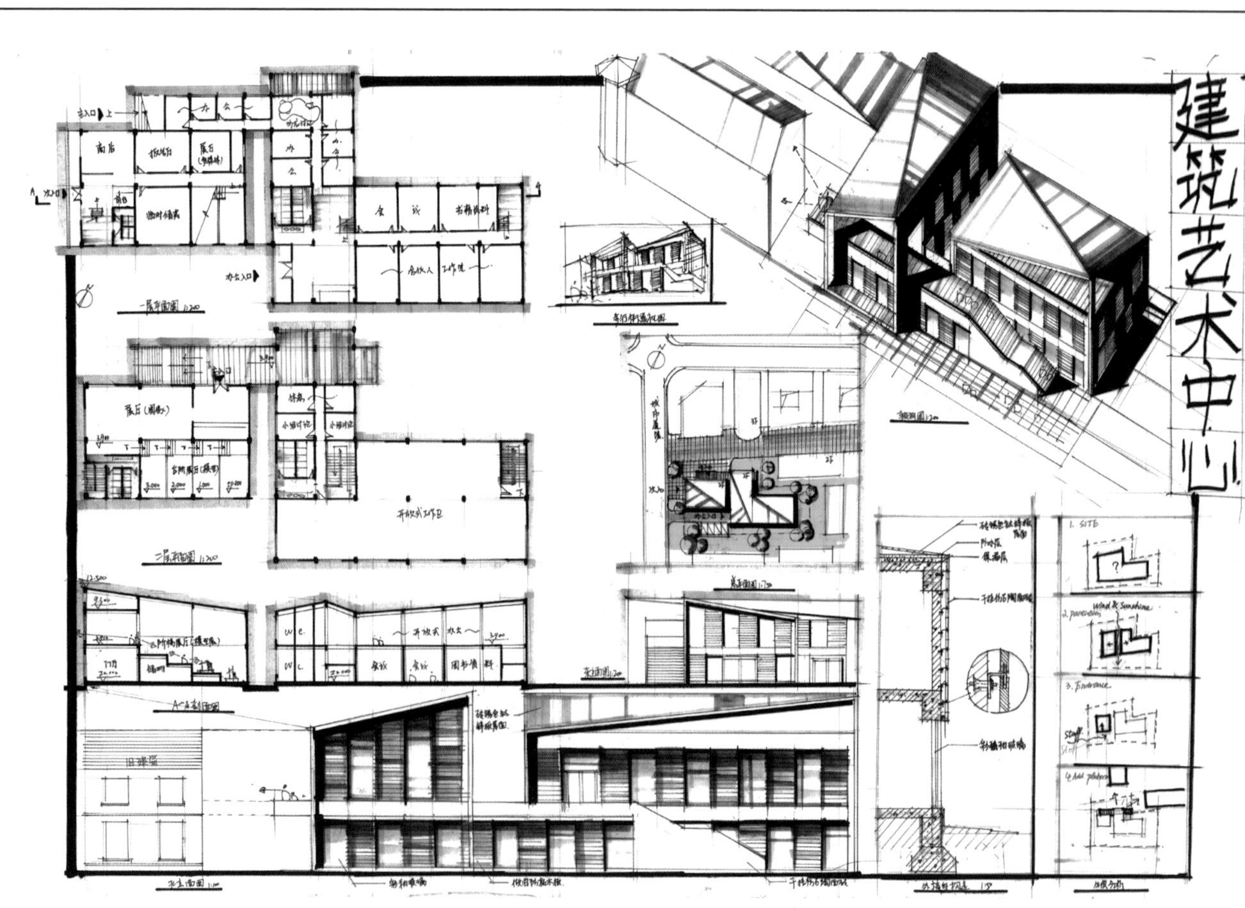

参考案例

Ngoolark 学生服务大楼 / JCY
（资料来源：http://www.ikuku.cn/）

深圳爱波比幼儿园 / 圆道设计
（资料来源：http://www.ikuku.cn/）

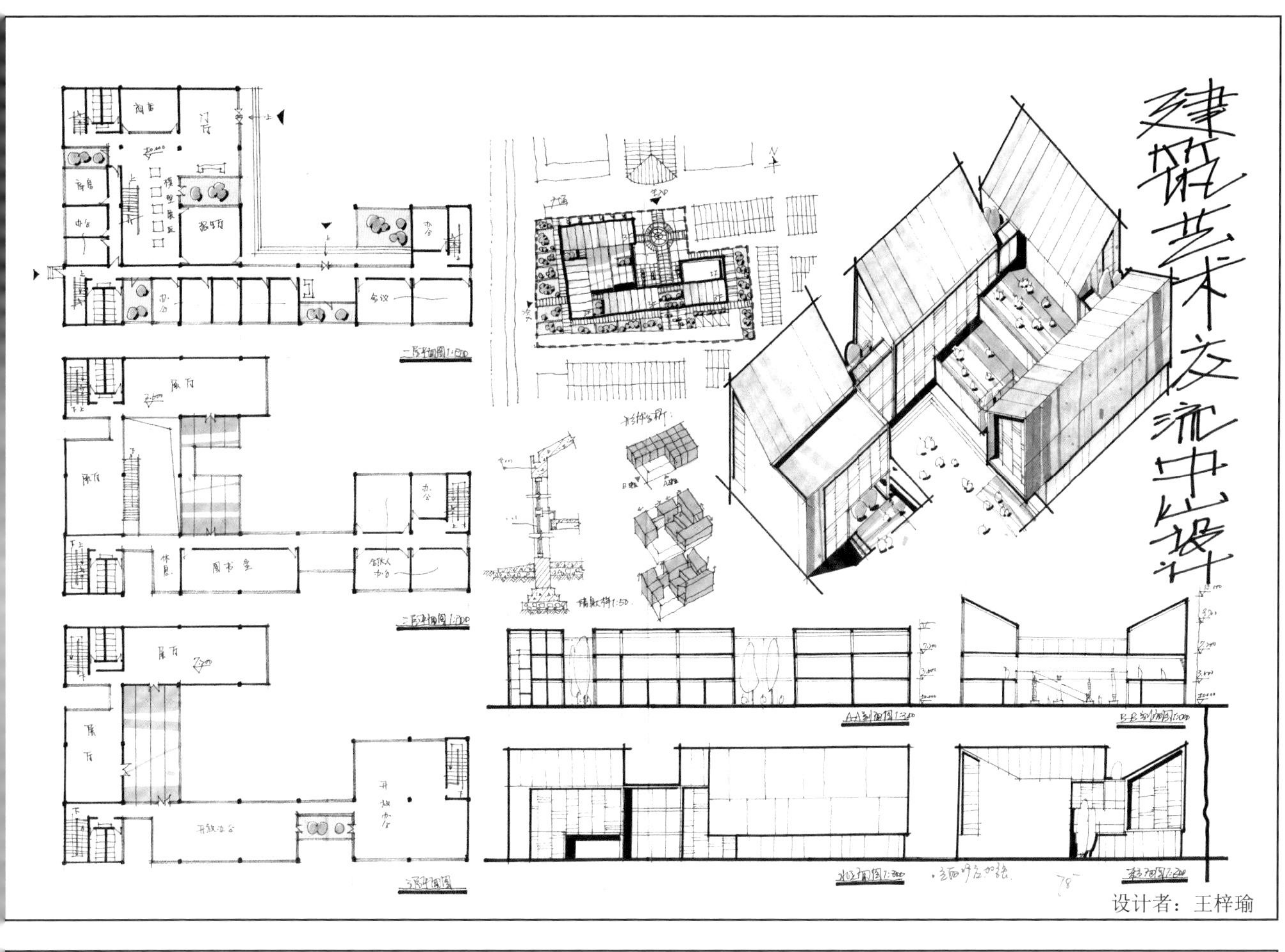

设计者：王梓瑜

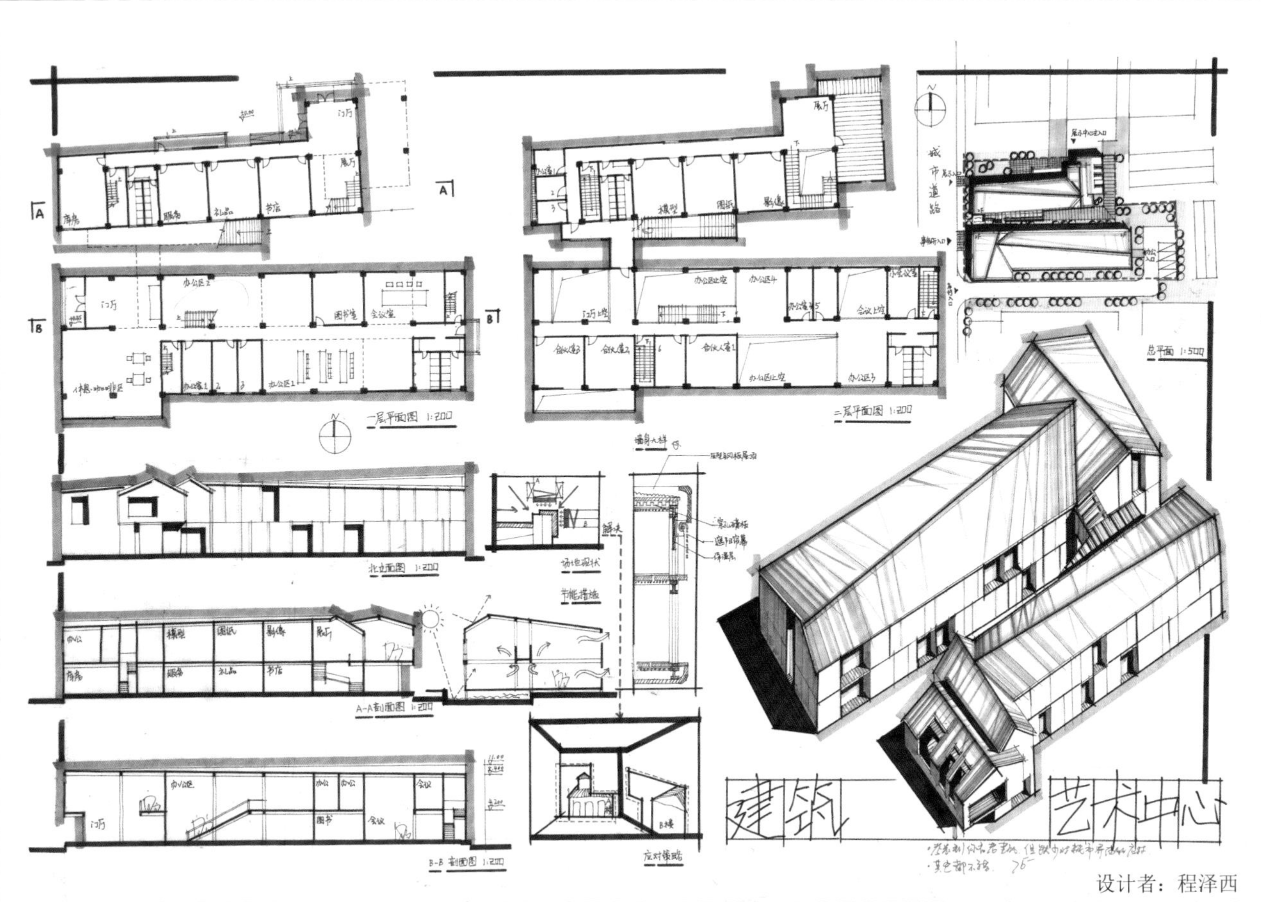

设计者：程泽西

建筑艺术中心设计作品解析

上下两图表现立体感清晰，上图还用不同冷暖灰色表达受光与背光面区分，非常精彩。形体分析图也恰到好处，但是墙身大样不够仔细，墙体只有一层，构造并没有分出来。下图屋顶坡度分割较为随意，建议角度和场地空间找一些对应关系。另外，快速设计考试设计大样，除了构造基础知识更考查有特色的构造设计与理解，因此需要平时积累个性化详图画法。

上下两图均将北侧一座老建筑的正对面设置为展览主入口，在正确思路的前提下两图入口营造各有千秋。上图退出一个广场，用自身场地内建筑围合，同时用退台加强视线汇聚，使其成为空间的重心。室内展览空间地位得到重视，几个大功能分区和建筑形体的分块基本吻合，形式呼应了功能。不过这个形式在结构上存在瑕疵，即建筑形体凹口处在楼层标高的地方实际上会有梁连接，不然悬挑过大，梁伸出之后会对形体造成影响，应当将其考虑在内。下图的主入口处建筑体量伸出，将人流引入室内，依次完成功能服务。然而下图的展厅过小，几乎与门厅重合，恐怕会丢失这一部分分数，其余部分房间划分并无大碍。下图的不同形体间结构脱离，符合技术要求。

参考案例

融入城市的寺庙 /mamiya Shinich Studio
（资料来源：http://archgo.com/index.php）

布鲁克林社区中心和图书馆 / Perkins + Will
（资料来源：http://archgo.com/index.php）

设计任务六 会所设计（3 小时）

城市历史街区中有一栋民国时期留存的历史建筑，拟作整体的保护、更新与利用，在规划中拟结合其沿街相邻的扩建建筑物调整为会所与商业用途（详见地形图）。要求设计者将新老建筑作为一个整体在用地内合理规划总体布局，统筹布置新老建筑物的功能要求，并赋予新老建筑一个和谐的整体建筑空间和形态。

一、总体布局要求

总体布局允许在历史建筑的南面用地内增添一栋新建筑物（除南面需退用地红线 3m 外，其余各边均无退界要求），新楼高 2 层，与北侧老建筑的连接方式由设计者自定，停车需求在街区内另行解决，不在基地内考虑。新建筑的入口可同时考虑在用地的东侧和南侧。新老建筑周边除必要的人行道外，可适当布置绿化。

二、建筑设计要求

题目要求设计的新建筑结合现存建筑物的空间和形态，实现良好的新的功能和交通联系整，并结合历史街区的城市形态特点形成一个协调的整体城市片段。

新，老建筑的功能分布与参考面积要求（要求布置家具）:

1. 老楼（沿北侧城市街道）

一层旅店大堂：400m²，包括接待、休息、前台办公、小型咖啡厅、电梯和楼梯、洗手间、商业等用途，部分大堂面积需求可安排至新建筑物内解决；

多功能会议厅：150m²；

小会议室：50m²x2 ；

二层客房：10~15 间（带卫生间和衣橱）。

2. 新楼（沿东南侧街道）

一层精品商店 :800m²，包括管理用房、库房、电梯及楼梯以及通往二楼的大堂空间等；

二层中餐厅及厨房：设 2 间包房，约 800m² ；

总建筑面积：约有 3000m²；

建筑红线控制见地形图所注。

三、图纸要求

1. 总体布置图 ,1:300 ,表示新老建筑物和周边现有建筑物的屋顶平面、道路、绿化、建筑物出入口位置和流线。
2. 新老建筑物平、立、剖面图，1：200，各层平面图，东、南沿街立面图，以及显示新老建筑关系的剖面；
3. 透视或轴测表现图（表现方法不限）；
4. 设计概念说明 (200 字左右）；
5. 以上内容安排在两张 A1 图纸内（草图纸或白图纸任选）；
6. 以上要求内容可用深色铅笔或墨水笔绘制。

四、评分标准

总体布置，新老建筑物之间的布局是否合理，各种流线是否通畅，与城市外部空间的关系是否恰当，建筑设计平面功能流线是否合理，空间形态和尺度是否良好，剖面不同标高间，不同空间高度的处理是否恰当。外立面设计是否能妥善处理历史建筑与新建筑的关系，建筑比例，尺度，门窗洞口的设计，细部和屋顶处理是否合适，图面布置整齐美观，线条工整清晰，表现力强，文字大小合适。

五，附图地形图 1：300，原有历史建筑平、立、剖面图 1：200。

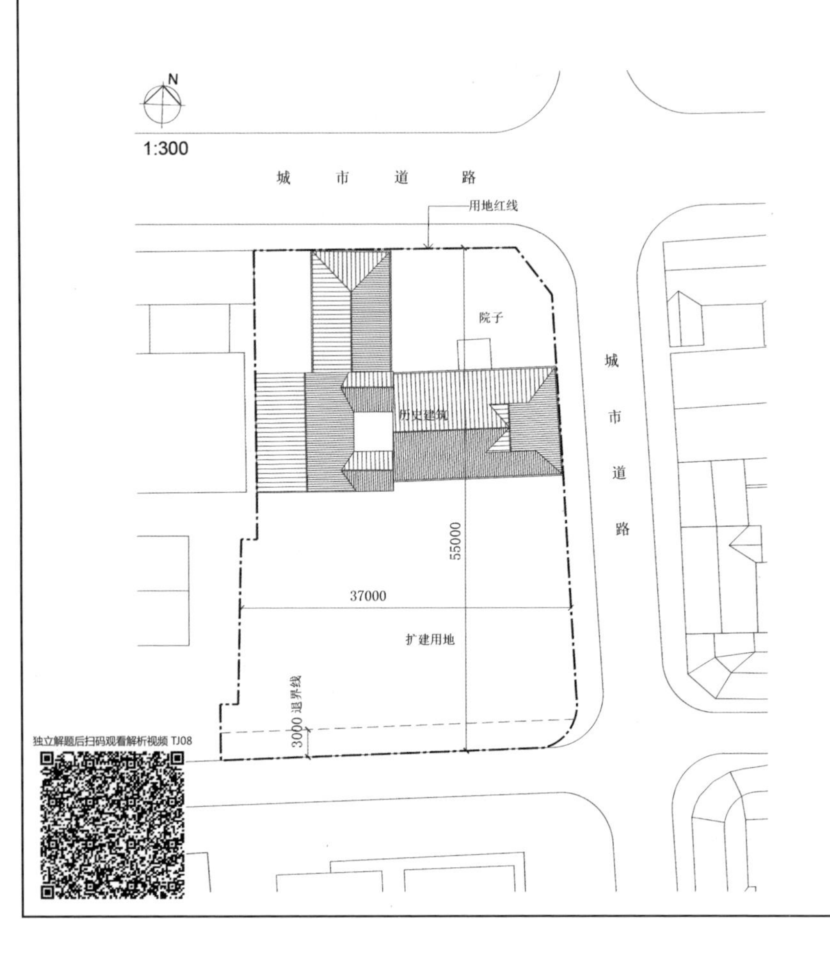

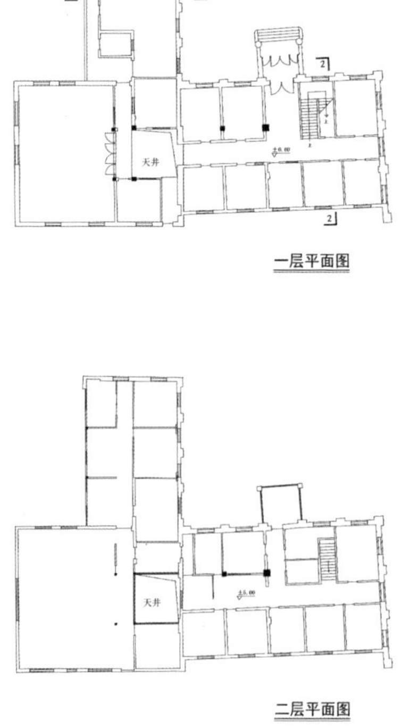

一层平面图

二层平面图

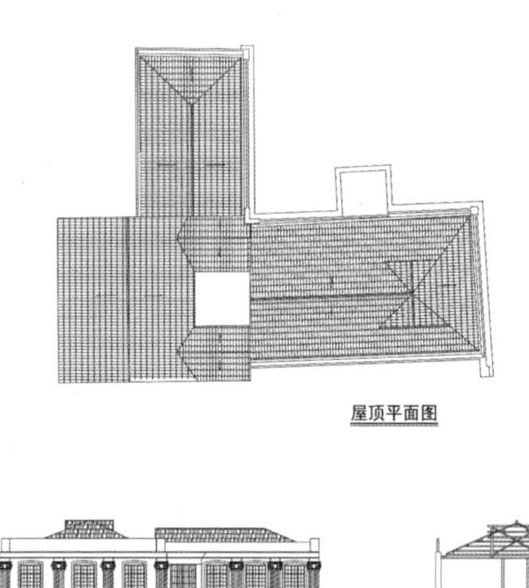
屋顶平面图

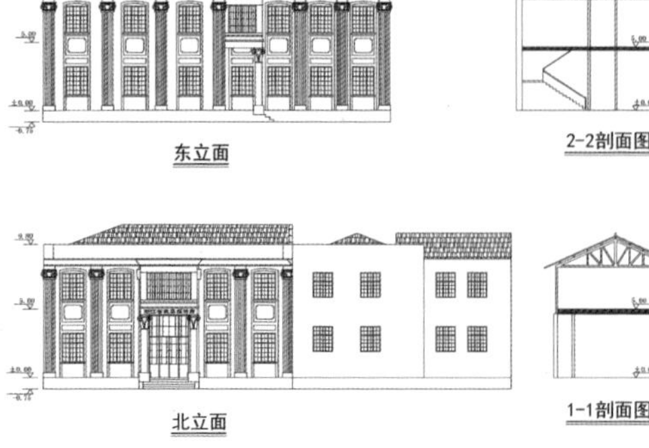
东立面

2-2剖面图

北立面

1-1剖面图

商业会所設計

一层平面 1:200

二层平面 1:200

总平面 1:300

分析图

设计者：伍正辉

会所设计作品解析

该方案没有最大化利用街角店铺面积、增加店铺数量，反而用很多凹角削减了体量，内部增加高差。这样一来提高了内部空间品质、增加了外部橱窗展示机会，也使立面特征更为张扬，设计者适宜地将此处店铺命名为“精品”，达到了自圆其说的目的。楼电梯技术设备放置在面朝新老交接的弄堂处，充分利用了最廉价的空间，新旧的公共门厅之外是深深的布道，水景和绿植的放置提高了入口质量。新建筑二层是餐厅，同样将厨房与用餐区域分配得当，还照顾了一层的货运入口，设置了厨房升降设备，拥有专业素养。而后在旧建筑安排咖啡厅、旅馆等功能，出色地完成了一座会所建筑。

其体量特征不断重复表现等腰直角三角形，从沿街立面开始到屋顶，贯彻始终，逻辑完整。但坡屋顶以外部分的平顶轮廓较为零碎，正负形没有完美结合。从总图上来看，新建筑对历史街区的肌理融入也没有特别恰当，美感一般。但斟酌形式的改善也往往是有难度之处，计划此类方案时建议安排好时间，将方案草稿的收笔适当延后。

参考案例

安徽艺术学院美术馆 / 同济大学建筑设计研究院
（资料来源：http://www.ikuku.cn/）

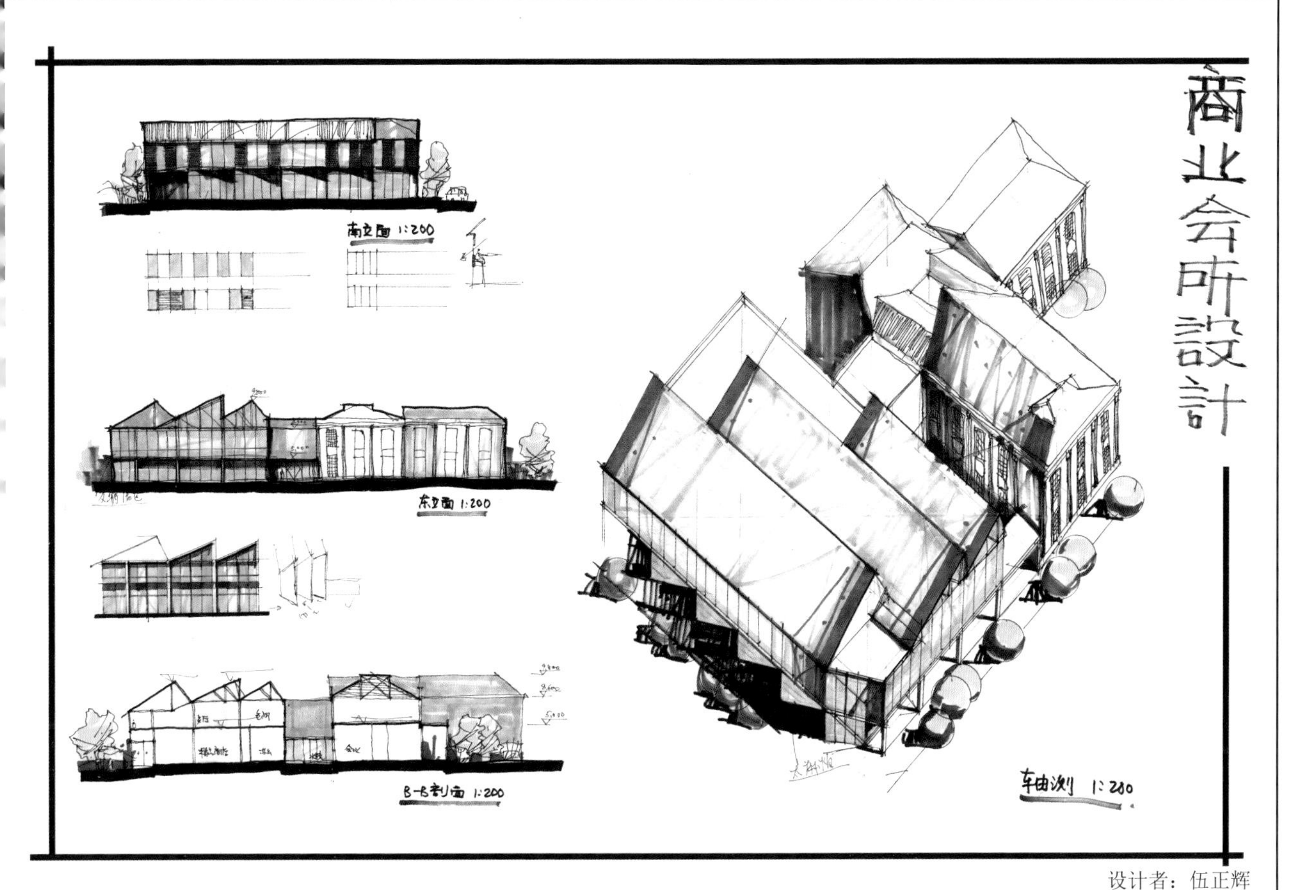

设计者：伍正辉

会所设计作品解析

两图均采用坡屋顶回应新老加建命题，上图更加直白，四个接壤阵列的竖向加一个横向玻璃体作为新老连接部分。四个竖向坡屋顶屋脊处都有一道天光，也在立面上反映了叙事关系，但是缺少变化，建议可放大缩小其中一二个，或为玻璃外增添完全不影响平面排布的百叶、构架等构图元素。下图两小一大三个体量互相脱离，用方形玻璃体相连。第一印象比上图更为生动，然而其立面形式与屋顶不符，也与相邻的老建筑不搭，尤其东立面的造型难以联想到跟南立面是同一座建筑。上图的东立面也有些许此类问题。

功能划分上下两图均符合商业原则，将高人流高收益的店铺放置在南面街角的黄金位置，但局部还有些不妥，如下图的沿街厕所、沿街楼梯。新老连接处两图均设计了内部流线出入口，较为内凹而私密，如需提高，建议增加沿途景观。上图建议将电梯设置在面向大厅处，下图电梯建议改变朝向，放大门厅实际可停留面积（总面积减去各种交通等候区域）。上下两图旧建筑内部空间均有浪费，上图更加零碎，可用储藏室、布草间完型，以及让走廊隔墙对齐天井等既有线条的位置。

参考案例

四川美术学院虎溪校区图书馆 / 汤桦建筑设计事务所
（资料来源：http://www.ikuku.cn/）

Louise michel and Louis 高中 / archi5 studio
（资料来源：http://archgo.com/index.php）

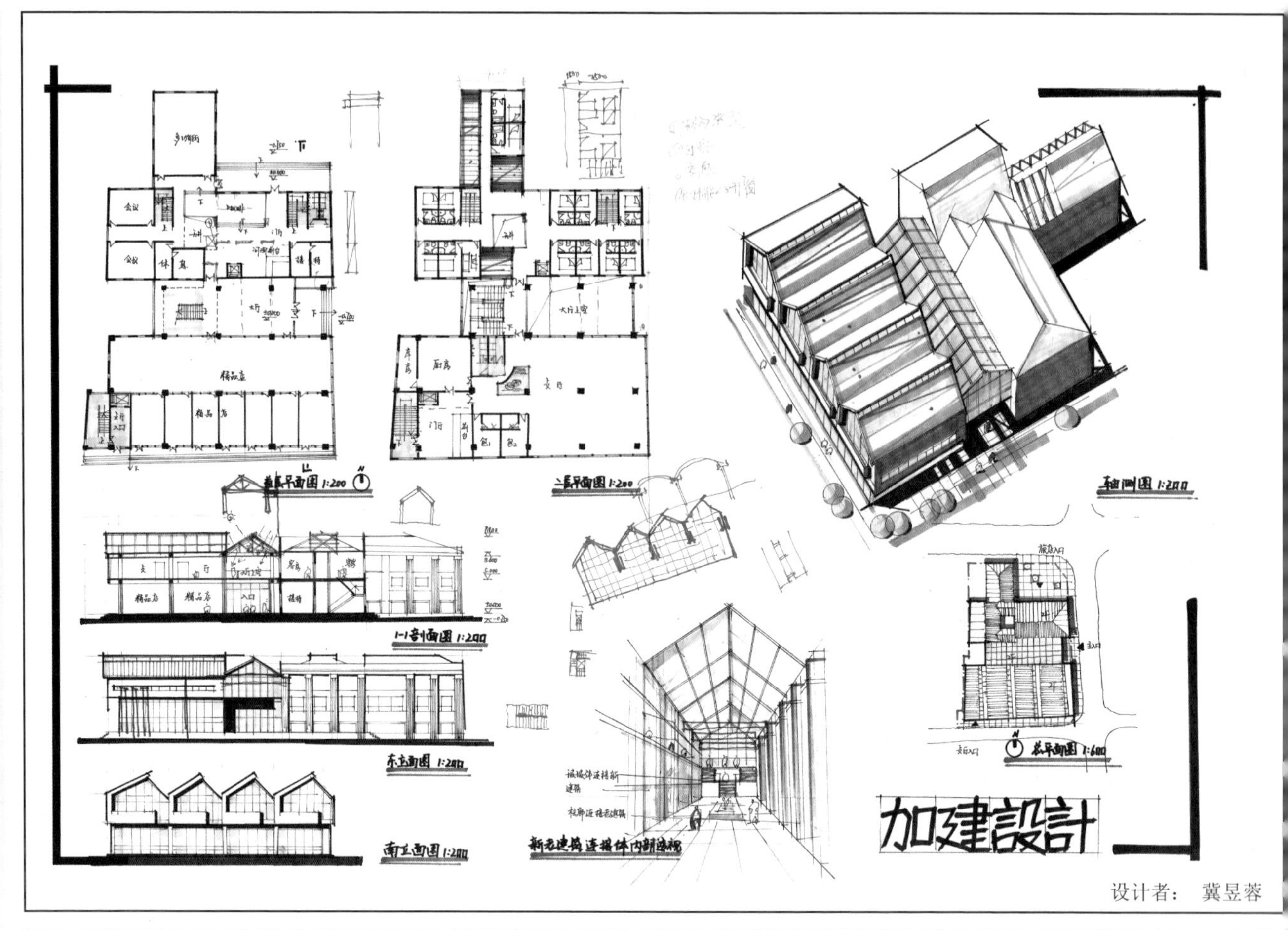

设计者： 冀昱蓉

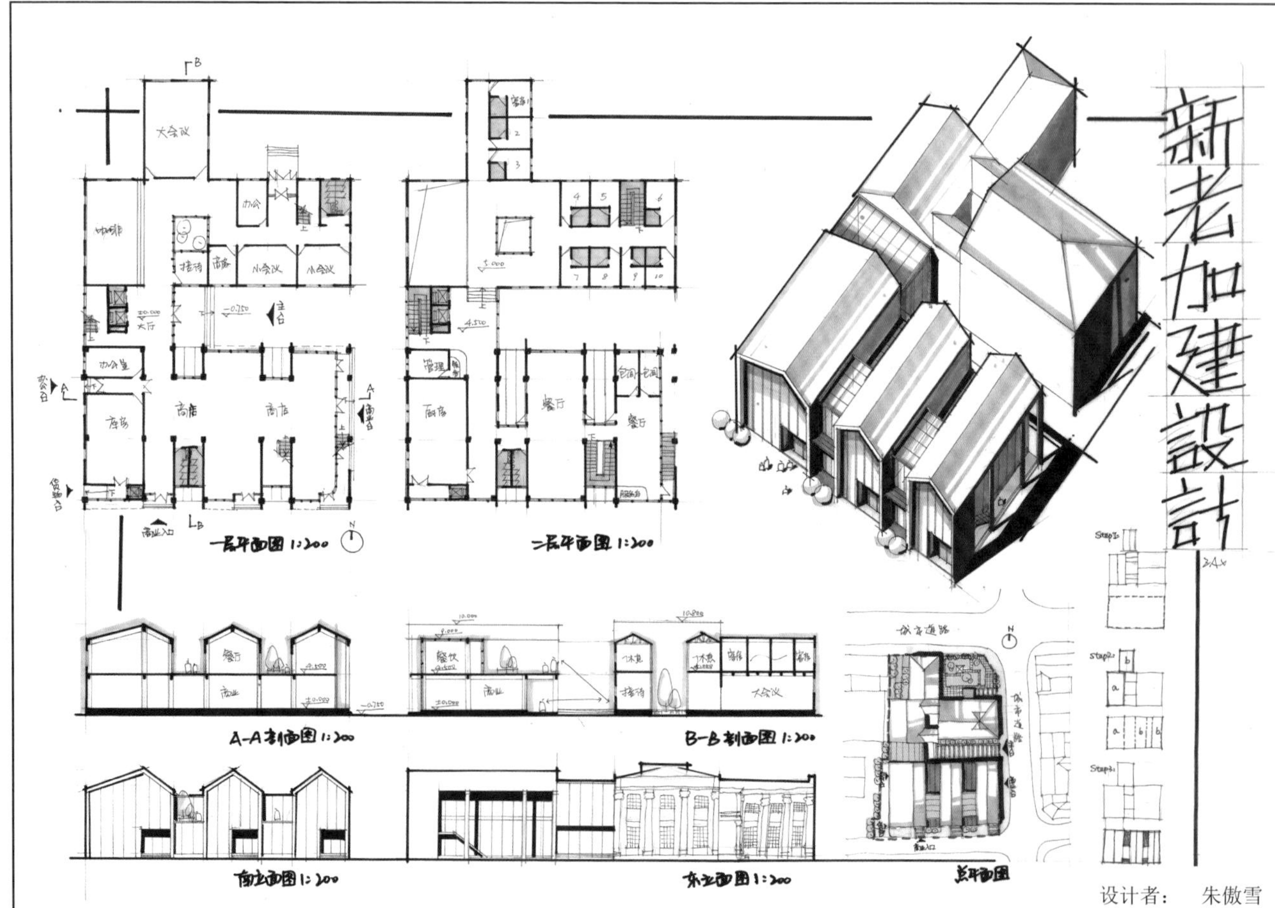

设计者： 朱傲雪

设计任务七 大沽路市场设计（3 小时）

一、项目概况

该市场选址于现有大沽路市场，基地呈长方形，面积约 2000m²。基地北侧为大沽路，其余三侧均为既有住宅。该市场总的覆盖面积不超过 1500m²，功能使用不超过两层，总建筑高度不超过 15m。

二、功能要求

1. 功能、单元与类型

该市场的功能分为两大类：主要功能单元，辅助功能单元。

主要功能单元共分三类，分别满足蔬菜、肉类和副食品的加工和销售功能。

所有主要功能单元的面积均为 16m² 左右，其最小进深（或面宽）不小于 3m。其中蔬菜类单元 16 个，肉类单元 8 个，副食品类单元 8 个。

所有主要功能空间均采用有覆盖的、相似形的单元设计。但根据功能的不同，蔬菜类单元采用开放式空间（约 1/4 周长的围合），肉类单元采用半开放式空间（约 2/4 周长的围合），副食品单元采用封闭式空间（约 3/4 周长的围合）。

辅助功能单元根据设计者对基地的调研，自行确定辅助功能单元的空间类型、面积和数量，但总使用面积为 200m²。

2. 场所、空间与路径

出于市场的交往原则，该市场和周围环境将友好相处，需要提供一个额外的公共活动场所，但面积将不超过 300m²。

由于市场的平等原则，所有主要功能单元其空间的深度值必须尽量最小化和均质化。

由于市场的开放原则，市场的路径将延伸至周边，方便周边居民的可达性，同时居民也是该社区市场活力的源泉。

3. 形态、结构与构造

该市场的形态、结构与构造在保证提供覆盖功能空间的前提下，还必须满足市场主要公共区域（广场、中厅及主要通道）达到冬至日 1 个小时日照的卫生要求；同时其形态、结构与构造在夏季还必须诱导室内空间产生良好的自然通风，而在冬季则诱导室内空间产生温室效应。

4. 文脉，差异与关联性

一方面，基于功能和建造时代的不同，该市场在连续的城市文脉中必须体现其和周边建筑在空间与形态上的＂差异性”。

另一方面，该市场的形态又须与其南部和东西两侧的既有城市建筑相协调，延续周边的城市文脉，为居民创造出一个具有城市生活形态的交往空间，以体现该市场和城市周边建筑的＂关联性”。

三、图纸要求

1. 总平面区位图，1：1000；

 平面图，1：200；

 剖面图 2 个，1：200。

2. 过程分析图。

3. 空间透视图 5 张，比例自定，其中必须包含一张鸟瞰图 。

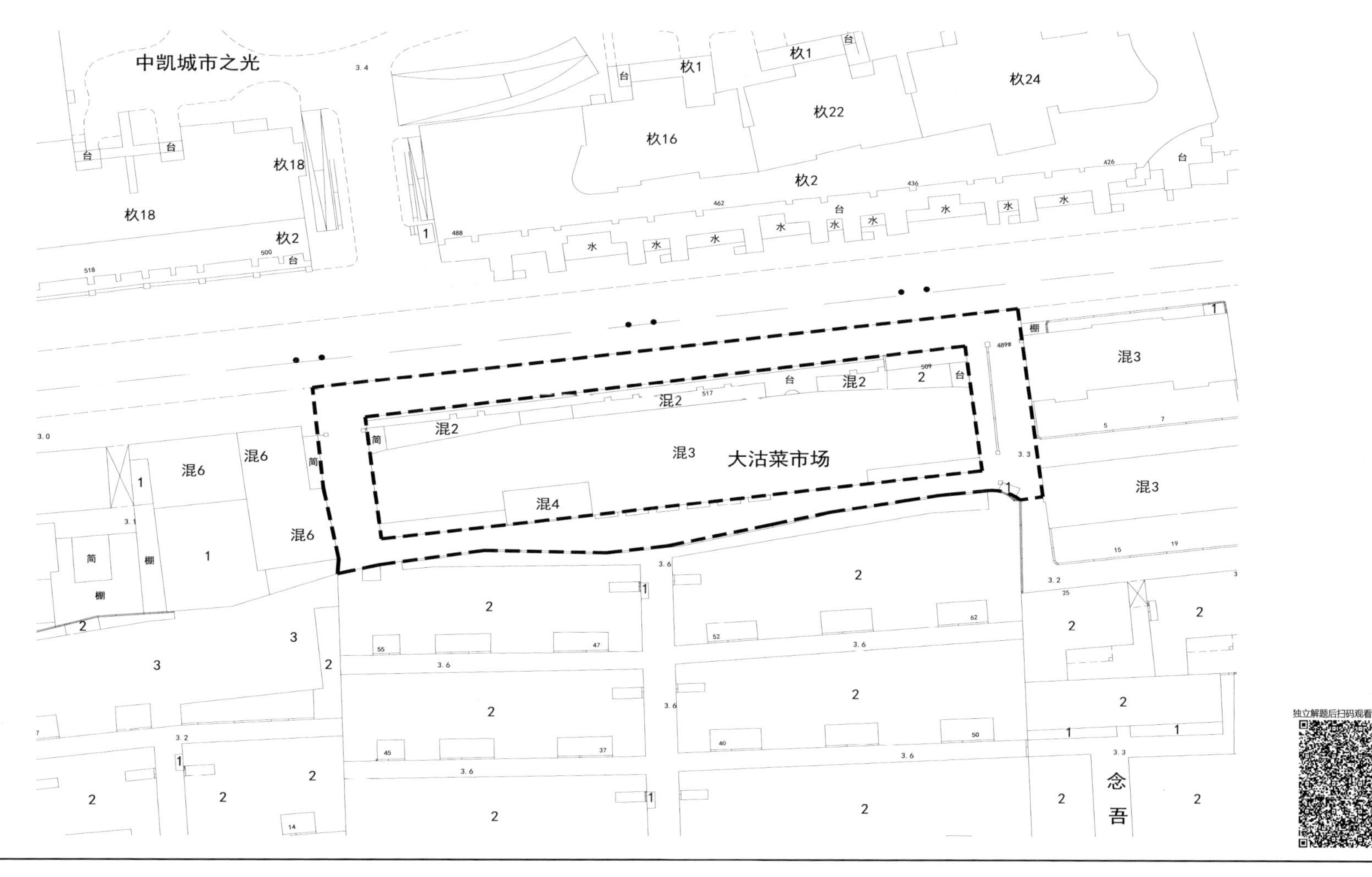

大沽路市场设计作品解析

两图的马克表现都很出彩，展现了方案上形体特色的优势。上图将长方形菜场分为几个单元体，本身的错动之后表皮折叠围合，营造了丰富有趣的空间。但是建筑性格有些与菜市场不符，尺度亦有失真错觉，更像一座大型的博物馆。此类题目既要突破平庸，适度寻求创新，又要满足基础需求，的确是对建筑功底与生活经验的考查。下图方案其实把握得较好，覆于桁架的薄膜不失现代感，但更容易联想到菜市场，有轻盈、快速装配、平民化的感觉。

由于形体的转折和角落较多，上图平面效率不高，不是很适合作为菜场开展买卖。这方面下图存在优势，主辅功能分区明确，主要功能区平面干净高效，二层露台作为活动区有较大价值。上图总平面信息不足，只是为画而画，没有体现对车行流线的理解和建筑与社区的组织关系，下图则在这方面作出表达。更难能可贵的是，下图用分析图解释了屋顶的可开合功能，对于菜场来讲具有实用性，可能成为提分亮点。展示形体生成的分析图，上下两图都非常直观明了、步骤清楚。

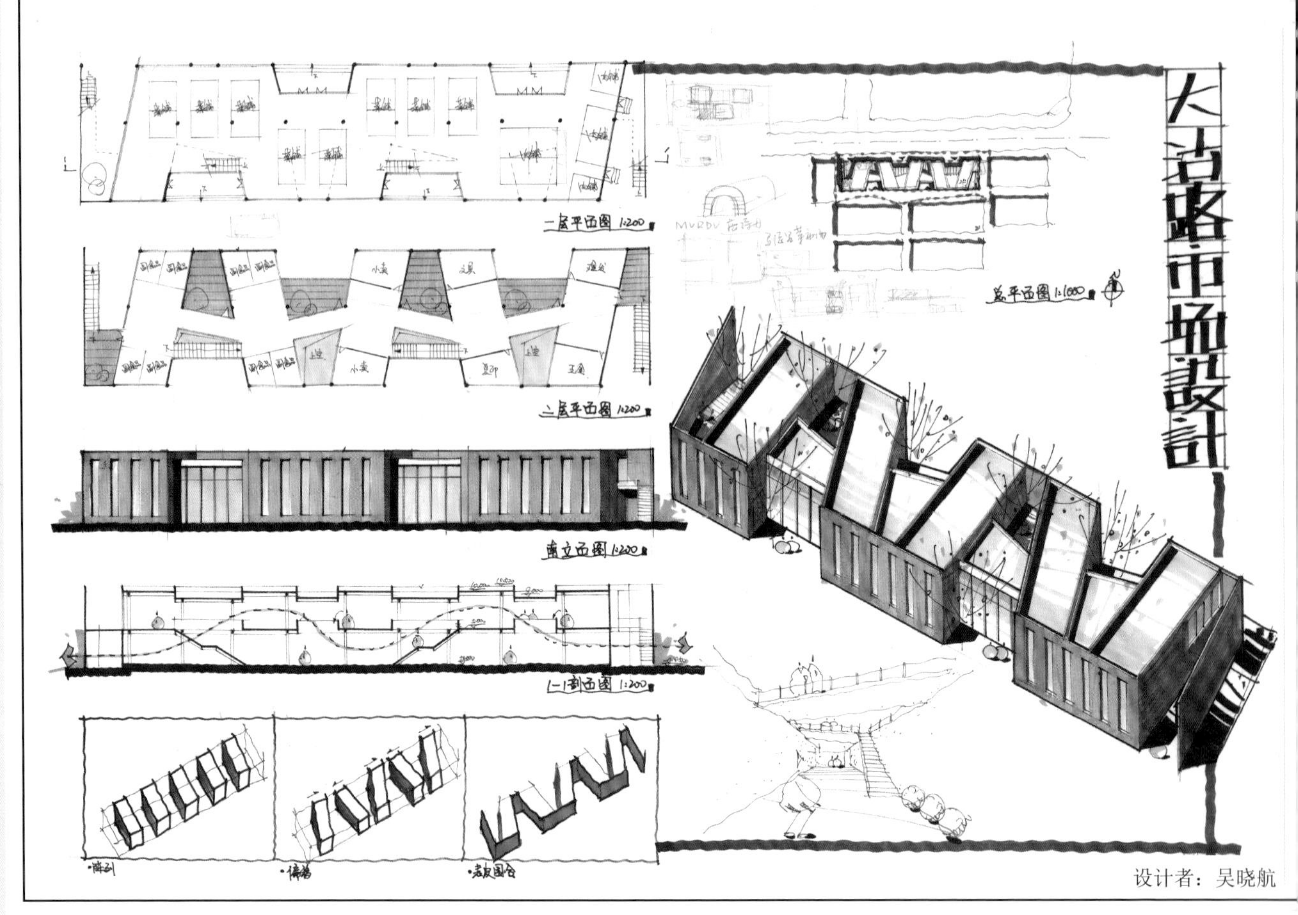

设计者：吴晓航

参考案例

360°地水花风乡村俱乐部 / 履露斋建筑事务所
（资料来源：http://www.ikuku.cn/）

TOP 商店 / ARHIS ARHITEKTI
（资料来源：http://archgo.com/index.php）

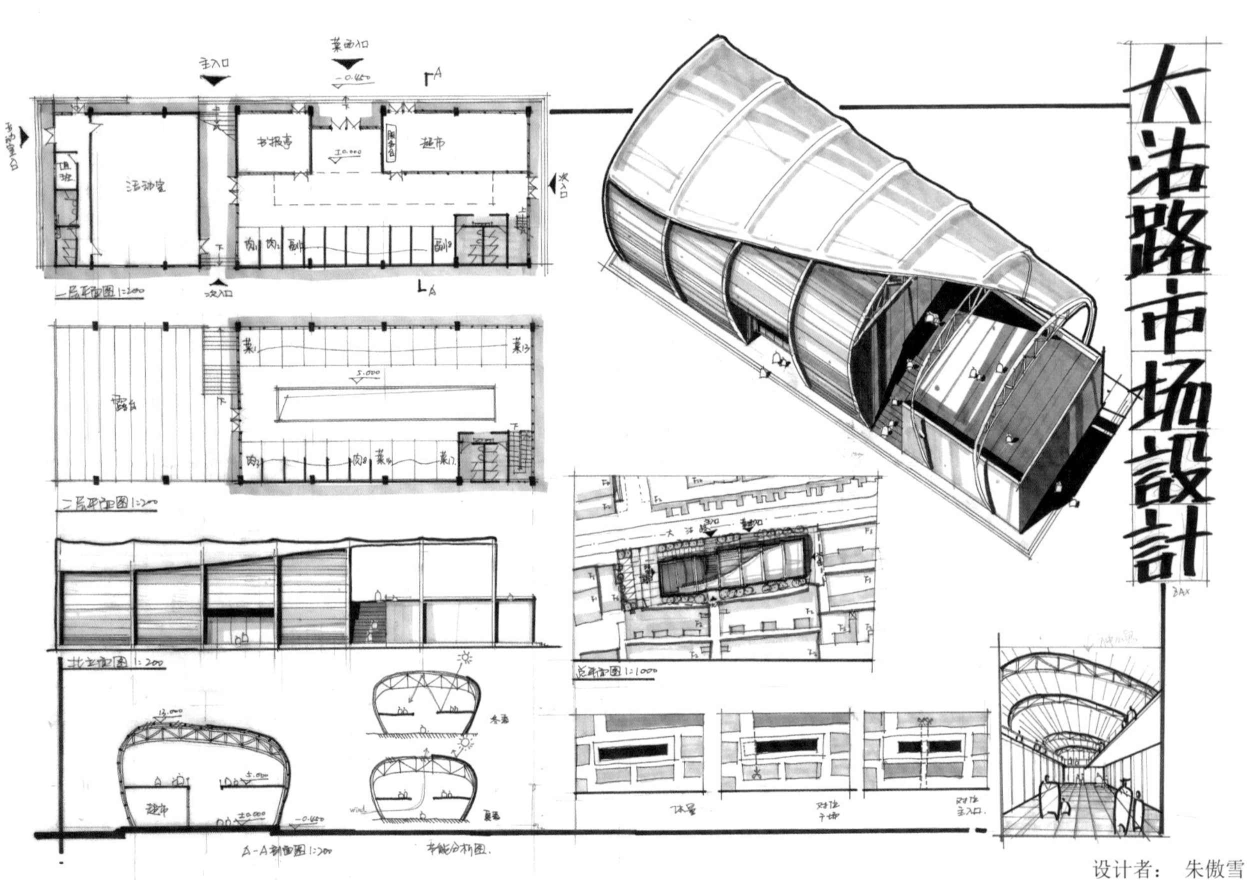

设计者：朱傲雪

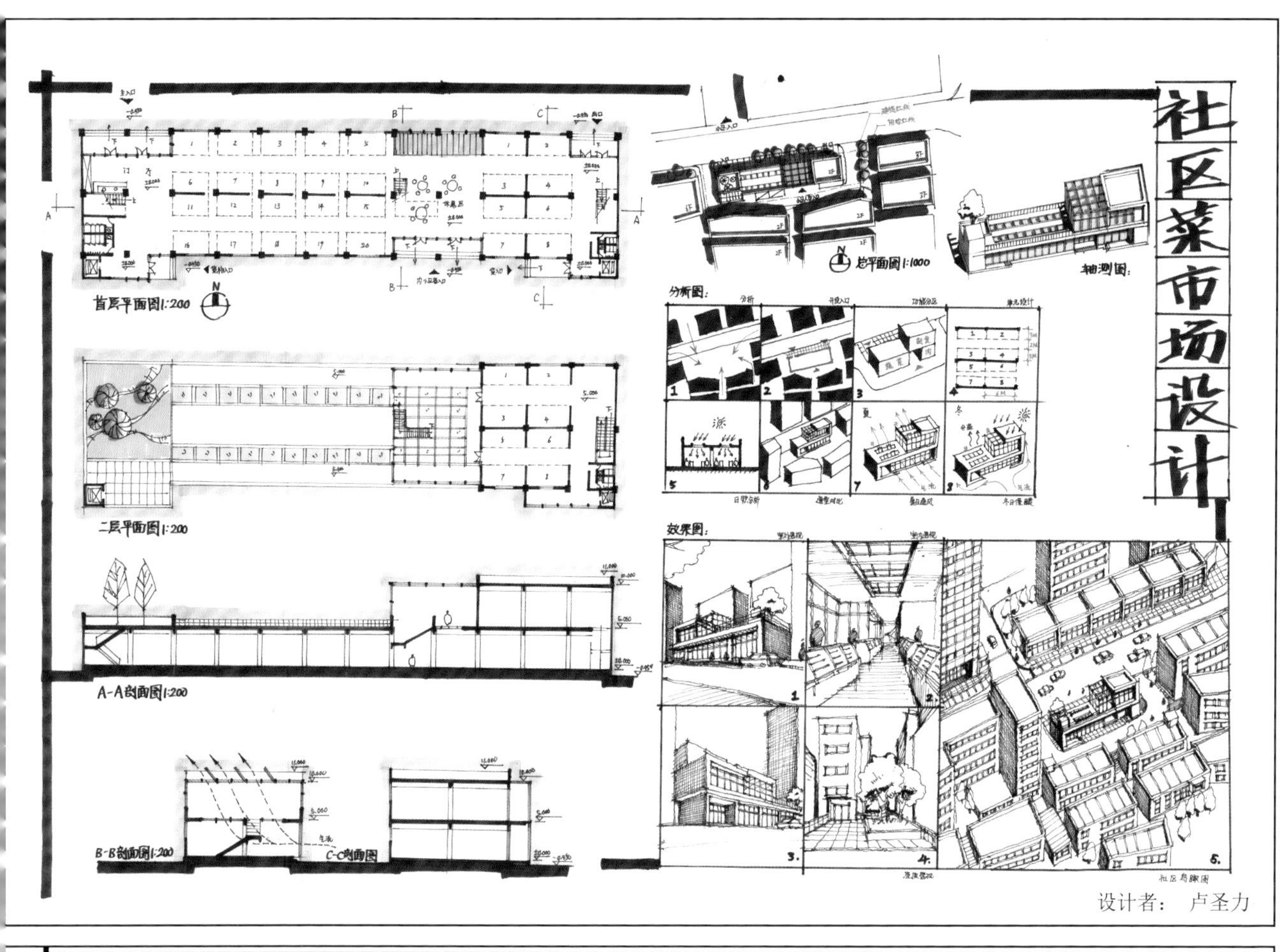

设计者： 卢圣力

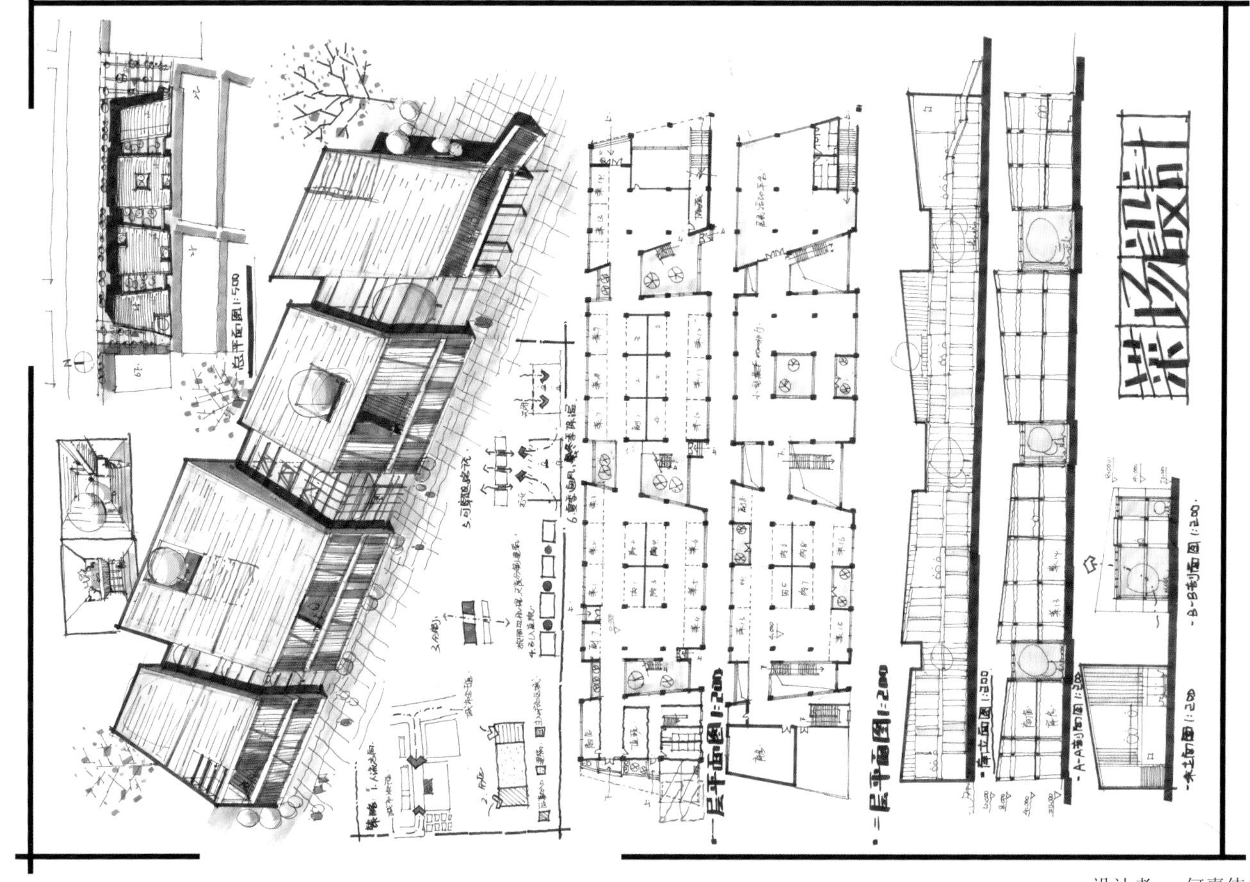

设计者： 何嘉伟

大沽路市场设计作品解析

上下两图均能在表现上把控体量庞大的菜场建筑，上图还有耐心完成的线描透视与社区鸟瞰，值得称赞。在方案上上图中规中矩，场地内道路环通，建筑内按列平铺。然而没有表明菜、肉、副食品的区分，失去了一大得分点。对于一小部分在二层的商铺，上楼流线略显拥挤，而二层有大量公共区域未加利用，因此建议放大两层之间交通联系，结合二层多余的面积，配套景观设计，设置缺失的公共活动空间。同时一层沿街也可布置些商铺，不足的面积可置换到二楼。

下图形体较为前卫，除了符合题意地完成商铺布置，还新增了一些自定义的功能。不过活动平台过于封闭，流线也为袋形尽端式，体验未必良好。咖啡厅在二层不便到达的位置（穿越活动场地或穿越菜场），人流效益也存疑。剖面图当中斜屋顶与二层楼面之间还有一排横梁显得多余。楼上的植物可适当布置但不建议以过多的大树形式，鉴于菜场特点，顶部屋面也宜设置天窗用以采光和通风，这也会使方案的建筑性格更接近一座生活中的菜场，而不是任何快速设计都长得类似展览馆或会所。

参考案例

办公服务大楼 / Donaire Arquitectos
（资料来源：http://archgo.com/index.php）

日本大仙住宅 / Keisuke Kawaguchi+K2-Design
（资料来源：http://www.ikuku.cn/）

设计任务八 民俗博物馆设计（3 小时）

一、教学要求

民俗的区域性、独特性和多样性正是民俗的魅力之所在。对于一个地区来说，民俗博物馆就是一坐标志，一个象征，一方面向人们说明过去和现在，同时还向人们展望未来，以便让人们从历史演化中得到知识，促进对未来建成环境的创新。这正是在博物馆建筑设计对周围建筑文脉，乃至对城市文脉应予以特别关注的根本意图。

本课程设计的宗旨在于：

1. 培养学生城市环境意识，尊重场所、尊重文化、尊重历史，体验基地中的城市文脉，形成建筑设计和创新的入手点，通过视觉、空间等关系处理的手法，使新老建筑相互配合和谐共生。

2. 学习在城市街区和相邻老建筑的环境里，开展分析和设计的步骤和方法，探索博物馆的功能性、象征性与城市性的整合。

基地现状与设计要求：

基地二位于茂名北路东侧，拟拆除由北侧数第 3~5 栋（包含德庆里一弄）现有建筑作为博物馆建设用地。基地二占地 2500m²，总建筑面积控制在 1200m² 以内，总建筑限高 18m，可以部分设置为地下建筑，但地上新建筑不得小于 600m²。需要设置 2 个小轿车泊位 (3.0m 宽 x6.0m 长，兼用作小型货车的泊位)。

博物馆的设计要求

1. 需部分保留原有里弄住宅的西侧外墙（沿茂名北路立面）的原沿街立面长度。
2. 新建部分须在多层建筑控制线内，可与所保留墙体部分联系形成整体。
3. 基地北侧里弄住宅已经更新为文化及商业用途，可不考虑日照影响。
4. 博物馆要求考虑残疾人的使用。车行需考虑 2 个小轿车泊位（兼作小型货运车临时停放装卸场地）。

二、单体设计功能及配置

1. 展厅(可自行组织为若干个展区):500m²,根据展品要求,明确各展区的展示方式;
2. 库房（设液压货梯一台，井道净尺寸 2.4x2.7）：200m²；
3. 工作室（兼教学）：15m²×2=30m²；
4. 讲堂 (50 座）：60m²；
5. 礼品店：30m² ；
6. 办公室、接待室等：30m²；
7. 门厅、洗手间、楼梯等面积自定；
8. 室外展场面积自定。

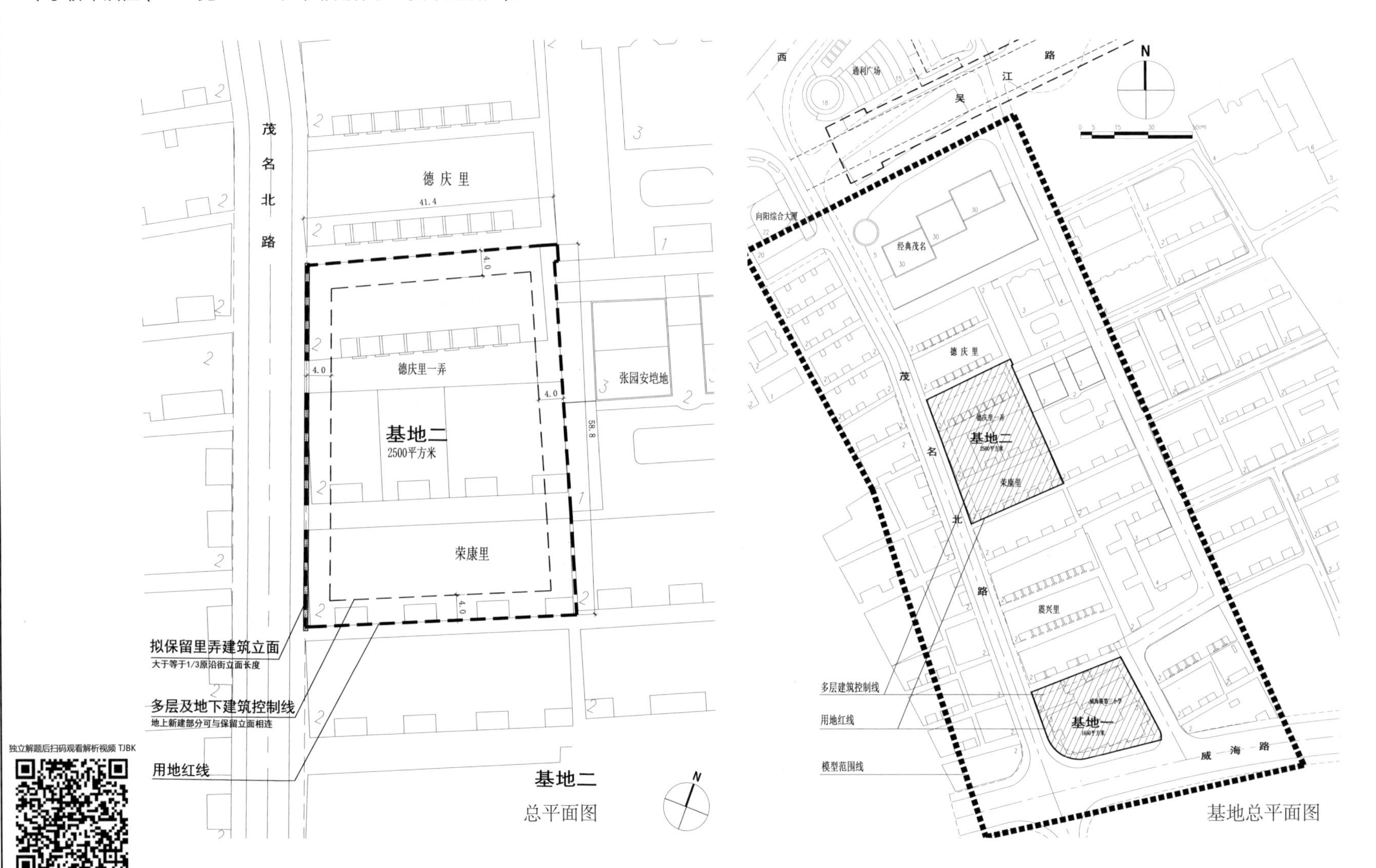

基地二
总平面图

基地总平面图

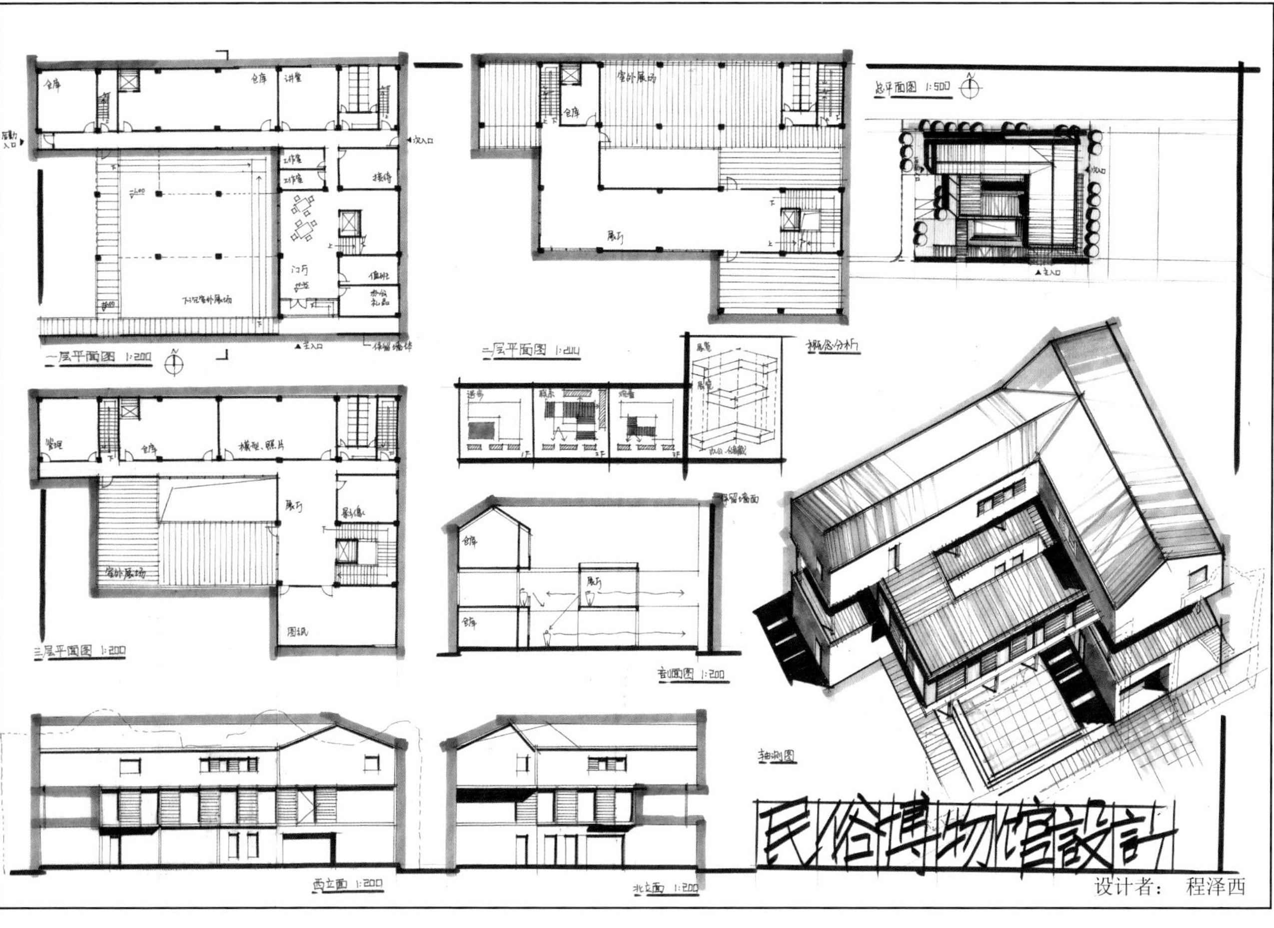

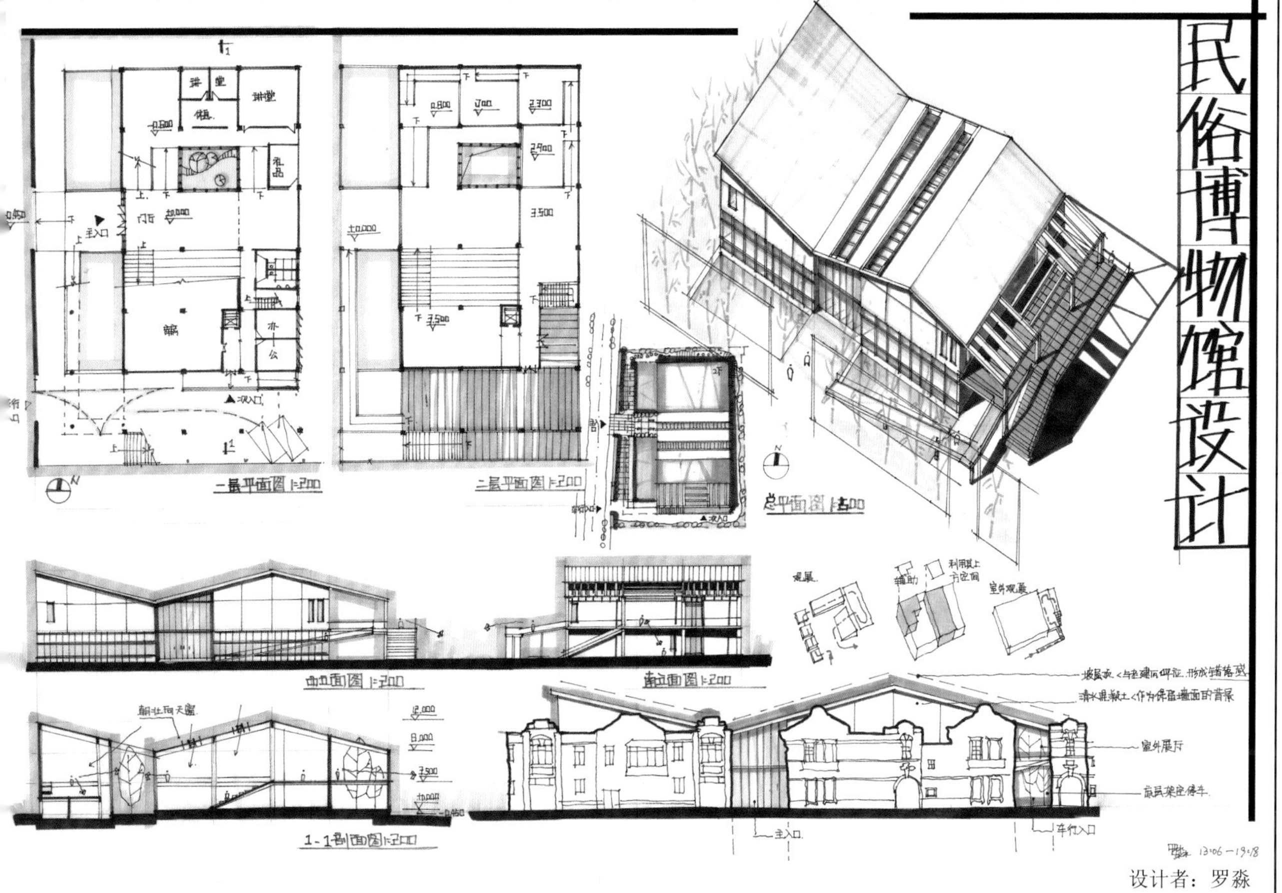

民俗博物馆设计作品解析

从场地周边来看上下两图应该是选取的同一处基地，依据原题，上图因为排版的原因将朝向旋转，而将指北针画错了。这是不应出现的错误。总体来看两图都没有对城市历史环境做太多迎合，下图有所意识做了横向肌理，但其结果依旧较突兀，从沿街西立面看，坡屋顶也没有和里弄的山墙节奏形成联系。上图则基本难以看出是一个老建筑改造项目，也没有主动在分析图做相关解释的尝试，而是停留在形态上。

具体平面排布来看上图，是两个大小L形叠加，底层拥有了较为丰富的室外空间，顶层有一个大露台，位于露台下方是小L体量内的大空间展厅，其余特殊展厅和辅助功能位于底层大L的两臂。轴测图选取了较好角度展示形体和空间关系，但还是没有对旧建筑做任何表达。下图沿着保留的石库门山墙做了后退，建筑为大块体量，从中部门厅出发，内部展览流线从两翼沿着墙壁上升，于最顶部汇聚走出，从一条室外的细长坡道盘旋回到入口附近。轴测图对保留墙体做了半透明处理，然而轻视了旧建筑在题目中的地位，无论表达和设计与之产生的联系都不够强。

参考案例

南京紫东国际招商办公楼
（资料来源：http://www.ikuku.cn/）

Kinderkrippe 幼儿园 / Kreiner archite ktur
（资料来源：http://archgo.com/index.php）

民俗博物馆设计作品解析

上下两图方案较为相似，都采用了平屋顶，但是形体尺度上对街区关系处理做出了回答。虽说是3条横向体量，但是各自做出了化解的策略，上图为不同位置的天窗，下图对其中一块体量做了放大，其中两块做了连接，并且用场地元素强化不对称性。

两图不约而同地用室外大楼梯将人流引向出地面层，但是上图为向下引导，让博物馆躲避开闹事喧嚣，也增加了沿街保留墙面的高大感，还有利于历史保护区内的建筑控制总高。下图将进入场地的人流带至二层室外展场。既然绘制了总图中的周围建筑，建议自身的建筑角度可以脱离正交，和周围的自然生长形态对位起来。靠连接体的处理化解微小倾角的尴尬即可。两图都忽略了场地东面张园优秀历史建筑的存在与利用，这样一来纯粹地观赏西侧山墙就在解题思路中略显吃力。上图剖面中的坡屋顶，难以在其余图纸中理解，疑为笔误。

两图着重于建筑自身形式策略研究，对山墙历史遗迹的呼应都略有缺失。或许跟比例尺有关，两图的场地设计均没有开展。

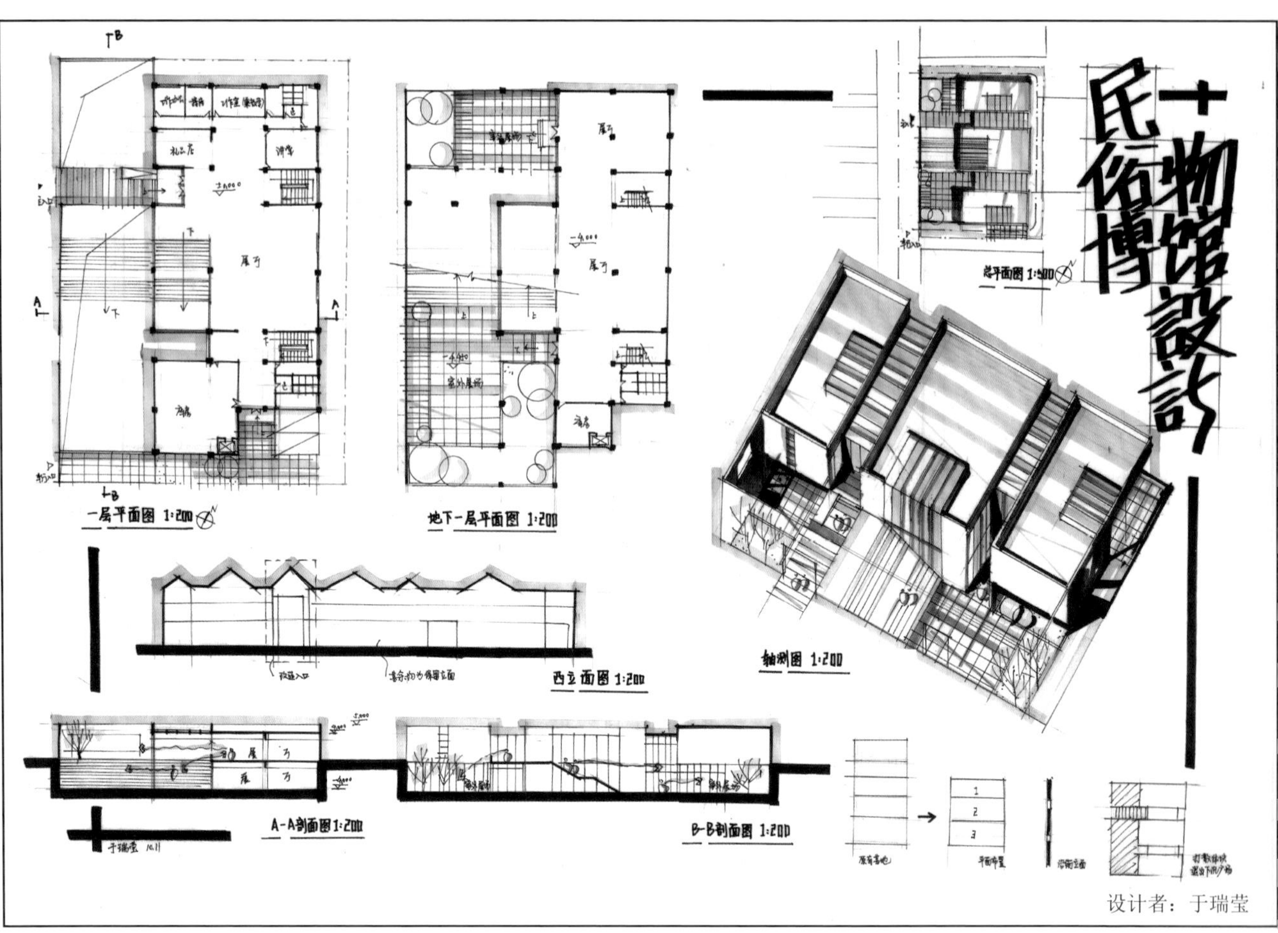

设计者：于瑞莹

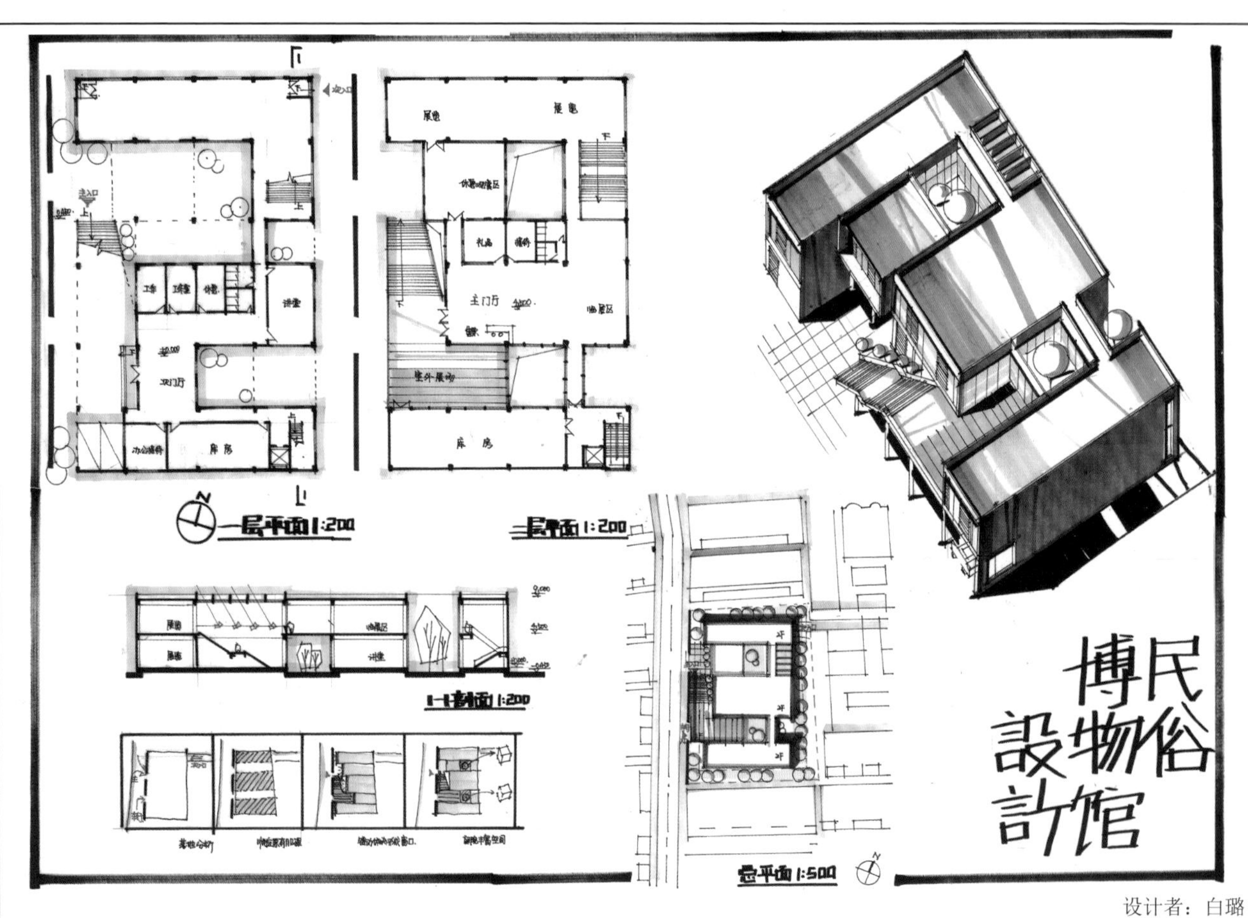

设计者：白璐

参考案例

韩美林艺术馆 / 崔恺
（资料来源：http://www.ikuku.cn/）

上海夏雨幼儿园 / Atelier Deshaus
（资料来源：http://www.ikuku.cn/）

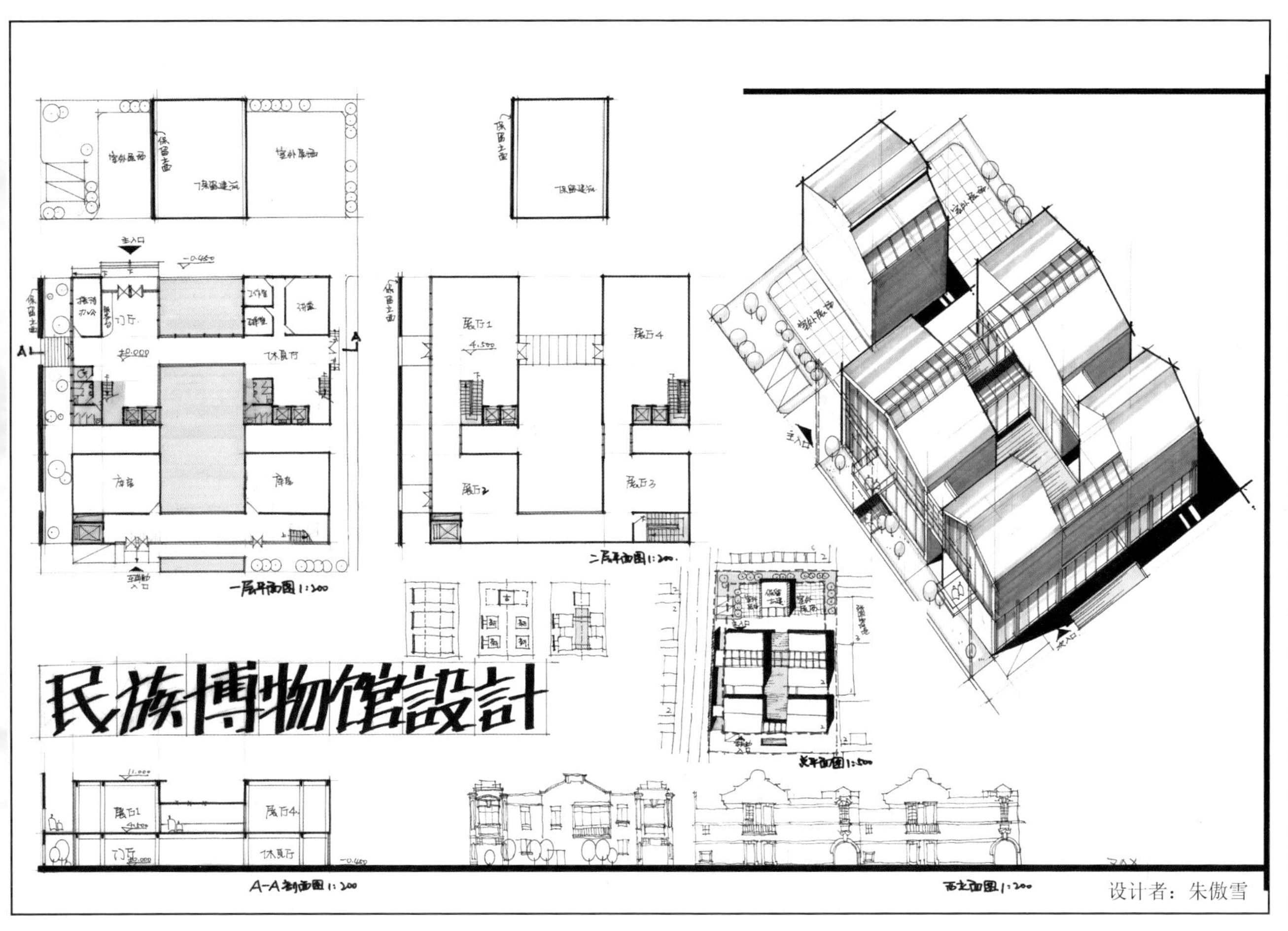

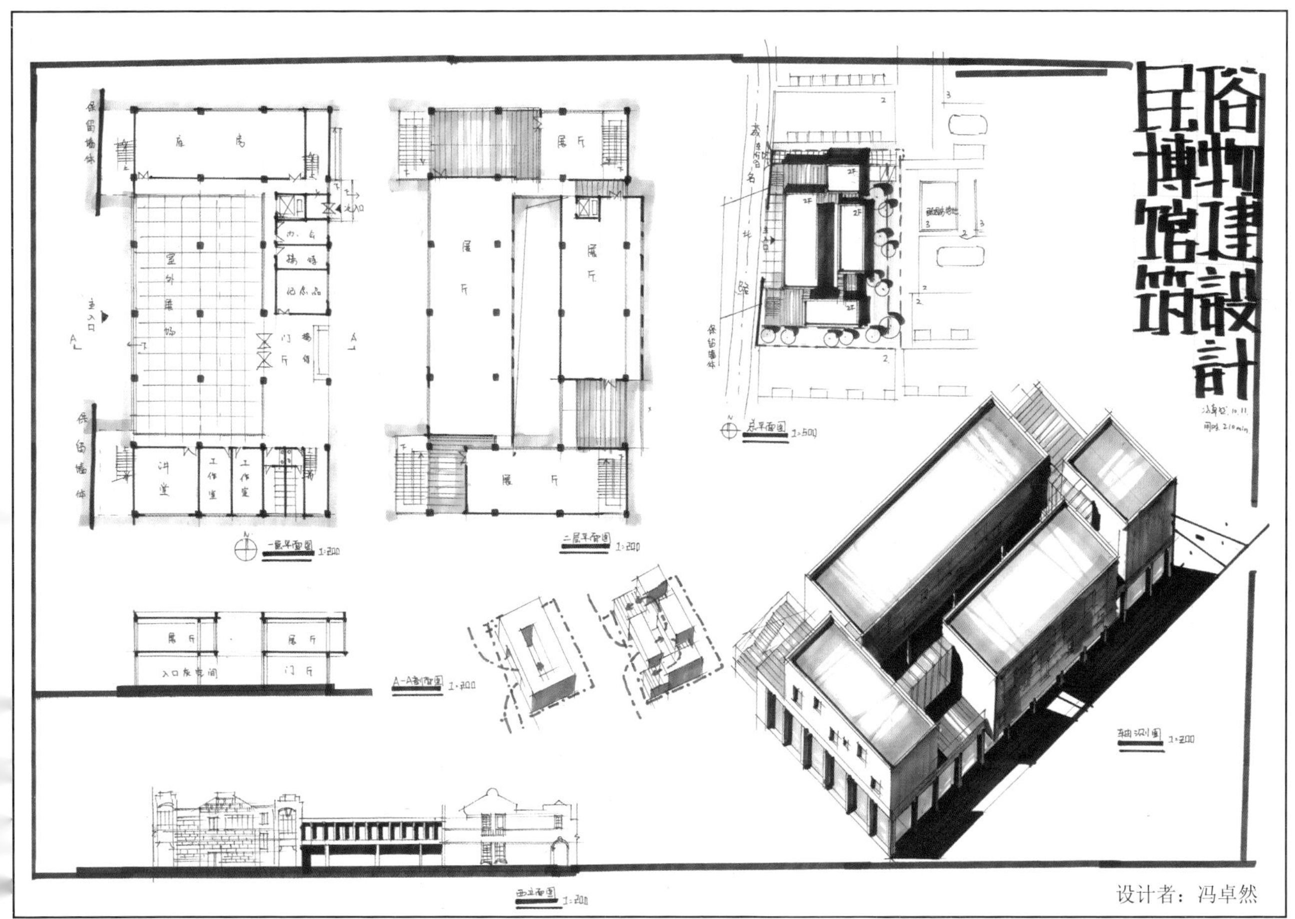

民俗博物馆设计作品解析

两图选取了民俗博物馆题中同一块基地，但是解法差别较大。上图采用保守方案，基本延续被拆除的里弄建筑体量，对街区空间起到延续的作用。当然在北部留空，退出广场，满足开放公共空间的功能需求。下图则相对激进地使用与原有肌理方向垂直的竖向长方体，更多地展示建筑的存在感。

上图的展览空间在其中一幢新建建筑内解决，位于场地中部，北部就是结合一部分保留建筑的室外广场，缺憾是与室内空间完全分离，建议新建筑可与保留部分互相渗透，增加建筑学丰富性。南侧则结合车行入口设置了库房，可惜与展厅交通不便。尚有一些细节问题如电梯过多、门厅过碎，但都有希望调整优化。

下图从功能布局来看更成熟，没有太多瑕疵，但是此形式确实在此处有点题不足问题，无论室外空间还是室内流线，都没有呼应城市，也没有按提示保留旧建筑。另外南北长向割裂了场地东西方，使之交流不足。在平面图和总平面图也缺少笔墨。其西立面不像上图一样低调，但仍然对山墙保留了一些层高线脚上的尊重。建议尝试增加屋顶坡度，从西立面、鸟瞰屋顶形态的视角出发思考新旧融合问题。

参考案例

Fonte de Angeão 小学 / miguel marcelino
（资料来源：http://archgo.com/index.php）

木心博物馆 / OLI Architecture PLLC
（资料来源：http://www.ikuku.cn/）

设计任务九 重工业历史展览馆设计（3 小时）

一、设计题目

北方某重工业工厂计划利用厂区内的一处空地，拟建一个重工业历史展览馆，主建筑面积 2000m² 左右（上下可浮动 5%，包含保留建筑），层数最高 2 层。项目选址临近城市道路，用地平坦，基地具体尺寸详见附图。

二、设计要求

1. 场地内要求保留原有一处废弃的加工车间和一座水塔，加工车间改造成实景展示区，水塔可以改造成观光塔或者场地景观构筑物，具体位置和详细尺寸详见附图。

2. 充分考虑场地自身形态和周边条件，妥善处理新建筑与保留车间和水塔的关系，使得它们形成一处和谐的建筑群体。

3. 充分考虑展览建筑的性质和特点，合理组织建筑功能空间，塑造适宜建筑形象，内外空间有机贯通，并满足相应场地要求。

三、设计内容

1. 各部分面积分配如下（所列面积为轴线面积）：

展示区：600m²，要求净高 4.2m，墙面开窗面积小于 40%；
实景展示区：3340m²，利用原有保留车间改造；
多功能厅：150m²，要求净高 5.7m；
售票寄存区：80m²；
纪念品超市：120m²；
水吧休息区：50m²；
阅览室：30m²x1；
藏品库房：30m²x1；
编目室：60m²x1；
摄影室：30m²x1；
制作室：30m²x2；
管理办公室：30m²x3。

2. 室外场地要求设置满足 2 辆大型巴士和 6 辆小型轿车的停车场地。

四、图纸内容与要求

按比例要求徒手绘图，透视图需要彩色表现，表现形式不限。白色不透明绘图纸规格 841mm×594mm。

1. 总平面图，1：500；
2. 各层平面图，1：100~1：200；
3. 立面图不少于 2 个，1：100~1：200；
4. 剖面图不少于 2 个，1：100~1：200；
5. 透视图；
6. 设计分析图（数量不限）
7. 主要技术经济指标及简要的设计构思说明。

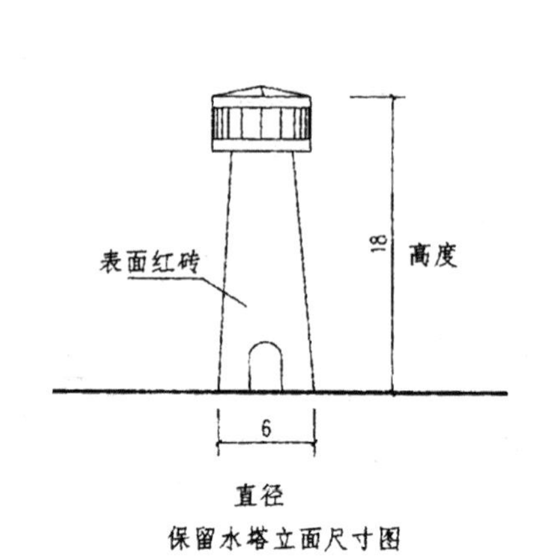

保留水塔立面尺寸图

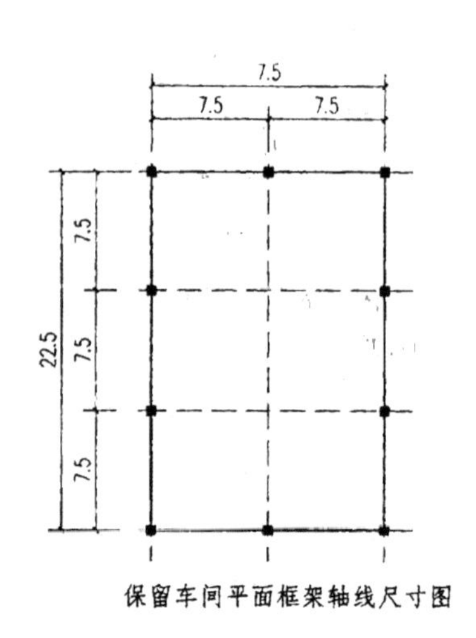

保留车间平面框架轴线尺寸图

注：
1、车间结构高度6.8m。
2、车间结构为梁板形式。
3、屋顶形式为平屋顶。
4、维护墙体可以拆除。
5、图中所标注尺寸单位为m。

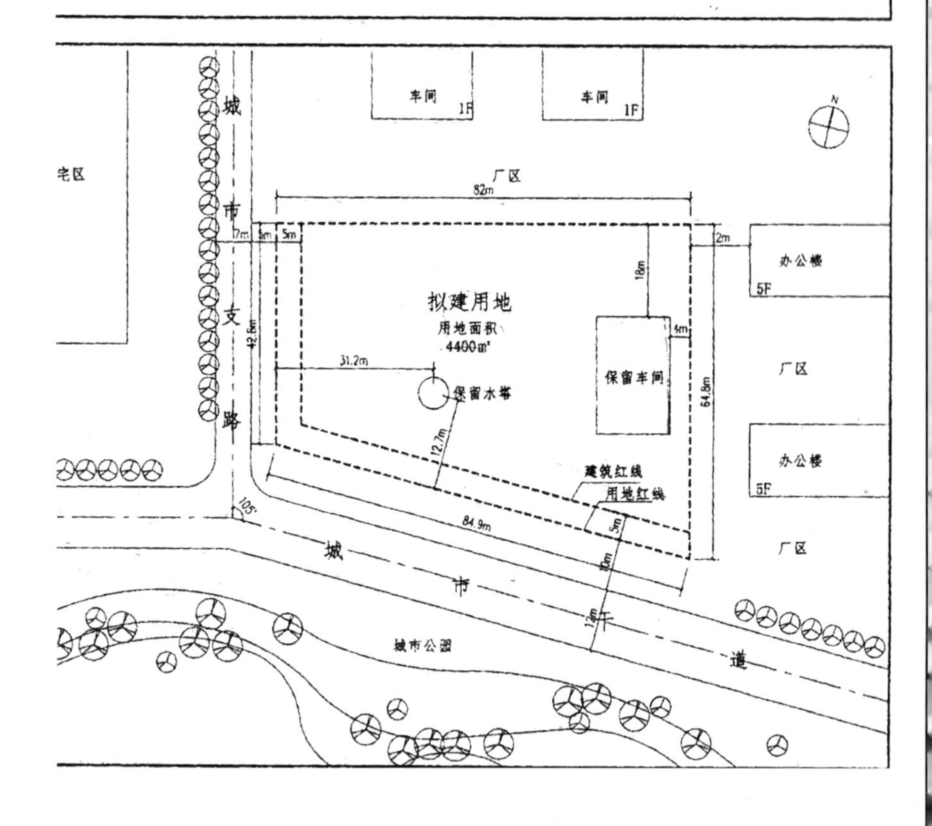

独立解题后扫码观看解析视频 HG13

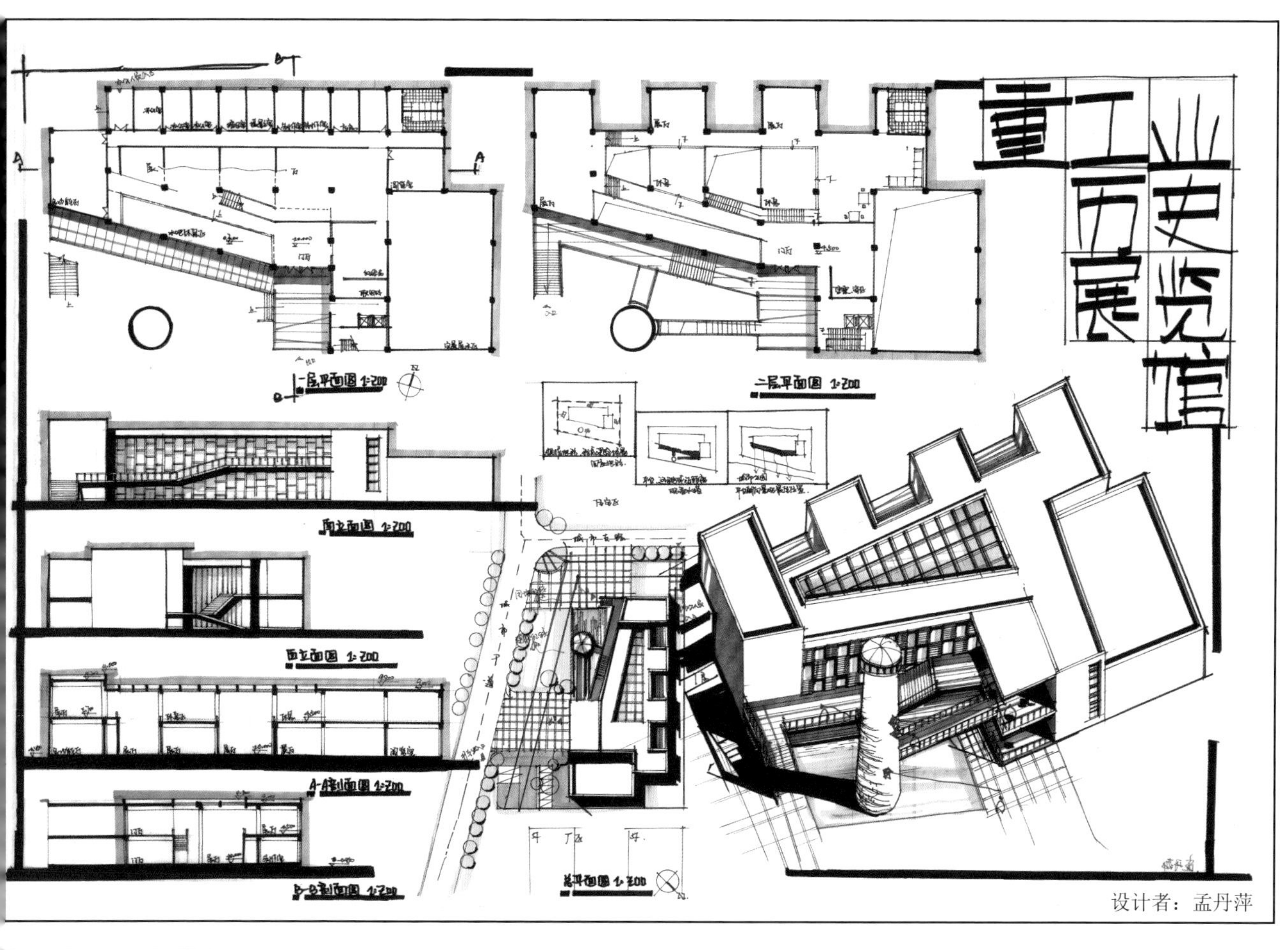

设计者：孟丹萍

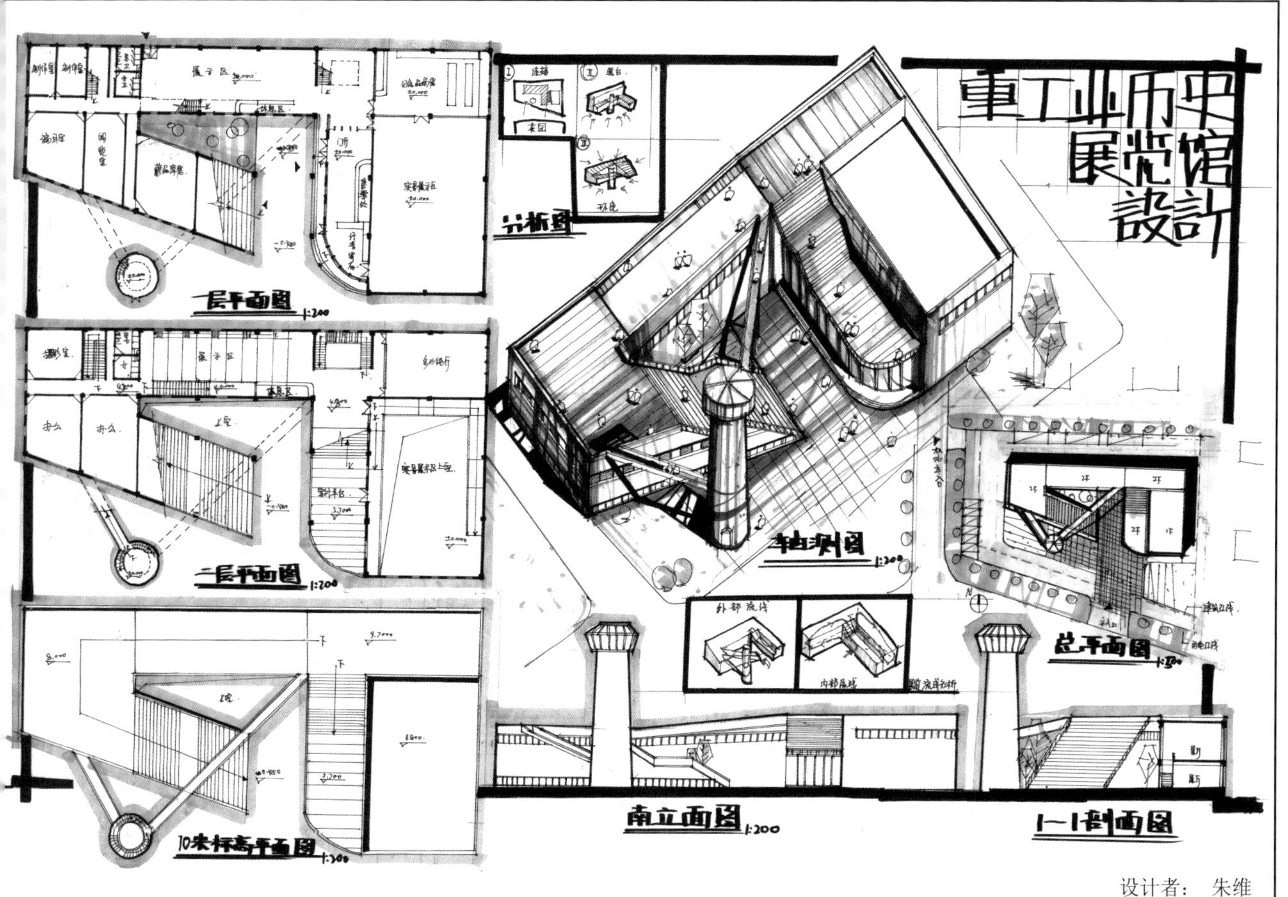

设计者： 朱维

重工业历史展览馆设计作品解析

避免某个形体或区域过零碎的方法归根到底，就是时刻提醒自己从正负形思考问题。当看到诸如上图的屋顶无天窗部分，就会对那个不是很整洁的实体部分屋面感觉不是很舒服。天窗的轮廓线建议和建筑体量轮廓、轴线找对应关系，让正负形尽量能方正完整。下图和上图一样使用了半围合体量，除了弧形比较突兀外其他尚可，但是连接水塔的坡道均从屋顶伸出，水塔内部没有和展览区相连有点遗憾，这样一个巨大的屋顶平台的实际使用效率始终存疑。

上图通过沿着斜向城市道路后退建筑，正好让水塔成为装饰性前景。场地上在水塔周围设置水塘，加强水塔的展示性，并且与建筑屋顶的一片玻璃体形状几乎对称，为场地设计寻根找据。下图的总图缺少设计，车行流线也没有组织。屋顶大平台要提高使用效率，应当予以景观设计，或者穿插建筑体量，化解过于巨大、令行人感到疲惫的面积。上图内部流线结合水塔，组织更清晰，下图门厅偏小气，回头路较多的观展流线也有待优化成流畅、比较明确的流线式。下图还有同一条坡道在某些平面图中漏掉表达的问题，应当注意。

参考案例

宁波帮博物馆 / 何镜堂
（资料来源：http://www.ikuku.cn/）

大学体育馆 / Canvas Arquitectos
（资料来源：http://archgo.com/index.php）

专题 8

从环境限定关系入手的解题策略

8.1 基础知识点

建筑与环境有着密切的关系，建造一栋建筑，就意味着与周边的环境发生关系，从而导致建筑与周围环境一系列的相互作用。

建筑体量之所以呈现出围合、滑动、扭转等多种形态，多是为了实现建筑对场地环境的回应。所以，场地环境的限定往往决定着设计的方向。

8.2 解题策略

在快速设计中，场地环境的限定大体可以分为两种类型：场地保留和景观环境。

8.2.1 场地保留

包括场地中保留的树木、建筑以及构筑物、雕塑等。

1. 保留树木

树与建筑的关系可能有几种不同的状态，比如紧靠、围合院落、平台架空。

比如同济大学 2015 年 3 小时快速设计题目游客服务中心，场地内全部树木需要保留，设计者应以谦逊顺应的态度回应树群，可通过分散布局、降低层数、底层架空等手法，减少建筑对环境的压迫感，同时设置情景化的漫游路径，将使用者的动线与树木充分结合。

案例：远香湖公园憩荫轩茶室 / 致正建筑工作室

基本策略是最大程度地消解空间与环境的界限，让树木与建筑缠绕在一起，建筑能够趋向于自我消失。留出原有场地，用建筑围合树，降低层高，把室外活动空间放到二层。立面上的固定无框中空玻璃以玻璃肋方式连接，而通高的有框开启扇表面则是整面的镜面不锈钢板，变通透为反射树影的效果。台上的六个孔洞形成六个内院，都种有一株落叶大乔木，这六株乔木与建筑周边疏密有致的高大乔木产生关系。

2. 保留雕塑

保留雕塑的基地，可以结合保留对象形成景观轴线，形成与保留对象的视线交流。例如通过水景的设置和平台步道的设置，形成多角度的看与被看的空间体验的塑造。

8.2.2 景观环境

自然风光以及人文景观历史街区等。

1. 与景观的关系

L 形、U 形体量的叠加与滑动，可以产生丰富的室外平台，灰空间以及屋顶花园来应对景观。连续的外部空间，也可以创造出连续多变的空间体验和景观体验，在路径中将景观徐徐展开，适合周边景观均质的情况。

案例：水边会所 / 华黎

该案例体现建筑与水的关系。通过对建筑体量的拉伸、环绕和折叠，减小进深、延展可活动和观景的空间，丰富了空间和景观的层次、亲近水面和利用屋顶形成内院使建筑更通透。建筑以曲折的形态在树丛中与水岸边顺其自然地“游走”，时而贴附于地面，时而又轻轻抬起（场地的软地基对桩基的需要也使建筑架空成为结构设计最合理的姿态），使人可以在不同高度和视角来体验环境。在构造层面，将楼板、柱等建筑构件的尺寸控制到最小，以加强其轻盈的特征，使建筑“漂浮”于环境中。

案例：舟山普陀岛厂区建筑重建设计 / 上海博风建筑设计

该案例体现建筑与山的关系。在种植屋面上开凿若干“洞口”，翻起若干“平台”，主要房间功能得到满足。内部各楼层在竖向上略有“咬合”，降低总高度，贴近既定高度控制。发掘原有填土区域的空间价值，使得建筑的下沉前院可以在服务道路上开口。"掏空"建筑深处，使“鸡肋”空间变成庭院，引入阳光、空气和水，惠及周边。

2. 与历史街区的关系

充分考虑周边的历史环境，例如分散建筑体量回应周边街区的肌理，或者在旧建筑一侧加建时边界齐平，维护城市界面的连续，或者通过旧建筑元素的提取与原有建筑风貌保持一致。

新老建筑之间的连接可以通过玻璃、天桥、灰空间等过渡。同时也要注意在肌理上的融合和体量上的相似。

8.3 补充要点

8.3.1 场地条件

把握场地和场地环境所具有的特殊性，分析整理场地的历史和文脉，从而发现建筑与环境的妥善衔接的方法。

通过对场地特质尊重、对人的尊重、对多样性的包容、创造五感可以感知的空间、利用自然要素与环境相协调等方法，从而形成和谐的建筑与环境的关系。

8.3.2 限制性条件

1. 基地内的保留物（树木、老建筑或文物、原有建筑结构等）

对待基地内的保留物，一般的做法是“让”和“环”。

“让“是要求与保留树木或建筑保持一定距离，结构脱开（尤其是对待加建项目），这个既是满足结构功能的需要，也在平面构图上凸显被保留物的重要性。

”环“即建筑环绕保留物，使主要空间面对保留物，更加凸显其重要性。

2. 基地外限制条件（河道、周边建筑限高、高压电网、变电站、高架、轨道交通等）

对待基地外的限制物，基本原则就是退让。

在遇到基地内或基地边界的轨道交通如地铁时，建筑的基础不可超越其控制线，建筑地上部分可采取悬挑等方法适当跨越。如遇电网，配电所等应退让相应的距离，一般为 12m。高压线下严禁建设。注意建筑限高等条件。

设计任务一 SOHO 艺术家工作设计（6 小时）

一、项目概况

南方某创意产业园区的中央景观带有一片荷塘，荷塘西侧已建 3 层办公建筑，北侧为 2 层展览建筑，今拟在荷塘北侧空地上建一座 SOHO 艺术家工作室（办公、居住一体化建筑）。

二、设计要求

地上建筑面积 550m²，女儿墙顶限高 12m（若选择坡屋顶，檐口限高 11.4m，坡度不限），可考虑整体或局部地下一层以及空间的整体利用（地下部分不计入地上总建筑面积）。要求设 1 部电梯，1 个室外游泳池（要求设于基地建筑控制线以内，标高不限）。泳池净尺寸为长 10m，宽 4m，深 1.2m。

1. 从环境到建筑

该建筑面临大片荷塘，请充分考虑建筑与景观建立紧密联系。

建筑出挑于荷塘的长度应小于 2.1m，出挑部分以下不计建筑面积，但其上建筑面积需按实际计算。有顶不封闭阳台面积按一半计算，封闭阳台面积全算。

场地主出入口宜设于东北侧道路或西北侧道路；建筑各边应严格满足退界要求，用地范围及地上建筑控制线如图所示。建筑距变电站不得小于 12m。

2. 从构造到建筑

材料：基地区域附近有大量粒径 150~300mm 的大鹅卵石。

构造设计要求：该建筑承重结构可自行确定（混凝土、钢结构等），但外围护结构中必须利用鹅卵石材料，利用方式不限。

功能要求

（1）办公部分：可考虑利用地下空间，地下部分不计入地上总建筑面积

画室：不小于 120m²，要求作画空间放置净高 7m，长边 10m 的画框；

会议：不小于 30m²；

展示：不小于 100m²，要求层不小于 3.6m，考虑设置两面长 9m 的连续展墙；

单间办公室：每间不小于 15m²；

卫生间及其他房间面积自定。

（2）居住部分（主要居住空间层高不小于 3m）

居住人员构成：40 岁左右画家夫妇二人，12 岁儿子一人，65 岁左右祖父母二人，25 岁艺术助理一人，38 岁保姆一人。

除上述 5 类居室空间外需考虑客房一套，其他公共居住空间及厨房、卫浴等按需自定。

室外活屋顶露台：面积总计不小于 100m²。

三、图纸要求（图纸表现方式不限）

总平面图，1：300，要求进行场地设计，场地范围包含部分水面；

各层平面图，1：100；

各立面图，1：100；

剖面图不少于 2 个，1：100；

外围护墙身剖面图，从基础至女儿墙，需利用鹅卵石材料，不少于一个 1：50；

轴测图 1 张。

四、评分标准：

总图及场地设计占 20%；

方案构思及主体空间设计占 40%；

墙身构造设计占 30%；

图纸表达占 10%。

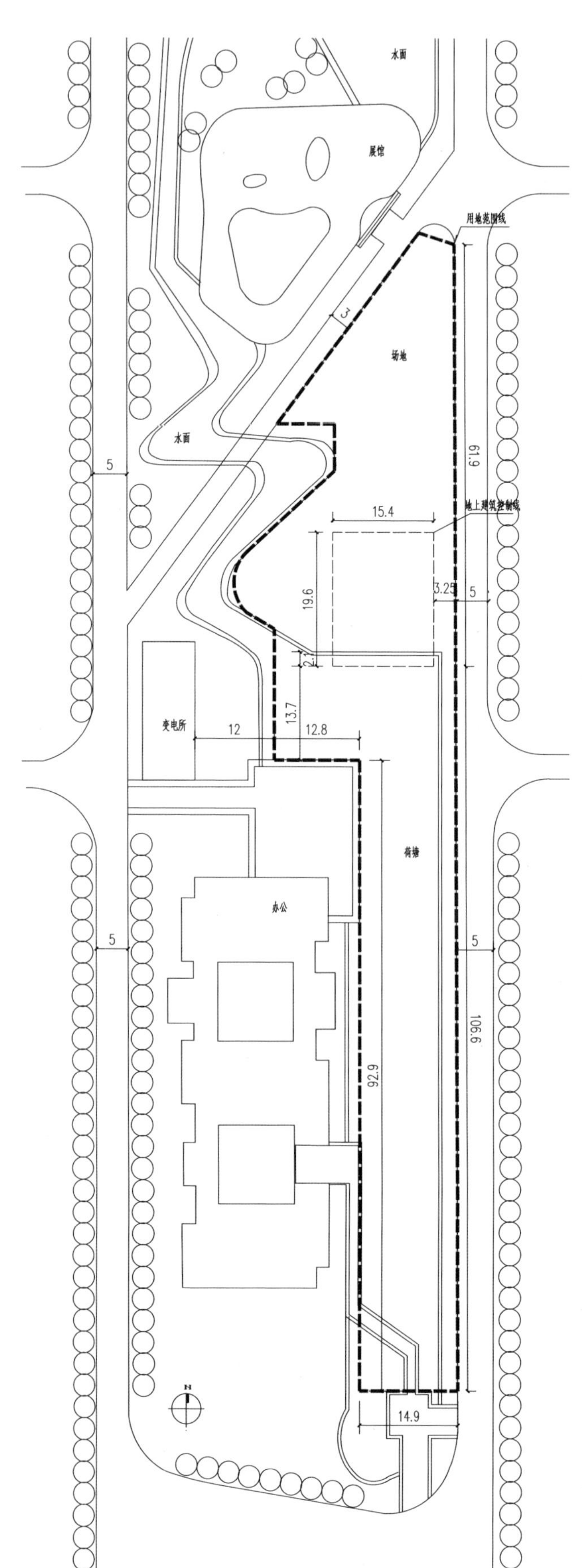

独立解题后扫码观看视频 TJ08

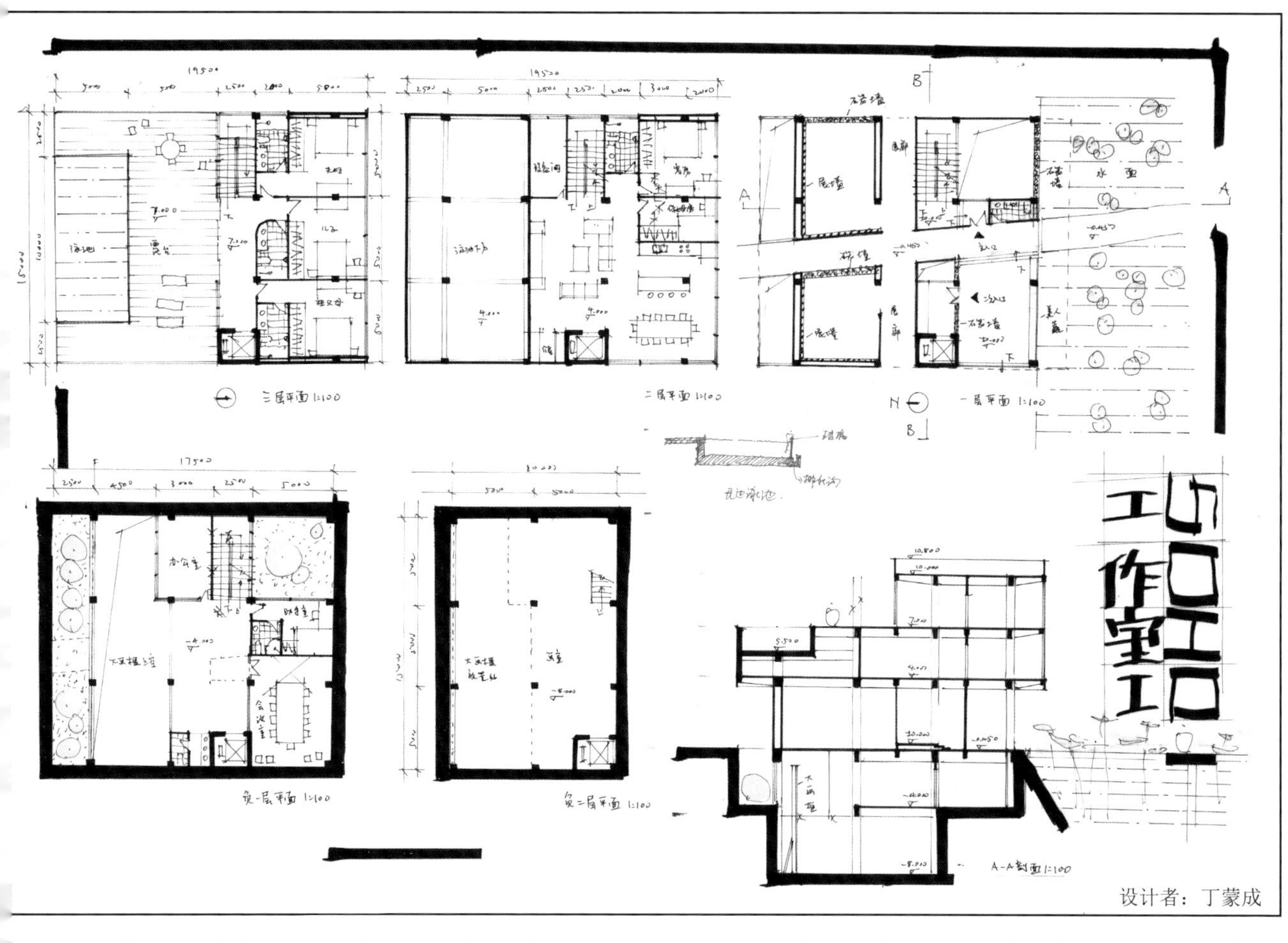

设计者：丁蒙成

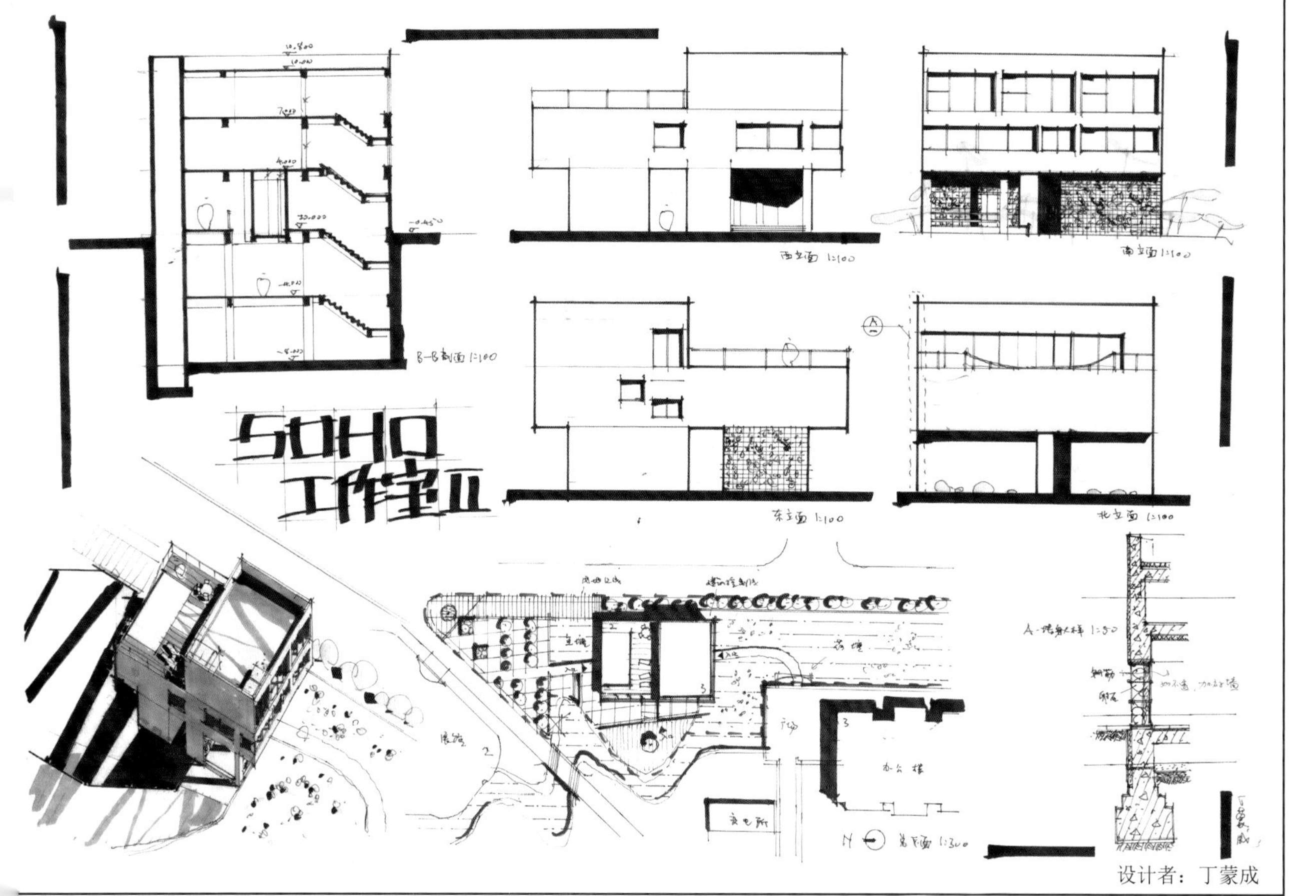

设计者：丁蒙成

SOHO 艺术家工作设计作品解析

该方案建筑形态现代匀称，将泳池面对北部私家花园，景观属性略弱于水景但也可自圆其说，优势在于能匀出更多的南向面积给室内房间。总平设计略显小气，铺地与一些小径的斜度也欠有根据，水面上的布道尤其值得好好设计一番，目前过于简单。对于 SOHO 必然需要的停车没有考虑，应当在北部场地有所体现，建筑西面的入口前空间也值得精心处理一下。

内部平面布置基本合理，一层入口有空间小景营造，二层考虑了泳池下方的高度和面积占用，三层将三个高级别卧室均等布置，与泳池流线相同。电梯与功能空间最好能设置过渡区域，客厅偏暗级别太低，建议与保姆房、客卧或厨房对调。剖面图中设计者将泳池、房间和水景的关系展现出来了，还体现了为地下室提供采光的下凹边庭。立面基本是平面开窗位置的对应，符合形式追随功能的原则，也充满韵律。加上使用了平时积累的钢筋笼做法，回应题目中利用卵石的需求，并在墙身大样有所表达。建议图面可以整理得更干净，泳池可以尝试无边际的画法。

参考案例

可乐宅 / 创盟国际
（资料来源：http://www.ikuku.cn/）

西溪湿地公寓项目 / David Chipperfield Architects
（资料来源：http://www.ikuku.cn/）

SOHO 艺术家工作设计作品解析

两图都采用体块大起大落的体块操作手法，上图倾向于局部推拉、挖庭院互相结合，下图以直白的滑动为主。总图来看上图的斜线略显随意，但是总体布置手法更温馨亲和，具备私人花园的特征，下图运用了一般公园设计的手法，大小尺度结合，几条轴线有理有据，也是一种设计方法。

进入到平面，基本上就体现设计者对 SOHO 中 Office 和 Home，公与私空间组织关系的理解。上图除了将老人卧室和助理卧室的位置搞反了，总体布局没太大问题，但住宅设计中卧室的具体布法有待提高，如各个卧室面积和配套上基本没有区分，保姆卧室过于庞大，与厨房餐厅关系也欠佳，客卧反而占据最优质的南向景观朝向。建议将不同卧室分出多等级，予以不同面积、朝向和设施配套。下图也存在卧室与其他房间等级不明问题，应当有舍有得，不必拘泥于每间卧室均分最佳朝向，应当突出主次。两图的泳池均选择了面向水景，上图位于一层客厅外，比较合理，客厅建议改为大面积推拉门。下图泳池位于屋顶，是另一种品质，但应当面对客厅家庭公共空间或主卧等等级较高的房间，另一问题比较突出是泳池有深度，占据下方房间高度，导致客厅活动室空间质量降低所以这部分的空间组织应当重新思考。

参考案例

葫芦岛海滨展示中心 / META
（资料来源：http://www.ikuku.cn/）

艾格莫尔特社会住房 / Thomas Landemaine Architectes
（资料来源：http://archgo.com/index.php）

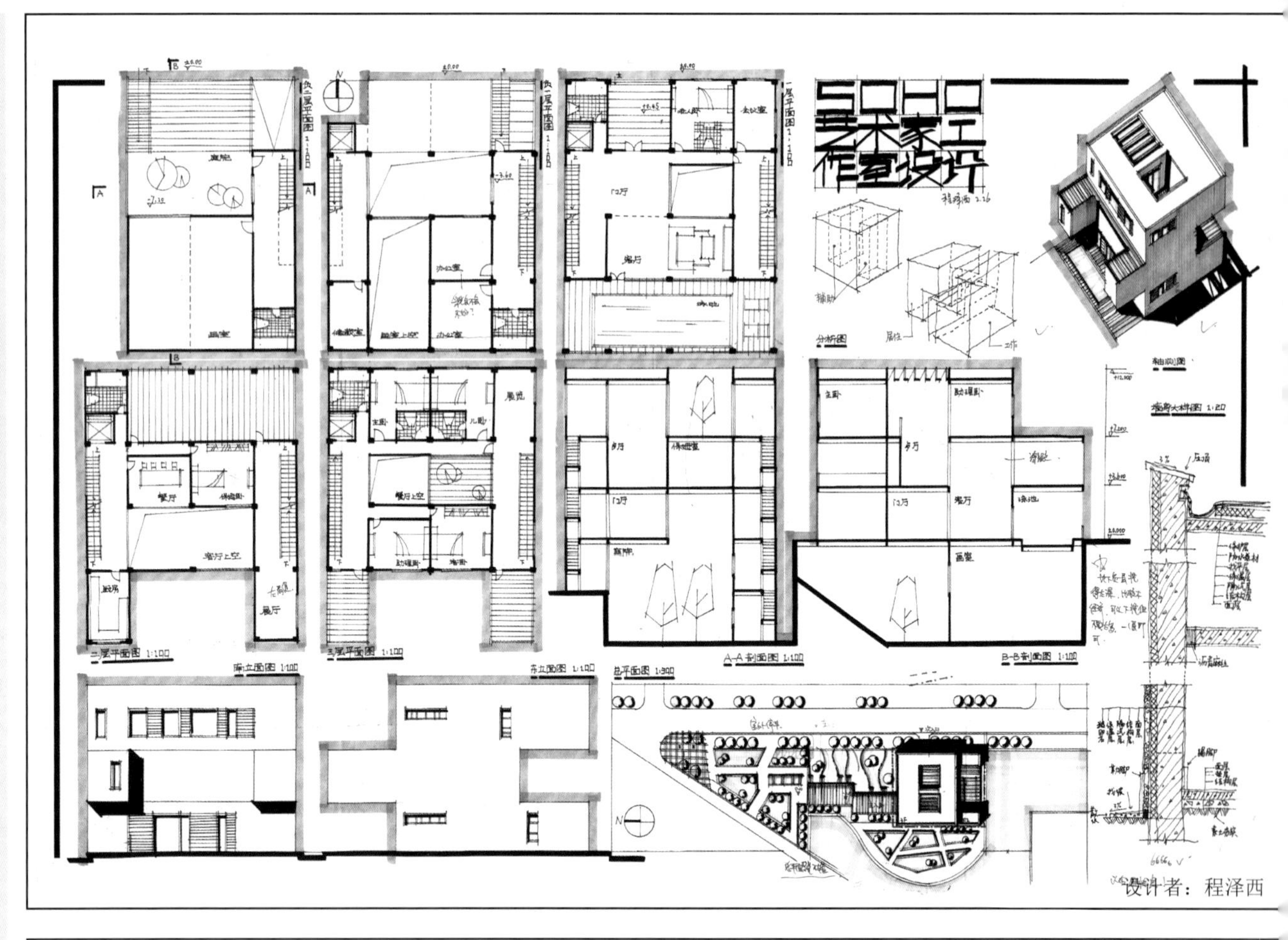

设计者：程泽西

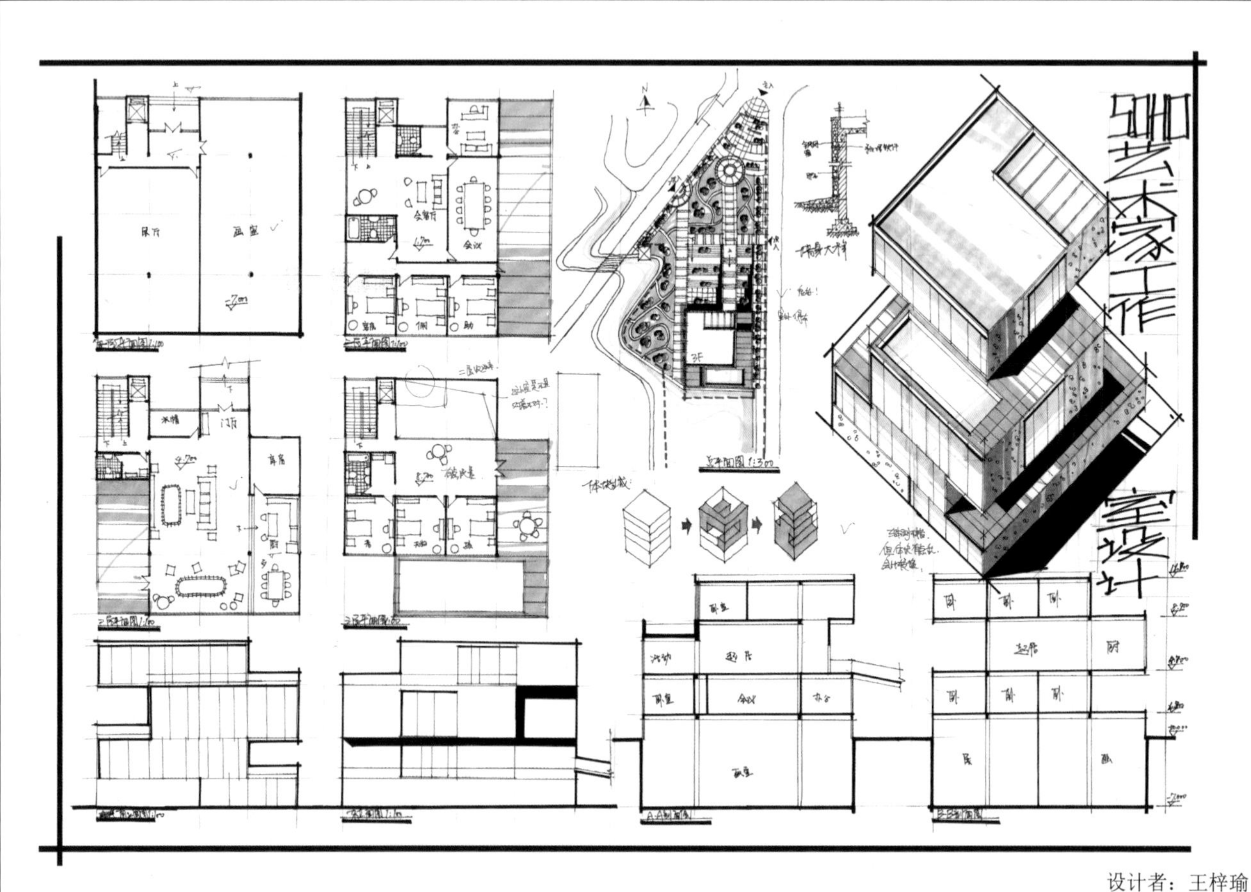

设计者：王梓瑜

设计任务二 独立住宅设计（3 小时）

一、设计任务

在某国某小镇内为一对夫妇及其 2 个子女设计日常居住的独立式住宅。

二、基地状况

平地无明显高差变化。基地周边基本居住形式为散布的独立式住宅。基地所处城市气候类似中国江南地区。

三、任务要求

建筑中布置住宅的基本功能，配置及面积由设计者自定。要求夫妇有独立卧室，2 个子女各有独立卧室。要求在基地红线内设置有一个小轿车的停车位置（室内外均可，车位上尽量有遮阳和挡雨）。厨房可设计为开敞形式。需要为雕塑家父亲设置一个净空最少在长 9m× 宽 3m× 高 3m 的雕塑工作空间。建筑地面以上体积（建筑气候封闭的部分）控制在 500m³ 以内。假如有地下室的话，地下室内不希望布置人常留的空间。

四、规划要求

建筑限高 10m，建筑退界 8m，建筑不得超越退界，但基地范围线内均作为内部花园用地，允许进行景观布置，基地内现存一棵桂花树不得破坏（树木退界已在图中标示）。基地内停车位及人行都需要从正面城市道路进入。基地西侧巷道不能进车，也不允许设置人行入口。

五、图纸要求

总平面图（比例及涉及范围自定）；

各层平面图，1：50，要求布置家具，底层要求画出基地范围线及花园布置，标注尺寸标高；

立面图 2 个或 2 个以上，1：50，要求标明建筑外立面所用的主要材料；

剖面图 1 个或 1 个以上，1：50，标注尺寸标高；

细节详图（如墙身大样、影响到设计的材料及细部构造处理、设计细节放大等）其他适合表达设计的图纸（内容不限，如分析图、透视图、轴测图、内部空间透视等）。

设计提醒：设计中请注意住宅内部空间的私密性，主要房间避免与邻居相互直视。注意汽车进出停车位的动线符合车行基本规律，注意各类间距尺寸的准确性。注意墙厚、门洞大小等技术尺寸的准确性。注意门窗洞等平立面对位的准确性。

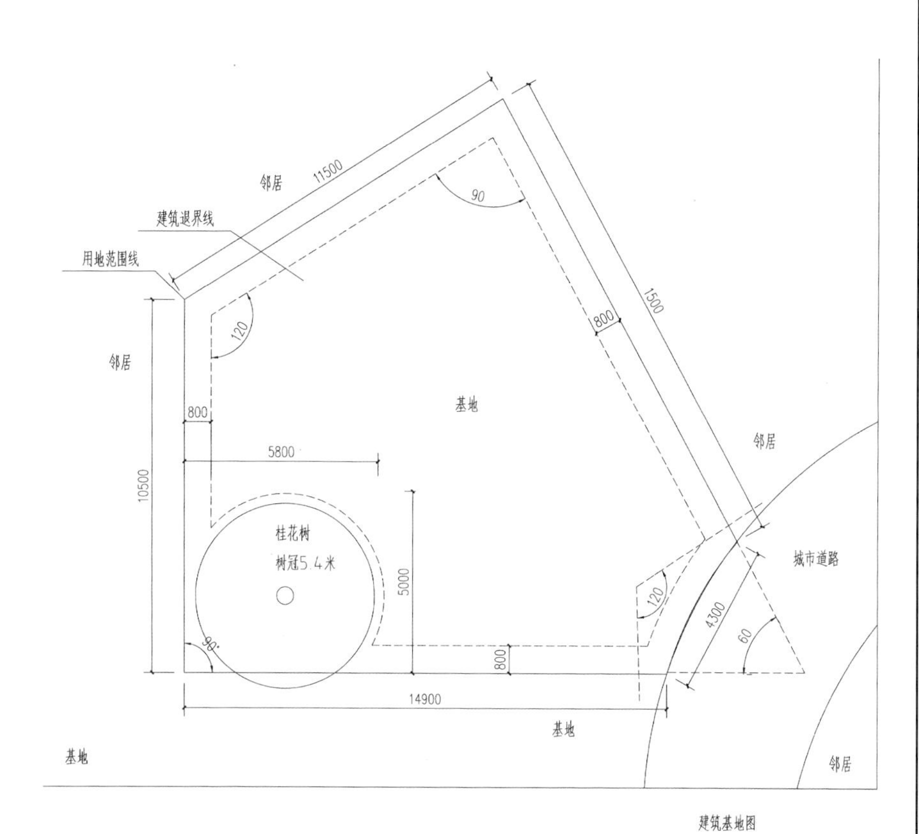

建筑基地图

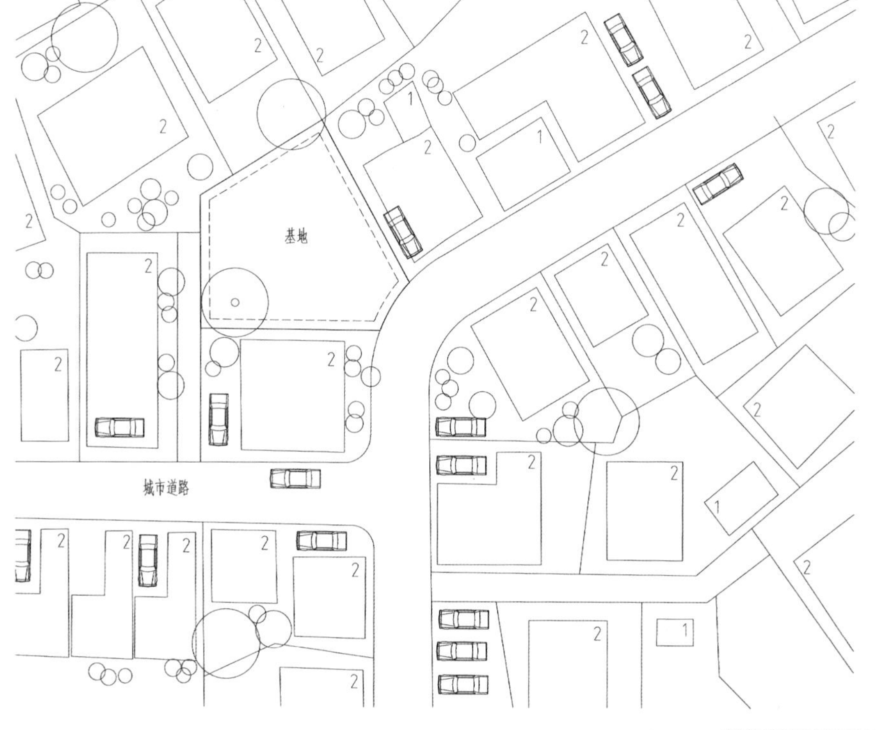

独立住宅设计作品解析

上图用了错层相连的创新手法，但第一眼发现的问题是全内向型的形体策略与基地呼应不强，且在表达上仅在总图体现了建筑和题目中重要资源——大树的关系。建议除了调整设计（从自我生成逻辑明确的内向型转向与基地环境找关系的外向型）以外，在平面或剖面中能局部画出树木轮廓。下图同样为全正交的设计，但形体更加开放自由，表达上将一层平面图结合场地设计绘制，使图中大树与房屋关系一目了然。

上图的入口位置欠妥，进入室内后，受建筑形状限制，餐厅和客厅较为局促，如需坚持建筑形式，则建议改变传统家具布置方法，设计新的软装方式、生活理念，以自圆其说。两个子女卧室似乎有等级差别，建议尽量让次卧处于同样楼层和类似面积，主卧则应当放大，和次卧拉开差距，除了房间面积外也包括厕所面积、厕所配置，建议阅读高端住宅案例进行方案学习积累。作为住宅建筑，不应边边角角存在未加利用的浪费面积过多。下图平面基本合理，但主卧条件仍可提高，一层厕所也不需要淋浴功能。下图的场地设计较佳，为家庭提供了独栋住宅常见的户外起居空间。

参考案例

塔式度假别墅 / Gluck+
（资料来源：http://archgo.com/index.php）

大学体育馆 / Canvas Arquitectos
（资料来源：http://archgo.com/index.php）

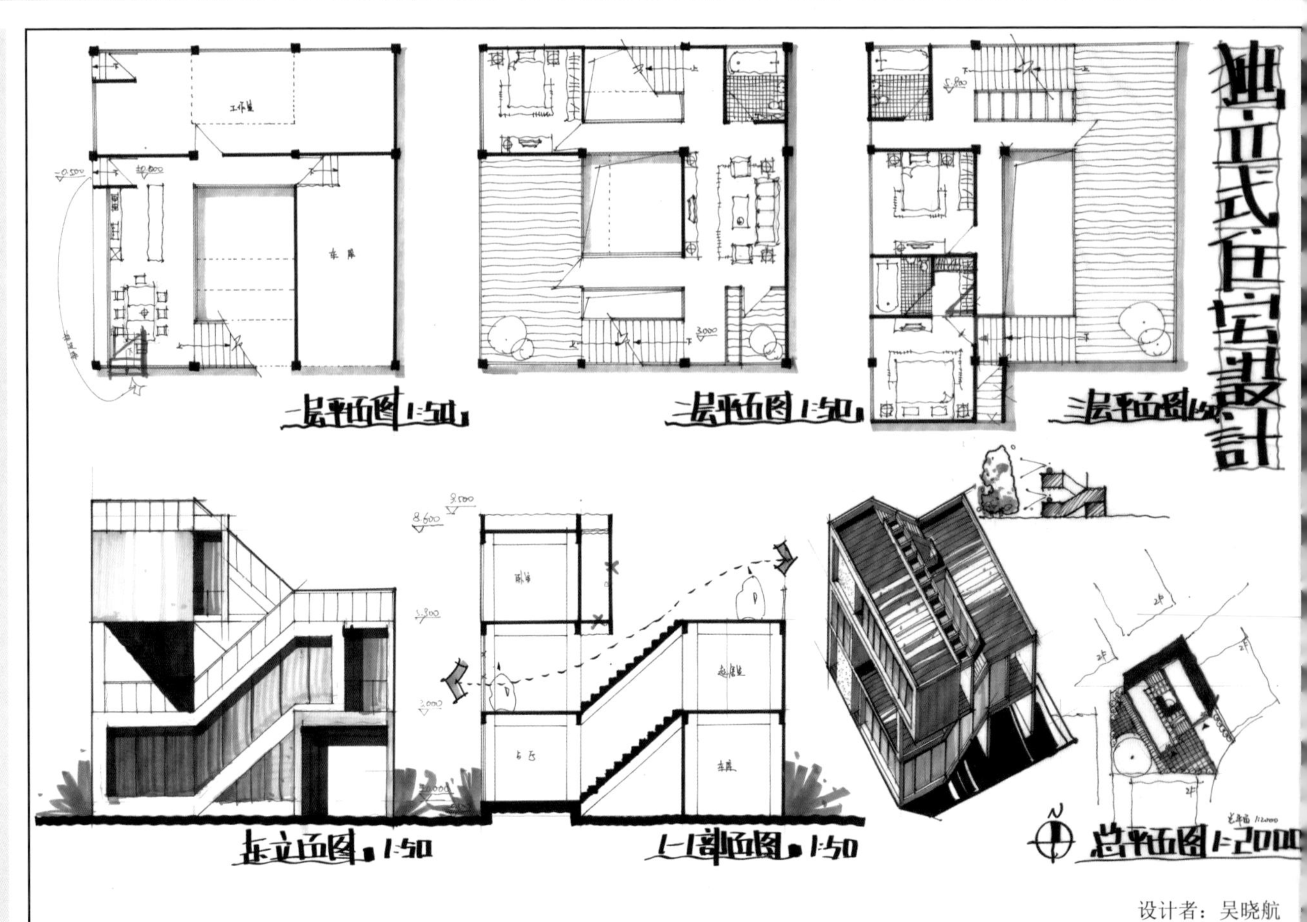

设计者：吴晓航

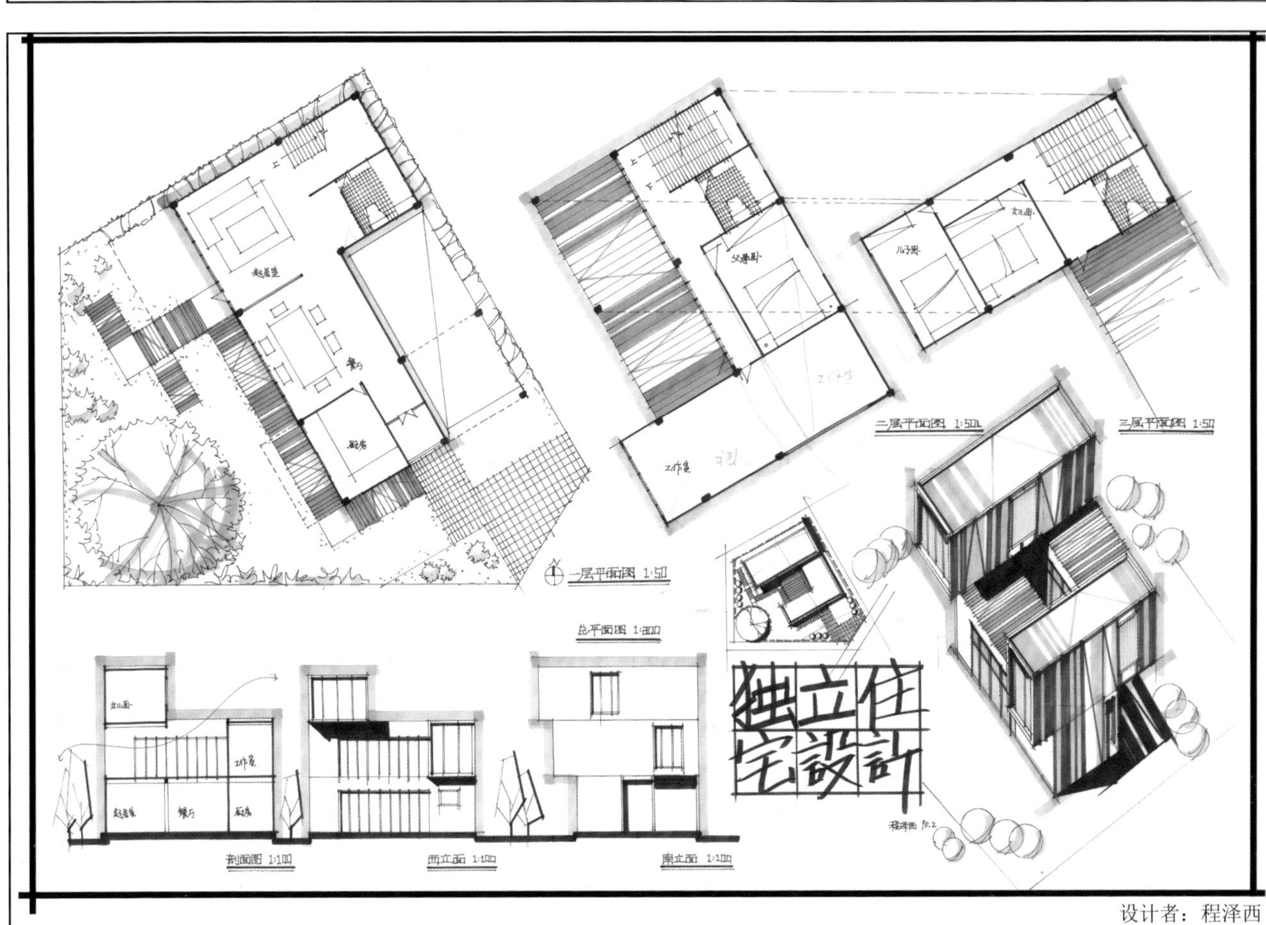

设计者：程泽西

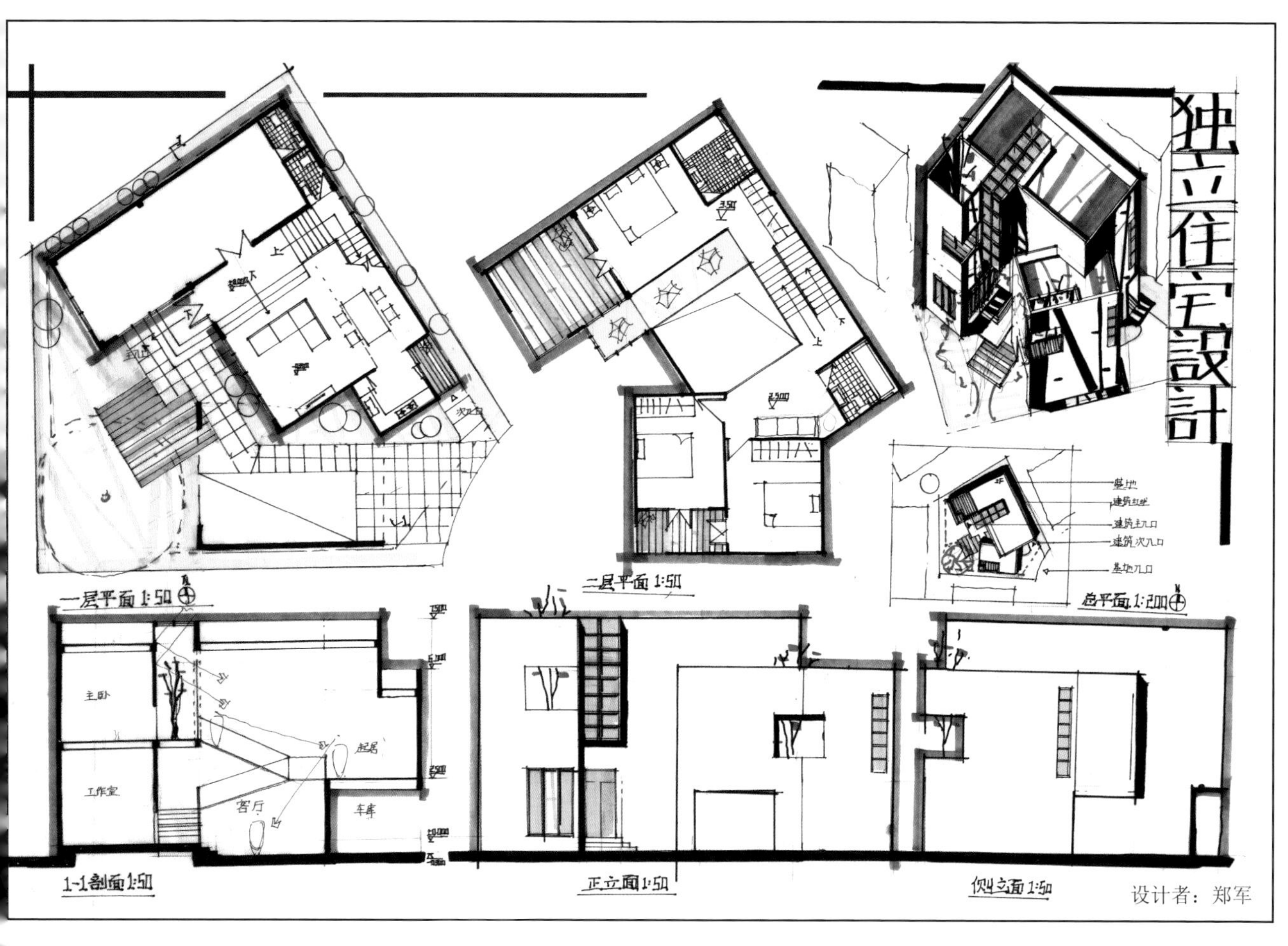

设计者：郑军

独立式住宅设計
首层平面图 1:50
二层平面图 1:50
三层平面图 1:50
总平面图 1:200
分析图
I-I剖面图 1:50
东南立面 1:50
西南立面 1:50

设计者：林晴晴

独立住宅设计作品解析

上图的场地与一层设计很好，客厅和室外平台还可适当扩大。二层可减少不必要的室内种植面积，用来扩大主卧，主卧与次卧的半层错动想法很好，有利于减少干扰互相保护隐私。立面角度选了 45° 面对正交墙体，表达尤其上色上会有难度。立面尚可，如果是剖面则更建议回避 45° 剖切。

下图则使用了不同标高的各种室外露台，但有些露台对应的室内空间定义不明，可能会实用性不高，建议对每个露台定义一些功能，绘制一些不同家具或植物配景，也可减小部分露台以增加室内房间面积。大树底下的高度实际可利用，在绘制一层平面时通常会留出树底空间，可布置铺地家具，树冠投影以虚线表示。大树其实应理解为一个天然的亭子建筑物。

下图客厅、餐厅略显局促，建议去掉隔墙统一为一个整体。子女卧室没有直接对南面开窗比较可惜，主卧室面积建议扩大，利用偏浪费的过大露台面积。下图立面跟随了平面开窗位置，建议让不同窗的形式有所变化。每个房间均采用落地玻璃，从功能角度也不一定合理。

参考案例

一座没有房间的日本住宅 / Yamazaki Kentaro
（资料来源：http://www.ikuku.cn/）

迈加拉住宅 / Tense Architecture Studio
（资料来源：http://archgo.com/index.php）

设计任务三 生态塑形设计（3 小时）

一、设计概念

生态塑形就是在设计建筑时，根据场地的特征产生建筑的布局，从建筑的布局产生内部空间，进而产生建筑细部。

二、场地区位

场地位于南方某滨海地区，属于夏热冬暖气候区。基地东临大海，北侧为城市主干道，西、南侧为城市支路。

三、设计要求

基地占地面积 7500m²，建筑面积 8000m²，建筑密度不大于 50%，建筑限高 20m，层数为 2~3 层。北侧的城市主干道和滨海道路为基地人车流主要来源，场地开一个地下车出入口，地下室不需要设计。

四、功能要求

大堂展厅区：3000m²，包括大堂展区 600m²，展厅 2400m²（展厅可分设 4~5 个，展厅层高不小于 7m，不能受直射光线）。

艺术交流区：1000m²，包括艺术家沙龙 400m²，报告厅 400m²，培训中心 200m²。

艺术创作区：1000m²，包括创作中心 400m²，艺术工作室 400m²，办公室 200m²。

辅助功能区：1000m²，包括储藏室 400m²，纪念品商店 400m²，咖啡厅 200m²。

其他功能：2000m²。

五、生态塑形设计

场地气候炎热潮湿，故在设计中要注意建筑的自然通风设计，注重雨水处理以及遮阳设计。

六、图纸要求

1. 各层平面图，1：200；
2. 生态塑形分析图，结合立面、剖面分析各 1 张，1：200；
3. 轴测图或者透视表现图；
4. 分析图若干。

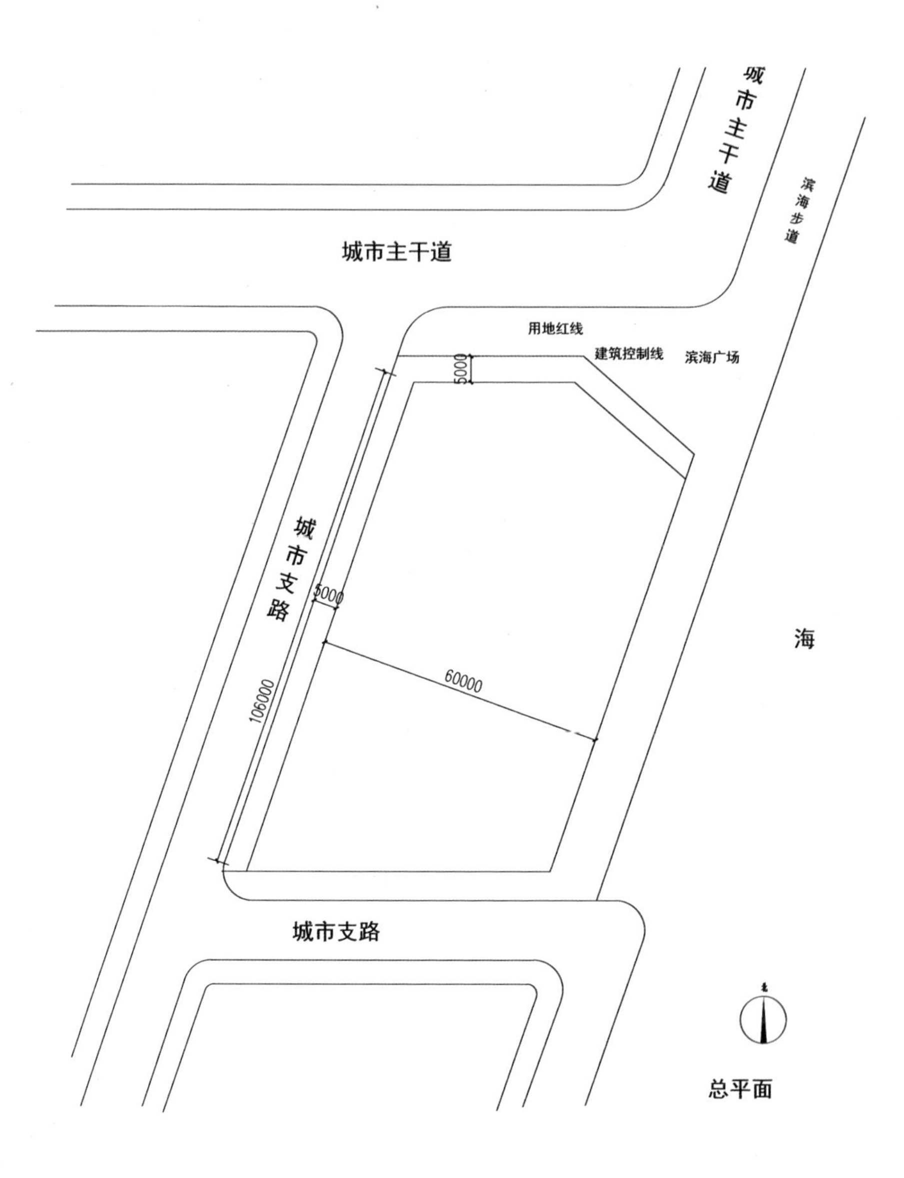

总平面

独立解题后扫码观看解析视频 TJ14

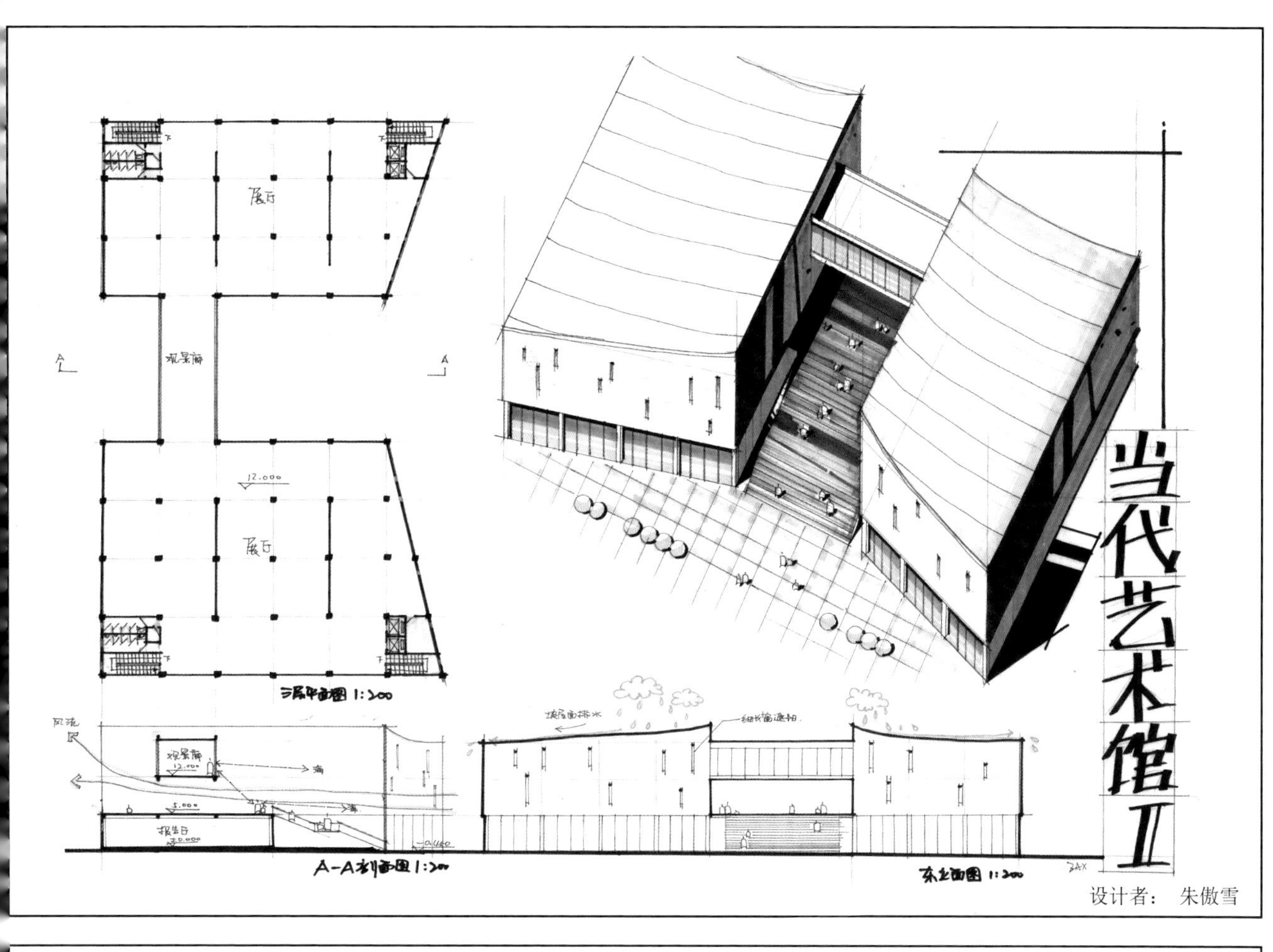

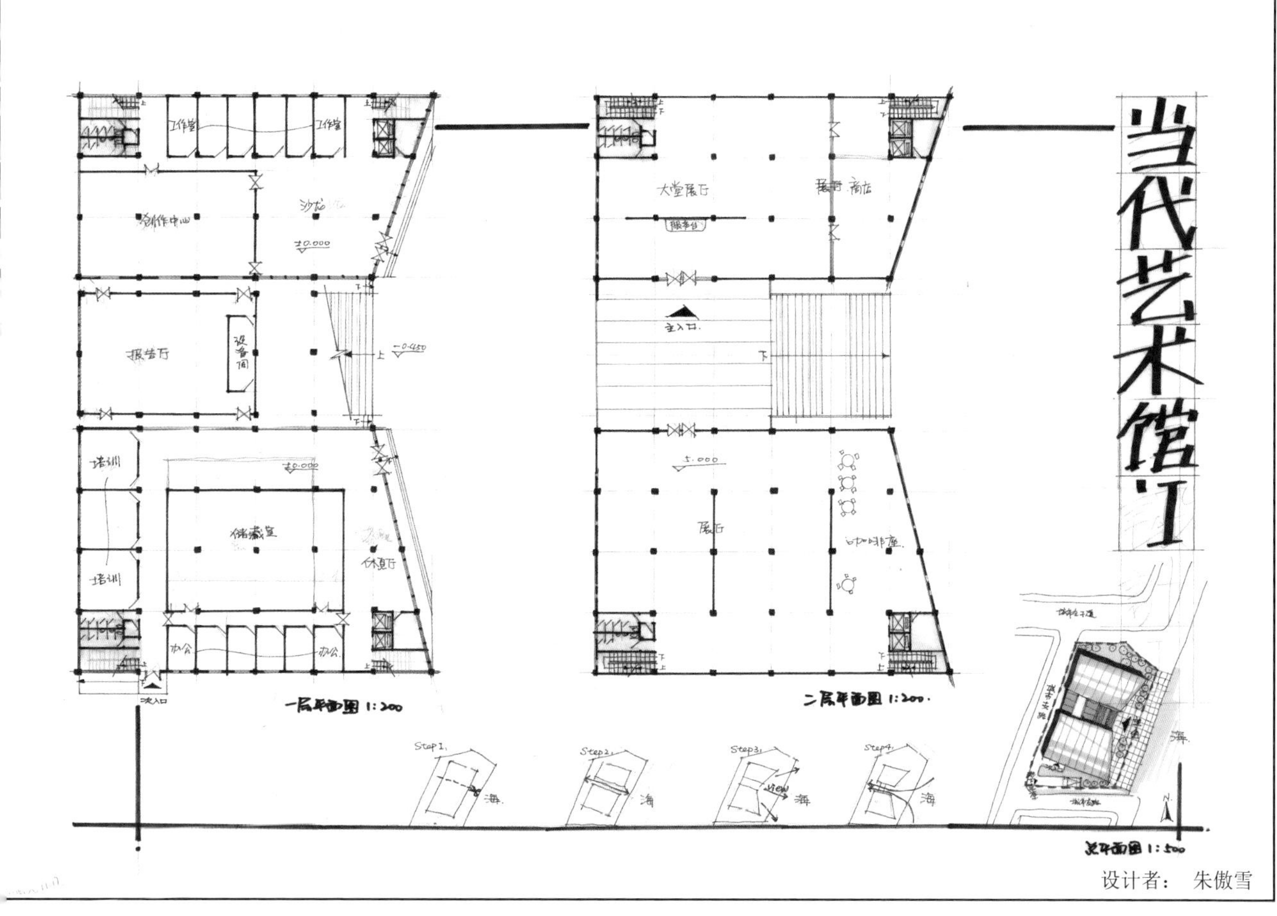

生态塑形设计作品解析

海鸥状的形体造型能够在众多快速设计图纸中突出，同时没有流于形式，而是结合生态塑形的题目要求，结合立面图分析其功能作用。对于这样的平整大屋面，建议对雨水进行收集，在场地内设置一些水景利用，让生态概念更加完美。场地设计有所欠缺，几个大区分开后细部没有景观的刻画，可以考虑如何将城市道路的人流引导到沿着海滩的场地中部入口。车行流线也不明确，车入口不可开在道路交叉处。

平面中功能布局合理，内部划分清晰，就是一层似乎建筑被打断成了三个区域，报告厅外也没有室内等候空间。建议将三部分室内相连。二层平台上去后实际上主入口只位于一端，南面应是只出不进的流线末端。建议在平台上有所设计，或者利用大台阶的设计引导人流，对两面的引导性空间感有所区分。咖啡厅如要布置，应该将家具布置完整，鉴于其特征，面朝大海应当放大通透面积，立面上也能更加丰富，减小对称感。报告厅移去了柱子且上方为上人平台，应该在剖面上体现结构加强，甚至可结合结构做天窗设计，也为平台增光添彩。

参考案例

梨花女子大学 / Dominique Perrault Architect
（资料来源：http://www.ikuku.cn/)

南京表演艺术中心 / Preston Cohen
（资料来源：http://archgo.com/index.php ）

生态塑形设计作品解析

两图的形体相比，上图体量数量和尺度配比更大气美观，下图没有严重问题，但是尺度感失真。原因是过于大起大落的大台阶和屋顶露台，在实际中尺寸将会非常庞大不适合使用，因此造成该体量为小建筑的误解。上图的浅黄色图纸配合淡灰马克表现，尤为出彩，建筑体积感清晰度都拿捏得当。

上图的展厅在几个体量内依次展开，随着体量与体量的过渡，展厅流线也有收有放。辅助功能在一层解决，艺术家工作室虽在主要功能以外，但等级较高，故置于视野良好的顶部。剖面上对体量之间的屋顶设计了天窗，解决题目生态塑形技术需求，也反映在轴测上成为造型元素。立面开窗有虚有实，不同的集中玻璃窗类型效果较好，也形式简洁，方便绘制。上图的平面细节，如咖啡厅吧台、报告厅、厕所核心筒布置都比较老练，值得学习。

下图门厅比较局促，主要展厅在内部呼应外形，依次升高展开，建议增加自动扶梯，同时对流线设置空间节点，有节奏地收放面宽，也可从空间体验上缓解观展疲劳。中间架空层的室外平台建议上色、布置景观，以和室内部分区分。办公等辅助功能建议采用更加干净、正常、小隔间的平面形式，这样在图上可以使大分区一目了然。

参考案例

Fuglsang 美术馆 / Tony Fretton Architects
（资料来源：http://archgo.com/index.php）

大学体育馆 / Canvas Arquitectos
（资料来源：http://archgo.com/index.php）

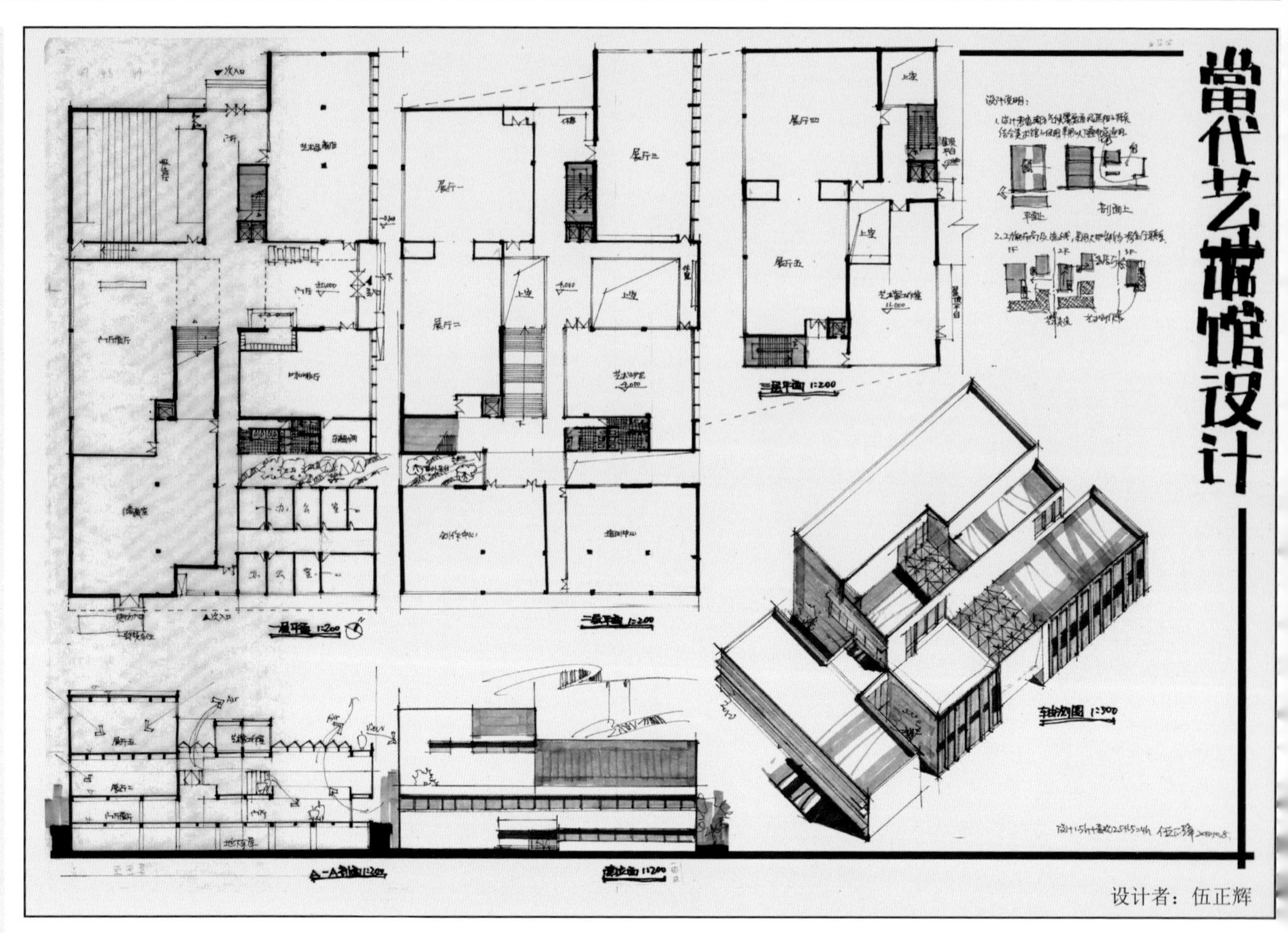

设计者：伍正辉

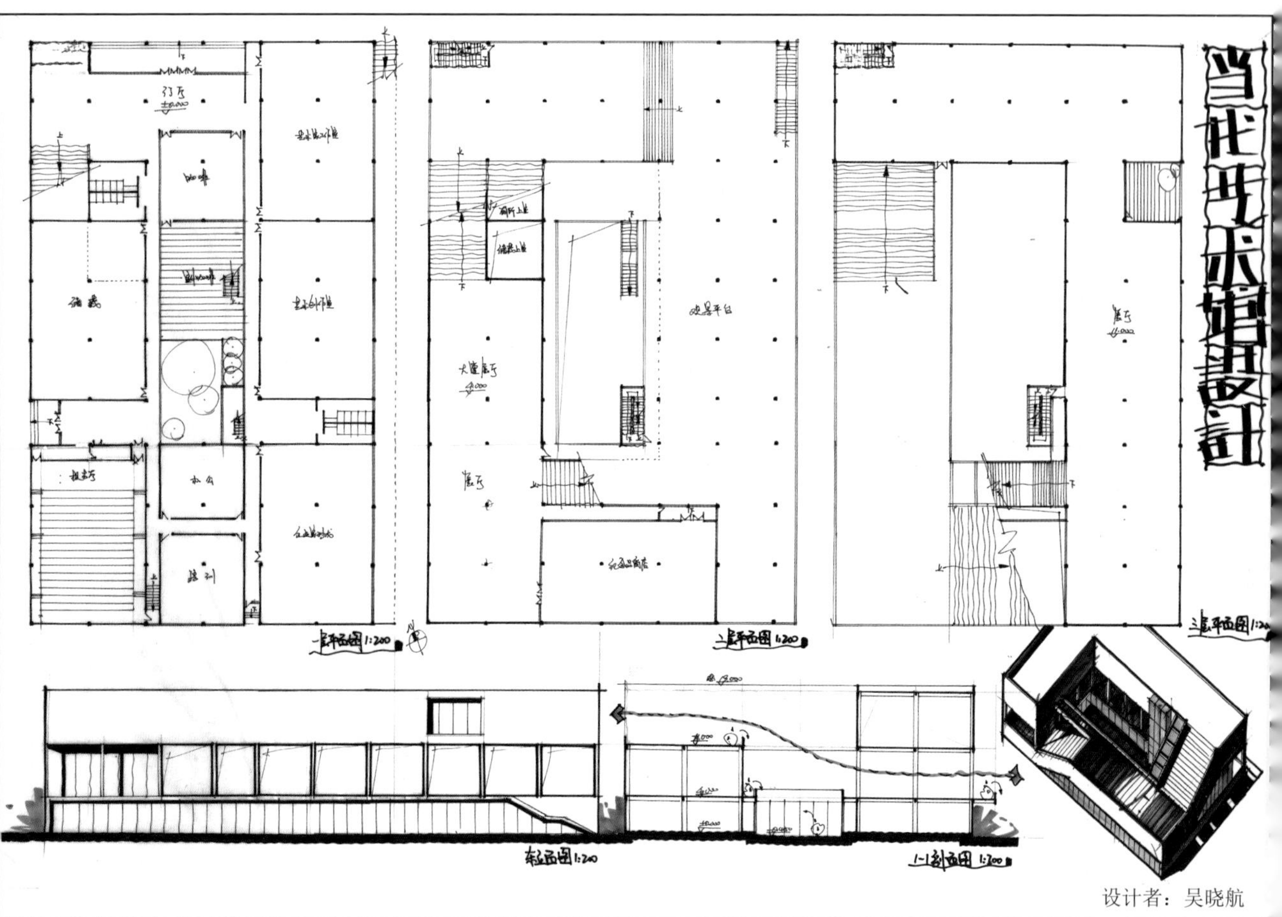

设计者：吴晓航

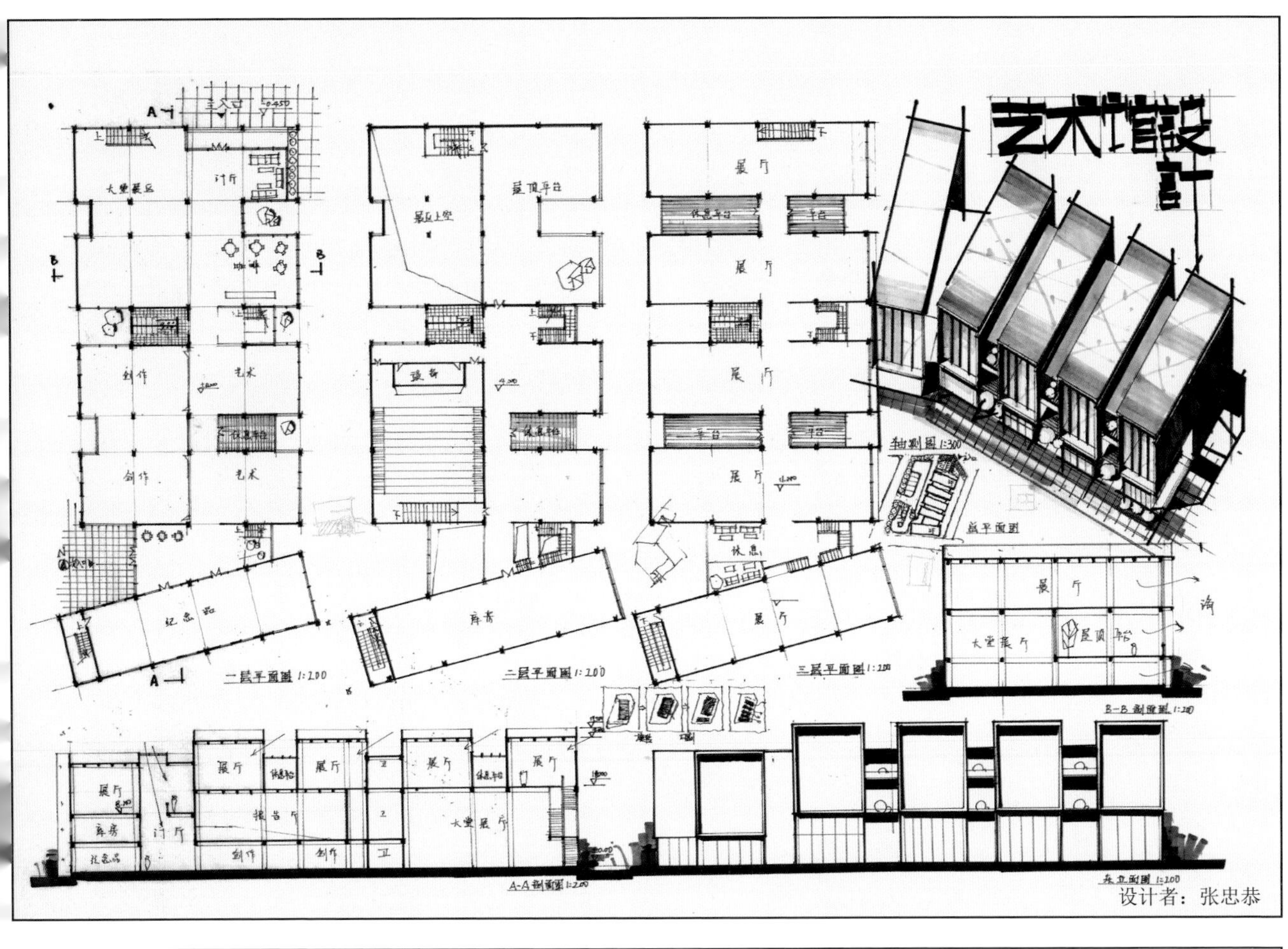

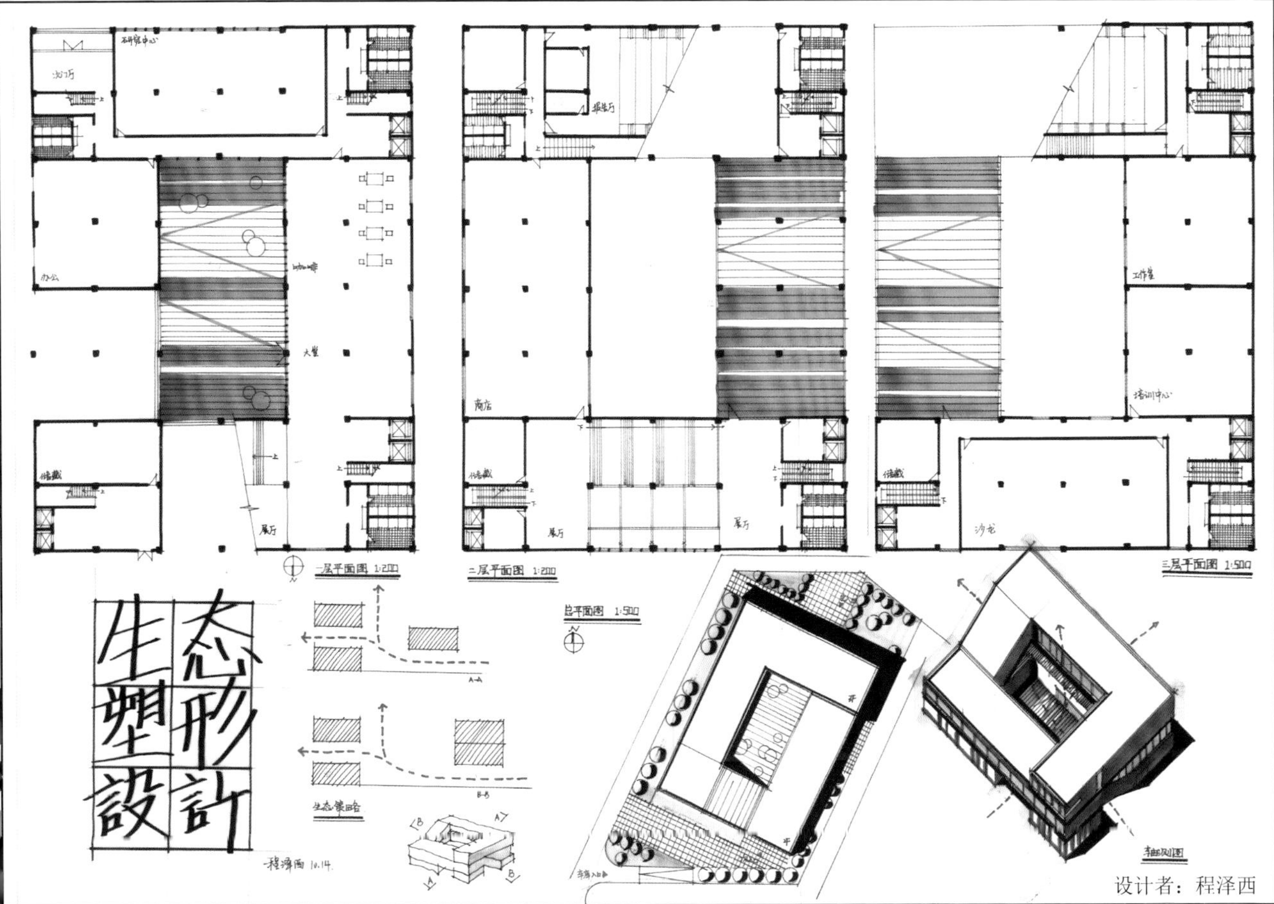

生态塑形设计作品解析

相对而言上图的体量感更好，对于巨大场地，恰当地做了切割，尺度拿捏得当，下图的形体建议从体量上有所动作，或者增加天窗、屋顶绿化、立面材质区分等平面元素。同时轴测的角度选取也可斟酌，或者尝试表现立面为主的透视。上图的分析图比较潦草，另外建议增加生态塑形的分析。下图立面表达缺失，上图缺少管状造型内玻璃的分割。

上图的展览流线为大堂展区完成后直通顶层，然后回到一层另一侧出口纪念品商店。但是垂直交通的引导性不足，不提供电梯也不现实。二层室外平台建议上色区分，并做一些简单景观布置。二层报告厅外大面积功能不明，也没有标注，如果的确没有题目要求的功能可放，可自定义合理的功能加以填充。总平面基本清楚但实在过小。

下图没有标注主入口位置，难以寻找，且建筑和场地都没有用空间语言做出引导。其余展览流线沿建筑体量上升，还利用上升部分做了本身需要高差的报告厅，做到了形式功能结合。三层平面工作室部分需要统一，直接到达的交通方式，这里没有做到，且报告厅和工作室合用的停留空间不足。整个艺术交流和创作区缺乏流线集中与发散的整理。

参考案例

宁波帮博物馆 / 何镜堂
（资料来源：http://www.ikuku.cn/）

郑东新区城市规划展览馆 / 张雷
（资料来源：http://www.ikuku.cn/）

生态塑形设计作品解析

该图形体较为丰富，但整体感不足，平面图右上角的切角也看不出和场地的关系。轴测中可以看到方形大玻璃体包裹了上层的几个坡屋顶体量，但在平面上难以找出对应位置。场地设计内容不足，在北部布置的广场也不如南部，但是南部并没有加以利用，仅有一个地库入口和辅助入口，有点浪费面积。

一层的门厅比较局促，展览流线完成后继续向上，也没有引导性的上下交通体，包括电梯、引导性楼梯、自动扶梯均未出现。一部厕所旁边的普通双跑楼梯不能担当此功能。报告厅楼顶的室外平台似乎没有加以利用，由平台出发难以看出可以通往二层何处，可能是由于缺少门的表达，读者不知道室内外分界在哪。最顶层左部没有标出功能，右上角的楼梯和高差处理也比较混乱，有些上下标记存在标错而没有更正，且楼梯没有表达出楼板上的洞口在那里。当然，左右两条走廊仅相差 1m 的高差其实也意义不大。另外通往顶层艺术工作室的电梯数量有所不足，不同房间之间的走道纯玻璃体也欠妥，不符合生态要求，可以以百页加以遮挡，也能够丰富外观立面。剖面图结合题意做了气流分析，可圈可点。

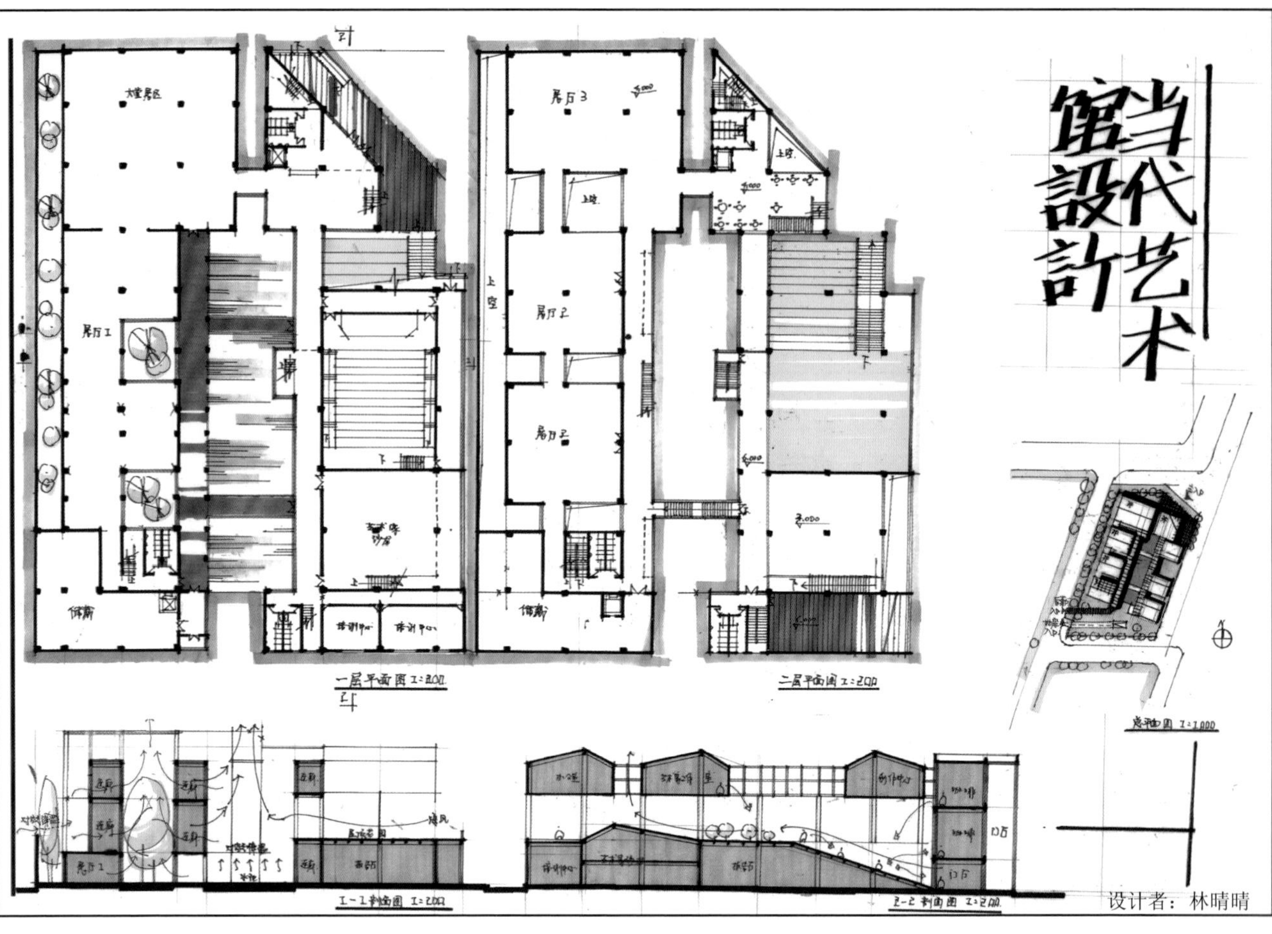

参考案例

泰州（中国）科学发展观展示中心 / 何镜堂
（资料来源：http://www.ikuku.cn/）

Louise michel and Aragon 高中 / archi5
（资料来源：http://archgo.com/index.php）

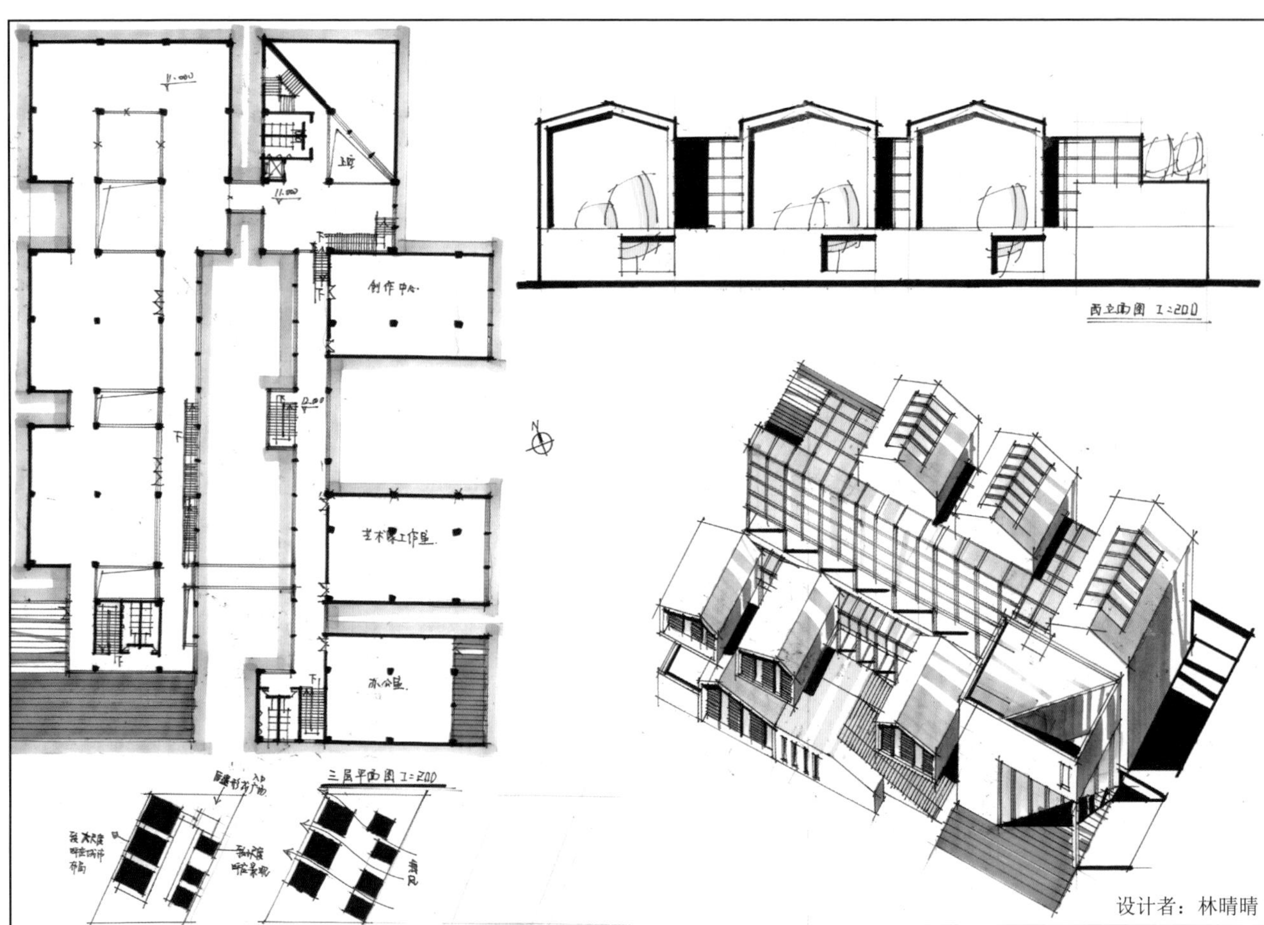

设计任务四 游客服务中心设计（3 小时）

一、任务描述

在某湖滨风景区拟建约 1200m² 的游客服务中心，包括旅游咨询、茶室、零售商店、公共卫生间等功能。

二、场地条件

场地内部平整，场地的范围内以及景区内部道路与城市道路关系见总平面图。

场地的北侧为主湖面。

场地西南侧为景区入口。

场地东南侧与城市道路相连，西侧，北侧与东侧与景区园路相接。

场地内部及周边有大量约 20m 高的水杉树。

三、设计要求

游客服务中心为 2~3 层建筑，总建筑面积为 1200m²。

建筑需要四部分功能：旅游咨询、茶室、零售商店、公共卫生间。其中旅游咨询约 100m²。

茶室约 400m²，零售商店约 200m²，公共卫生间约为 300m²（男 16 个蹲位，女 32 个蹲位）。

室外景观廊道及景观平台不计入建筑面积。

需处理好建筑和环境之间的关系，以及四部分功能之间的关系。

场地内水杉树需保留。

四、成果要求

1. 总平面图，1:500;
2. 各层平面图，1:200;
3. 剖面图一张，1:200;
4. 主要的表现图（透视、轴测均可）1 张，或多张连续局部表现图；
5. 主要的概念分析图；
6. 表现形式不限。

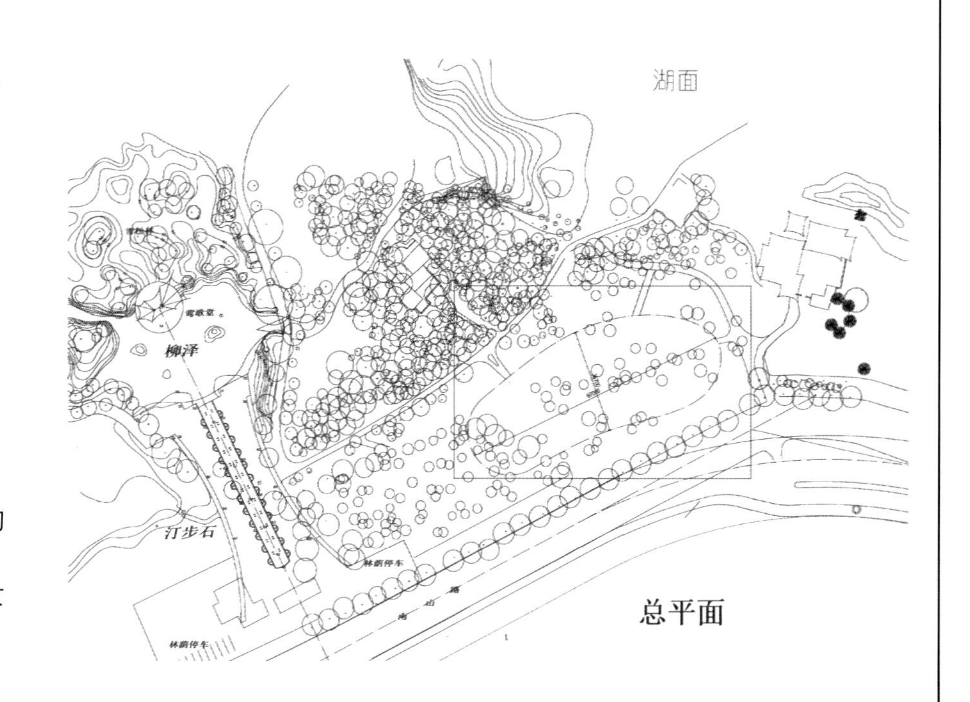

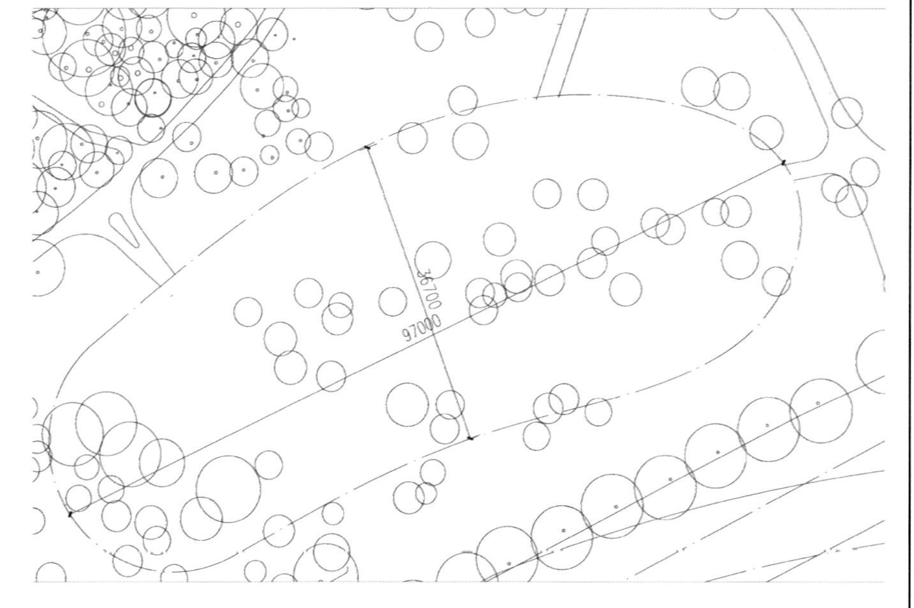

独立解题后扫码观看解析视频 TJ15

游客服务中心设计作品解析

两图都采用了和散布相反的解法，利用的是整体现代感体量与树林的对比，对于树木的回避和呼应，做的是大体量上的减法。上图纽带状的建筑上打了一些孔洞以让位杉树，同时立面形式也做了圆窗处理，造成奶酪一样的效果。下图的形体更加平整，分层布置，且底层架空，更具有漂浮感。

具体排布来看，上图在一层集中解决了公共厕所、服务中心与商店，然后二层均为茶室。可能布置略微苍白，形体上缓慢上升的体量也没有在平面得以体现，建议考虑分不同高差，交错层叠上升的茶室设计，以及对同样上升趋势的屋顶平台加以利用。上图的场地设计也显随意，建议在流线型的整体方案中还是找一些规整的元素做对比，更可体现方案的用心、曲线选择的有理有据。

下图根据树的位置斟酌了一些收放的曲线外形区域，在放大处设置功能空间，配合家具布置基本看不出明显问题。厕所布置偏后不合理，导致景区的人流需要穿越茶室、咨询中心等无关空间。底层完全架空比较夸张，可以考虑结合落地的疏散楼梯适当布置景观，也可借机体现入口的主次关系。异形体的处理能和周边环境做出联系上的分析则更佳。

参考案例

Valdespartera 幼儿园 / magen Arquitectos
（资料来源：http://www.ikuku.cn/）

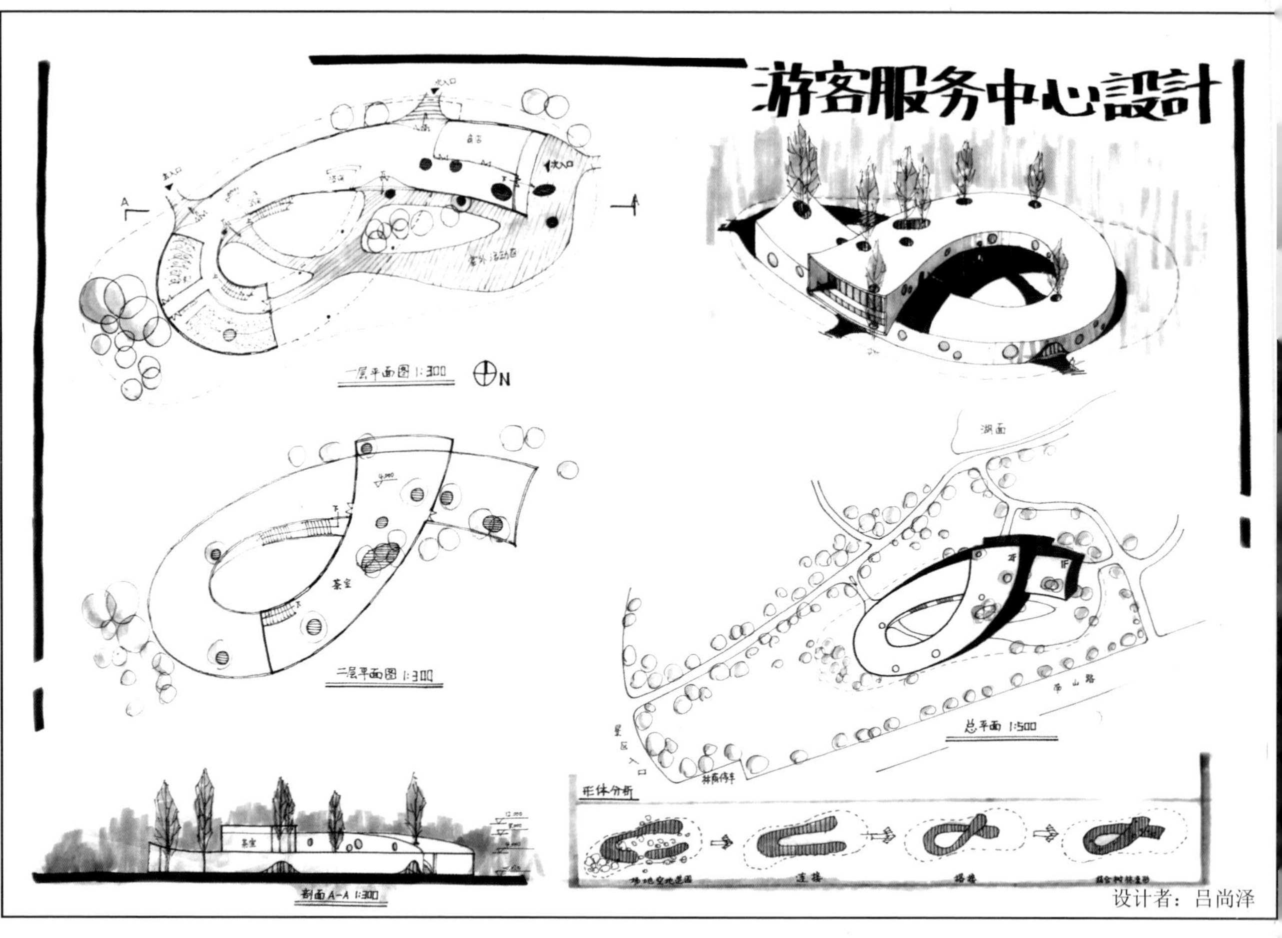

设计者：吕尚泽

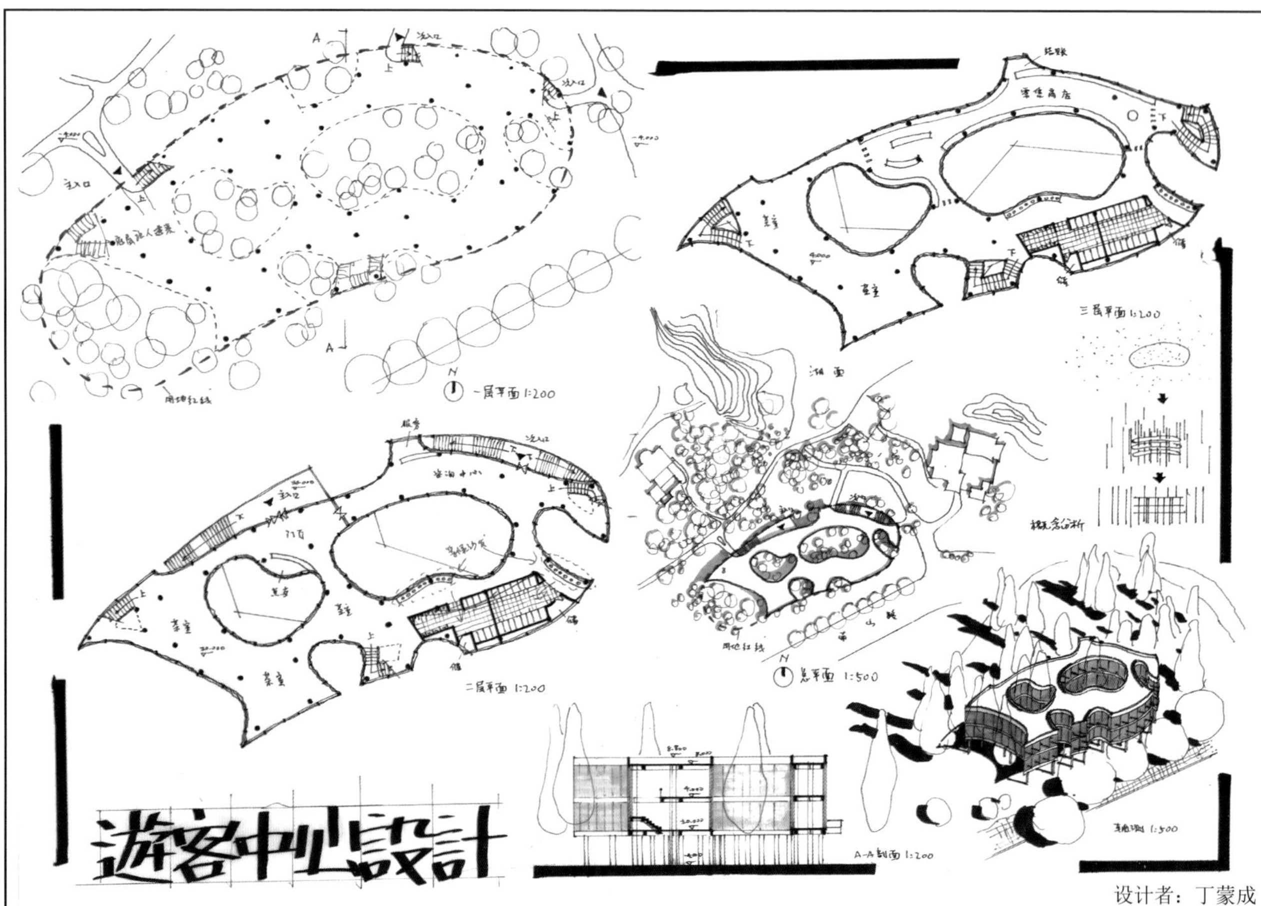

设计者：丁蒙成

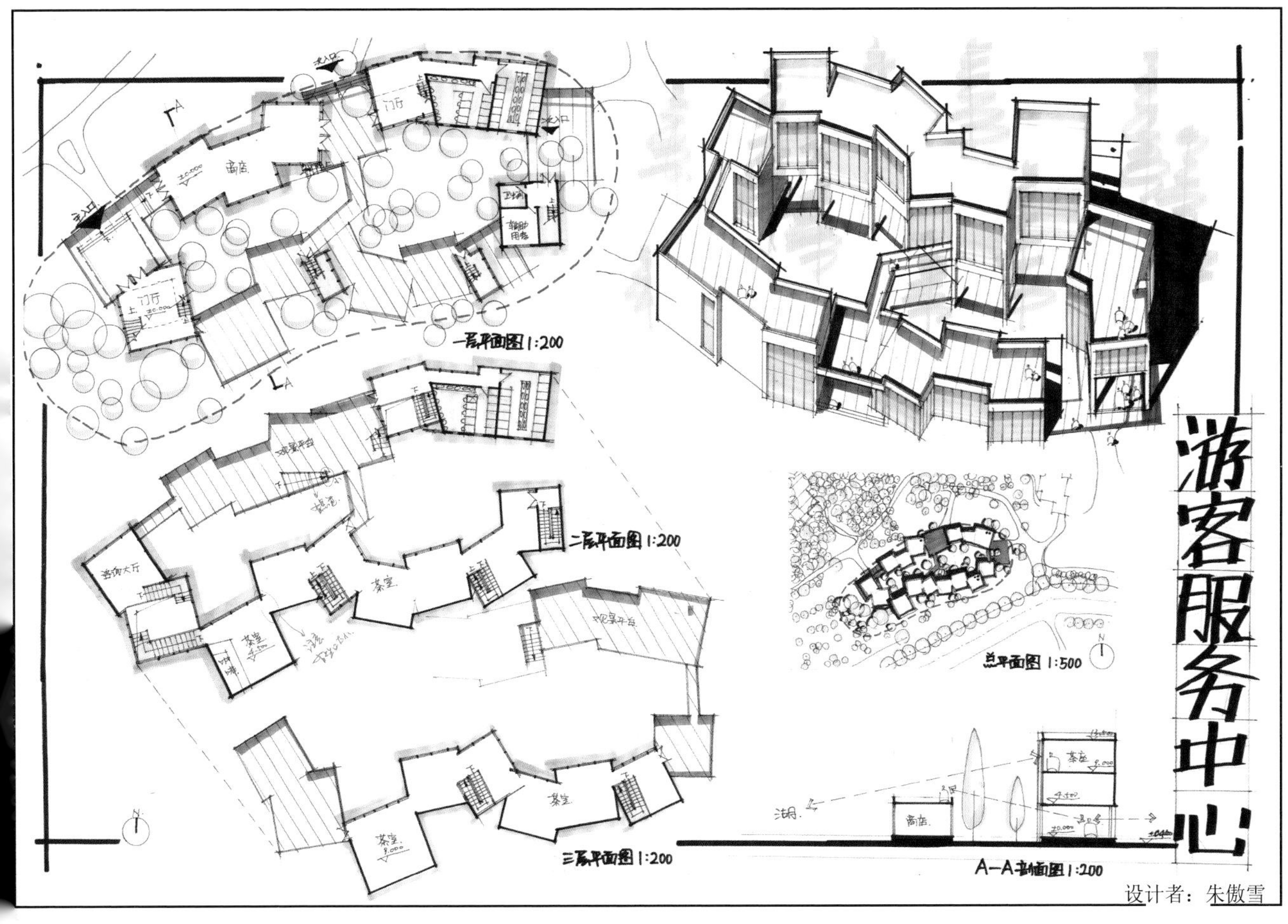

设计者：朱傲雪

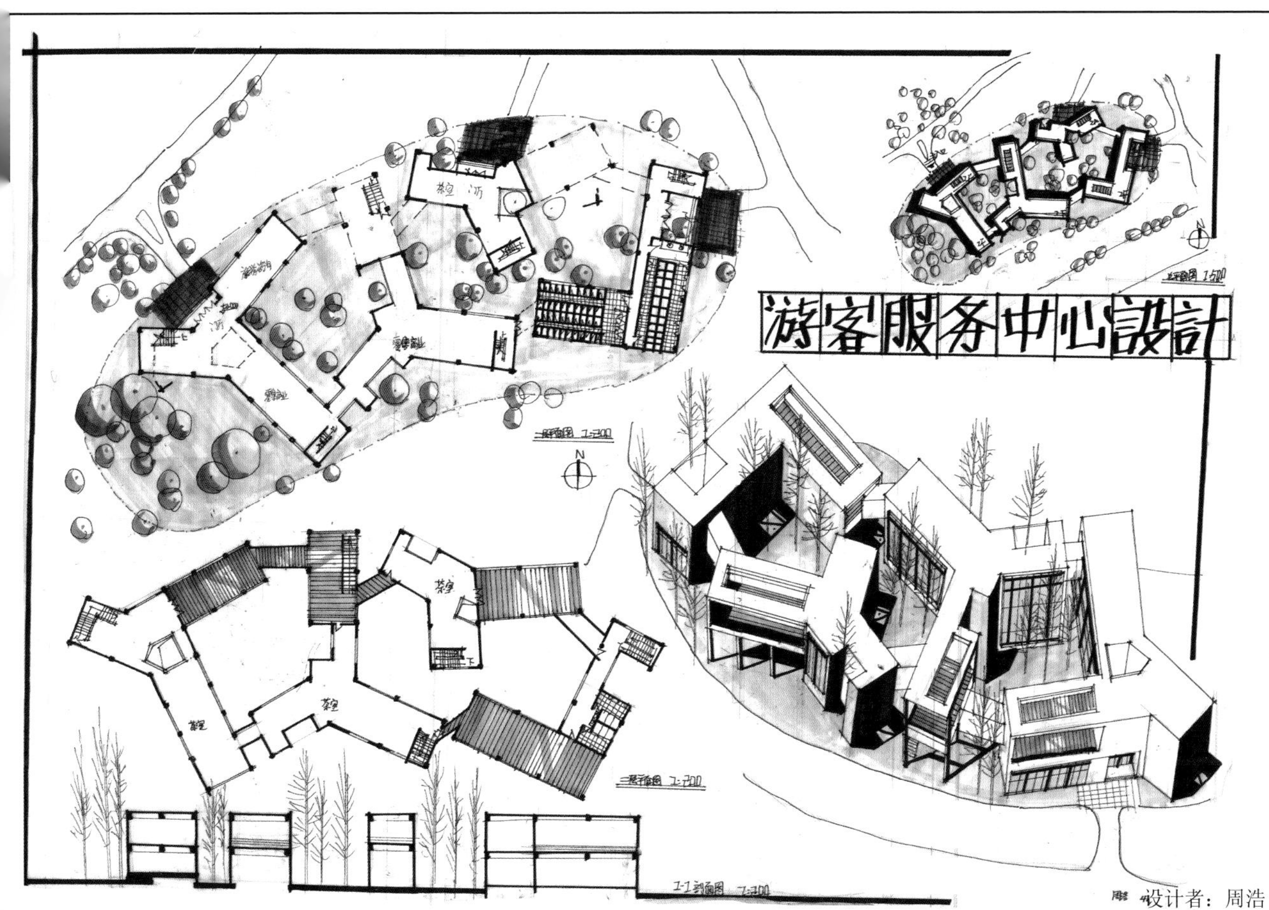

设计者：周浩

游客服务中心设计作品解析

两图对树林中自由场地的回答都是小碎体量，采用了建筑与环境交织融合的思路。无论是上图的散布还是下图的Y字形旋转交叉，都比较有趣，而且没有流于形式化，均在原型的基础上做了变化和化解。两图对树林场景的表现都比较好，树木画法值得参考。

上图以北部的分散功能和南部的茶室为主，细节处理老练，作为一个功能互不必要相连的游客中心，室外走道问题不大，但建议增加顶棚。但是卫生间作为景区公共厕所，不宜上下分层布置，可以在一层集中解决公共厕所，而在二、三层为茶室配备较小的独立厕所。下图意识到了作为公共厕所，应在同一层内集中解决，只是对于大型厕所的内部布置还需多积累案例学习。其他部分问题不大，茶室有整有零。但建议一层增加硬质铺装或者木栈道面积，增大商业等功能直接与外界接触的周长。两图均缺少分析图，对于此类形体较散的解法，在时间有余的前提下应尽量用分析图为形体的角度、数目、位置等寻找一些与场地有联系或者内在逻辑。

参考案例

Votorantin 公共学校 / grupoSP
（资料来源：http://archgo.com/index.php）

华鑫中心 / 山水秀建筑事务所
（资料来源：http://www.ikuku.cn/）

游客服务中心设计作品解析

两图均为散布式解决方案。上图的Y字形还欠缺一些变化，增加自由度，从总图来看目前建筑退缩于场地一侧，另一侧的地面景观也没有设计。下图用分析图为建筑位置选择做了解释，总平面图的匀称感也更好。

上图的厕所做成了分散的几处，对于一个景区公厕来讲不太合理，而二层的游客中心功能没有配备。建议主要部分厕所集中，同时为茶室等配备一些分散的小厕所。由于房间布置在Y字的条状臂上，有些地方走道过宽浪费面积，建议进行取舍，要么减小走道，要么索性放大成为条状功能空间。轴测来看室外露台用高墙围起来了，应改为能看到树林为佳。剖面位置的选择应当再斟酌，也可以选择剖切线曲折过的剖面。

下图也将大型厕所分开布置，甚至直到三层，意义不大。对于集中厕所不建议放在小面积的高体量中，茶室体量可以配备小厕所。室外露台面积较大，对于其中较宽之处可结合家具布置定义为室外茶室空间，还要考虑实用性，建议对连廊增加屋顶串联每个体量。蓝色马克笔的玻璃表达过于抢眼，屋顶材质也可以考虑下更天然和谐的选择。

参考案例

北京四中房山校区 / OPEN Architect
（资料来源：http://www.ikuku.cn/）

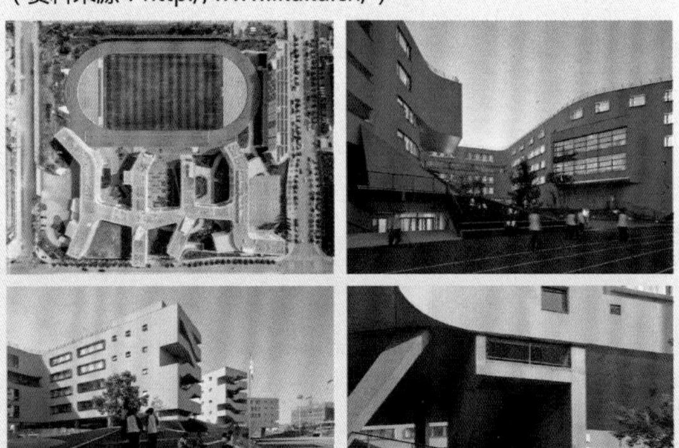

WHY hotel / WEI 建筑设计事务所
（资料来源：http://archgo.com/index.php）

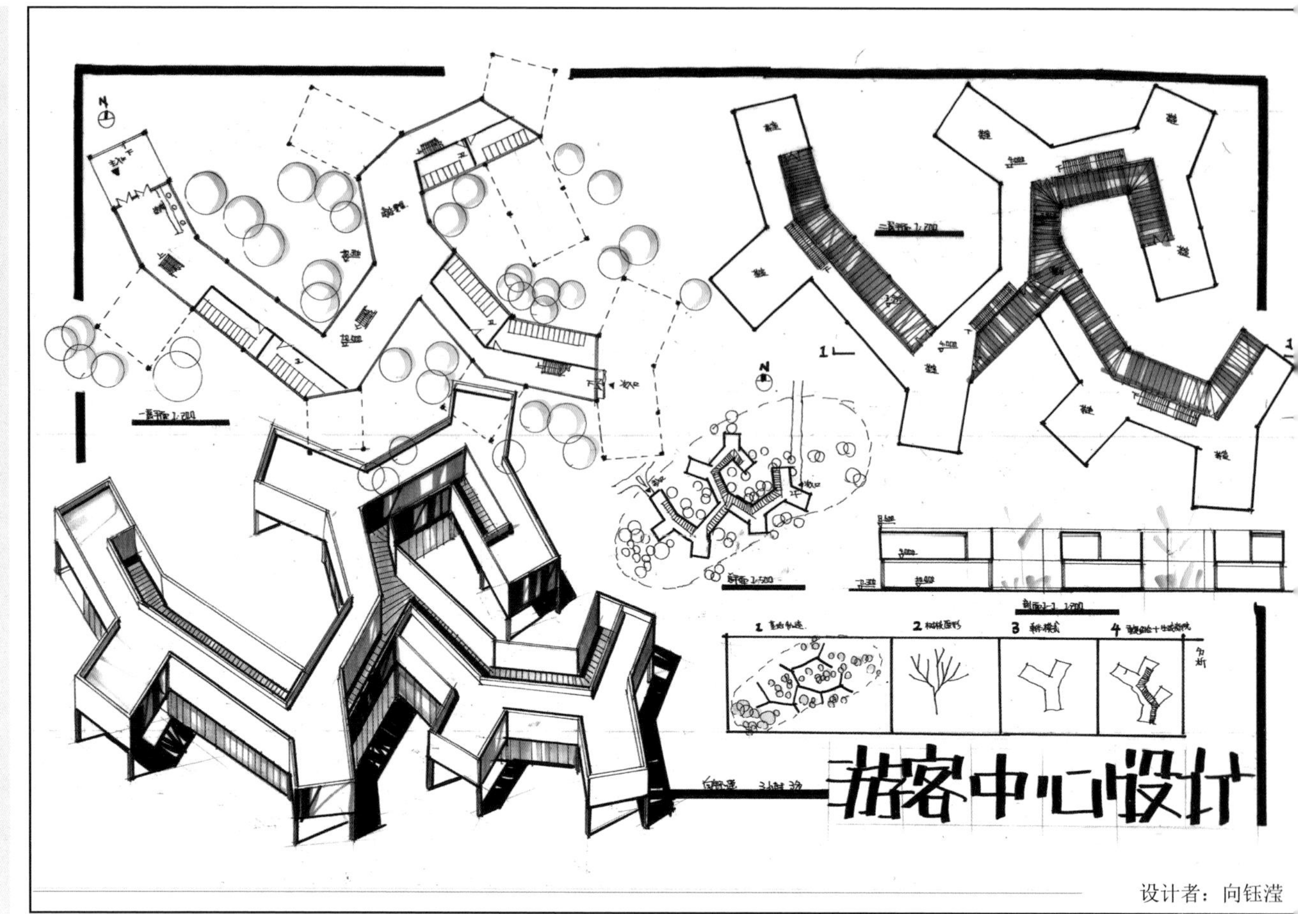

设计者：向钰滢

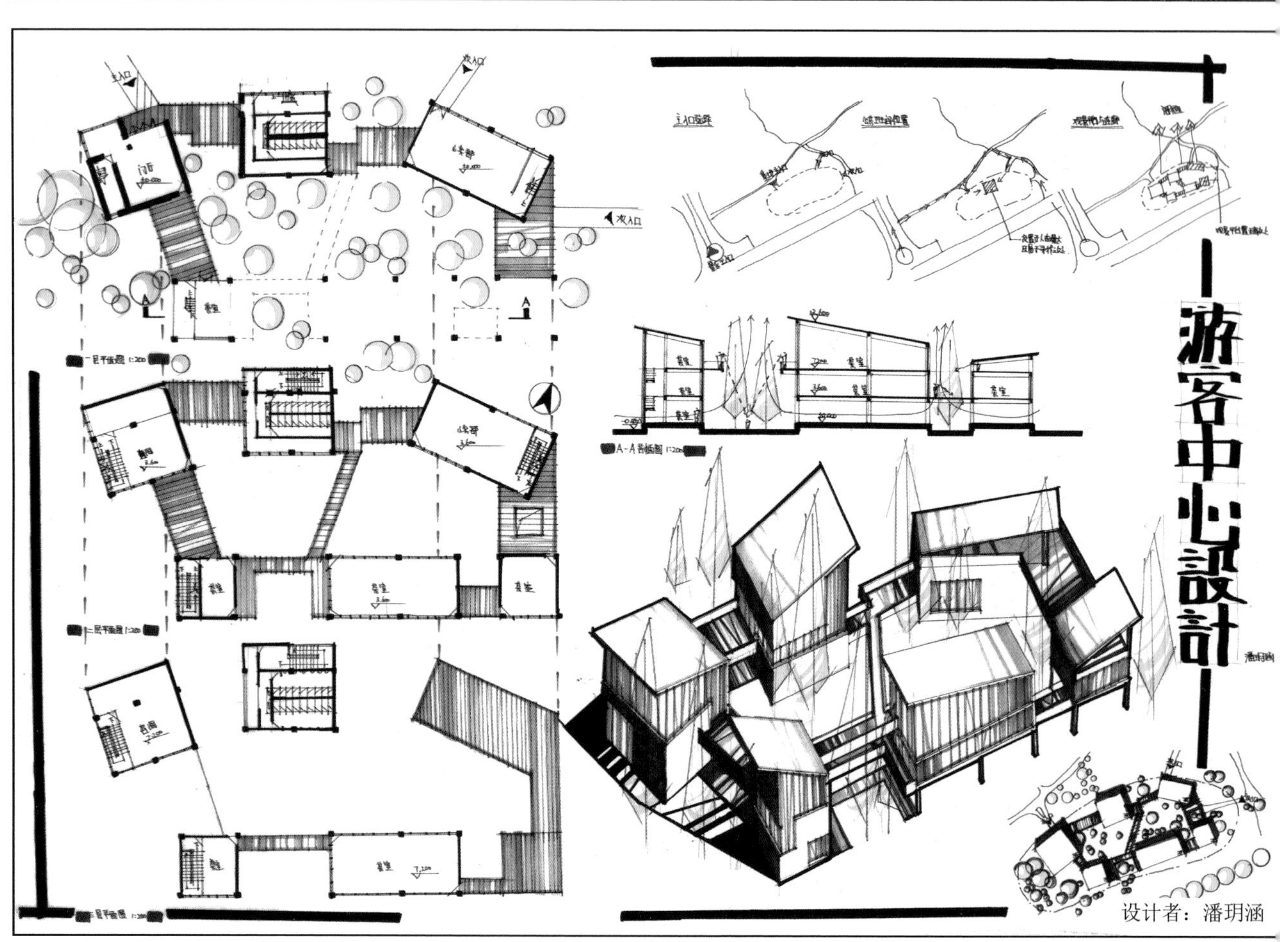

设计者：潘玥涵

设计任务五 科创中心设计（6 小时）

一、设计背景

为了培育科研成果转化，服务国家社会经济发展需求，大学校园内拟建设一座科创中心，总建筑面积约为 6000m²。并以此建筑的建设为契机，将基地与周边城市步行环境有机结合，构建具有城市活力的城市公共空间。其中，要求将室外公共空间与城市人行道衔接，并进行广场设计，广场面积不小于 800m²。此外，基地内有一座废弃的厂房（见图），要求保留厂房原有结构进行改建，使之成为科创中心的组成部分。

二、 科创中心建筑面积要求

门厅：200m²；

咖啡厅：180m²；

多功能会议厅：350m²，可举办各类科研论坛和沙龙；

科技成果展厅：350m²；

图书阅览室：300m²；

科研实验区：小型实验室 6 间，每间 100~120m²，层高不小于 5.4m，其中 4 间由于荷载要求，必须设置在一层，实验区有独立对外的出入口，以便运输货物；

科技研发中心：1000m²，包含 6 个研发单元；

科学家工作区：每套科学家工作室 60m²，共 10 套（每套含科学家办公空间和研究生工作空间等），会议室（60m²）和小报告厅（120m²），并配有自助咖啡区（面积自定）；

科研杂志编辑部： 500m²，内部空间形式自定；

其他如卫生间、楼电梯等根据需要及相关规范进行设置。

三、图纸要求

总平面图，1：500，要求对场地进行总体布置，形成良好活动环境，并与城市人行道衔接；

各层平面图，1：200；

立面图至少 2 个，1：200；

剖面图，1：200；

轴测或透视图，比例不限，图幅不小于 200mmx300mm。

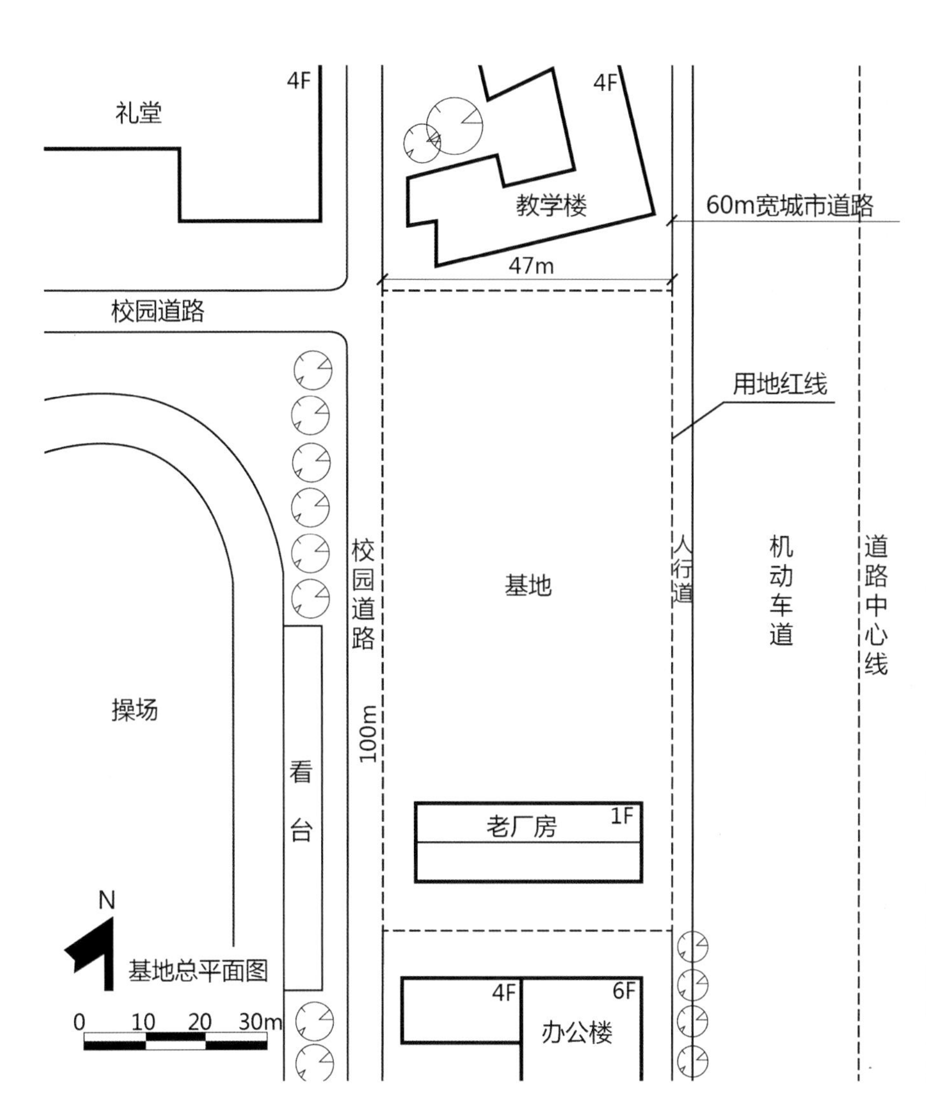

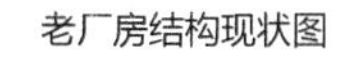

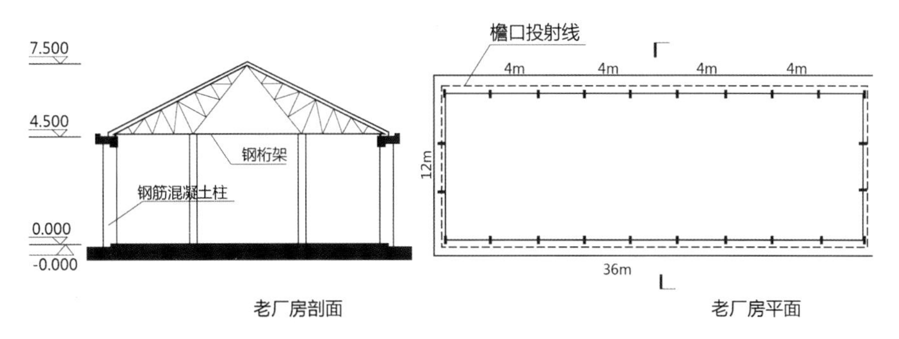

老厂房剖面　　老厂房平面

独立解题后扫码观看解析视频 TJ16

科创中心设计作品解析

上图的设计亮点在于大台阶与二层面向城市的平台，但平台对接的入口为非公共的科学工作区。除了调整功能分区，还可以让平台穿越建筑，参考斯图加特美术馆，成为连接城市与校园的桥梁。应注意一层的公共部分入口门厅面积不足、多功能厅内部柱子不合适等一些细节问题。

下图也将一层作为公共空间使用，场地景观设计品质较高，但建筑室内不同功能间联系不足，展厅与其余部分被咖啡厅打断，二层作为公共区的杂志与阅读区也难以到达，仅有一部双跑梯联系。且双跑梯穿越轴线，结构不合理。上部一些房间开间进深比较小，而且同样功能的不同房间地位迥异，还有一些是黑房间。建议为建筑寻找一条走廊左右挂房间的清晰结构，对房间和走廊具体尺寸进行缩放。

两图均做到了顺应原有厂房的横向肌理，用坡屋顶体量做出解答。下图的坡屋顶稳定中有变化，相对来讲更为生动，而且用斜向元素活化场面，还可迎合场地北部教学楼的界面。下图的手绘表现比较老练，唯有剖面图中楼板线条抖动过大，观感有点奇怪。

参考案例

Louise michel and Louis Aragon 高中 /archi5
（资料来源：http://archgo.com/index.php）

南迦巴瓦接待站 / 标准营造
（资料来源：http://www.ikuku.cn/）

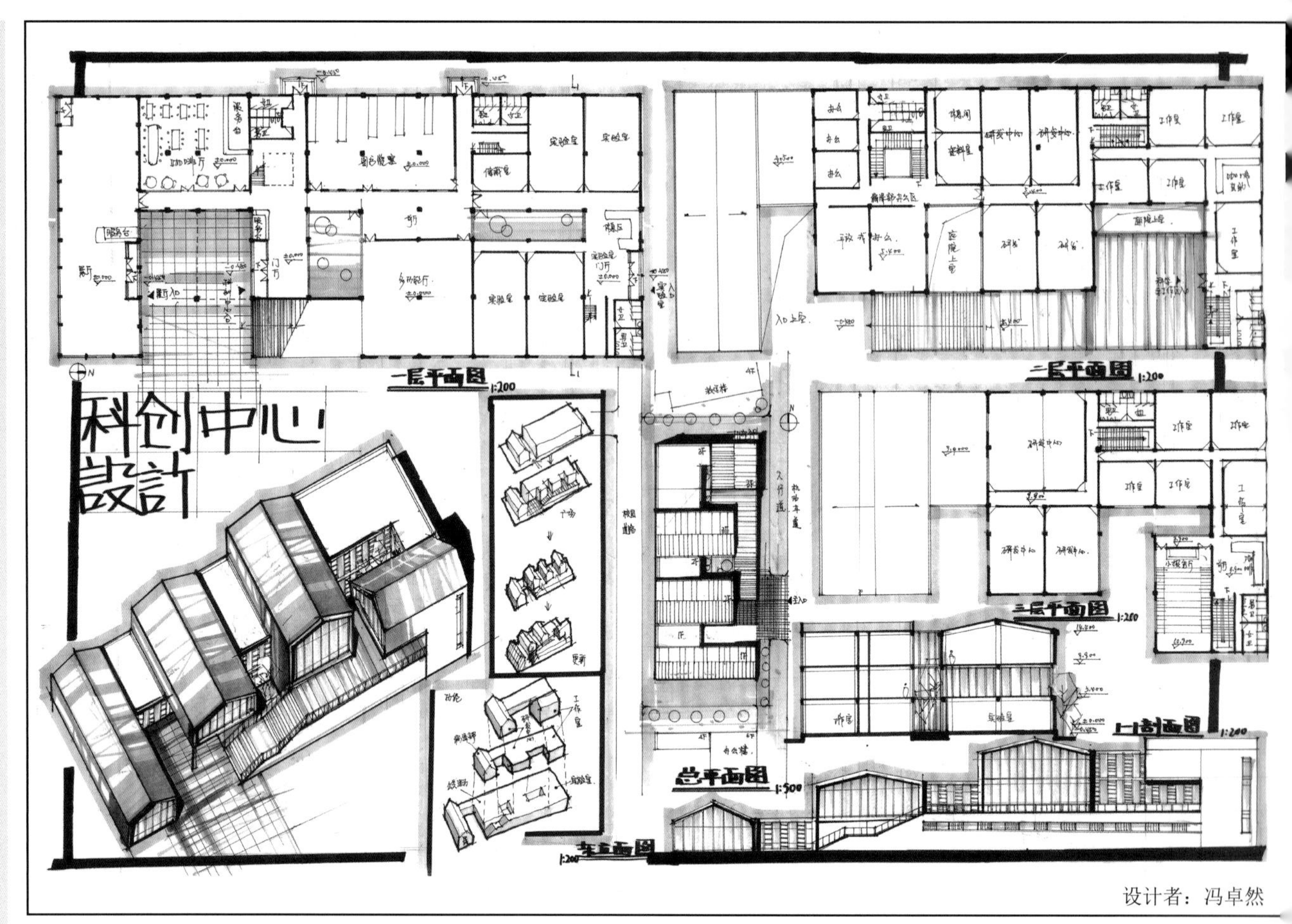

设计者：冯卓然

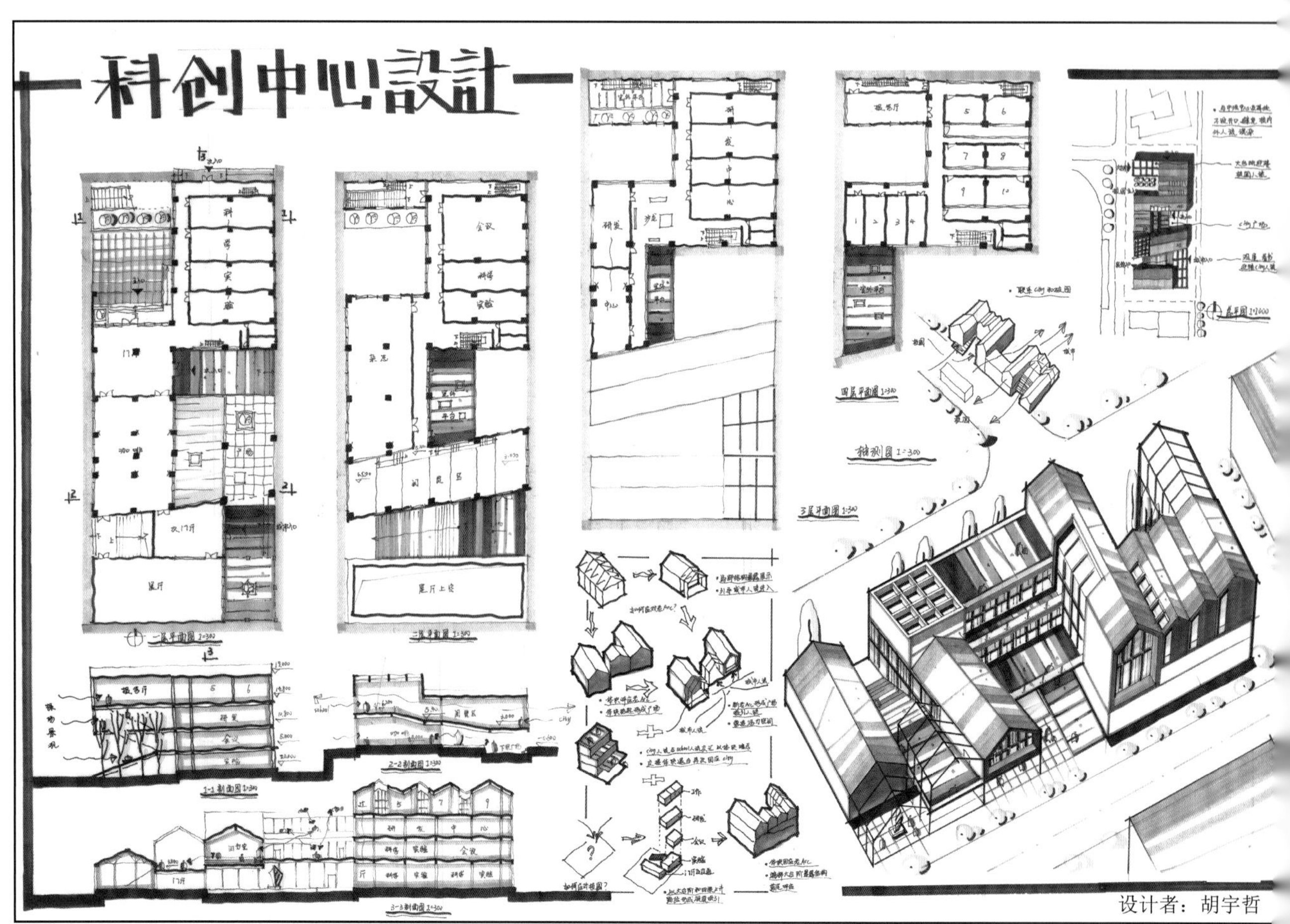

设计者：胡宇哲

图书在版编目（CIP）数据

建筑快速设计 ：专题解析与策略 / 陈冉主编. --
上海 ：同济大学出版社，2018.1
建筑设计基础教程
ISBN 978-7-5608-7530-9

Ⅰ. ①建… Ⅱ. ①陈… Ⅲ. ①建筑设计—题解 Ⅳ.
①TU2-44

中国版本图书馆CIP数据核字（2017）第291549号

建筑快速设计：专题解析与策略
ARCHITECTURE DESIGN SKETCH:TOPICS,ANALYSIS AND STRATEGIES
陈冉 主编

出 品 人　华春荣
责任编辑　由爱华
责任校对　徐春莲
装帧设计　孟吉尔

出版发行　同济大学出版社 www.tongjipress.com.cn
（地址：上海四平路1239号　邮编：200092　电话：021-65985622）
经　　销　全国各地新华书店
印　　刷　上海龙腾印务有限公司
开　　本　889mm×1194mm 1/12
印　　张　14.5
字　　数　452 000
版　　次　2018年1月第1版　2020年12月第2次印刷
书　　号　ISBN 978-7-5608-7530-9
定　　价　98.00元